PowerPoint 2010 办公应用

实战从入门到精通

龙马工作室 编著

超值版

人民邮电出版社

北京

图书在版编目（CIP）数据

PowerPoint 2010办公应用实战从入门到精通 ： 超值版 / 龙马工作室编著. -- 北京 : 人民邮电出版社, 2014.10（2021.1 重印）
ISBN 978-7-115-37098-3

Ⅰ. ①P… Ⅱ. ①龙… Ⅲ. ①图形软件 Ⅳ. ①TP391.41

中国版本图书馆CIP数据核字(2014)第213978号

内 容 提 要

本书通过精选案例引导读者深入学习，系统地介绍了 PowerPoint 2010 的相关知识和应用方法。

全书共 18 章。第 1～3 章主要介绍 PowerPoint 2010 的基本操作，包括基本幻灯片的制作、图文配合，以及图表和图形的使用等；第 4～7 章主要介绍 PowerPoint 2010 的特效，包括动画的使用、添加多媒体元素、创建超链接和动作，以及为幻灯片添加切换效果等；第 8～11 章主要介绍幻灯片的演示与发布，包括幻灯片的演示方法、幻灯片的打印与发布、PPT 模板，以及母版与视图等；第 12～14 章主要介绍 PPT 的实战应用，包括简单实用型 PPT、报告型 PPT，以及展示型 PPT 等；第 15～18 章主要介绍 PowerPoint 2010 的高级应用方法，包括快速设计 PPT 中的元素、PowerPoint 的辅助软件、Office 组件的协同应用，以及使用手机移动办公等。

在本书附赠的 DVD 多媒体教学光盘中，包含了 15 小时与图书内容同步的教学录像及所有案例的配套素材和结果文件。此外，还赠送了大量相关学习内容的教学录像、Office 实用办公模板及扩展学习电子书等。为了满足读者在手机和平板电脑上学习的需要，光盘中还赠送了本书教学录像的手机版视频学习文件。

本书不仅适合 PowerPoint 2010 的初、中级用户学习使用，也可以作为各类院校相关专业学生和电脑培训班学员的教材或辅导用书。

◆ 编　　著　龙马工作室
责任编辑　张　翼
责任印制　杨林杰
◆ 人民邮电出版社出版发行　　北京市丰台区成寿寺路 11 号
邮编　100164　　电子邮件　315@ptpress.com.cn
网址　http://www.ptpress.com.cn
北京七彩京通数码快印有限公司印刷
◆ 开本：787×1092　1/16
印张：19
字数：536 千字　　2014 年 10 月第 1 版
印数：8 251-8 550 册　　2021 年 1 月北京第 11 次印刷

定价：39.80 元（附光盘）
读者服务热线：(010)81055410　印装质量热线：(010)81055316
反盗版热线：(010)81055315
广告经营许可证：京东市监广登字20170147号

Preface

前言

随着社会信息化的不断普及，计算机已经成为人们工作、学习和日常生活中不可或缺的工具，而计算机的操作水平也成为衡量一个人综合素质的重要标准之一。为满足广大读者的实际应用需要，我们针对不同学习对象的接受能力，总结了多位计算机高手、国家重点学科教授及计算机教育专家的经验，精心编写了这套“实战从入门到精通”系列图书。本套图书面市后深受读者喜爱，为此，我们特别推出了畅销书《PowerPoint 2010办公应用实战从入门到精通》的单色超值版，以便满足更多读者的学习需求。

一、系列图书主要内容

本套图书涉及读者在日常工作和学习中各个常见的计算机应用领域，在介绍软硬件的基础知识及具体操作时，均以读者经常使用的版本为主，在必要的地方也兼顾了其他版本，以满足不同读者的需求。本套图书主要包括以下品种。

《跟我学电脑实战从入门到精通》	《Word 2003办公应用实战从入门到精通》
《电脑办公实战从入门到精通》	《Word 2010办公应用实战从入门到精通》
《笔记本电脑实战从入门到精通》	《Excel 2003办公应用实战从入门到精通》
《电脑组装与维护实战从入门到精通》	《Excel 2010办公应用实战从入门到精通》
《黑客攻击与防范实战从入门到精通》	《PowerPoint 2003办公应用实战从入门到精通》
《Windows 7实战从入门到精通》	《PowerPoint 2010办公应用实战从入门到精通》
《Windows 8实战从入门到精通》	《Office 2003办公应用实战从入门到精通》
《Photoshop CS5实战从入门到精通》	《Office 2010办公应用实战从入门到精通》
《Photoshop CS6实战从入门到精通》	《Word/Excel 2003办公应用实战从入门到精通》
《AutoCAD 2012实战从入门到精通》	《Word/Excel 2010办公应用实战从入门到精通》
《AutoCAD 2013实战从入门到精通》	《Word/Excel/PowerPoint 2003三合一办公应用实战从入门到精通》
《CSS 3+DIV网页样式布局实战从入门到精通》	《Word/Excel/PowerPoint 2007三合一办公应用实战从入门到精通》
《HTML 5网页设计与制作实战从入门到精通》	《Word/Excel/PowerPoint 2010三合一办公应用实战从入门到精通》

二、写作特色

从零开始，循序渐进

无论读者是否从事计算机相关行业的工作，是否接触过PowerPoint 2010，都能从本书中找到最佳的学习起点，循序渐进地完成学习过程。

紧贴实际，案例教学

全书内容均以实例为主线，在此基础上适当扩展知识点，真正实现学以致用。

紧凑排版，图文并茂

紧凑排版既美观大方又能够突出重点、难点。所有实例的每一步操作，均配有对应的插图和注释，以便读者在学习过程中能够直观、清晰地看到操作过程和效果，提高学习效率。

单双混排，超大容量

本书采用单、双栏混排的形式，大大扩充了信息容量，在300多页的篇幅中容纳了传统图书600多页的内容，从而在有限的篇幅中为读者奉送了更多的知识和实战案例。

独家秘技，扩展学习

本书在每章的最后，以“高手私房菜”的形式为读者提炼了各种高级操作技巧，而“举一反三”栏目更是为知识点的扩展应用提供了思路。

书盘结合，互动教学

本书配套的多媒体教学光盘内容与书中知识紧密结合并互相补充。在多媒体光盘中，我们仿真工作、生活中的真实场景，通过互动教学帮助读者体验实际应用环境，从而全面理解知识点的运用方法。

三、光盘特点

15小时全程同步视频教学录像

光盘涵盖本书所有知识点的同步教学录像，详细讲解每个实战案例的操作过程及关键步骤，帮助读者更轻松地掌握书中所有的知识内容和操作技巧。

超多、超值资源

除了与图书内容同步的视频教学录像外，光盘中还赠送了大量相关学习内容的教学录像、Office实用办公模板、扩展学习电子书及本书所有案例的配套素材和结果文件等，以方便读者扩展学习。为了满足读者在手机和平板电脑上学习的需要，光盘中还赠送了本书教学录像的手机版视频学习文件。

手机版视频教学录像

将手机版视频教学录像复制到手机后，即可在手机上随时随地跟着教学录像进行学习。

四、配套光盘运行方法

Windows XP操作系统

（1） 将光盘放入光驱中，几秒钟后光盘就会自动运行。

（2） 若光盘没有自动运行，可以双击桌面上的【我的电脑】图标，打开【我的电脑】窗口，然后双击【光盘】图标，或者在【光盘】图标上单击鼠标右键，在弹出的快捷菜单中选择【自动播放】选项，光盘就会运行。

Windows 7操作系统

（1） 将光盘放入光驱中，几秒钟后系统会弹出【自动播放】对话框，如左下图所示。

（2） 单击【打开文件夹以查看文件】链接以打开光盘文件夹，用鼠标右键单击光盘文件夹中的MyBook.exe文件，并在弹出的快捷菜单中选择【以管理员身份运行】菜单项，打开【用户账户控制】对话框，如右下图所示，单击【是】按钮，光盘即可自动播放。

（3） 再次使用本光盘时，将光盘放入光驱后，双击光驱盘符或单击系统弹出的【自动播放】对话框中的【运行MyBook.exe】链接，即可运行光盘。

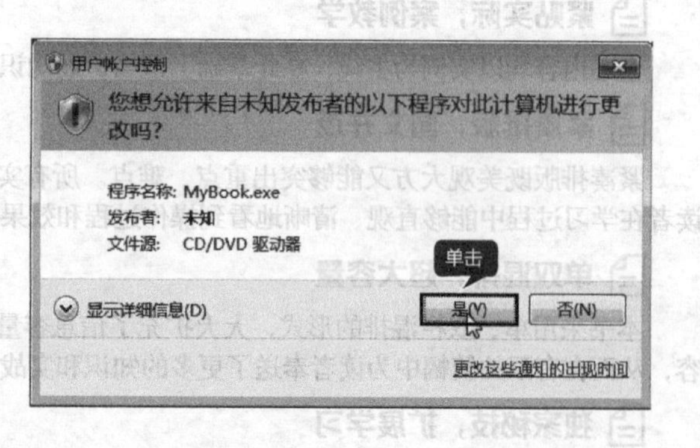

五、光盘使用说明

1. 在电脑上学习光盘内容的方法

（1）光盘运行后会首先播放片头动画，之后进入光盘的主界面。其中包括【课堂再现】、【学习笔记】、【手机版】三个学习通道，和【素材文件】、【结果文件】、【赠送资源】、【帮助文件】、【退出光盘】五个功能按钮。

（2）单击【课堂再现】按钮，进入多媒体同步教学录像界面。在左侧的章号按钮（如此处为 第8章 ）上单击鼠标左键，在弹出的快捷菜单上单击要播放的节名，即可开始播放相应的教学录像。

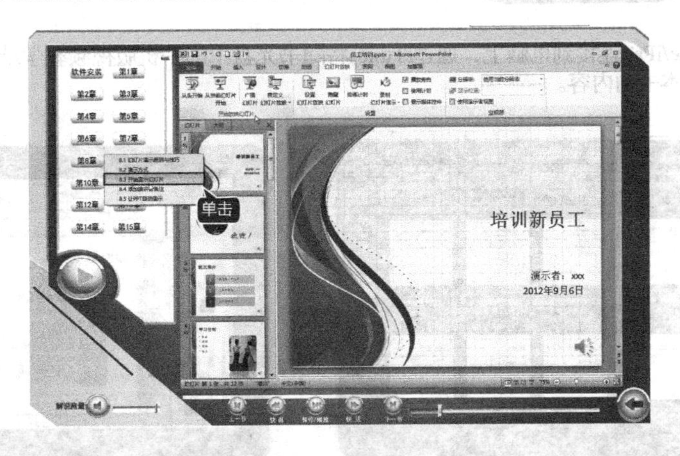

（3）单击【学习笔记】按钮，可以查看本书的学习笔记。

（4）单击【手机版】按钮，可以查看手机版视频教学录像。

（5）单击【素材文件】、【结果文件】、【赠送资源】按钮，可以查看对应的文件和资源。

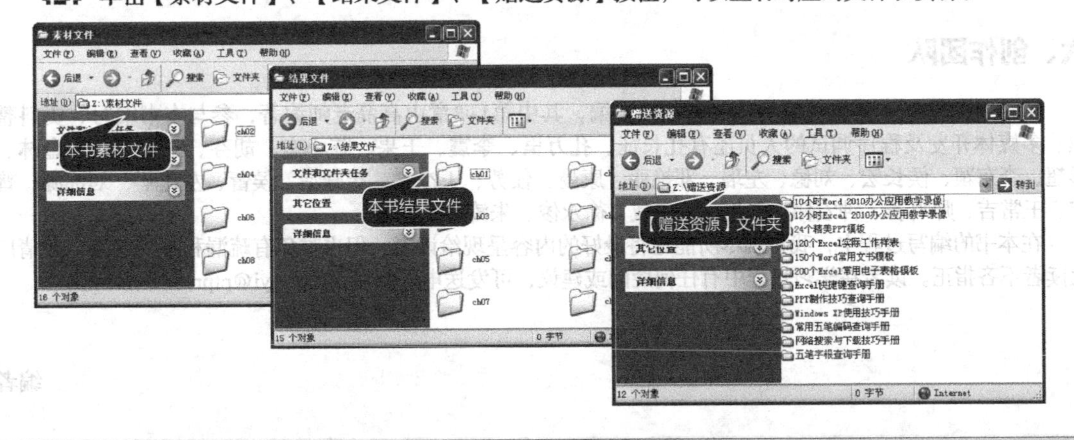

（6）单击【帮助文件】按钮，可以打开“光盘使用说明.pdf”文档，该说明文档详细介绍了光盘在电脑上的运行环境、运行方法，以及在手机上如何学习光盘内容等。

（7）单击【退出光盘】按钮，即可退出本光盘系统。

2. 在手机上学习光盘内容的方法

（1）将安卓手机连接到电脑上，把光盘中赠送的手机版视频教学录像复制到手机上，即可利用已安装的视频播放软件学习本书的内容。

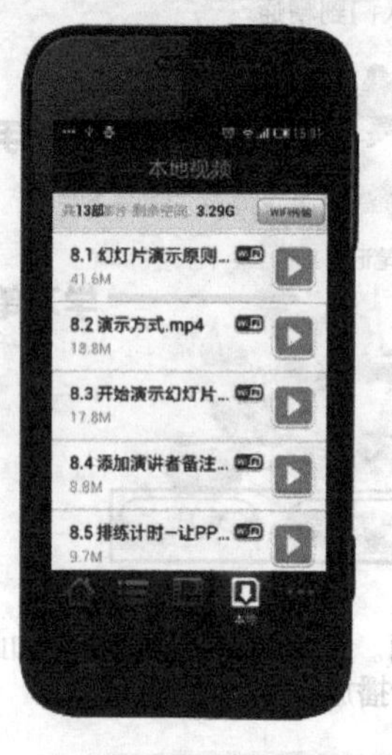

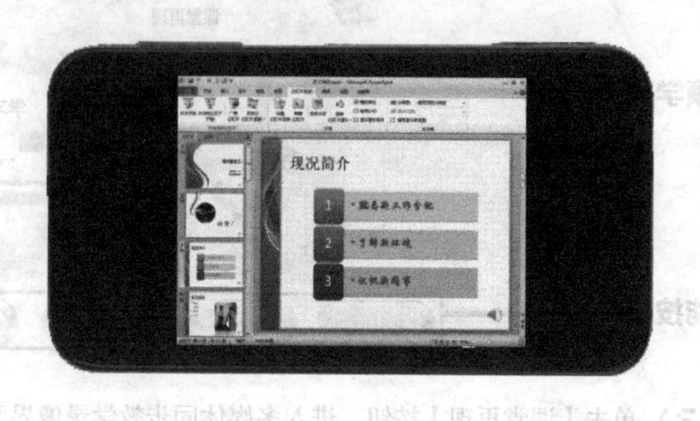

（2）将iPhone/iPad连接到电脑上，通过iTunes将随书光盘中的手机版视频教学录像导入设备中，即可在iPhone/iPad上学习本书的内容。

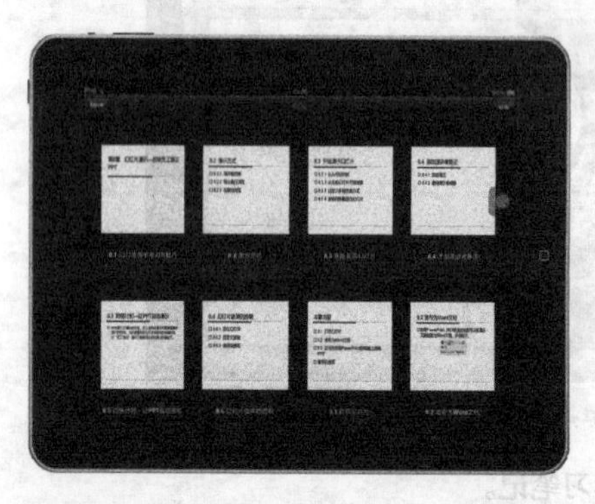

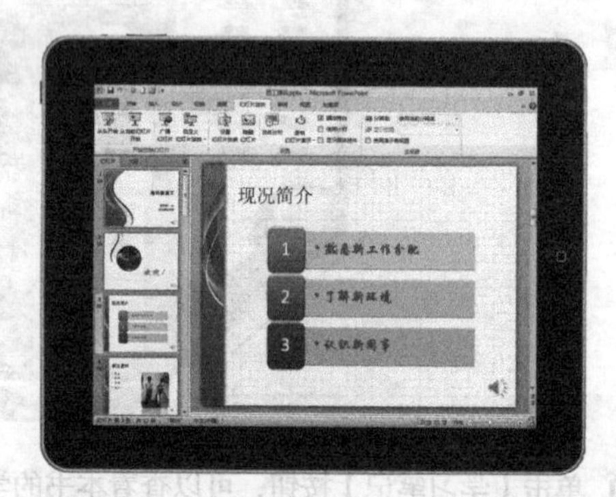

（3）如果读者使用的是其他类型的手机，可以直接将光盘中的手机版视频教学录像复制到手机上，然后使用手机自带的视频播放器观看视频。

六、创作团队

本书由龙马工作室策划编著，由高磊任主编，其中第1~3章由高磊老师编著，参与本书编写、资料整理、多媒体开发及程序调试的人员还有孔长征、孔万里、李震、王果、陈小杰、胡芬、刘增杰、王金林、彭超、李东颖、侯长宏、刘稳、左琨、邓艳丽、康曼、任芳、王杰鹏、崔姝怡、侯蕾、左花苹、刘锦源、普宁、王常吉、师鸣若、钟宏伟、陈川、刘子威、徐永俊、朱涛和张允等。

在本书的编写过程中，我们竭尽所能地将最好的内容呈现给读者，但也难免有疏漏和不妥之处，敬请广大读者不吝指正。读者在学习过程中有任何疑问或建议，可发送电子邮件至zhangyi@ptpress.com.cn。

编者

目录 Contents

第1章 PowerPoint 2010 的基本操作 ——制作大学生演讲与口才实用技巧PPT

本章视频教学时间：1小时3分钟

演讲大纲PPT的制作主要涉及PowerPoint 2010的基本操作，包括文本输入、文本设置、段落设置、添加项目符号或编号及保存幻灯片等。

第 2 章 设计图文并茂的 PPT——制作公司宣传 PPT

本章视频教学时间：1小时10分钟

单调、枯燥的文字内容容易使人厌倦，我们不妨加入多种图片、图示或表格，使PPT的内容更为丰富，本章以制作公司宣传PPT为例进行讲解。

第 3 章 使用图表和图形——制作销售业绩 PPT

本章视频教学时间：1小时15分钟

图表，让幻灯片更加直观；Smart Art图形，让流程更加清晰。在销售业绩PPT中尤其要注重图表和Smart Art图形的使用。

第 4 章 使用动画——修饰行销企划案 PPT

本章视频教学时间：39分钟

PPT中的动画效果令人耳目一新。让内容通过不同的方式活动起来，可以让营销企划案PPT更吸引眼球。

第 5 章 添加多媒体元素——制作圣诞节卡片 PPT

本章视频教学时间：59分钟

本章主要介绍多媒体元素在幻灯片中的应用，通过适当地在幻灯片中插入音频和视频文件，可以让幻灯片有声有色。

第 6 章 添加超链接和使用动作——制作绿色城市 PPT

本章视频教学时间：27分钟

PPT放映时，单击鼠标或按下键盘，一次只能翻一页。而通过使用超链接和动作，则可以让我们随心所欲地在幻灯片之间跳转。

第 7 章 为幻灯片添加切换效果——修饰公司简介幻灯片

本章视频教学时间：20分钟

给幻灯片的切换添加过渡效果，可以让每一张幻灯片都能给人耳目一新的感觉。本章中我们将在“公司简介幻灯片”中添加动画效果。

第 8 章 幻灯片演示——放映员工培训 PPT

本章视频教学时间：45分钟

让别人更好地欣赏到我们的作品，需要我们熟练掌握幻灯片的演示技巧。本章将介绍幻灯片的放映技巧。

第 9 章 幻灯片的打印与发布——打印诗词鉴赏 PPT

本章视频教学时间：23分钟

观看PPT一般需要PowerPoint软件，如果电脑中没有安装PowerPoint，则将PPT打包即可。此外，还可以将每一页幻灯片打印在纸上以便查阅。

第 10 章 秀出自己的风采——制作属于自己的 PPT 模板

本章视频教学时间：33分钟

如果PowerPoint 2010系统提供的模板不能满足我们的要求，还可以自己制作。

第 11 章 用好母版与视图——浏览公司简介 PPT

本章视频教学时间：26分钟

母版和视图，可以让幻灯片的操作更简单。本章将通过公司简介PPT的制作介绍母版和视图的相关操作。

第 12 章 将内容表现在 PPT 上——简单实用型 PPT 实战

本章视频教学时间：1小时26分钟

实用才是制作PPT的首要原则。本章将主要介绍简单实用型PPT的制作方法。

第 13 章 让别人快速明白你的意图——报告型 PPT 实战

本章视频教学时间：2小时4分钟

报告型PPT的核心是向别人传递研究信息。本章将通过几个典型的报告型实例向读者介绍报告型PPT的制作方法。

第14章 吸引别人的眼球——展示型PPT实战

本章视频教学时间：2小时2分钟

发挥我们的创意，体现我们的个性，展示PPT的与众不同！本章将介绍展示型PPT的制作方法。

第15章 玩的就是设计——快速设计PPT中元素的秘籍

本章视频教学时间：26分钟

在PowerPoint中，我们可以通过不同的参数组合制作出各式各样的图形。但有一些软件的功能就是快速设计，结合PowerPoint使用能让我们达到事半功倍的效果。

第 16 章 不只是 PowerPoint 在战斗 ——PowerPoint 的好帮手

本章视频教学时间：16分钟

PowerPoint 2010虽然强大，但充分利用某些软件，可以使工作更加简便快捷。

第 17 章 Office 2010 的协同应用 ——PowerPoint 与其他组件的协同应用

本章视频教学时间：13分钟

我们可以让PowerPoint的数据在Office其他组件中任意穿梭，从而使办公变得更加容易。本章主要介绍PowerPoint与Word和Excel的协同应用。

第 18 章 Office 跨平台应用——使用手机移动办公

本章视频教学时间：24分钟

智能手机能使我们感受到移动办公的快捷与高效。本章主要介绍使用智能手机查看PPT文档、制作幻灯片、做报表，以及使用平板电脑召开远程会议等方法。

DVD 光盘赠送资源

1. 15小时与本书同步的视频教学录像
2. 10小时Word 2010办公应用教学录像
3. 12小时Excel 2010办公应用教学录像
4. 24个精美PPT模板
5. 120个Excel实际工作样表
6. 150个Word常用文书模板
7. 200个Excel常用电子表格模板
8. Excel快捷键查询手册
9. PPT制作技巧查询手册
10. Windows XP使用技巧手册
11. 常用五笔编码查询手册
12. 网络搜索与下载技巧手册
13. 五笔字根查询手册
14. 本书所有案例的素材和结果文件

第1章

PowerPoint 2010 的基本操作

——制作大学生演讲与口才实用技巧 PPT

本章视频教学时间：1 小时 3 分钟

PowerPoint 2010是微软公司推出的Office 2010办公系列软件的重要组成部分，主要用于幻灯片的制作。本章介绍的“大学生演讲与口才实用技巧PPT”是较简单的幻灯片，主要涉及PPT制作的基本操作。

【学习目标】

- 通过本章的学习，了解 PPT 的基本操作。

【本章涉及知识点】

- PowerPoint 2010 的工作界面
- 幻灯片的基本操作
- 输入文本
- 设置文字样式
- 设置段落格式

1.1 PPT制作的最佳流程

本节视频教学时间：7分钟

PPT的制作，不仅靠技术，而且靠创意和理念。以下是制作PPT的最佳流程，掌握了基本操作之后，依照这些流程进一步融合独特的想法和创意，可以让我们制作出令人惊叹的PPT。

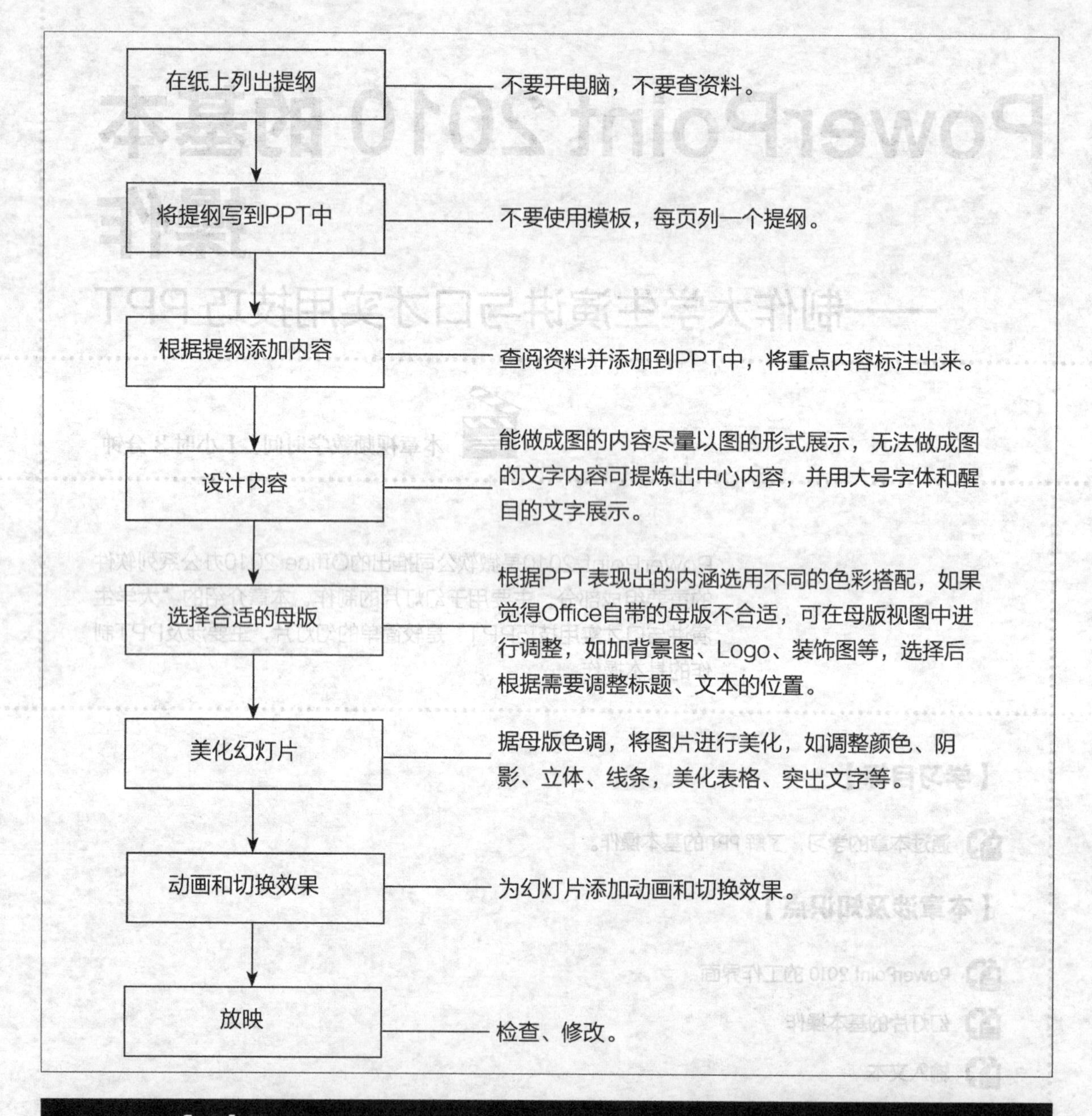

1.2 启动PowerPoint 2010

本节视频教学时间：3分钟

启动PowerPoint 2010软件之后，系统即可自动创建PPT演示文稿。一般来说可以通过【开始】菜单和桌面快捷方式两种方法启动PowerPoint 2010软件。

1 从【开始】菜单启动

单击任务栏中的【开始】按钮，在弹出的【开始】菜单中，选择【所有程序】列表中的【Microsoft Office】➤【Microsoft PowerPoint 2010】选项启动PowerPoint 2010。

2 从桌面快捷方式启动

双击桌面上的PowerPoint 2010快捷图标，也可启动PowerPoint 2010。

小提士

使用快捷方式打开工作簿是较简单的方法，但不是所有的程序都可以通过快捷方式打开。

1.3 认识PowerPoint 2010的工作界面

本节视频教学时间：23分钟

PowerPoint 2010的工作界面由【文件】选项卡、快速访问工具栏、标题栏、功能区、【帮助】按钮、工作区、状态栏和视图栏等组成，如下图所示。

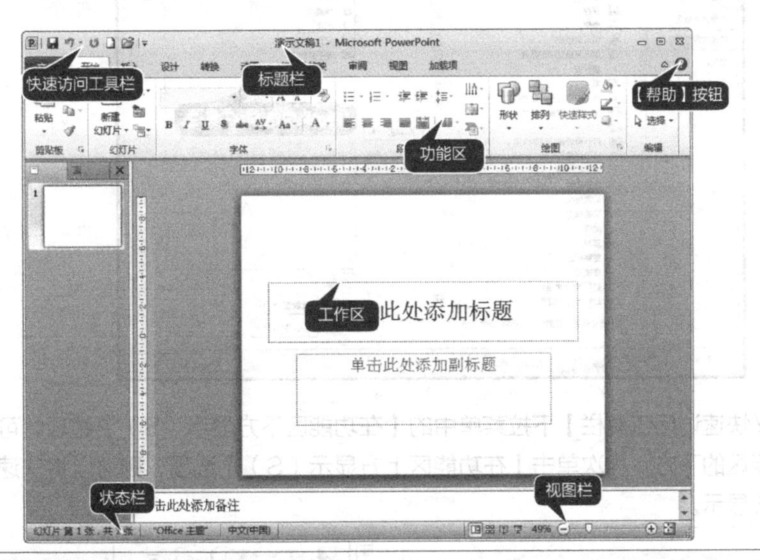

1.3.1 快速访问工具栏

快速访问工具栏位于PowerPoint 2010工作界面的左上角，由最常用的工具按钮组成，如【保存】按钮、【撤消】按钮和【恢复】按钮等。单击快速访问工具栏的按钮，可以快速实现其相应的功能。

单击快速访问工具栏右侧的下拉按钮，弹出【自定义快速访问工具栏】下拉菜单。单击【自定义快速访问工具栏】下拉菜单中的【新建】和【打开最近使用过的文件】之间的选项，可以添加或删除快速访问工具栏中的按钮。如单击【快速打印】选项，可以添加【快速打印】按钮到快速访问工具栏中。再次单击下拉列表中的【快速打印】选项，则可删除快速访问工具栏中的【快速打印】按钮。

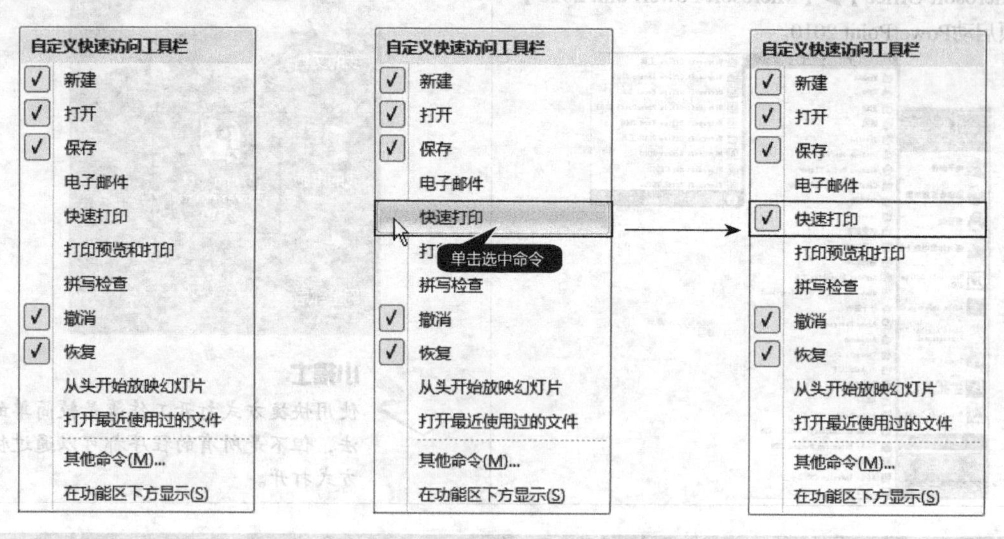

单击【自定义快速访问工具栏】下拉菜单中的【其他命令（M）】选项，弹出【PowerPoint 选项】对话框，通过该对话框也可以自定义快速访问工具栏。

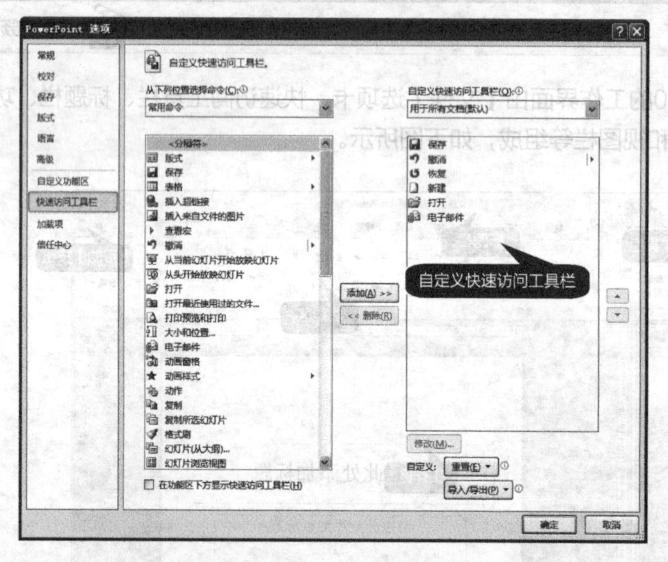

单击【自定义快速访问工具栏】下拉菜单中的【在功能区下方显示（S）】选项，可以将快速访问工具栏显示在功能区的下方。再次单击【在功能区上方显示（S）】选项，则可以将快速访问工具栏恢复到功能区的上方显示。

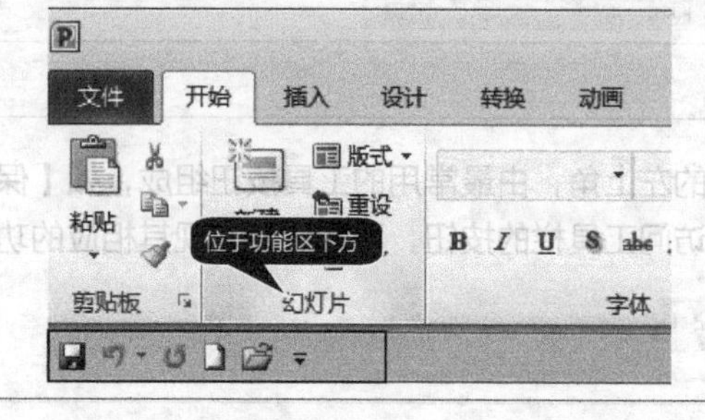

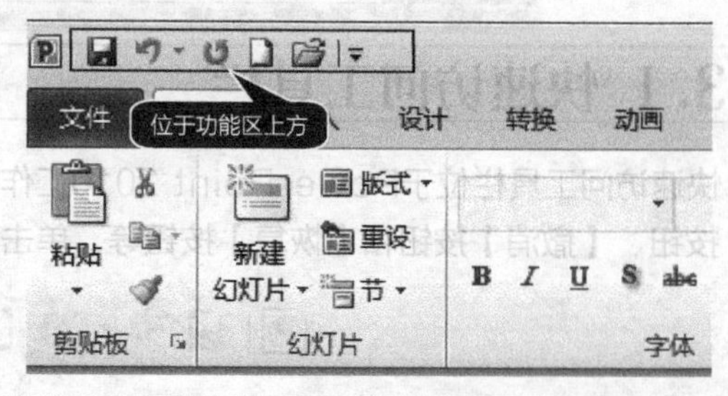

1.3.2 标题栏

标题栏位于快速访问工具栏的右侧，主要用于显示正在使用的文档名称、程序名称及窗口控制按钮等。

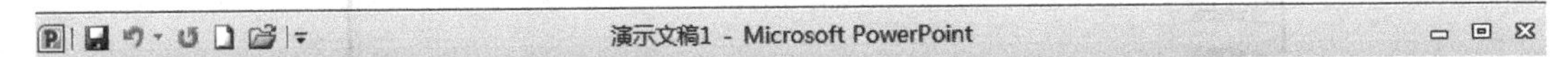

在上图所示的标题栏中，“演示文稿1”即为正在使用的文档名称，正在使用的程序名称是 Microsoft PowerPoint。当文档被重命名后，标题栏中显示的文档名称也随之改变。

位于标题栏右侧的窗口控制按钮包括【最小化】按钮、【最大化】按钮（或【向下还原】按钮）和【关闭】按钮。当PowerPoint 2010工作界面最大化时，【最大化】按钮显示为【向下还原】按钮；当PowerPoint 2010工作界面被缩小时，【向下还原】按钮则显示为【最大化】按钮。

1.3.3 【文件】选项卡

【文件】选项卡位于功能区选项卡的左侧，单击该按钮弹出下图所示的下拉菜单。

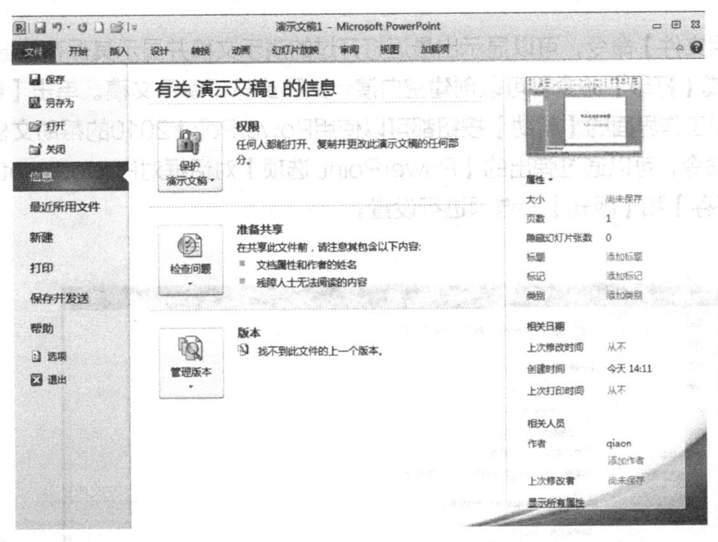

下拉菜单包括【保存】、【另存为】、【打开】、【关闭】、【信息】、【最近所用文件】、【新建】、【打印】、【保存并发送】、【帮助】、【选项】和【退出】等命令。

(1) 单击【保存】或【另存为】选项，弹出【另存为】对话框，在【文件名】文本框中输入文件名，选择文件的保存类型并单击【确定】按钮。

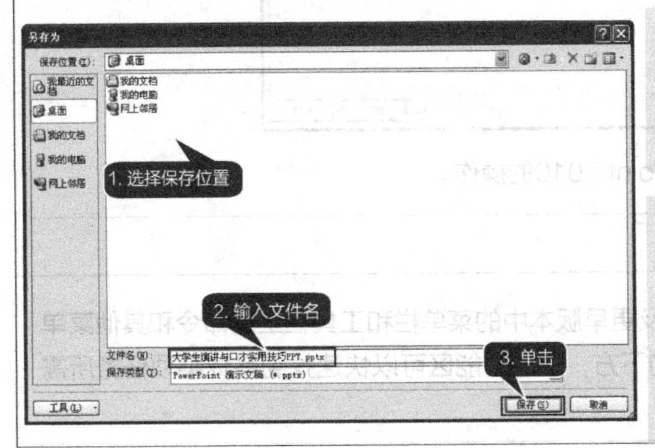

小提示

这里将演示文稿名保存为“大学生演讲与口才实用技巧PPT”，方便后面的使用。

小提示

在这里，我们是对新建的演示文稿进行保存操作，弹出【另存为】对话框，但是如果文档不是第一次保存，单击【保存】按钮后不再弹出【另存为】对话框。

⑵ 选择【打开】命令，在弹出的【打开】对话框中可以选择要打开的幻灯片。

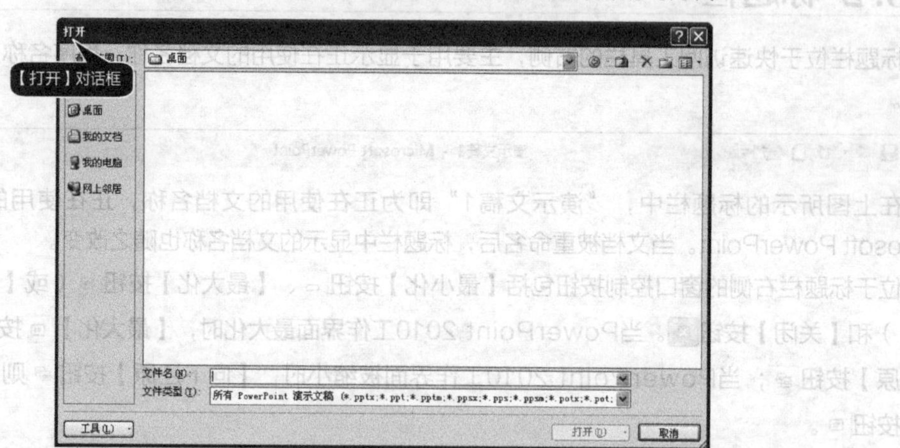

⑶ 选择【关闭】命令可以直接关闭已打开的幻灯片，但并不退出PowerPoint 2010。

⑷ 选择【信息】命令，可以显示和管理正在使用的文档的相关信息，如可以对演示文稿的权限、属性等进行修改。

⑸ 选择【最近所用文件】命令，可以显示出最近打开过的演示文稿并显示其保存位置。

⑹ 选择【新建】或【打印】命令，可以创建空白演示文稿或打印演示文稿。单击【帮助】选项或单击PowerPoint 2010工作界面的【帮助】按钮都可以使用PowerPoint 2010的帮助文档。

⑺ 选择【选项】命令，可以通过弹出的【PowerPoint 选项】对话框对PowerPoint 2010的【常规】、【校对】、【保存】和【版式】等选项进行设置。

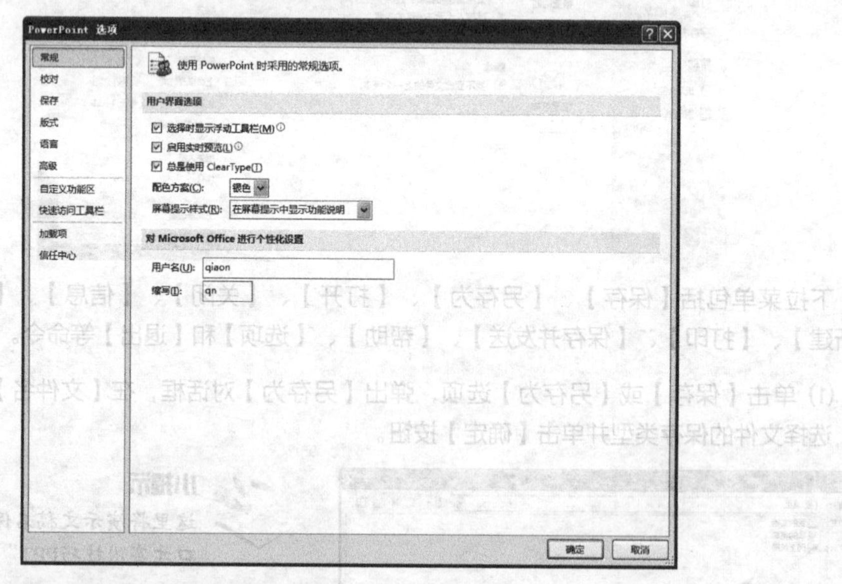

⑻ 选择【退出】命令，可以实现退出PowerPoint 2010的操作。

1.3.4 功能区

在PowerPoint 2010中，PowerPoint 2003及更早版本中的菜单栏和工具栏上的命令和其他菜单项已被功能区取代。功能区位于快速访问工具栏的下方，通过功能区可以快速找到完成某项任务所需要的命令。

功能区主要包括选项卡及各选项卡所包含的组，还有各组中所包含的命令。除了【文件】选项卡，主要还有【开始】、【插入】、【设计】、【转换】、【动画】、【幻灯片放映】、【审阅】、【视图】和【加载项】9个选项卡。

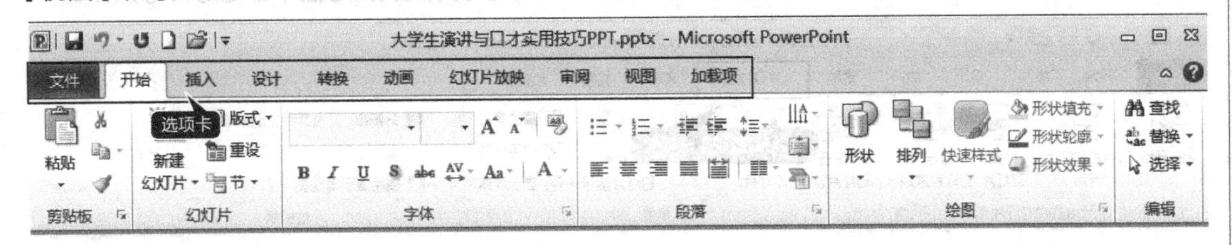

1.【开始】选项卡

【开始】选项卡中包括【剪贴板】、【幻灯片】、【字体】、【段落】、【绘图】和【编辑】6个组，是常用的功能区之一。

使用【开始】选项卡可以进行插入新幻灯片、将对象组合在一起及设置幻灯片上的字体、段落等文本格式等操作。

2.【插入】选项卡

【插入】选项卡主要包括【表格】、【图像】、【插图】、【链接】、【文本】、【符号】及【媒体】等组。通过【插入】选项卡可以将表、形状、图表、页眉或页脚等插入演示文稿中。

3.【设计】选项卡

【设计】选项卡主要包括【页面设置】、【主题】和【背景】等组。使用【设计】选项卡可以对演示文稿的页面和颜色进行设置，也可以自定义演示文稿的背景和主题。

4.【转换】选项卡

【转换】选项卡主要包括【预览】、【切换到此幻灯片】和【计时】等组。通过【转换】选项卡中的命令可以对当前幻灯片进行应用、更改或删除切换等操作。

在【切换到此幻灯片】组中单击某种切换命令即可将其效果应用于当前幻灯片。在【计时】组中的【声音】列表中可以选择声音在切换过程中播放，在【换片方式】下单击选中【单击鼠标时】复选框即可在单击时进行切换。

5.【动画】选项卡

【动画】选项卡主要包括【预览】、【动画】、【高级动画】和【计时】等组。其中，【计时】组中包括用于设置开始和持续时间的区域。

6.【幻灯片放映】选项卡

【幻灯片放映】选项卡主要包括【开始放映幻灯片】、【设置】和【监视器】等组。通过【幻灯片放映】选项卡中的命令可以进行开始幻灯片放映、自定义幻灯片放映和隐藏单个幻灯片等操作。

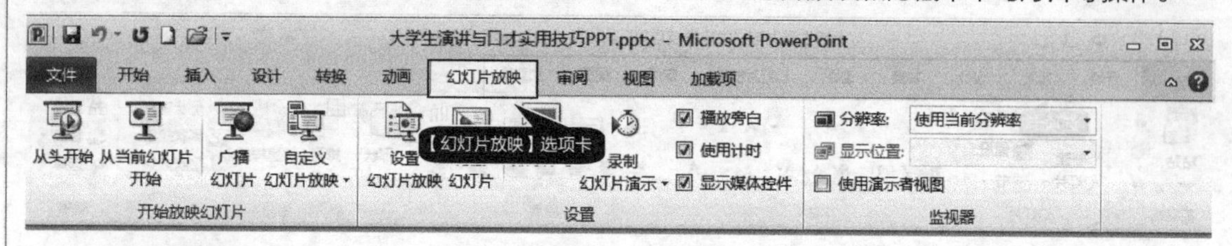

7.【审阅】选项卡

【审阅】选项卡主要包括【校对】、【语言】、【中文简繁转换】、【批注】及【比较】等组。通过【审阅】选项卡中的命令可以检查拼写、更改演示文稿中的语言或比较当前演示文稿与其他演示文稿的差异。

8.【视图】选项卡

【视图】选项卡主要包括【演示文稿视图】、【母版视图】、【显示】、【显示比例】、【颜色/灰度】、【窗口】及【宏】等组。使用【视图】选项卡中的命令可以查看幻灯片母版和备注母版，进行幻灯片浏览，打开或关闭标尺、网格线和参考线，也可以进行显示比例、颜色或灰度等的设置。

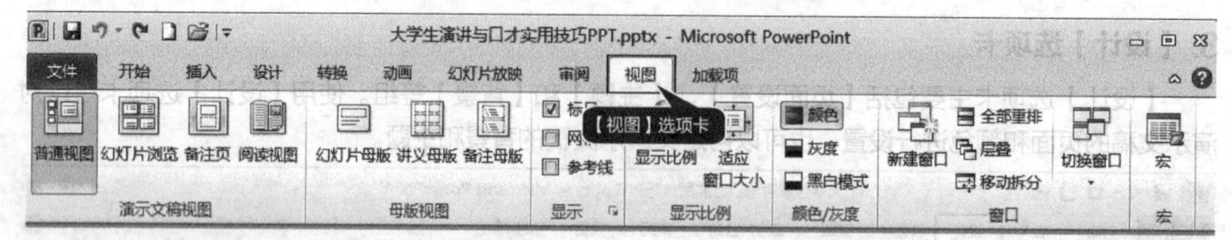

9.【加载项】选项卡

【加载项】选项卡包括【菜单命令】及【自定义工具栏】等组，是PowerPoint 2010安装的附加属性。

1.3.5 工作区

PowerPoint 2010的工作区包括位于左侧的【幻灯片/大纲】窗格、位于右侧的【幻灯片】窗格和【备注】窗格。

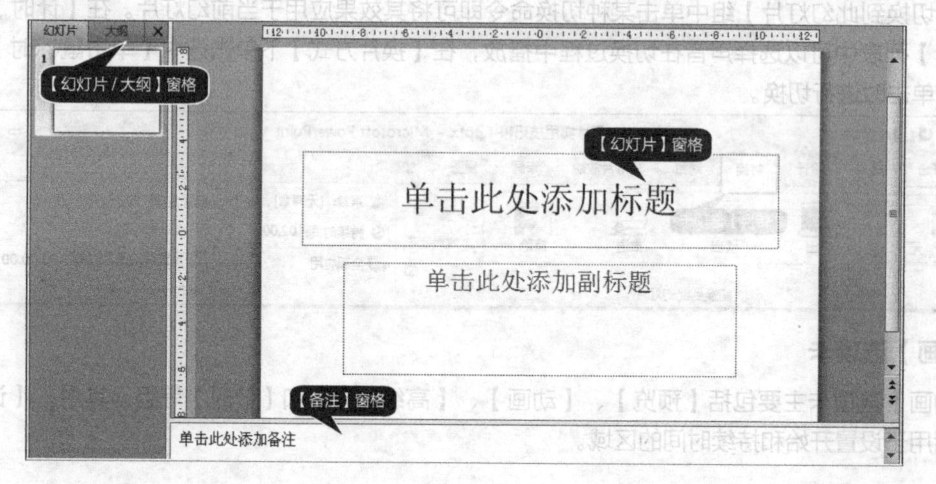

1.【幻灯片/大纲】窗格

在普通视图模式下，【幻灯片/大纲】窗格位于【幻灯片】窗格的左侧，用于显示当前演示文稿的幻灯片数量及位置。【幻灯片/大纲】窗格包括【幻灯片】和【大纲】两个选项卡。单击选项卡的名称，可以在不同的选项卡之间进行切换。

2.【幻灯片】窗格

【幻灯片】窗格位于PowerPoint 2010工作界面的中间，用于显示和编辑当前的幻灯片，我们可以直接在虚线边框标识占位符中键入文本或插入图片、图表和其他对象。

小提示

占位符是一种带有虚线或阴影线边缘的框，绝大部分幻灯片版式中都有这种框，在这些框内可以放置标题及正文，或图表、表格和图片等对象。

3.【备注】窗格

【备注】窗格是在普通视图中显示的，用于键入关于当前幻灯片的备注，我们可以将这些备注打印为备注页。在将演示文稿保存为网页时也将显示备注。

1.3.6 【大纲】选项卡

单击【大纲】选项卡即以大纲形式显示幻灯片文本，这有助于编辑演示文稿的内容和移动项目符号点或幻灯片。

编辑演示文稿中的内容可以直接在【大纲】选项卡中显示的文字内容中进行修改，也可以在右侧的【幻灯片】选项卡中直接编辑。

小提示

如果仅希望在【幻灯片】窗格中观看当前的幻灯片，可以将【幻灯片/大纲】窗格暂时关闭。在编辑中，通常需要将【幻灯片/大纲】窗格显示出来。单击【视图】选项卡的【演示文稿视图】组中的【普通视图】命令即可恢复【幻灯片/大纲】窗格。

1.3.7 状态栏和视图栏

状态栏和视图栏位于当前窗口的最下方，用于显示当前文档页、总页数、该幻灯片使用的主题、输入法状态、视图按钮组、显示比例和调节页面显示比例的控制杆等信息，其中，单击【视图】按钮可以在视图中进行相应的切换。

幻灯片 第 1 张，共 1 张 "Office 主题" 中文(中国) 63%

在状态栏上单击鼠标右键，弹出【自定义状态栏】快捷菜单。通过该快捷菜单，可以设置状态栏中要显示的内容。

1.4 幻灯片的基本操作

本节视频教学时间：5分钟

将演示文稿保存为“大学生演讲与口才实用技巧PPT”后，我们还可以对幻灯片进行操作，如新建幻灯片、为幻灯片应用布局等。

1.4.1 新建幻灯片

创建的演示文稿中，默认只有一张幻灯片。我们可以根据需要，创建多张幻灯片。

1. 通过功能区的【开始】选项卡新建幻灯片

1 调用【新建幻灯片】按钮

单击【开始】选项卡，在【幻灯片】组中单击【新建幻灯片】按钮，即可直接新建一个幻灯片。

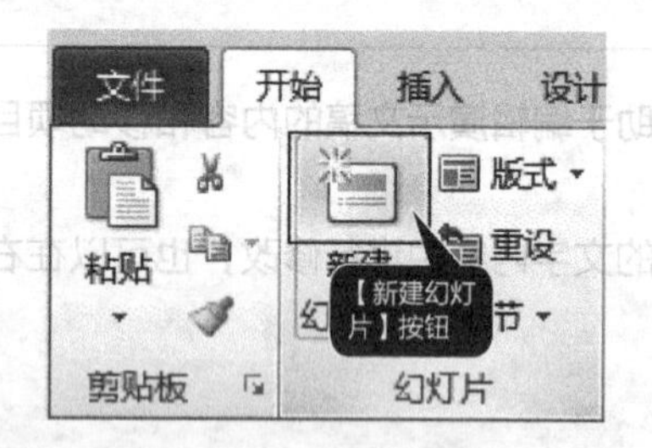

2 查看新建的幻灯片

系统即可自动创建一个新幻灯片，且其缩略图显示在【幻灯片/大纲】窗格中。

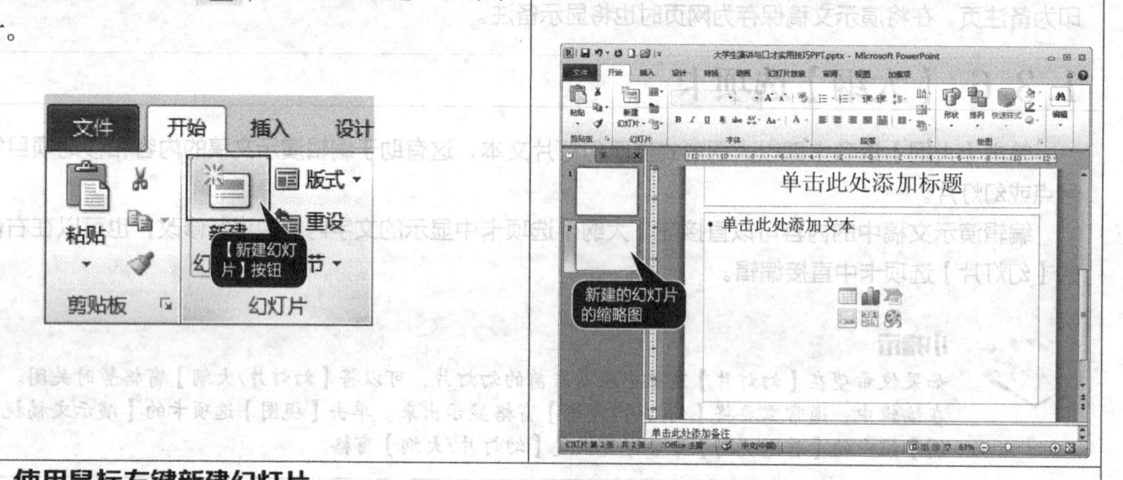

2. 使用鼠标右键新建幻灯片

也可以使用单击右键的方法新建幻灯片。

1 调用【新建幻灯片】菜单命令

在【幻灯片/大纲】窗格的【幻灯片】选项卡下的缩略图上或空白位置单击鼠标右键，在弹出的快捷菜单中选择【新建幻灯片】选项。

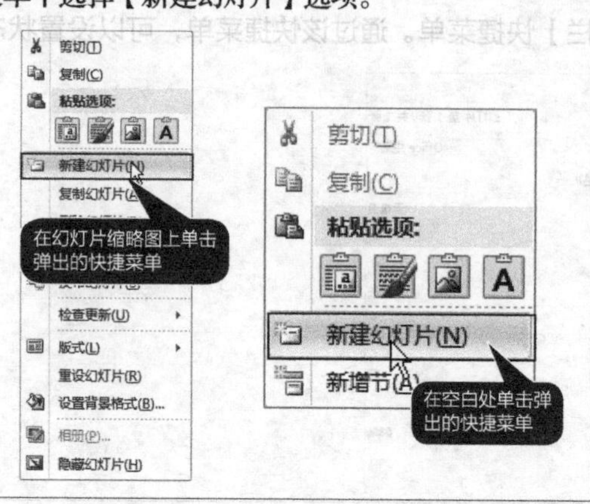

2 选择幻灯片样式

系统即自动创建一个新幻灯片，且其缩略图显示在【幻灯片/大纲】窗格中。

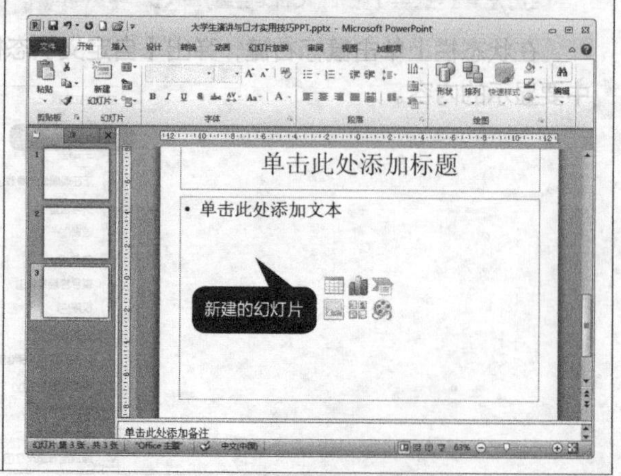

3. 使用快捷键新建幻灯片

使用【Ctrl+M】组合键也可以快速创建新的幻灯片。

1.4.2 为幻灯片应用布局

在“大学生演讲与口才实用技巧PPT”演示文稿中，自动创建的单个幻灯片有两个占位符。新建的幻灯片，可能不是我们需要的幻灯片格式，这时，我们就需要对其进行应用布局。

1 通过【开始】选项卡为幻灯片应用布局

单击【开始】选项卡，在【幻灯片】组中单击【新建幻灯片】下方的下拉按钮，从弹出的下拉菜单中可以选择所要使用的Office主题，即可为幻灯片应用布局。

2 使用鼠标右键为幻灯片应用布局

在【幻灯片/大纲】窗格中的【幻灯片】选项卡下的缩略图上单击鼠标右键，在弹出的快捷菜单中选择【版式】选项，从其子菜单汇总选择要应用的新布局。

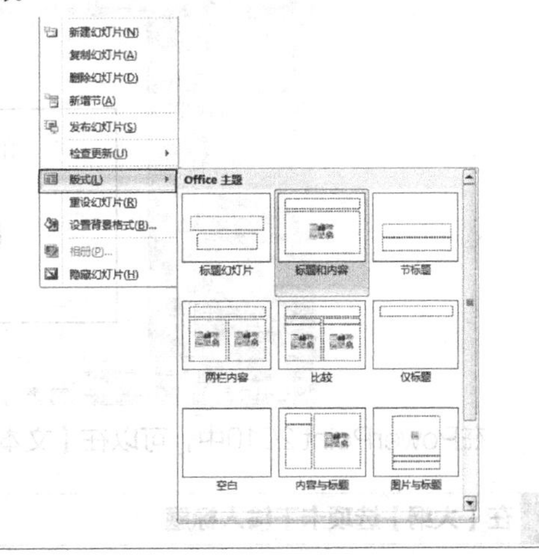

1.4.3 删除幻灯片

创建幻灯片之后，若并不需要多张幻灯片，我们可以直接使用【删除幻灯片】菜单命令。

在【幻灯片/大纲】窗格的【幻灯片】选项卡下，在第3张幻灯片的缩略图上单击鼠标右键；在弹出的菜单中选择【删除幻灯片】选项，幻灯片将被删除；在【幻灯片/大纲】窗格的【幻灯片】选项卡中也不再显示。此外，还可以通过【开始】选项卡的【剪贴板】组中的【剪贴】命令完成幻灯片的删除。

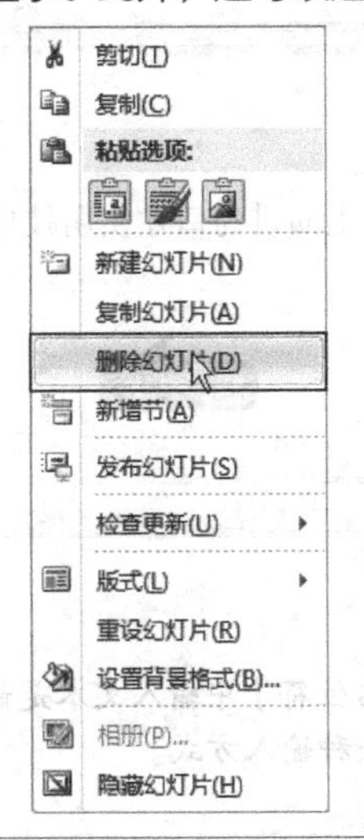

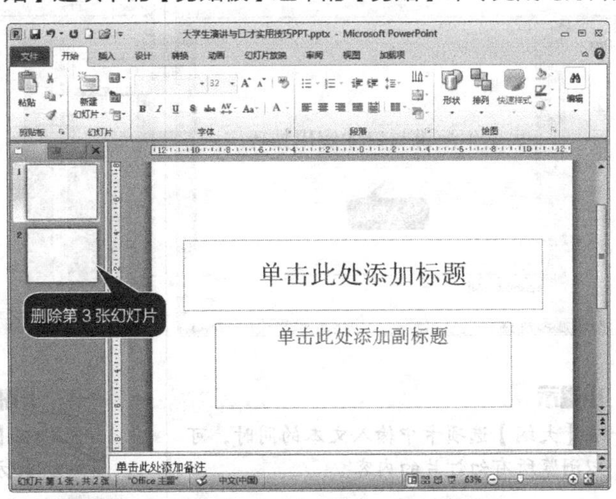

1.5 输入文本

本节视频教学时间：5分钟

完成幻灯片的基本操作之后，我们就可以开始输入“大学生演讲与口才实用技巧PPT”的文本内容了。

1.5.1 输入首页幻灯片标题

在普通视图中，幻灯片会出现“单击此处添加标题”或“单击此处添加副标题”等提示文本框。这种文本框统称为【文本占位符】。

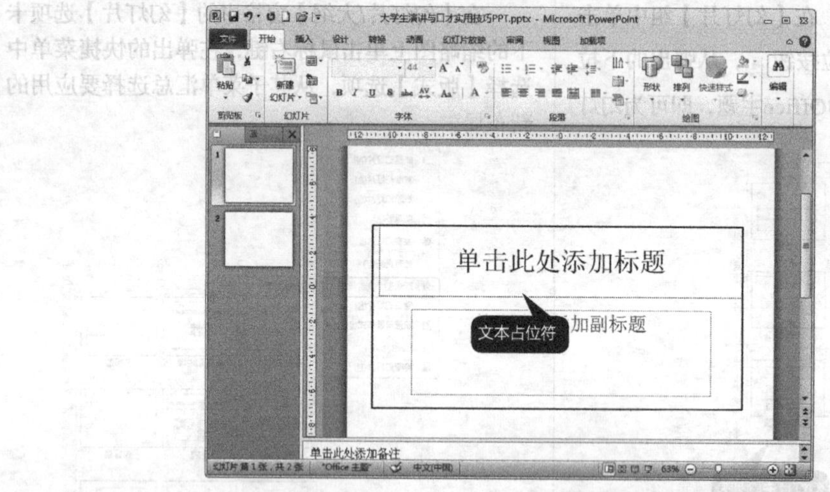

在PowerPoint 2010中，可以在【文本占位符】和【大纲】选项卡下直接输入文本。

1 在【大纲】选项卡下输入标题

将鼠标光标定位在【大纲】选项卡下的幻灯片图标，然后直接输入文本内容“大学生演讲与口才实用技巧”。

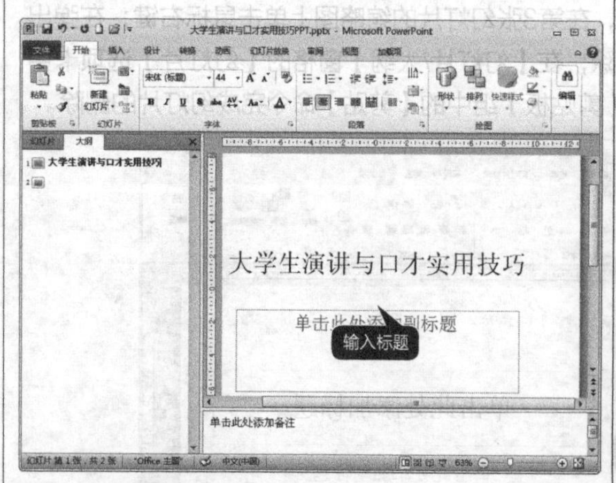

小提示

在【大纲】选项卡中输入文本的同时，可以浏览所有幻灯片的内容。

2 在【文本占位符】中输入文本

单击【幻灯片】窗格中的【文本占位符】“单击此处添加副标题”，输入文本内容“提纲”。

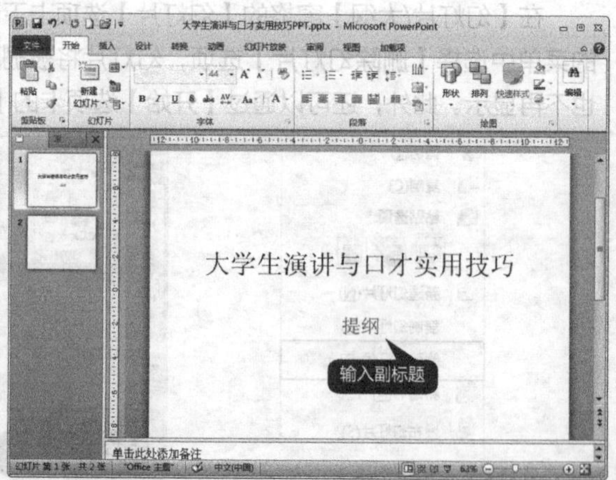

小提示

在【文本占位符】中输入文本是最基本、最方便的一种输入方式。

1.5.2 在文本框中输入文本

幻灯片中【文本占位符】的位置是固定的，如果想在幻灯片的其他位置输入文本，可以通过绘制新的文本框来实现。在插入和设置文本框后，就可以在文本框中输入文本。

1 删除文本占位符

选择第2张幻灯片，然后选中文本占位符后，在键盘上按【Delete】键将其删除。

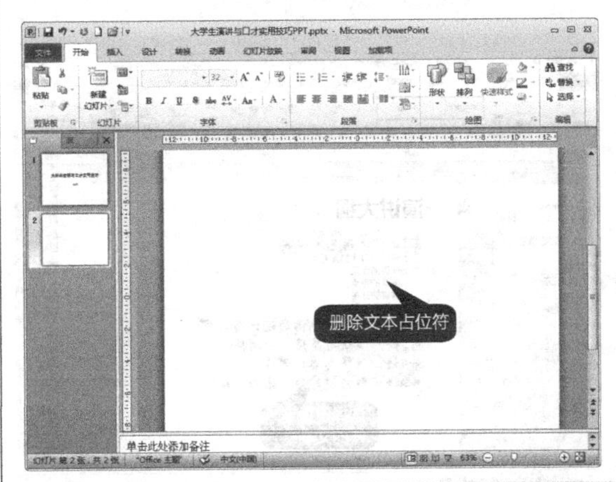

小提示

如果一张幻灯片中有多个文本占位符，可以按住【Shift】键同时选中多个占位符。

2 插入文本框

单击【插入】选项卡中的【文本】选项组中【文本框】按钮，在弹出的下拉菜单中选择【横排文本框】选项，然后将鼠标光标移至幻灯片中，当鼠标光标变为向下的箭头时，按住鼠标左键并拖动即可创建一个文本框。

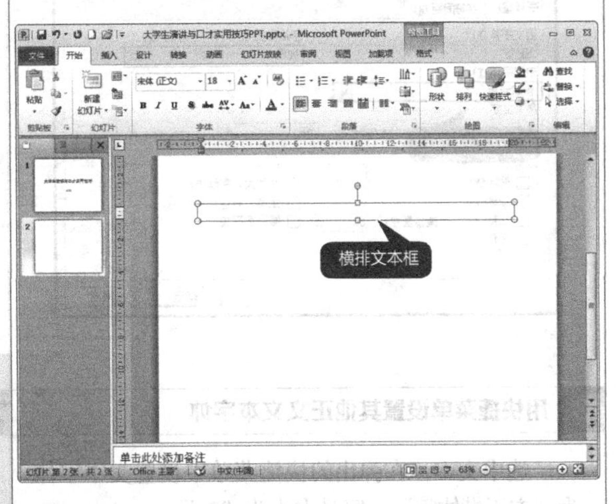

3 输入文本

单击文本框直接输入文本内容，这里输入“演讲大纲”4个字。

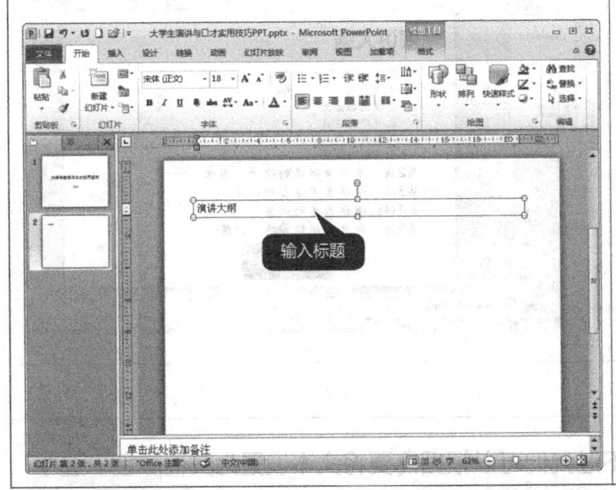

4 重复插入文本框并输入文字

再次插入横排文本框，然后输入文本内容，输入后效果如图所示。

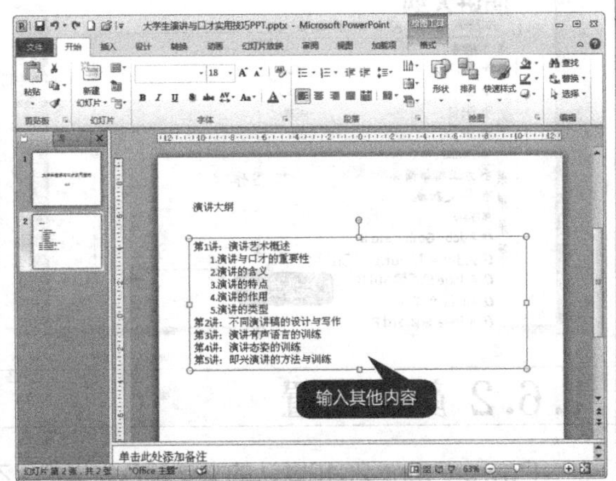

1.6 文字设置

本节视频教学时间：8分钟

通过设置文字字号和颜色，我们可以让幻灯片内容层次有别，从而更为醒目。

1.6.1 字体设置

在幻灯片中，我们有多种方法完成字体的设置。

1 在【字体】对话框中设置标题字体

选中“演讲大纲”4个字单击鼠标右键，在弹出的快捷菜单中选择【字体】菜单命令，弹出【字体】对话框。设置中文字体类型为“微软雅黑”，字号为“40”，字体样式为“加粗”，单击【确定】按钮。

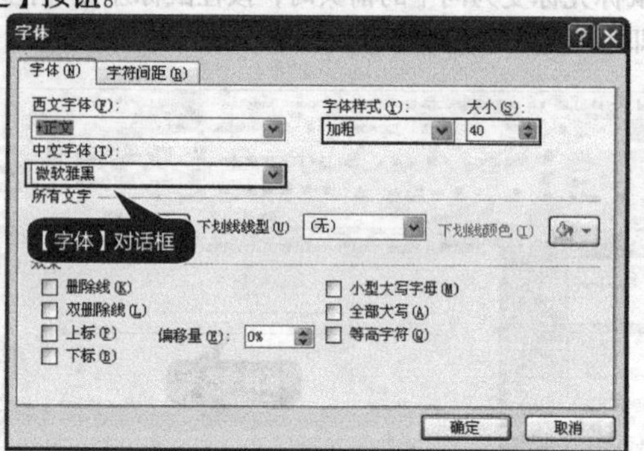

2 在【字体】选项组中设置正文字体

选中要设置同样字体的文本，单击【字体】选项组中【字体】右侧的下拉按钮，在弹出的列表中选择一种字体，如“华文新魏”，字号为“28”。

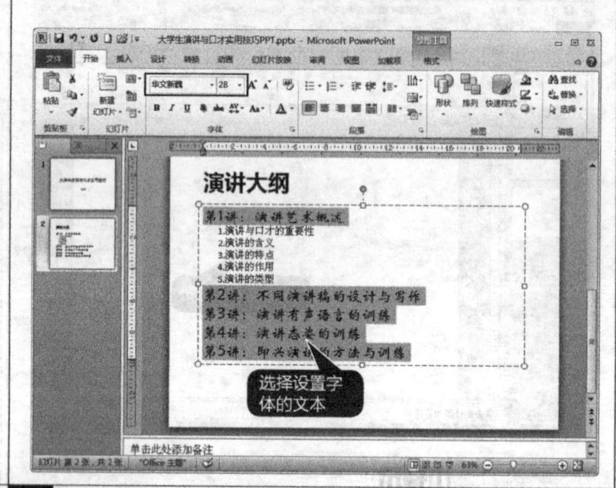

3 用快捷菜单设置其他正文文本字体

选中文本，在弹出的快捷菜单中设置文本字体为“方正楷体简”，字号大小为“24”。

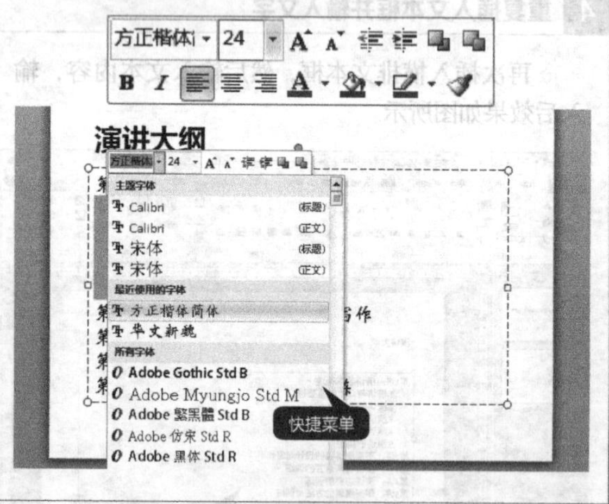

4 查看设置后的效果

设置字体样式后，即可查看幻灯片效果。

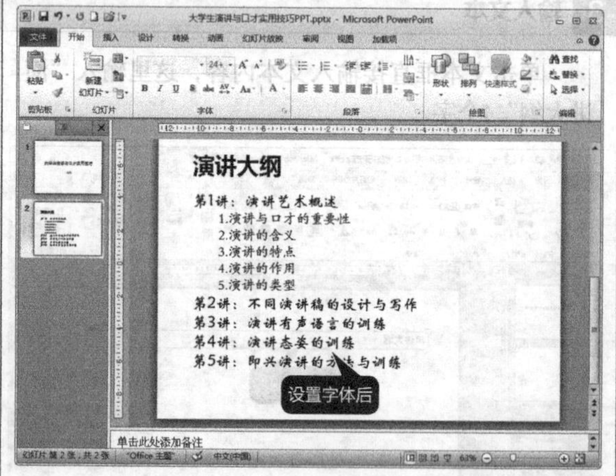

1.6.2 颜色设置

PowerPoint 2010默认的文字颜色为黑色，不过我们可以根据需要将文本设置为其他颜色。选中文本，单击【字体颜色】按钮，在弹出的下拉菜单中选择所需要的颜色即可。

1. 颜色

【字体颜色】下拉列表中包括【主题颜色】、【标准色】和【其他颜色】3个区域的选项。

单击【主题颜色】和【标准色】区域的颜色块可直接选择所需要的颜色。单击【其他颜色】选项，弹出【颜色】对话框，其中包括【标准】和【自定义】两个选项卡。在【标准】选项卡下可以单击颜色球也可选定颜色。

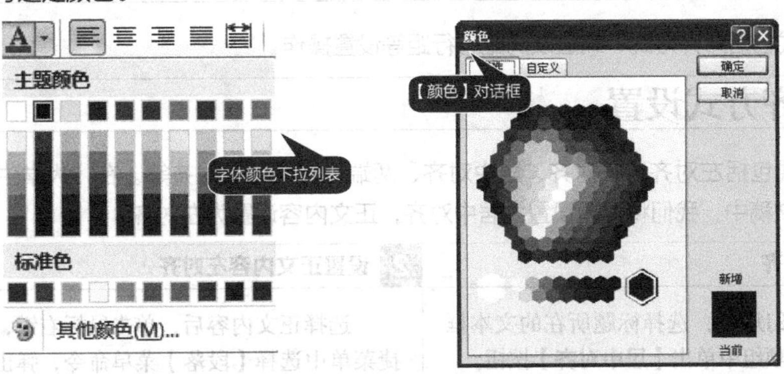

单击【自定义】选项卡，既可以在【颜色】区域指定要使用的颜色，也可以在【红色】、【绿色】和【蓝色】文本框中直接输入精确的数值指定颜色。其中，【颜色模式】下拉列表中包括【RGB】和【HSL】两个选项。

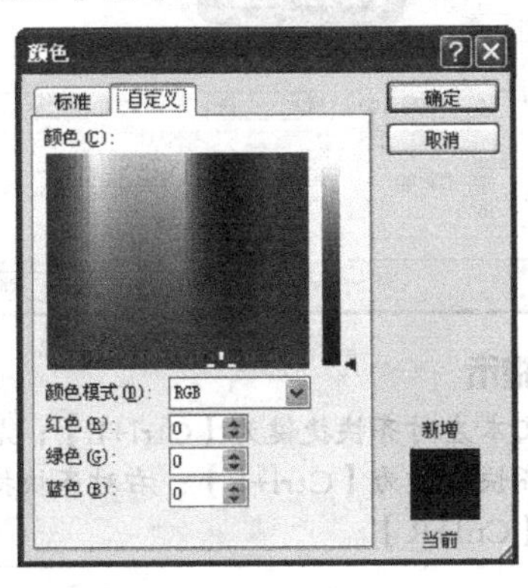

小提示

RGB色彩模式和HSL色彩模式都是工业界的颜色标准，也是目前运用最广的颜色系统。RGB色彩模式通过对红(R)、绿(G)、蓝(B)3个颜色通道的变化以及它们相互之间的叠加来得到各式各样的颜色，RGB代表红、绿、蓝3个通道的颜色；HSL色彩模式通过对色调(H)、饱和度(S)、亮度(L)3个颜色通道的变化以及它们相互之间的叠加来得到各式各样的颜色，HSL代表色调、饱和度、亮度3个通道的颜色。

2. 设置字体颜色

设置字体颜色的方法也有很多种。

1 设置首页幻灯片标题与副标题颜色

切换到第1张幻灯片，选中标题文字后单击【字体】选项组中的【字体颜色】按钮右侧的下拉按钮，在弹出的颜色列表中选择需要的颜色。依此法设置副标题文本颜色。

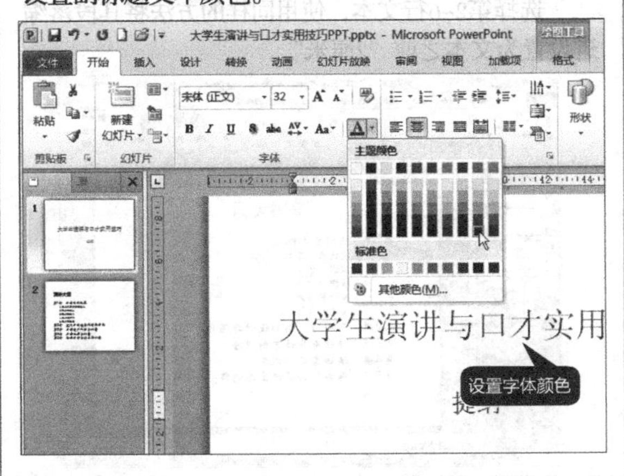

2 设置第2张幻灯片颜色

切换到第2张幻灯片，选中“演讲大纲”后，在弹出的快捷菜单中，单击【字体颜色】右侧的下拉按钮，在弹出的列表中选择一种颜色即可。

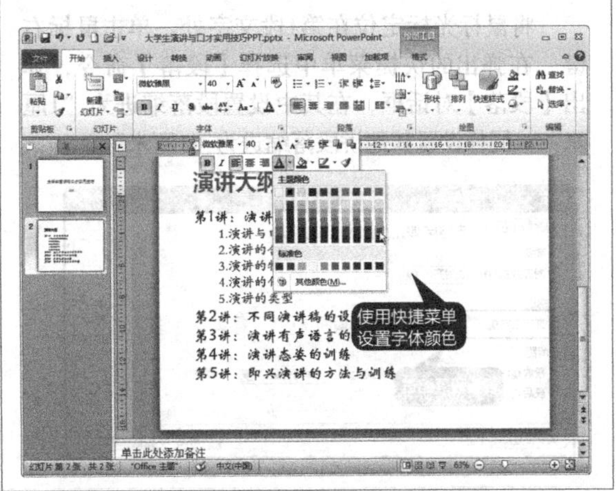

1.7 设置段落样式

本节视频教学时间：5分钟

设置段落格式包括对齐方式、缩进及间距与行距等设置操作。

1.7.1 对齐方式设置

段落对齐方式包括左对齐、右对齐、居中对齐、两端对齐和分散对齐等。在“大学生演讲与口才实用技巧PPT”文稿中，我们将标题设置为居中对齐，正文内容设置为左对齐。

1 设置标题居中对齐

切换到第2张幻灯片，选择标题所在的文本框后，在【段落】选项组中单击【居中对齐】按钮。

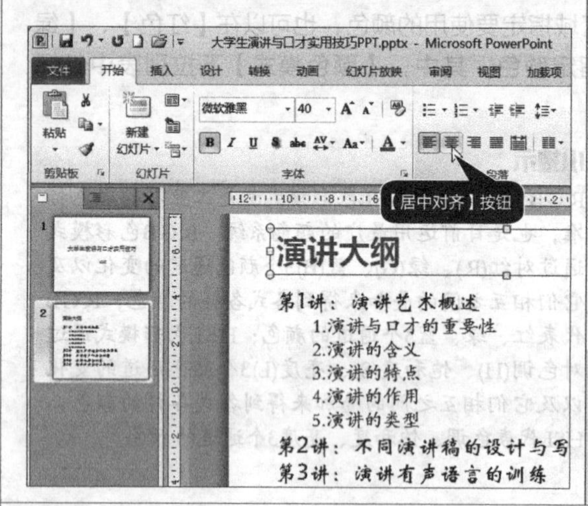

2 设置正文内容左对齐

选择正文内容后，单击鼠标右键，在弹出的快捷菜单中选择【段落】菜单命令，弹出【段落】对话框，在其中设置段落对齐方式为“左对齐”。

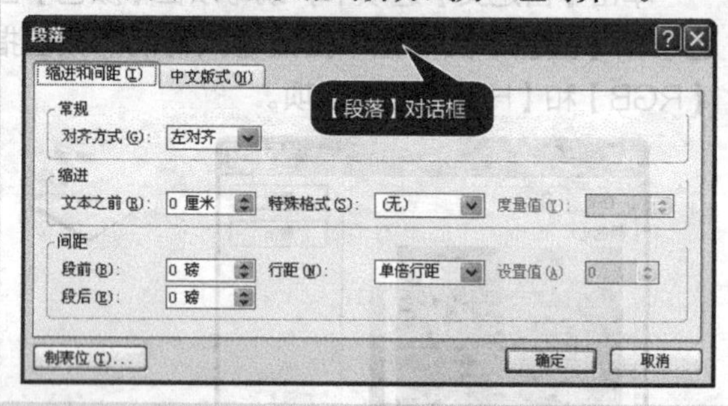

小提示

使文本左对齐快捷键为【Ctrl+L】；居中对齐快捷键为【Ctrl+E】；右对齐快捷键为【Ctrl+R】。

1.7.2 设置文本段落缩进

段落缩进指的是段落中的行相对于页面左边界或右边界的位置。段落缩进的形式主要包括左缩进、右缩进、悬挂缩进和首行缩进等。悬挂缩进是指段落首行的左边界不变，其他各行的左边界相对于页面左边界向右缩进一段距离。首行缩进是指将段落的第一行从左向右缩进一定的距离，首行外的各行都保持不变。

1 设置段落缩进

将鼠标光标定位在第1段文字处，单击鼠标右键，在弹出的快捷菜单中选择【段落】命令，弹出【段落】对话框，在其中设置段落缩进为“1厘米”，同样设置其他讲段落缩进为“1厘米”。

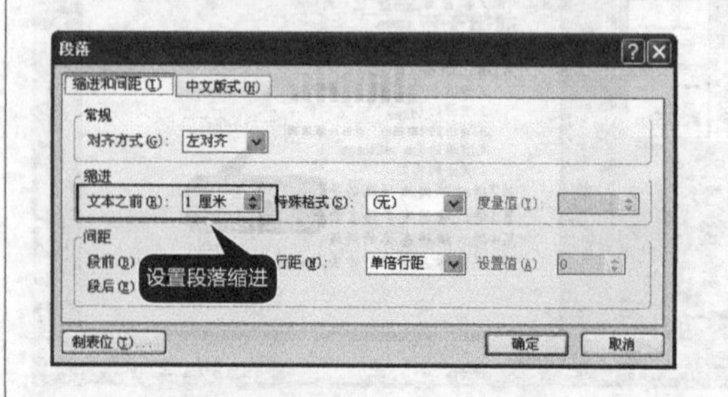

2 设置其他内容的段落样式

选择第2~6行文本，使用同样的方法将其段落缩进设置为文本之前“2厘米”。

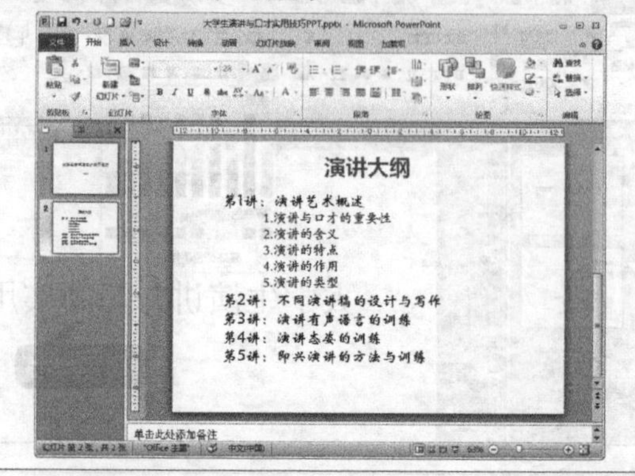

1.8 添加项目符号或编号

本节视频教学时间：5分钟

项目符号和编号是放在文本前的点或其他符号，可以起强调作用。合理使用项目符号和编号可以使文档的层次结构更加清晰。

1.8.1 为文本添加项目符号或编号

在幻灯片中，我们经常要为文本添加项目符号或编号。在“大学生演讲与口才实用技巧PPT”中添加项目符号或编号，从而让文档更有条理。

1 选择文本

在第2张幻灯片中，按住【Ctrl】键选中要添加项目符号的文本。

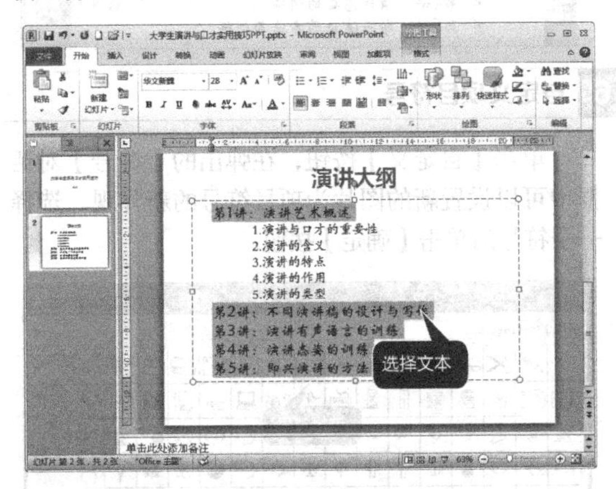

2 添加项目符号

单击【开始】选项卡【段落】组中的【项目符号】按钮，即可为文本添加项目符号。

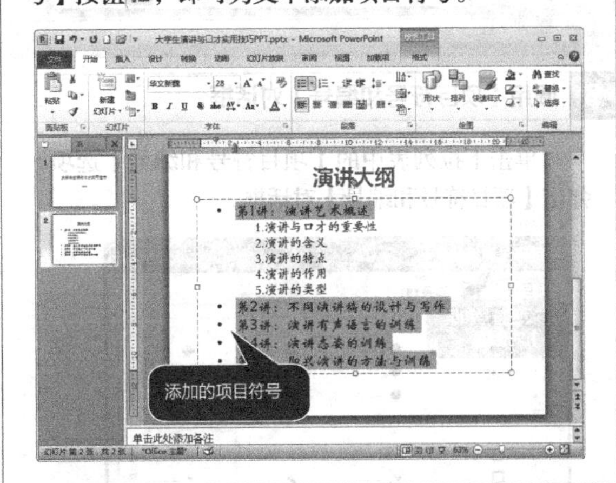

小提示

单击【开始】选项卡【段落】组中的【编号】按钮，即可为文本添加编号。

1.8.2 更改项目符号或编号的外观

如果为文本添加的项目符号或编号的外观不是所需要的，可以更改项目符号或编号的外观。

1 选择更改项目编号的文本

选中已添加项目符号或编号的文本。

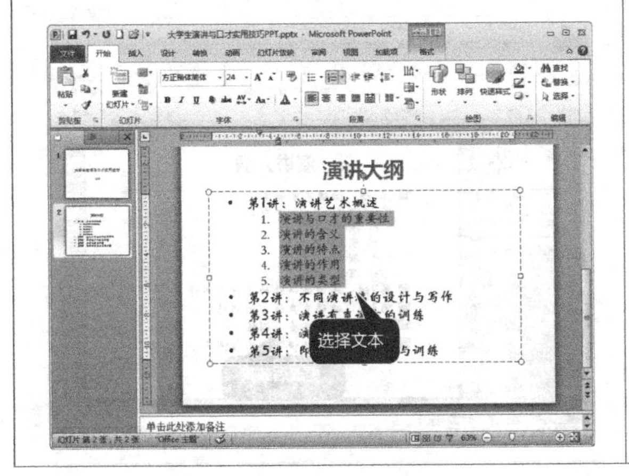

2 更改项目编号

单击【开始】选项卡【段落】组中的【项目编号】的下拉按钮，从弹出的下拉列表中选择需要的项目编号，即可更改项目编号的外观。

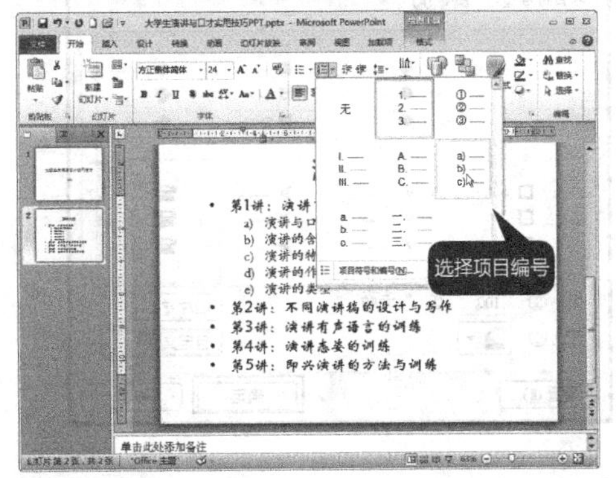

3 选择要更改项目符号的文本

按住【Ctrl】键选中要更改项目符号的文本。

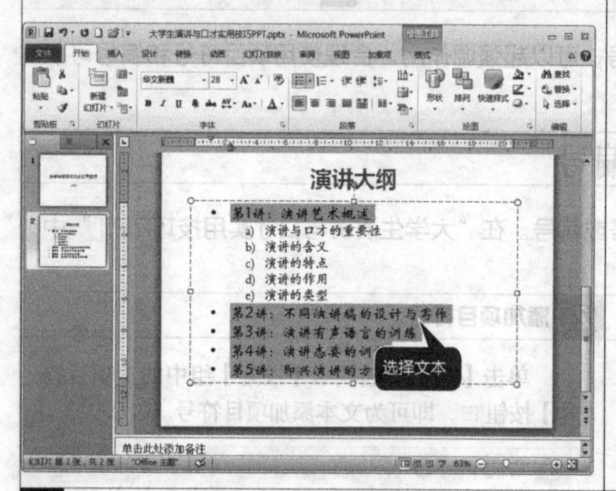

4 更改项目符号

单击【开始】选项卡【段落】组中的【项目符号】的下拉按钮，从弹出的下拉列表中选择所需要的项目符号，即可更改项目符号的外观。

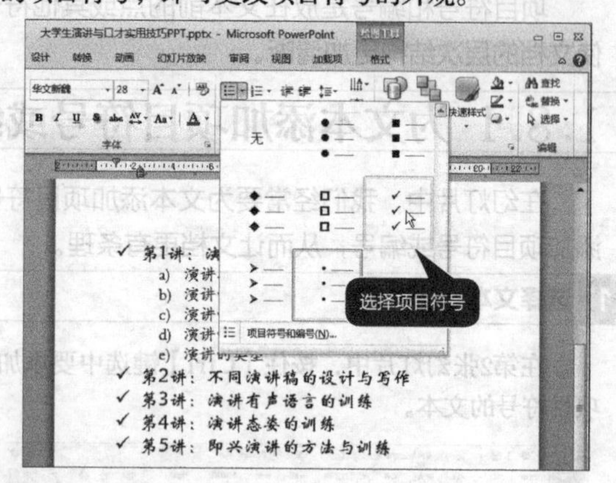

5 调用【项目符号和编号】对话框

单击下拉列表中的【项目符号和编号】选项，弹出【项目符号和编号】对话框。

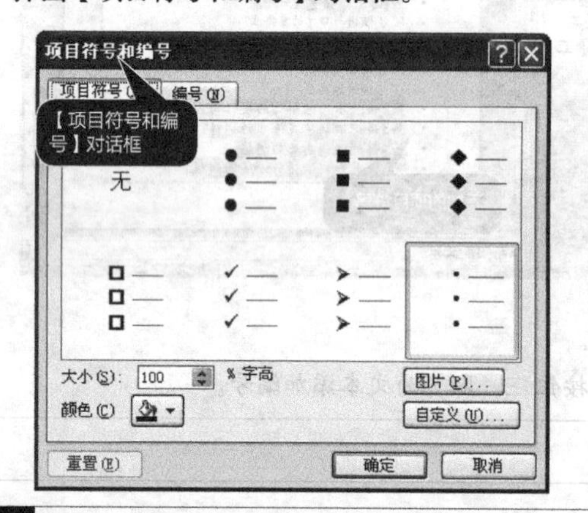

6 自定义项目符号

单击【自定义】按钮，在弹出的【符号】对话框中可以设置新的图片为项目符号的新外观。选择一个符号后单击【确定】按钮。

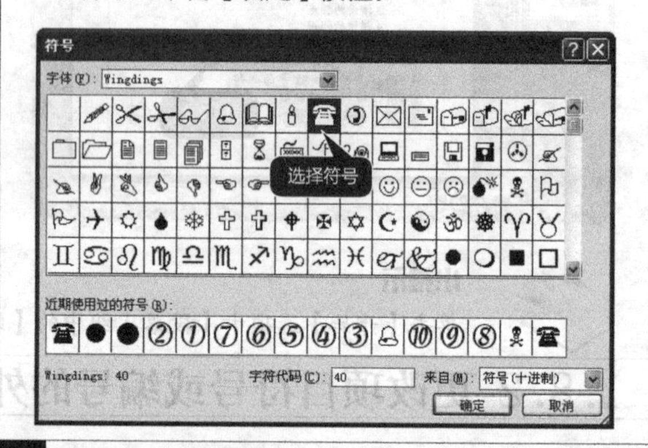

7 返回【项目符号和编号】对话框

返回【项目符号和编号】对话框，可以看到当前使用的项目符号已经发生了变化。

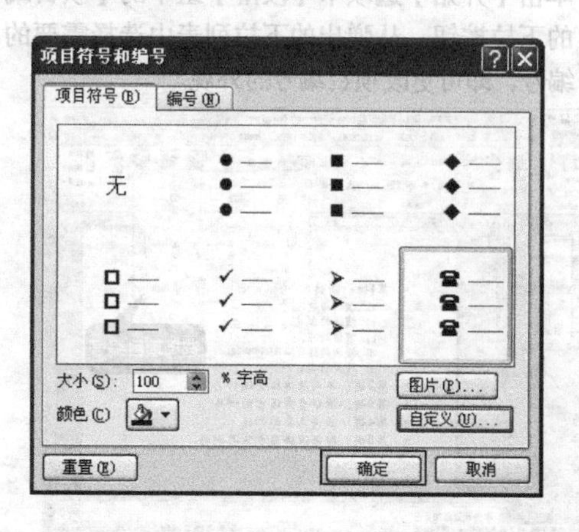

8 在幻灯片中查看效果

单击【确定】按钮，关闭【项目符号和编号】对话框，返回幻灯片查看设置后的项目符号。

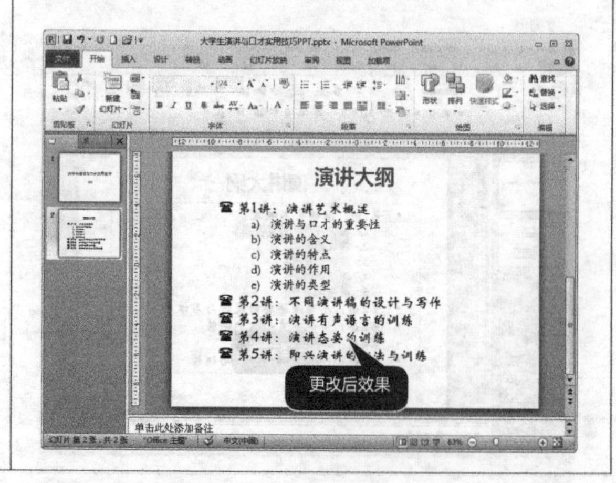

1.9 保存设计好的文稿

本节视频教学时间：2分钟

演示文稿制作完成之后我们可以将其保存起来，以方便使用。

1 使用【文件】选项卡

选择【文件】选项卡，在弹出快捷菜单中单击【保存】按钮即可保存文件。

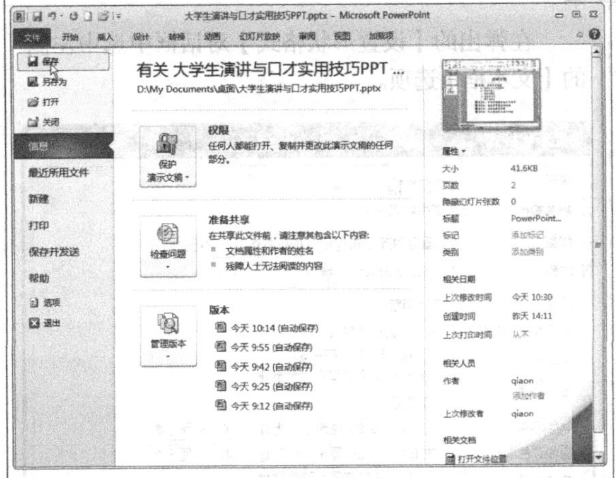

2 使用【保存】按钮

也可以直接单击快速访问栏中的【保存】按钮完成文稿保存。

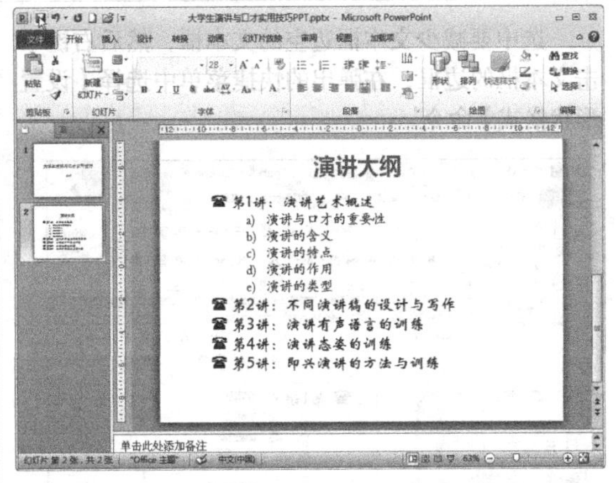

举一反三

PowerPoint 2010是深受用户青睐的常用办公软件之一。它为用户提供了极大的方便。大学生演讲与口才实用技巧PPT主要使用的是PowerPoint 2010的基本功能，如输入文本、设置段落样式和使用项目符号等，此类幻灯片主要在演讲、课堂、会议等场合使用。制作时一般只是将所要演讲或要发言的内容以大纲的形式罗列出来，辅助演讲或发言顺利进行。除了本章介绍的大学生演讲与口才实用技巧PPT外，还有教案PPT、会议发言PPT、公司人员招聘计划PPT等。

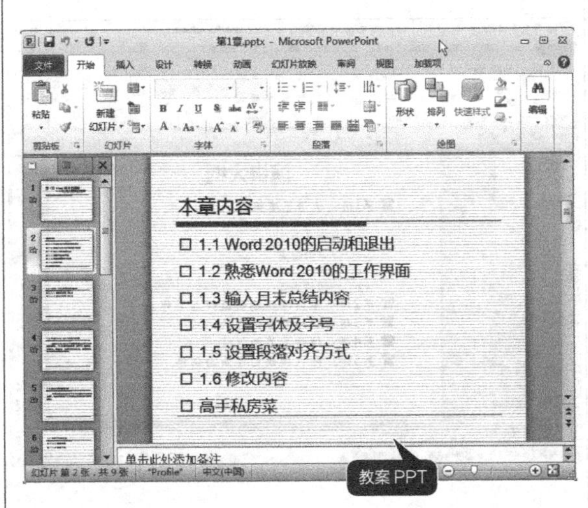

教案 PPT

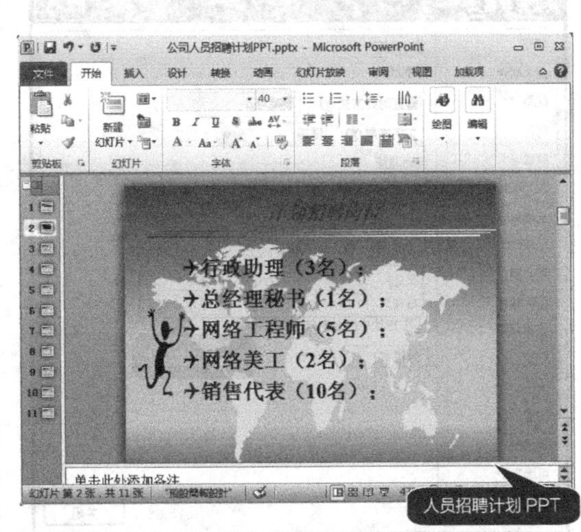

人员招聘计划 PPT

高手私房菜

技巧：减少文本框的边空

在幻灯片文本框中输入文字时，文字离文本框上下左右的边空是默认设置好的。其实，我们可以通过减少文本框的边空，从而获得更大的设计空间。

1 选择【设置形状格式】命令

选中要减少文本框边空的文本框，然后右键单击文本框的边框，在弹出的快捷菜单中选择【设置形状格式】命令。

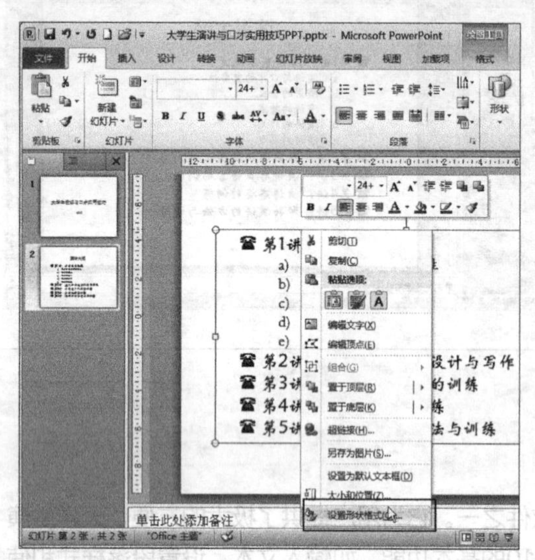

2 选择【文本框】选项

在弹出的【设置形状格式】对话框中选中左侧的【文本框】选项。

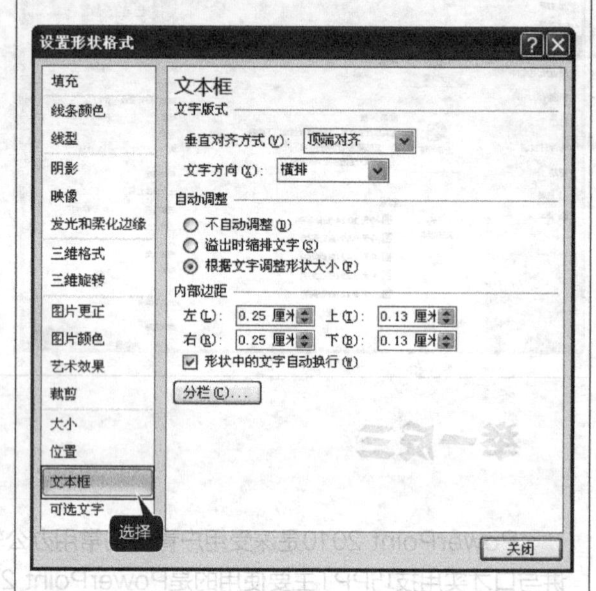

3 调整内部边距

在【内部边距】区域的【左】、【右】、【上】和【下】文本框中数值重新设置为“0厘米”。

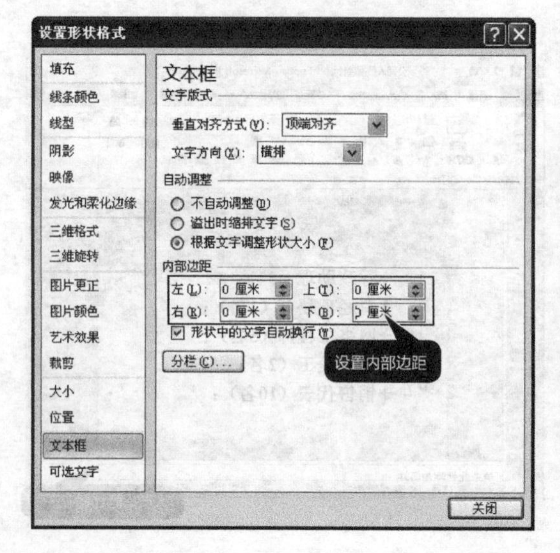

4 查看效果

单击【关闭】按钮即可完成文本框边空的设置，最终结果如下图所示。

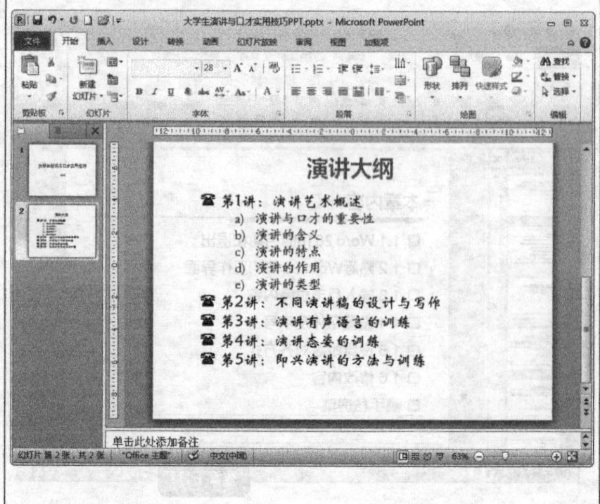

第2章

设计图文并茂的 PPT

——制作公司宣传 PPT

本章视频教学时间：1 小时 10 分钟

在PowerPoint 2010中使用表格和图片可以让我们制作出更漂亮的演示文稿，而且可以提高工作的效率。

【学习目标】

通过本章的学习，了解 PPT 中插图、剪贴画和表格的使用方法。

【本章涉及知识点】

- 熟悉使用艺术字和表格的方法
- 掌握使用图片的方法
- 熟悉插入剪贴画的方法

2.1 新建“公司宣传PPT”演示文稿

本节视频教学时间：12分钟

使用PowerPoint 2010软件制作公司宣传PPT之前，首先要创建一个演示文稿。

2.1.1 PowerPoint 2010支持的文件格式

使用Microsoft PowerPoint 2010，可以将演示文稿保存为下表中所列的任意文件类型。

保存为文件类型	扩展名	说明
PowerPoint 演示文稿	.pptx	PowerPoint 2010 或 2007 演示文稿，默认情况下为支持 XML 的文件格式
PowerPoint 启用宏的演示文稿	.pptm	包含 Visual Basic for Applications (VBA)（Visual Basic for Applications (VBA):Microsoft Visual Basic 的宏语言版本，用于编写基于 Microsoft Windows 的应用程序，内置于多个 Microsoft 程序中）代码的演示文稿
PowerPoint 97-2003 演示文稿	.ppt	可以在早期版本的 PowerPoint（从 97 到 2003）中打开的演示文稿
PDF 文档格式	.pdf	由 Adobe Systems 开发的基于 PostScript 的电子文件格式，该格式保留了文档格式并允许共享文件
XPS 文档格式	.xps	一种新的电子文件格式，用于以文档的最终格式交换文档
PowerPoint 设计模板	.potx	可用于对将来的演示文稿进行格式设置的 PowerPoint 2010 或 2007 演示文稿模板
PowerPoint 启用宏的设计模板	.potm	包含预先批准的宏的模板，这些宏可以添加到模板中以便在演示文稿中使用
PowerPoint 97-2003 设计模板	.pot	可以在早期版本的 PowerPoint（从 97 到 2003）中打开的模板
Office 主题	.thmx	包含颜色主题、字体主题和效果主题的定义的样式表
PowerPoint 放映	.pps；.ppsx	始终在幻灯片放映视图（而不是普通视图）中打开的演示文稿
PowerPoint 启用宏的放映	.ppsm	包含预先批准的宏的幻灯片放映，可以从幻灯片放映中运行这些宏
PowerPoint 97-2003 放映	.ppt	可以在早期版本的 PowerPoint（从 97 到 2003）中打开的幻灯片放映
PowerPoint 加载宏	.ppam	用于存储自定义命令、Visual Basic for Applications (VBA) 代码和特殊功能（例如加载宏）的加载宏
PowerPoint 97-2003 加载宏	.ppa	可以在早期版本的 PowerPoint（从 97 到 2003）中打开的加载宏
Windows Media 视频	.wmv	另存为视频的演示文稿。PowerPoint 2010 演示文稿可按高质量（1024×768，30 帧 / 秒）、中等质量（640×480，24 帧 / 秒）和低质量（320×240，15 帧 / 秒）进行保存。WMV 文件格式可在诸如 Windows Media Player 之类的多种媒体播放器上播放
GIF（图形交换格式）	.gif	作为用于网页的图形的幻灯片。GIF 文件格式最多支持 256 种颜色，因此更适合扫描图像（如插图）。此外，GIF 还适用于直线图形、黑白图像以及只有几个像素的小文本。GIF 支持动画和透明背景
JPEG（联合图像专家组）文件格式	.jpg	作为用于网页的图形的幻灯片。JPEG 文件格式支持 1600 万种颜色，最适于照片和复杂图像
PNG（可移植网络图形）格式	.png	作为用于网页的图形的幻灯片。万维网联合会 (W3C)（万维网联合会 (W3C): 商业与教育方面的一个联合机构，该机构对与万维网相关的所有领域的研究工作进行监督，并促进标准的推出）已批准将 PNG 作为一种替代 GIF 的标准。PNG 不像 GIF 那样支持动画，某些旧版本的浏览器不支持此文件格式

续表

保存为文件类型	扩展名	说明
TIFF（Tag 图像文件格式）	.tif	作为用于网页的图形的幻灯片。TIFF 是用于在个人计算机上存储位映射图像的最佳文件格式。TIFF 图像可以采用任何分辨率，可以是黑白、灰度或彩色
设备无关位图	.bmp	作为用于网页的图形的幻灯片。位图是一种表示形式，包含由点组成的行和列以及计算机内存中的图形图像。每个点的值（不管它是否填充）存储在一个或多个数据位中
Windows 图元文件	.wmf	作为 16 位图形的幻灯片（用于 Microsoft Windows 3.x 和更高版本）
增强型 Windows 元文件	.emf	作为 32 位图形的幻灯片（用于 Microsoft Windows 95 和更高版本）
大纲 /RTF	.rtf	作为仅文本文档的演示文稿大纲，可提供更小的文件大小，并能跟可能与您具有不同版本的 PowerPoint 或操作系统的其他人共享不包含宏的文件。使用这种文件格式，不会保存备注窗格中的任何文本
PowerPoint 图片演示文稿	.pptx	其中每张幻灯片已转换为图片的 PowerPoint 2010 或 2007 演示文稿。将文件另存为 PowerPoint 图片演示文稿将减小文件大小，但会丢失某些信息
OpenDocument 演示文稿	.odp	可以保存 PowerPoint 2010 文件，使其可以在使用 OpenDocument 演示文稿格式的演示文稿应用程序（如 Google Docs 和 OpenOffice.org Impress）中打开。还可以在 PowerPoint 2010 中打开 .odp 格式的演示文稿。保存和打开 .odp 文件时，可能会丢失某些信息

2.1.2 新建演示文稿

通过第1章的介绍，我们知道启动PowerPoint 2010可以直接创建演示文稿。其实，我们还可以通过其他方法创建演示文稿。

1 通过打开PowerPoint文档新建

在计算机中找到并双击一个已存在的PowerPoint文档（扩展名为.xlsx）的图标，启动PowerPoint 2010。

2 直接创建PowerPoint文档

打开资源管理器任意位置，在空白处单击鼠标右键，在弹出的快捷菜单中选择【新建】列表中的【Microsoft PowerPoint工作表】选项，即可直接创建PowerPoint文档。

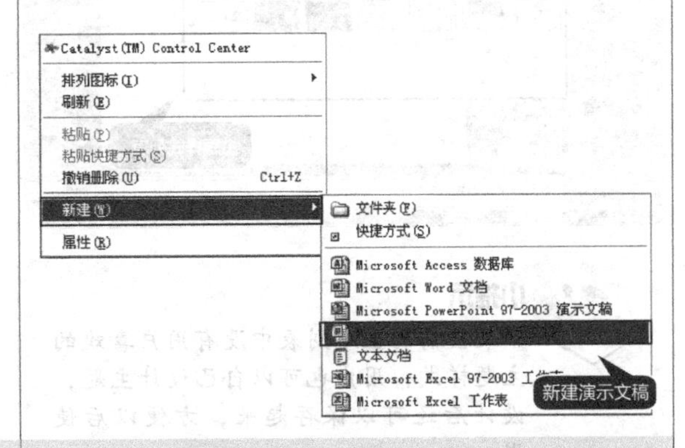

小提示

通过已存在的文档启动PowerPoint文稿后，单击快速访问工具栏中的【新建】按钮即可创建新的演示文稿。

小提示

使用此种方法创建的PowerPoint文稿直接以默认名称“新建Microsoft PowerPoint 演示文稿.pptx”保存到电脑中。

新建PowerPoint文档后，单击快速访问栏中的【保存】按钮，弹出【另存为】对话框。选择文档存放位置后，在【文件名】文本框中输入“公司宣传.pptx”，单击【保存】按钮。

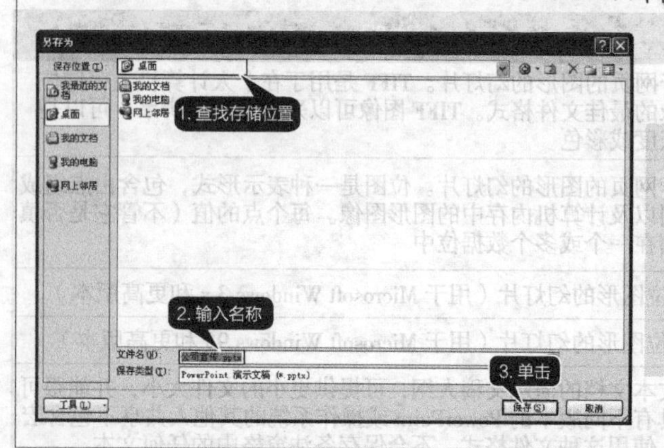

小提示

用户直接创建的文档，系统将以默认名称“新建 Microsoft PowerPoint 演示文稿.pptx”保存，用户只需要将名称修改为“公司宣传PPT”即可。

2.2 使用艺术字输入标题

本节视频教学时间：4分钟

利用PowerPoint 2010中的艺术字功能插入装饰文字，可以创建带阴影的、扭曲的、旋转的和拉伸的艺术字，也可以按预定义的形状创建文字。

1 应用主题样式

单击【设计】选项卡下【主题】选项组中右侧下拉按钮，在弹出的主题样式中选择一种主题样式。

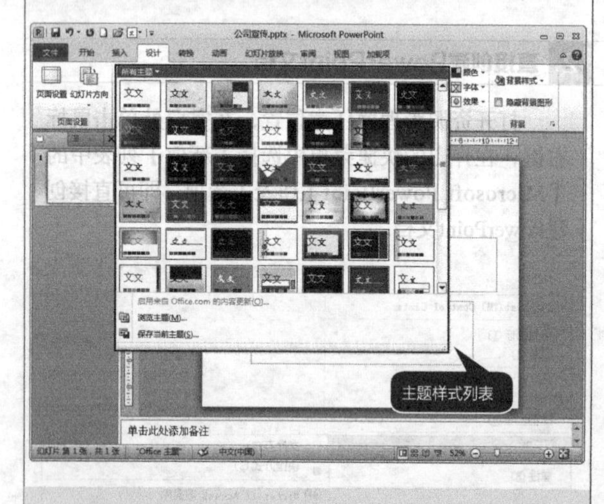

小提示

如果当前的主题列表中没有用户喜欢的主题样式，用户也可以自己设计主题，设计后还可以保存起来，方便以后使用。

在本章中我们使用自定义的主题样式，有关设计主题样式的内容，本书将在第11章中具体介绍，本节不再赘述。

2 选择艺术字样式

删除文本占位符后在功能区单击【插入】选项卡【文本】选项组中的【艺术字】按钮。在弹出的【艺术字】下拉列表中选择如下图所示的“渐变填充-灰色，轮廓-灰色”选项。

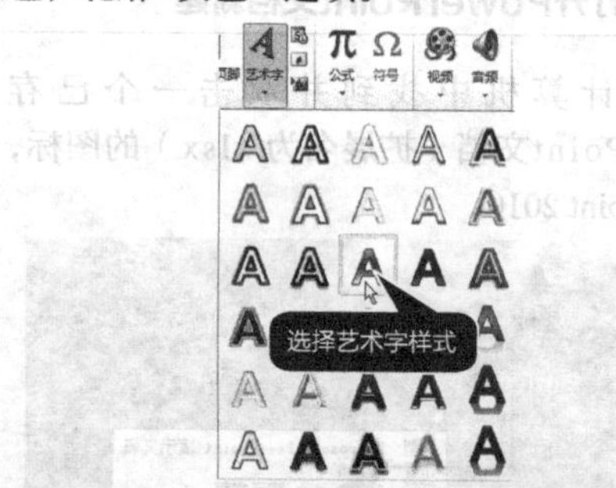

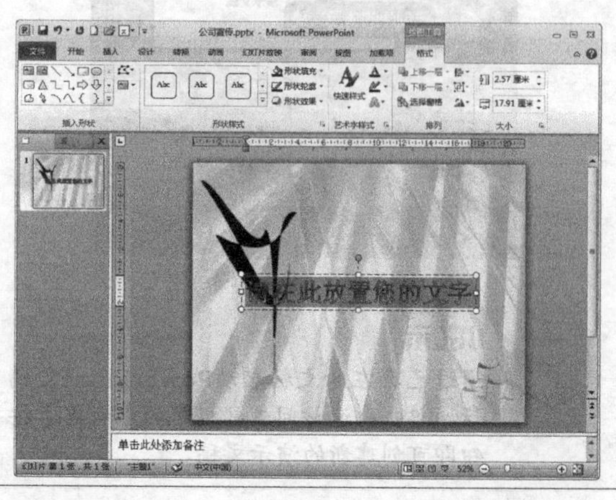

3 输入标题内容

在“请在此处放置您的文字”处单击输入标题“龙马工作室产品宣传”，然后调整文本框位置，效果如下图所示。

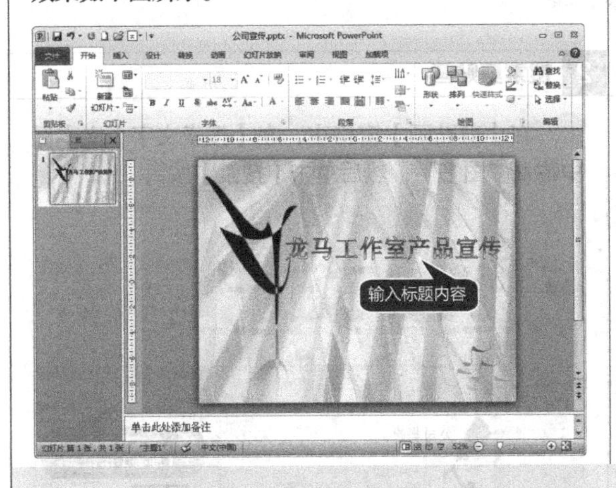

4 输入副标题内容

插入一个横排文本框，输入副标题内容并设置字体样式，调整其位置后的效果如下图所示。

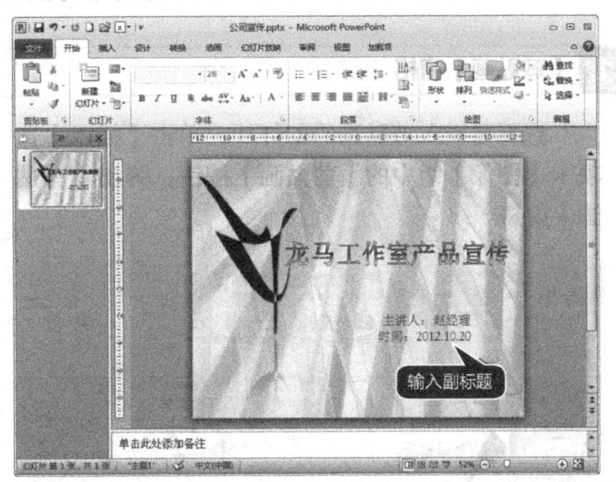

小提示

插入的艺术字仅仅具有一些美化的效果，如果要设置更为艺术的字体，则需要更改艺术字的样式。用户可以在选择艺术字后，在弹出的【绘图工具】➤【格式】选项卡下选择【艺术字样式】组中的各个选项，即可更改艺术字的样式。

2.3 输入公司概况内容

本节视频教学时间：2分钟

公司概况是公司宣传PPT中很重要的组成部分，是对公司的整体介绍。

1 新建幻灯片

新建样式为“标题和内容”的幻灯片。

2 输入标题和内容

在“单击此处添加标题”处输入幻灯片标题，在“单击此处添加文本”处输入公司概况内容，输入完设置字体样式和段落样式后的效果如下图所示。

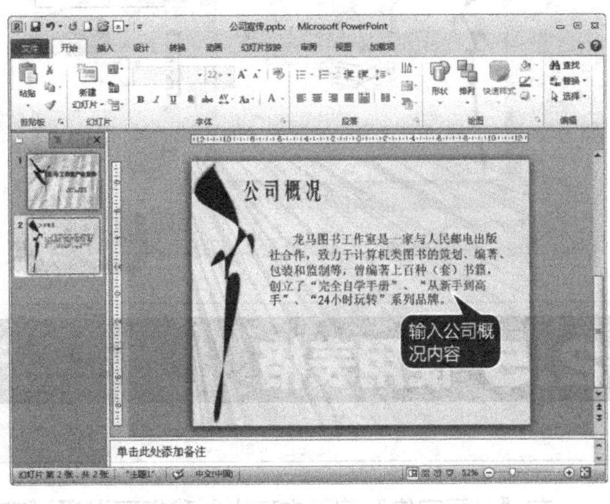

2.4 插入剪贴画

本节视频教学时间：5分钟

剪贴画可以为幻灯片增色，使幻灯片不再枯燥。

1 【剪贴画】窗格

选择要插入剪贴画的幻灯片，单击【插入】选项卡【图像】组中的【剪贴画】按钮，弹出【剪贴画】窗格。

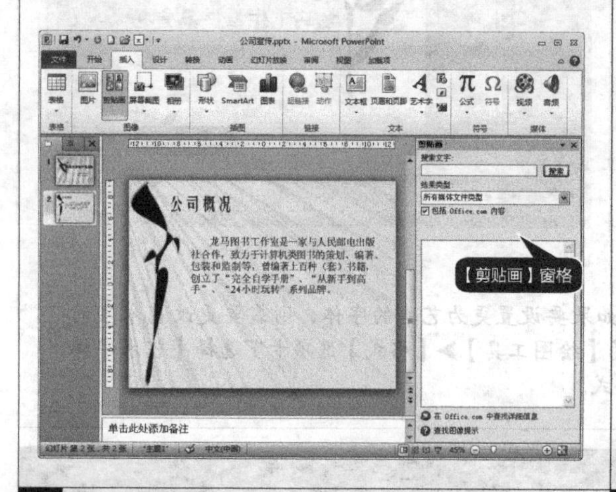

2 搜索剪贴画

在【剪贴画】窗格中，在【搜索文字】文本框中输入“图书”，然后单击【搜索】按钮。

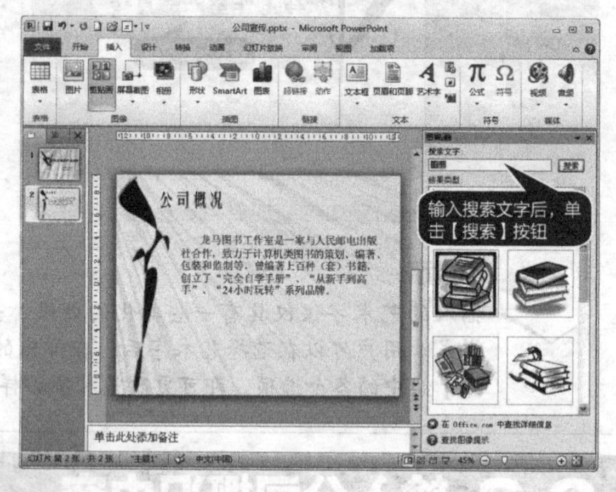

3 插入剪贴画

在弹出的剪贴画列表中选择一个剪贴画并单击鼠标右键，在弹出的列表中选择【插入】选项即可将其添加到幻灯片中。

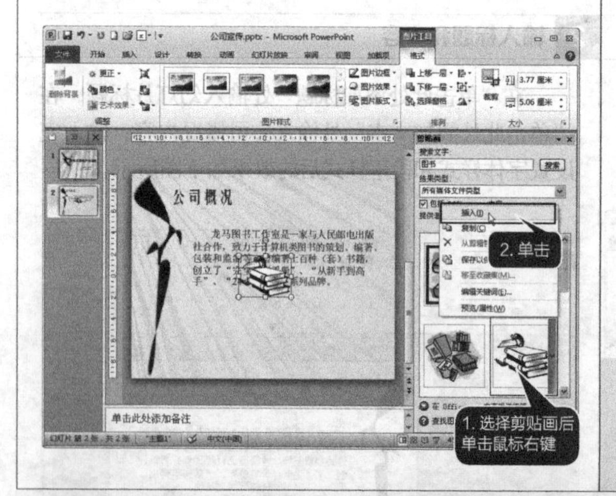

4 调整剪贴画位置

插入之后调整剪贴画到适当的位置，并关闭【剪贴画】窗格。

小提示

除了图片文件外，也可以使用【剪贴画】窗格插入音乐、视频等。

2.5 使用表格

本节视频教学时间：10分钟

在“公司宣传”演示文稿中，我们可以通过表格展示公司最新制作的图书。

2.5.1 创建表格

表格是幻灯片中很常用的一类模板，一般可以通过在PowerPoint 2010中直接创建表格并设置表格格式、从Word中复制和粘贴表格、从Excel中复制和粘贴一组单元格，以及在PowerPoint中插入Excel 电子表格4种方法来完成表格的创建。

1 新建幻灯片

在【幻灯片】选项卡下幻灯片的缩略图上，单击鼠标右键，在弹出的快捷菜单中选择【新建幻灯片】命令，默认Office主题为“标题和内容”幻灯片。

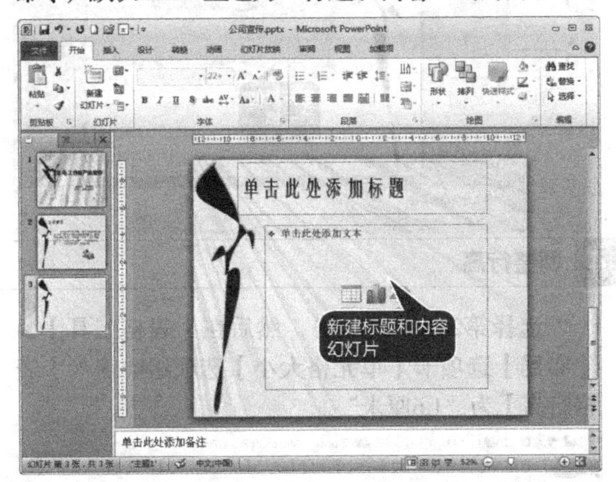

2 输入标题

在新建的幻灯片中“单击此处添加标题”位置单击，然后输入幻灯片标题“最新公司简介”。

3 插入表格

删除“单击此处添加文本”文本占位符，然后单击【插入】选项卡【表格】组中的【表格】按钮，在弹出的列表中选择【插入表格】选项。

4 设置表格行和列

弹出【插入表格】对话框，在其中设置表格的列数和行数，然后单击【确定】按钮。

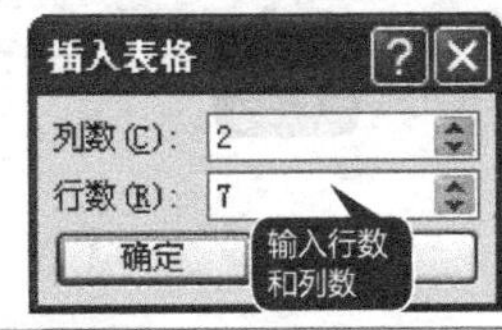

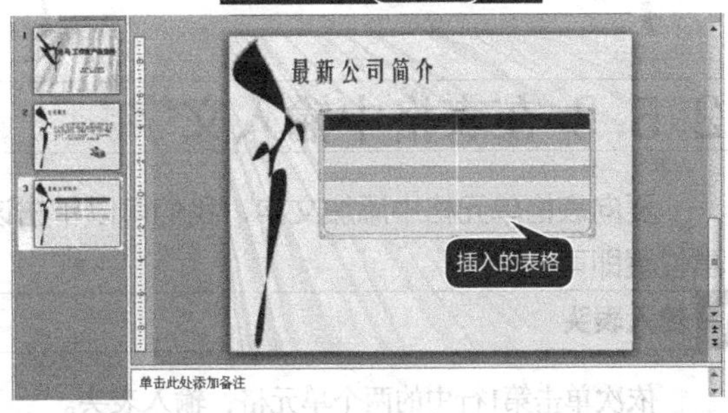

小提示

单击【表格】按钮后也可以在【插入表格】下拉列表中直接拖动鼠标指针以选择行数和列数后单击，即可在幻灯片中创建表格。

2.5.2 操作表格中的行和列

表格插入之后，还可以编辑表格的行与列，如删除或添加行（列）、调整行高或列宽及合并或拆分单元格等。

1 合并首列第2个和第3个单元格

选择首列第2个和第3个单元格，然后在【表格工具】➤【布局】选项卡下【合并】选项组中单击【合并单元格】按钮。

2 合并其他单元格

使用同样的方法，合并其他需要合并的单元格，合并后效果如图所示。

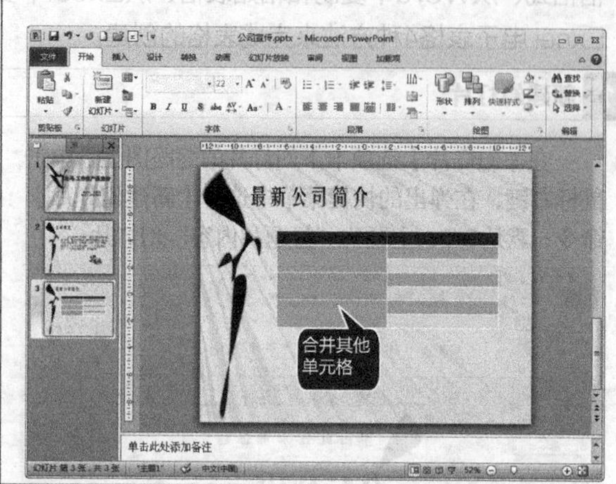

3 调整列宽

将鼠标光标放在两列中间的竖线上，当鼠标光标变为向两侧发散的箭头时，拖曳鼠标到合适的位置即可。

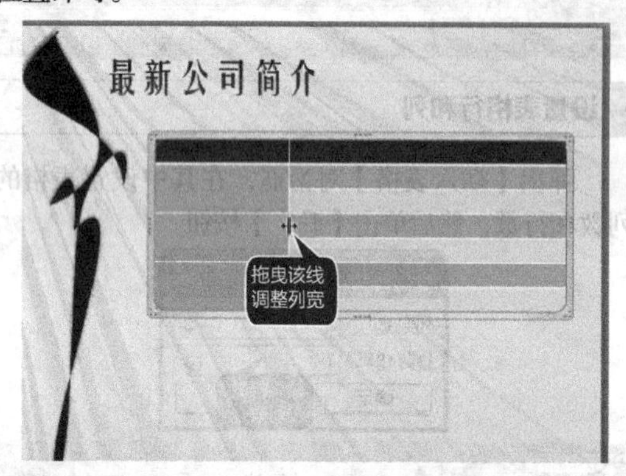

4 调整行高

选择第2列中的表格，然后在【表格工具】➤【布局】选项卡【单元格大小】选项组中输入【表格行高】为“1.6厘米”。

2.5.3 在表格中输入文字

要向表格单元格中添加文字，我们可以单击该单元格后输入文字，输入完成后单击该表格外的任意位置即可。

1 输入表头

依次单击第1行中的两个单元格，输入表头。

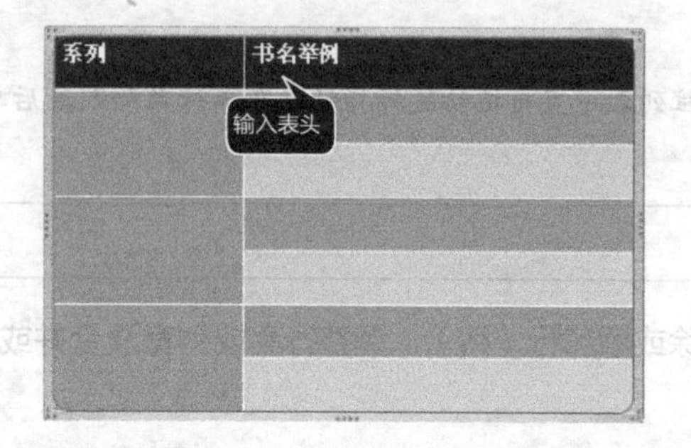

2 输入表的内容

依次单击表格中的其他单元格并输入相应内容。

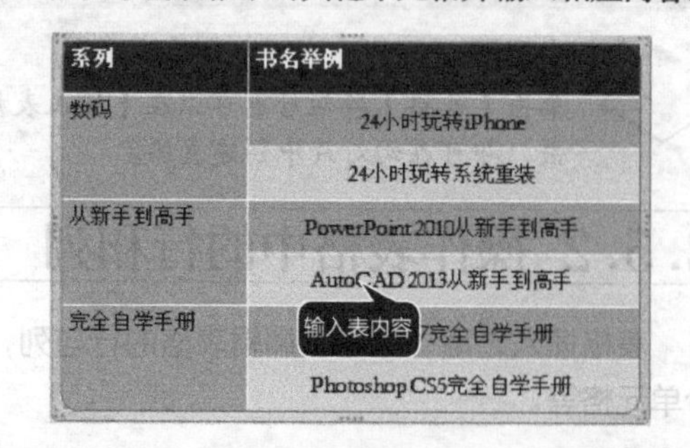

2.5.4 设置表格中文字样式和对齐方式

在表格中输入文字后，设置表格中的文字样式和对齐方式，可以让表格更好看。

1 设置表头文字

选中表头中的文字，将其设置为“方正书宋简”，字号为“32”，然后在【段落】选项组中单击“居中对齐”按钮，然后单击【文本对齐】按钮右侧下拉按钮，在弹出的列表中选择【中部对齐】命令。

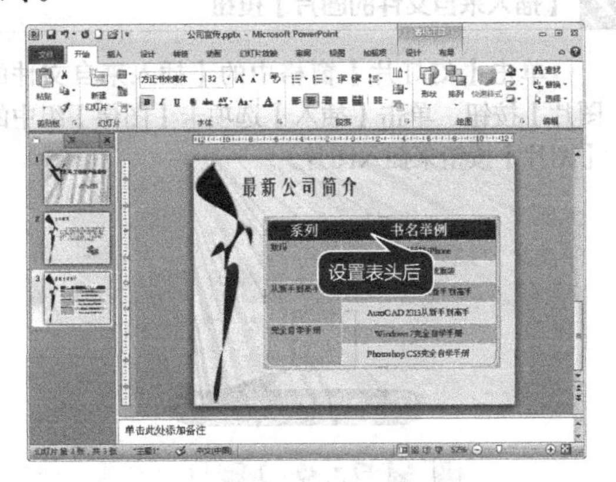

2 设置其他文本的对齐方式

选择表格中的其他文本，设置字体为“方正楷体简”，大小为“28”，然后将其对齐方式设置为垂直、水平方向均居中显示。

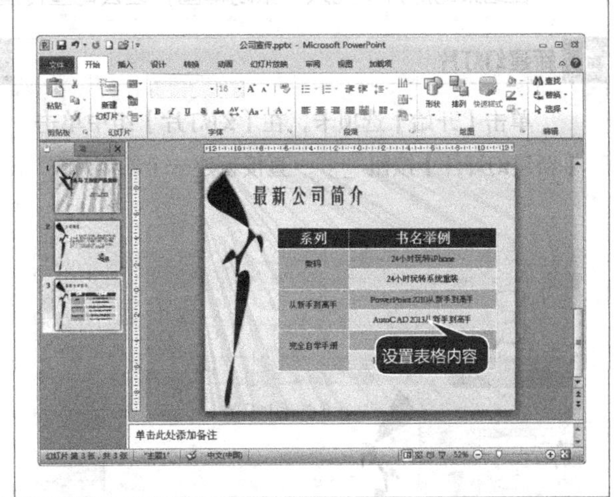

2.5.5 设置表格的样式

创建表格之后，设置表格的样式，让其与幻灯片主题协调统一。

1 表格样式列表

选中表格后单击【表格工具】➤【设计】选项卡，在【表格样式】选项组中单击【其他】按钮，弹出表格样式列表。

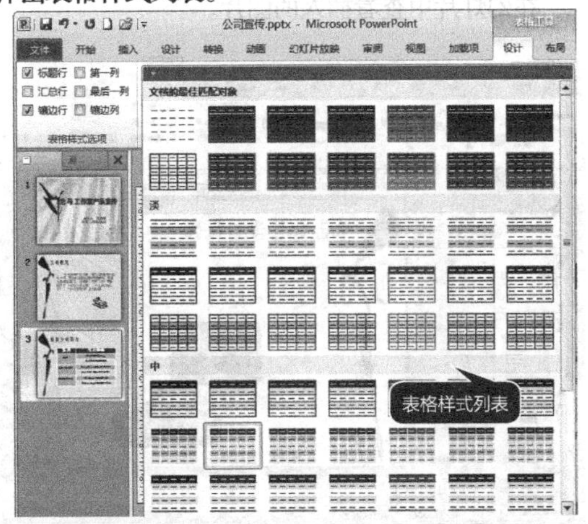

2 应用表格样式

在表格样式中，选择一种后单击即将其应用到当前表格。

小提示

除了直接应用系统提供的表格样式外，用户也可以自己设计表格样式。单击【表格工具】➤【设计】选项卡【表格样式】选项组中的【底纹】按钮，可以为表格设置表格背景，包括图片、纹理及渐变等；单击【边框】按钮可以为表格添加边框；单击【效果】按钮可以为单元格添加外观效果，如阴影或映像等。

2.6 在幻灯片中使用图片

本节视频教学时间：37分钟

在制作幻灯片时，适当插入一些图片，可以达到图文并茂的效果。

2.6.1 插入图片

在结束幻灯片中插入一张闭幕图，让公司宣传演示文稿显得更得体。

1 新建幻灯片

单击【开始】选项卡，在【幻灯片】组中单击【新建幻灯片】按钮，直接新建一个幻灯片。

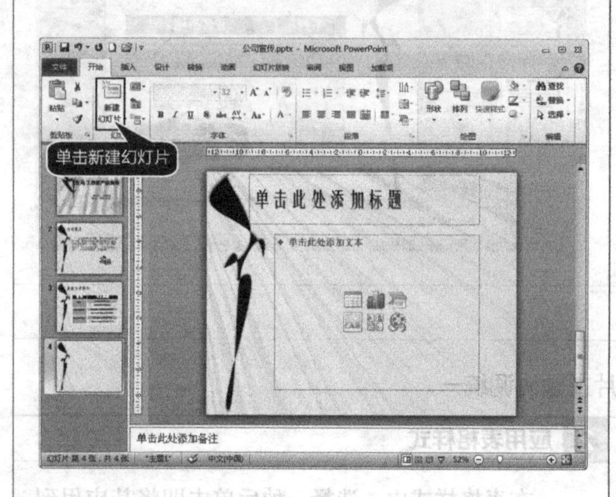

2 【插入来自文件的图片】按钮

单击【幻灯片】窗格中的【插入来自文件的图片】按钮，单击【插入】选项卡【图像】组中的【图片】按钮来插入图片。

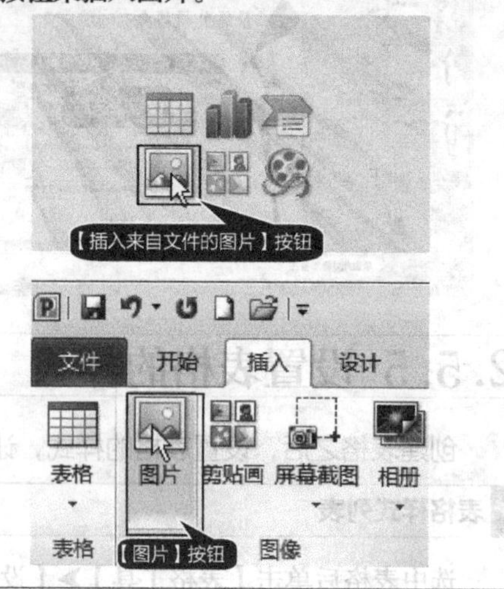

3 插入图片

弹出【插入图片】对话框，在【查找范围】下拉列表中选择图片所在的位置，然后单击所要使用的图片。

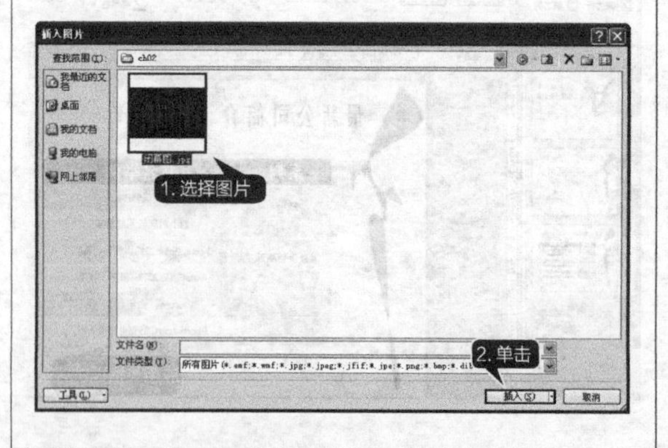

4 插入效果

在幻灯片中查看插入的图片。

2.6.2 调整图片的大小

我们可以根据幻灯片情况调整插入的图片大小。在结束幻灯片中输入图片后，我们发现插入的图片并没有充满整个幻灯片，这时我们就需要对其进行调整。

1 拖动控制点调整图片大小

选中插入的图片，将鼠标指针移至图片四周的尺寸控制点上。按住鼠标左键拖曳，就可以更改图片的大小。

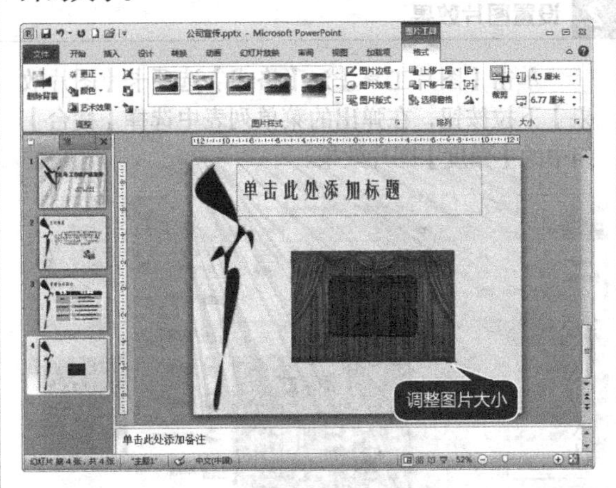

2 多次调整使图片大小适合幻灯片

用鼠标选中图片后，拖动鼠标将其拖到合适的位置处，继续调整图片大小，最后使图片大小适合幻灯片大小。

2.6.3 裁剪图片

调整图片的大小后，若发现图片长宽比例与幻灯片比例不同，我们就要对图片进行裁剪。

裁剪图片时，先选中图片，然后在【图片工具】➤【格式】选项卡【大小】组中单击【裁剪】按钮，此时可以进行4种裁剪操作。

(1) 裁剪某一侧：将该侧的中心裁剪控点向里拖动。

(2) 同时均匀地裁剪两侧：按住【Ctrl】键的同时，将任一侧的中心裁剪控点向里拖动。

(3) 同时均匀地裁剪全部4侧：按住【Ctrl】键的同时，将一个角部裁剪控点向里拖动。

(4) 放置裁剪：通过拖动裁剪方框的边缘移动裁剪区域或图片。

完成后在幻灯片空白位置处单击或按【Esc】键退出裁剪操作即可。

1 【裁剪】按钮

选中图片，然后在【图片工具】➤【格式】选项卡【大小】组中单击【裁剪】按钮。

小提示

单击【裁剪】下拉按钮，弹出包括【裁剪】、【裁剪为形状】、【纵横比】、【填充】和【调整】等选项的下拉菜单。

(1) 裁剪为特定形状：在剪裁为特定形状时，将自动修整图片以填充形状的几何图形，但同时会保持图片的比例。

(2) 裁剪为通用纵横比：将图片裁剪为通用的照片或通用纵横比，可以使其轻松适合图片框。

(3) 通过裁剪来填充形状：若要删除图片的某个部分，但仍尽可能用图片来填充形状，可以通过【填充】选项来实现。选择此选项时，可能不会显示图片的某些边缘，但可以保留原始图片的纵横比。

2 裁剪图片

图片四周出现控制点，拖动左侧、右侧的中心裁剪控点向里拖动即可裁剪图片大小。裁剪后在幻灯片空白处单击退出裁剪操作，然后调整图片位置。

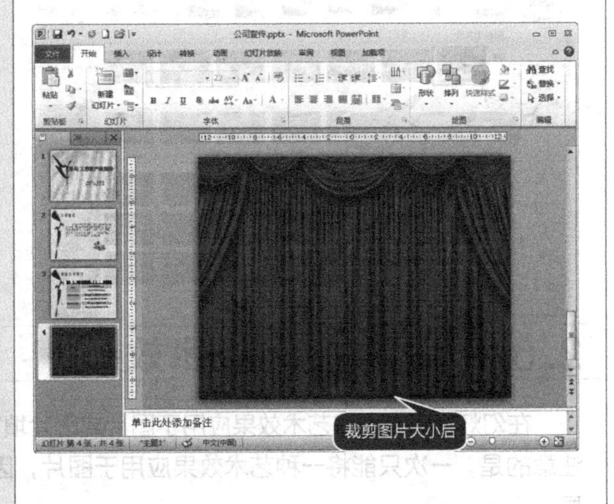

2.6.4 为图片设置样式

为图片设置样式包括添加阴影、发光、映像、柔化边缘、凹凸和三维旋转等效果，我们也可以改变图片的亮度、对比度或模糊度等。

1 选择图片样式

选择图片后，单击【图片工具】➤【格式】选项卡【图片样式】组中左侧的【其他】按钮，在弹出的菜单中选择一样图片样式。

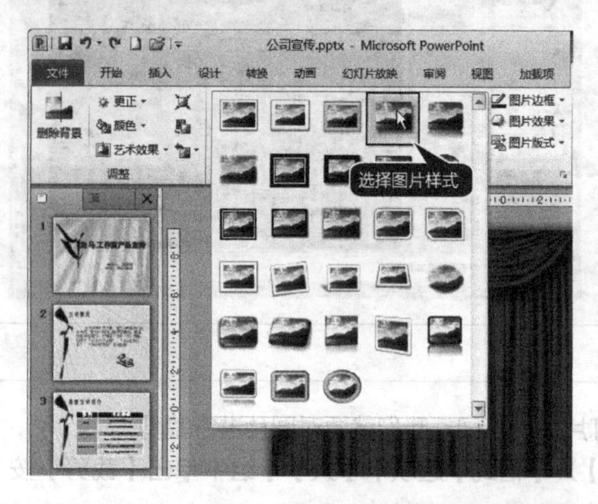

2 设置图片效果

单击【图片工具】➤【格式】选项卡【图片效果】下拉按钮，在弹出的菜单列表中选择【棱台】组中的【角度】图片效果。

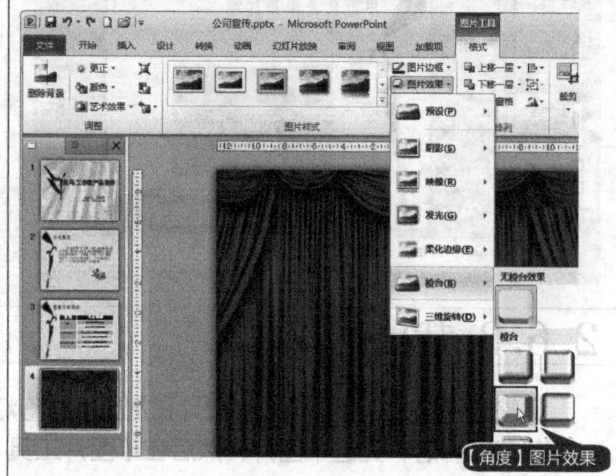

2.6.5 为图片设置颜色效果

通过调整图片的颜色浓度（饱和度）和色调（色温）可以对图片重新着色或者更改图片中某个颜色的透明度。也可以将多个颜色效果应用于图片。

1 调整颜色饱和度

选择图片后，单击【图片工具】➤【格式】选项卡【调整】组中的【颜色】下拉按钮，在弹出的菜单中选择【颜色饱和度】区域的【饱和度：0%】选项。

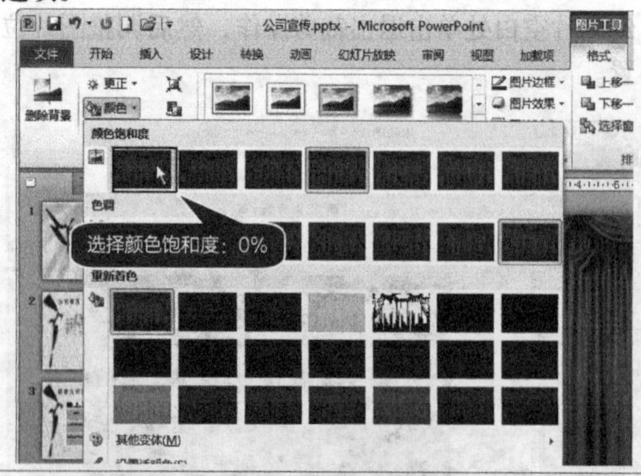

2 选择着色效果

单击【图片工具】➤【格式】选项卡【调整】组中的【颜色】下三角按钮，在弹出的菜单列表中选择【色调】组中的【色温：6500k】选项。

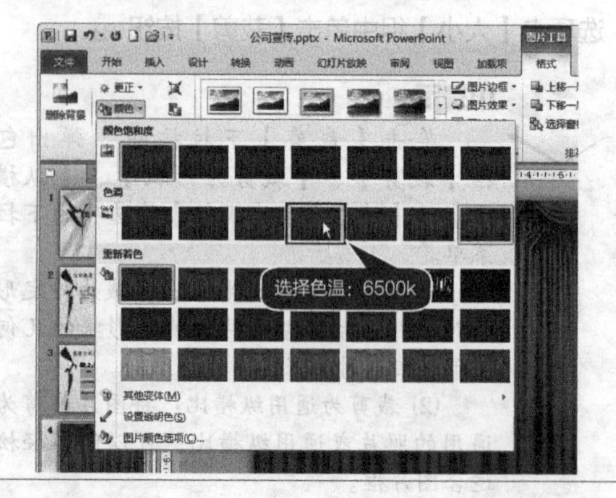

2.6.6 为图片添加艺术效果

在幻灯片中可以将艺术效果应用于图片或图片填充，以使图片看上去更像草图、绘图或绘画。需要注意的是，一次只能将一种艺术效果应用于图片，因此，应用不同的艺术效果会删除已应用的艺术效果。

1 【艺术效果】列表

单击【图片工具】➤【格式】选项卡【调整】选项组中【艺术效果】下拉按钮，弹出系统提供的艺术效果列表选项。

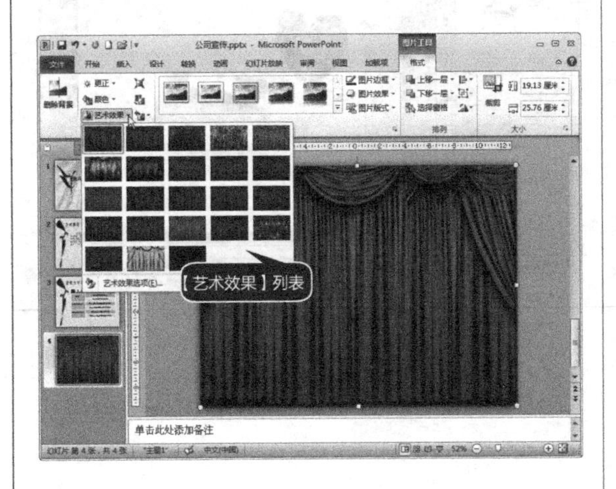

2 选择艺术效果

在列表中选择一种艺术效果单击即可将其应用到当前的图片上，这里选择第4行第3个艺术效果“十字图案蚀刻”。

3 添加结束语

在结束幻灯片中插入一个横排文本框，输入结束语，设置文字大小、颜色及调整其位置后如图所示。

4 保存制作的演示文稿

演示文稿制作完毕后，单击【文件】选项卡下的【保存】选项保存文稿。

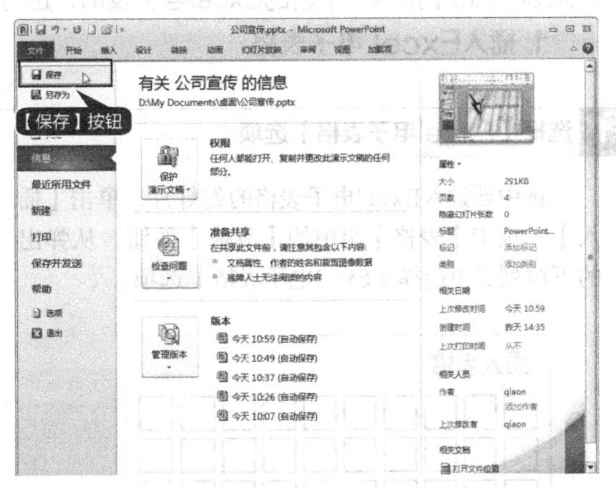

举一反三

本章介绍的“公司宣传”演示文稿在制作过程中主要涉及在PowerPoint 2010中使用图片、剪贴画和表格等内容。如此制作出来的演示文稿属于展示说明型PPT，主要用于向他人介绍或展示某个事物。此类演示文稿一般比较注重视觉效果，需要做到整个演示文稿的颜色协调统一。除了公司宣传类演示文稿外，类似的演示文稿还有产品宣传、相册制作、个人简历、艺术欣赏、汽车展销会等。

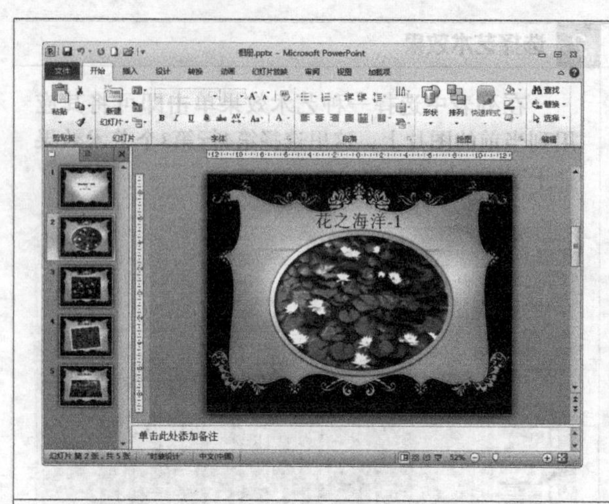

高手私房菜

技巧1：在PowerPoint中插入Excel电子表格

在PowerPoint中插入表格后，要对表格中的数据进行计算很不方便。而插入Excel电子表格，我们则可以使用Excel的编辑功能对数据进行处理，如使用Excel公式进行计算等。我们可以在PowerPoint中插入一个新的Excel电子表格，也可以插入已有的Excel工作簿。

1. 插入Excel 电子表格

1 选择【Excel电子表格】选项

选中要插入Excel电子表格的幻灯片，单击【插入】选项卡【表格】组中的【表格】按钮，从弹出的下拉列表中选择【Excel电子表格】选项。

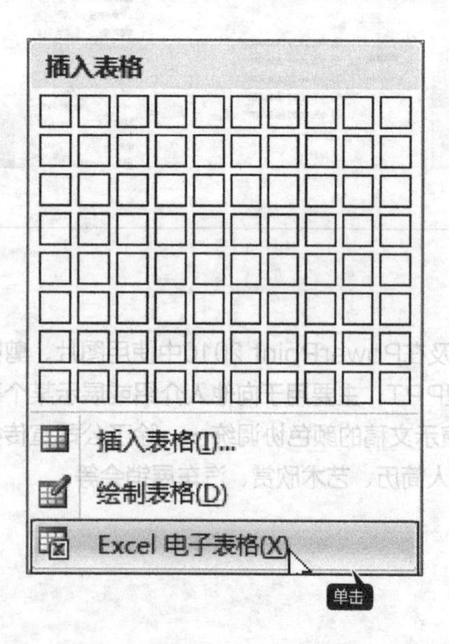

2 插入Excel工作表

PowerPoint会在当前幻灯片中插入一个Excel工作表，并且功能区变成Excel 2010的功能区界面。拖动表格边框将其移动到所需的位置，拖动边框四周的黑色控制点调整其大小，在表格中输入数据并进行处理，就像在Excel中进行操作一样，然后在幻灯片的其他空白位置处单击即可。

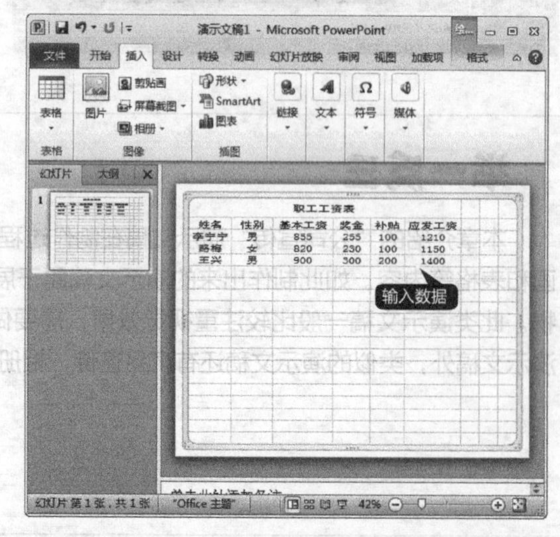

2. 插入对象方式

1 选择【Microsoft Excel 图表】选项

打开需要添加Excel工作表的幻灯片，单击【插入】选项卡下【文本】组中的【插入对象】按钮，弹出【插入对象】对话框，选择【Microsoft Excel 图表】选项。

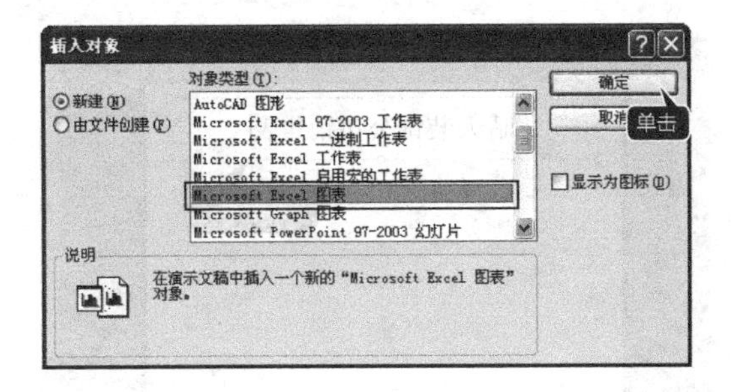

2 插入Excel工作表

单击【确定】按钮完成插入。

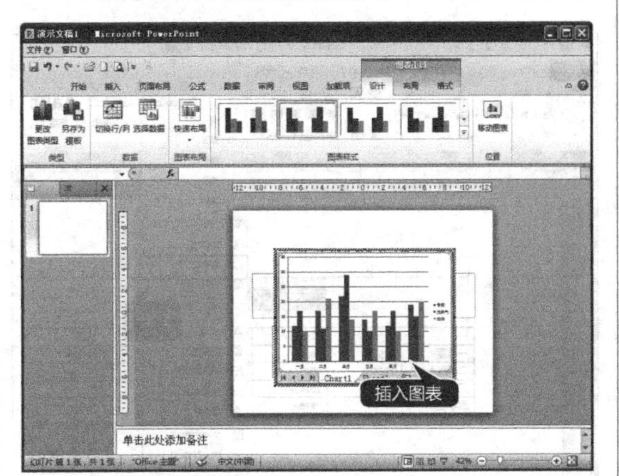

小提示

如果要创建新的图表，需选择【新建】选项后选择【Microsoft Excel 图表】选项；如果要插入已创建好的图表，需选择【从文件创建】选项，然后再输入文件名称或者单击【浏览】按钮来定位文件。

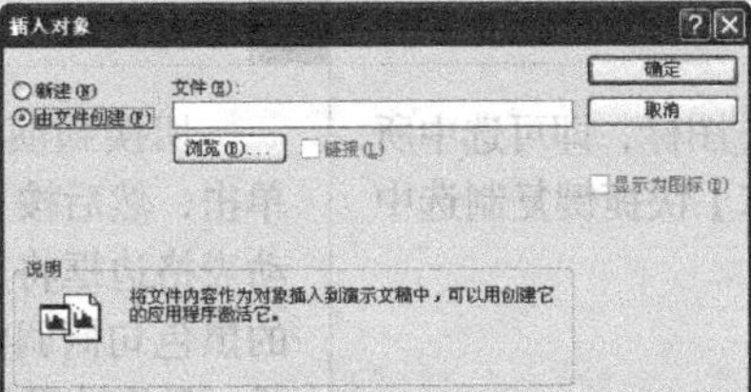

技巧2：从Word中复制和粘贴表格

除了在PowerPoint 2010中直接创建表格外，我们还可以从Word中复制和粘贴表格。

1 打开素材文件

打开随书光盘中的"素材\ch02\销售表.docx"文件。

2 创建"仅标题"幻灯片

启动PowerPoint 2010，新建一个"仅标题"的幻灯片。

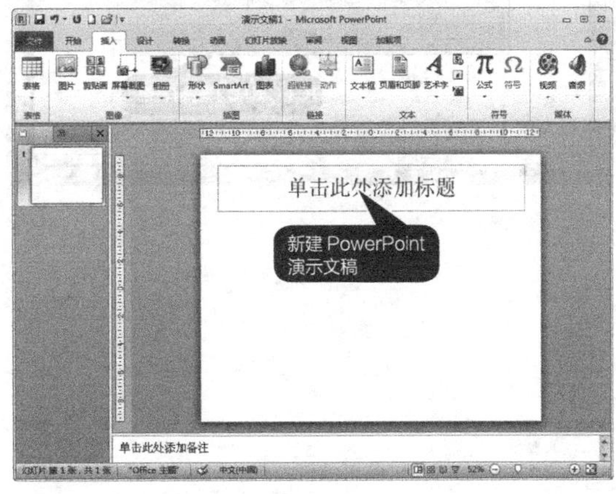

3 复制标题

选中Word文档中的“晴天装饰公司销售表”文字内容，单击鼠标右键，在弹出的快捷菜单中选择【复制】命令。

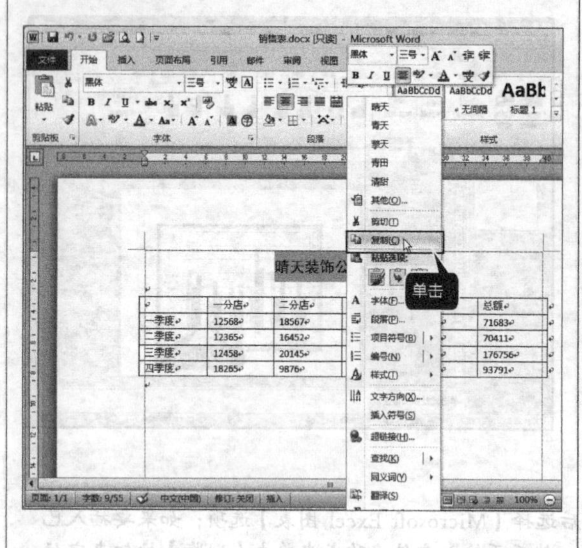

4 粘贴标题

在演示文稿中单击“单击此处添加标题”文字，然后单击【开始】选项卡【剪贴板】组中的【粘贴】按钮，即可完成标题文字的粘贴。

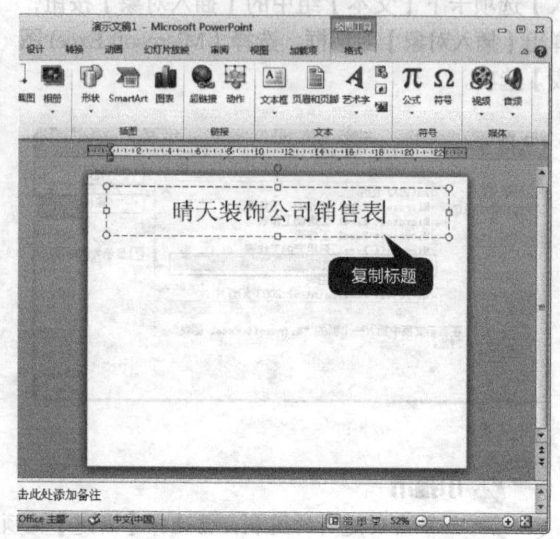

5 复制表格

单击Word文档中表格前的⊞图标，即可选中所要复制的表格。然后按【Ctrl+C】快捷键复制选中的表格。

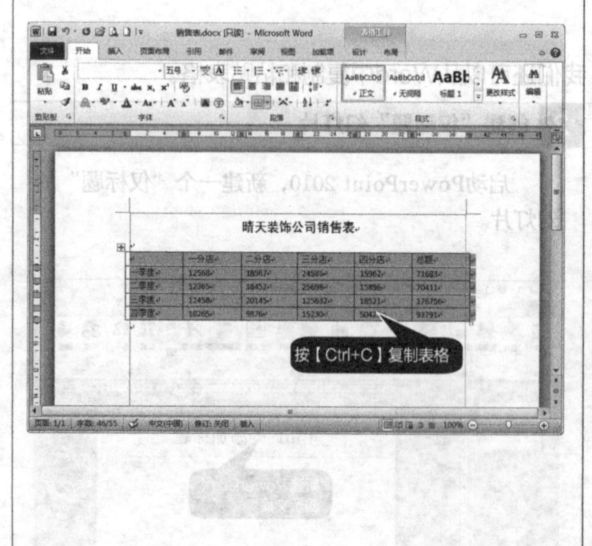

6 粘贴表格

切换到演示文稿，在要粘贴表格的幻灯片中单击，然后按【Ctrl+V】快捷键粘贴表格。通过拖动表格边框将其移动到所需的位置，拖动边框四周的黑色句柄调整其大小并调整表格中字体大小和格式，最终结果如下图所示。

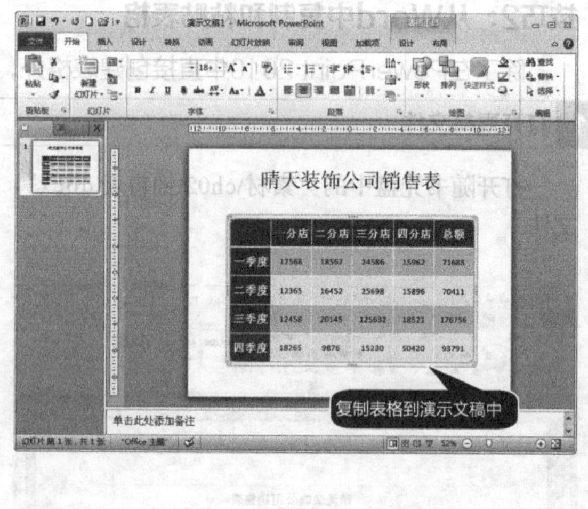

第3章

使用图表和图形

——制作销售业绩 PPT

本章视频教学时间：1 小时 15 分钟

在幻灯片中加入图表或图形可以使幻灯片的内容更多样。本章通过销售业绩PPT的制作来介绍在PowerPoint 2010中使用图表、图形的基本操作，包括使用图表、形状和SmartArt图形的方法等。

【学习目标】

- 通过本章的学习，了解 PPT 中使用图表、图形和 SmartArt 图形的操作方法。

【本章涉及知识点】

- 在幻灯片中插入形状
- 在幻灯片中插入 SmartArt 图形
- 在幻灯片中插入图表

3.1 怎样才能做出好的销售业绩PPT

本节视频教学时间：4分钟

销售业绩PPT主要用来展示某段时间某个产品的销售情况，它可以直观地表现出在某个时间段内产品销售业绩是提高了还是降低了，而且还可以显示变化幅度等信息。

制作好销售业绩PPT，需要注意以下几方面的内容。

(1) 明确制作的销售业绩PPT是用来做什么的，例如是用来在会议上展示还是自己做比对分析中傻的。

(2) 要做好数据收集的工作。数据收集是制作销售业绩PPT前最关键最重要的任务，它直接关系着PPT的实用性。

(3) 明确销售业绩PPT包括哪几方面的比较，包括公司内容的横向比较和纵向比较等。

(4) 熟练掌握PowerPoint 2010制作幻灯片的方法、技巧以及各种元素的合理使用。

(5) 幻灯片界面要简洁、大方、整齐。

3.2 在报告摘要幻灯片中插入形状

本节视频教学时间：12分钟

在文件中添加一个形状或者合并多个形状，可以生成一个绘图或一个更为复杂的形状。添加一个或多个形状后，还可以在其中添加文字、项目符号、编号和快速样式等内容。

3.2.1 插入形状

在幻灯片中可以绘制线条、矩形、基本形状、箭头总汇、公式形状、流程图、星与旗帜、标注和动作按钮等形状。

1 打开素材文件

打开随书光盘中的“素材\ch03\销售业绩.pptx”文件，然后选择第2张幻灯片。

小提士

在本章中为了简化或省略前面章节中讲过的知识点，此处直接引用素材文件，用户也可以根据已掌握的知识自行制作。

2 绘制圆形

单击【开始】选项卡【绘图】组中的【形状】按钮，在弹出的下拉菜单中选择【基本形状】区域的【椭圆】形状，然后按住【Shift】键在幻灯片中绘制圆。

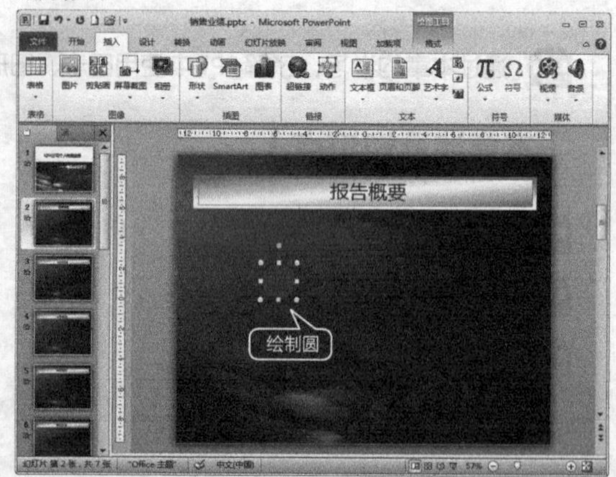

小提士

调用【椭圆】命令后按住【Shift】键绘制出圆；如果不按【Shift】键即可绘制椭圆。

3 绘制直线

单击【开始】选项卡【绘图】组中的【形状】按钮，在弹出的下拉菜单中选择【线条】区域的【直线】，在幻灯片中绘制一条直线。

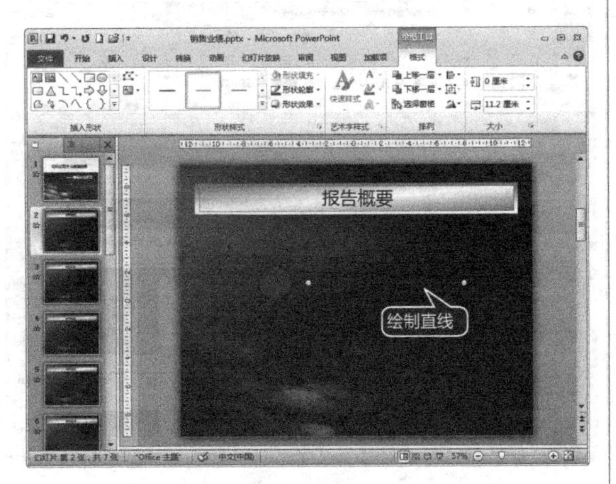

4 设置直线线型

单击【绘图工具】➤【格式】选项卡【形状样式】组中【形状轮廓】下拉按钮，在弹出的列表中选择【虚线】选项，然后在弹出的虚线列表中选择某一种。

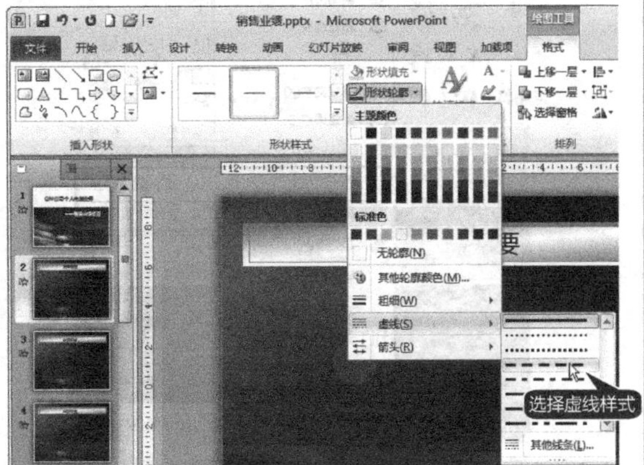

3.2.2 应用形状样式

绘制图形后，在【绘图工具】➤【格式】选项卡【形状样式】组中可以对幻灯片中的形状设置样式，包括设置填充形状的颜色、填充形状轮廓的颜色和形状的效果等。

1 设置圆形形状样式

选择圆后单击【绘图工具】➤【格式】选项卡【形状样式】组中的【其他】按钮，在弹出的下拉菜单中选择一种形状样式。

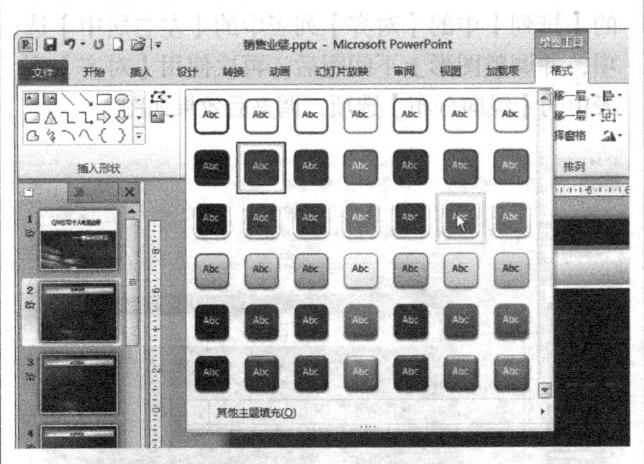

2 设置直线形状样式

选择直线后单击【绘图工具】➤【格式】选项卡【形状样式】组中的【形状轮廓】下拉按钮，在弹出的菜单中设置直线的粗细和颜色。

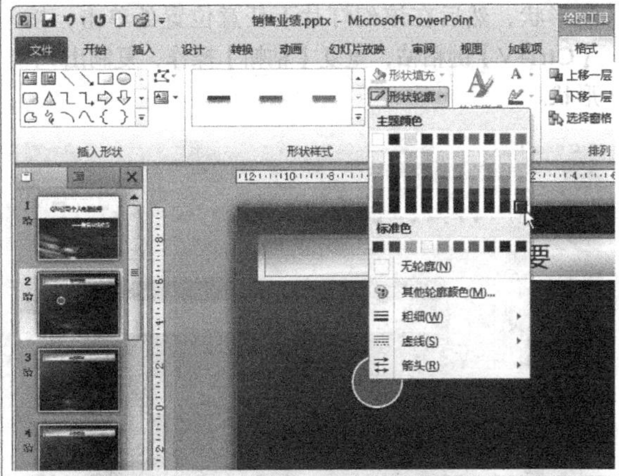

小提士

另外，在【形状样式】选项组中单击【形状填充】和【形状效果】右侧下拉按钮还可以为形状添加填充、预设、阴影、发光等效果。

3.2.3 组合图形

在同一张幻灯片中插入多个形状时，可以将多个图形组合成一个形状，这里我们将绘制的圆和直线组合成一个形状。

1 设置图形相对位置

调整圆形和直线的位置，然后选择圆形，单击鼠标右键，在弹出的快捷菜单中选择【置于顶层】列表中的【置于顶层】选项。

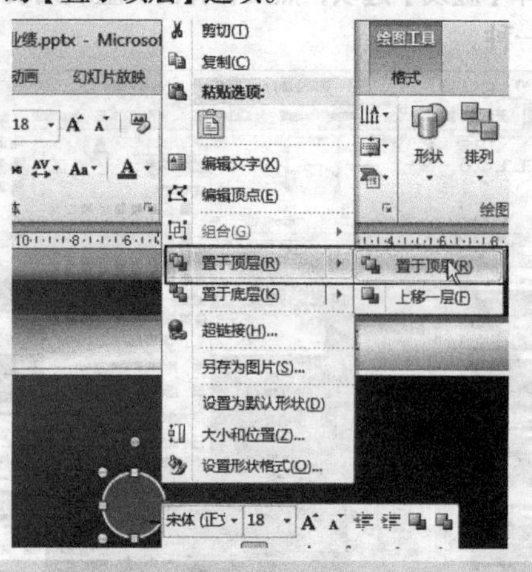

2 组合图形

同时选择圆形和直线，单击鼠标右键，在弹出的快捷菜单菜单中选择【组合】列表中的【组合】选项。

小提示

可以根据实际需要组合同一幻灯片中的任意几个或全部形状，也可以在组合的基础上再和其他的形状进行组合。如果要取消组合，直接选择【组合】下拉列表中的【取消组合】选项即可。

3.2.4 排列形状

使用【开始】选项卡【绘图】选项组中的【排列】按钮可以对多个图形各种方式快速排列。

1 复制形状

选择组合后的图形，按【Ctrl+C】组合键复制形状，然后在该幻灯片下任意位置处单击，按【Ctrl+V】键粘帖，重复【粘帖】操作，复制出3个形状。

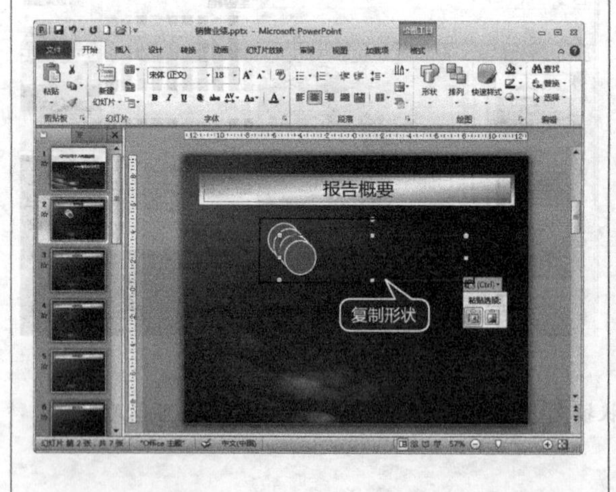

2 排列形状

选中所有的图形，然后单击【绘图】选项组中的【排列】中的【对齐】列表中的【左右居中】选项，并调整图形上下间距后，再次使用【对齐】列表中的【纵向分布】选项，调整后效果如图。

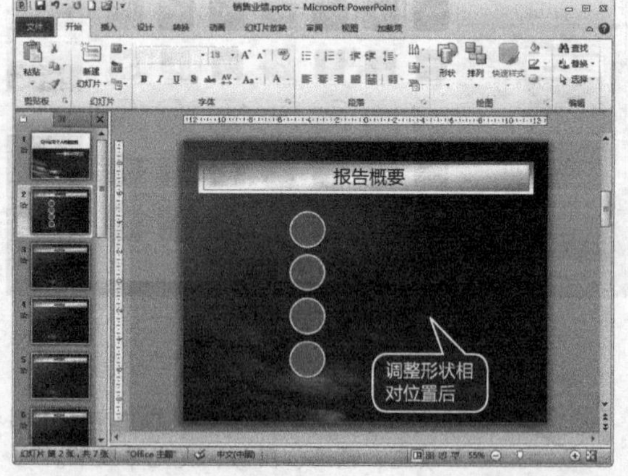

小提示

复制形状后，如果觉得不好看，还可以再次对形状进行样式调整。本节为了使幻灯片更加美观，设置4种不同的形状效果。设置后的图形效果可以参见3.2.5小节图片。

3.2.5 在形状中添加文字

在绘制或者插入的形状中可以直接添加文字，也可以借助文本框添加文字。

1 【编辑文字】选项

选择第1个圆形后，然后单击鼠标右键，在填出的快捷菜单中选择【编辑文字】选项。

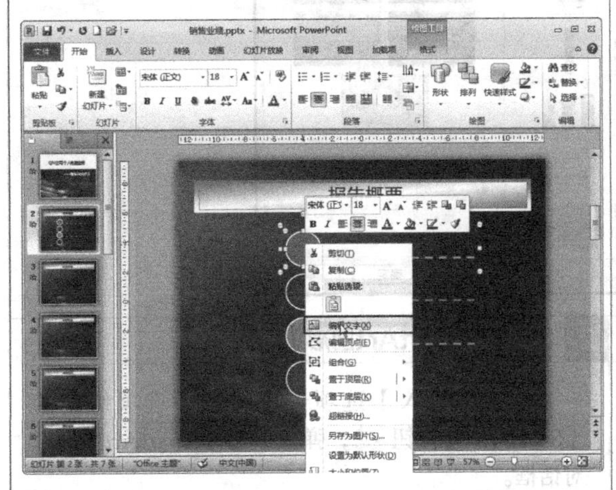

2 输入数字

此时鼠标光标定位在圆形中，输入阿拉伯数字“1”，同样在其他圆中依次输入数字，然后调整文字大小后效果如下图所示。

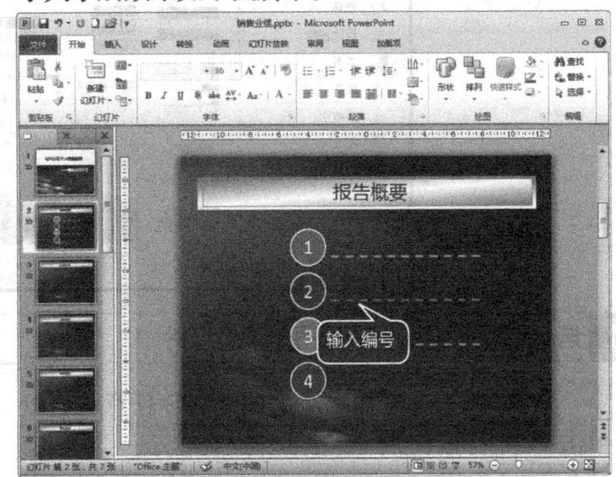

3 插入文本框添加文字

在第1个圆形右侧的直线上方插入一个横排文本框，然后输入文字。依此操作，添加文字如下所示。

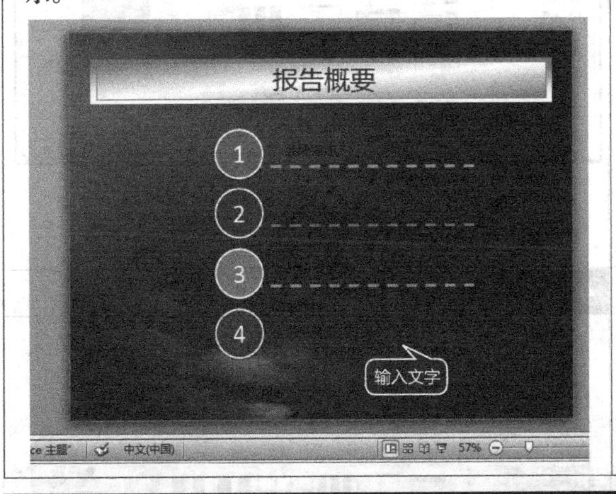

4 设置文字格式

输入文字后，设置文本大小、颜色以及对齐方式等，效果如下图所示。

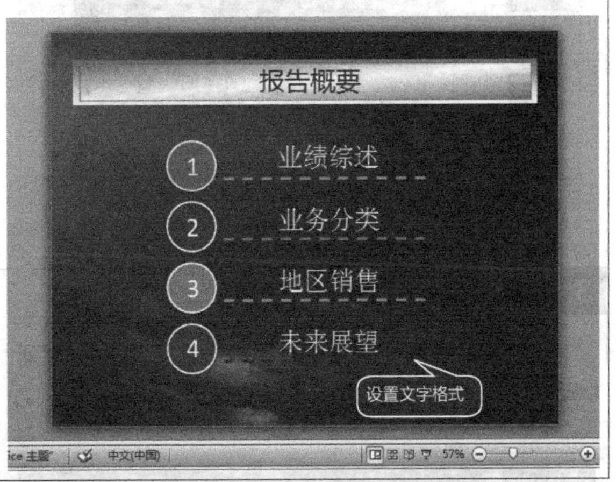

3.3 SmartArt图形

本节视频教学时间：6分钟

SmartArt图形是信息和观点的视觉表现形式。我们可以通过从多种不同的布局中进行选择来创建SmartArt图形，从而快速、轻松和有效地传达信息。

使用SmartArt图形，只需单击几下鼠标，就可以创建具有设计师水准的插图。

PowerPoint 2010演示文稿通常包含带有项目符号列表的幻灯片，使用PowerPoint时，可以将幻灯片文本转换为SmartArt图形。此外，还可以向SmartArt图形添加动画效果。

3.3.1 创建SmartArt图形

在PowerPoint 2010中，SmartArt图形主要包括列表、流程、循环、层次结构、关系、矩阵及棱锥图等类型。在创建时，可以根据SmartArt图形的作用来具体选择使用哪种类型。

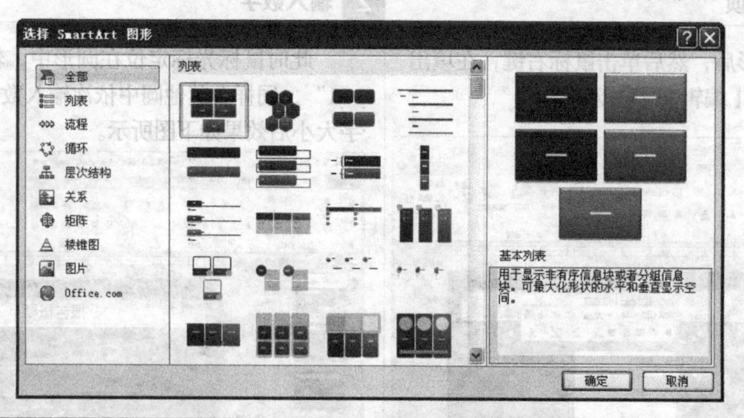

1 选择要插入SmartArt图形的幻灯片

选择第4张幻灯片，然后在幻灯片任意位置处单击。

2 【选择SmartArt图形】对话框

单击【插入】选项卡【插图】选项组中的【SmartArt】按钮，弹出【选择SmartArt图形】对话框。

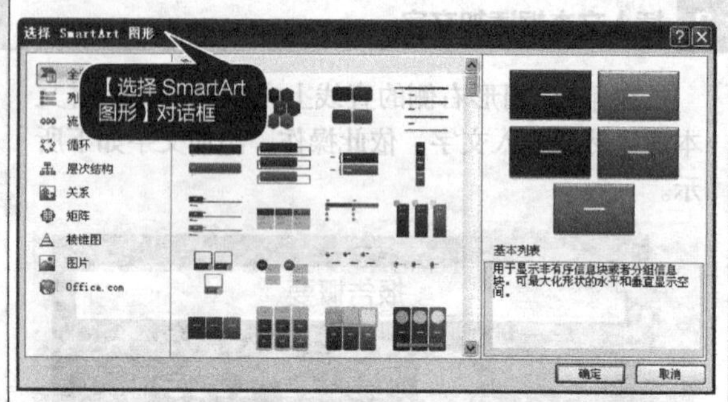

3 选择SmartArt图形

单击左侧的【列表】选项卡，在弹出的右侧列表中选择【图片重点列表】选项。

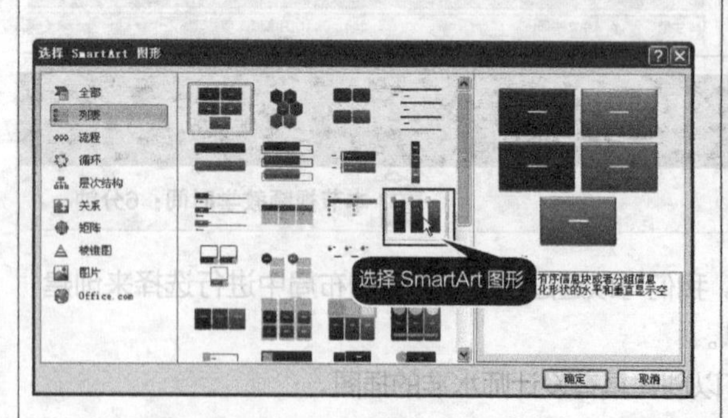

4 插入SmartArt图形

单击【确定】按钮即可在幻灯片中插入一个SmartArt图形。

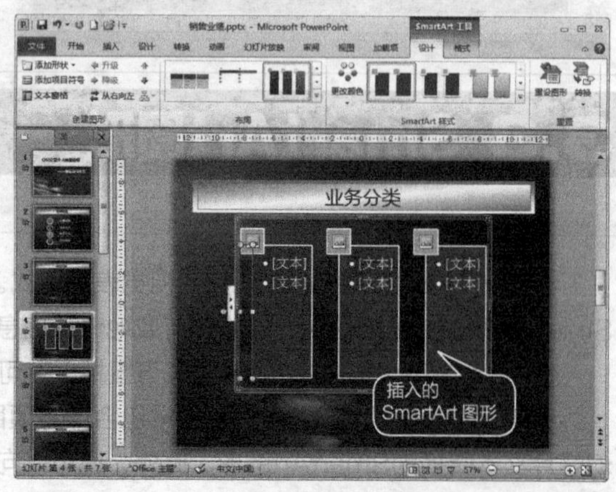

3.3.2 添加形状

创建SmartArt图形之后，可以对形状进行修改，如添加、删除形状。在本节中我们在创建的SmartArt图形后再添加一个形状。

1 选择添加位置

选择距要添加的新形状位置最近的现有形状，如我们在图形的最右侧添加一个形状，则可以选择最右侧的图形。

2 添加图形

单击鼠标右键，在弹出的快捷菜单中选择【添加形状】列表中的【在后面添加图形】命令。

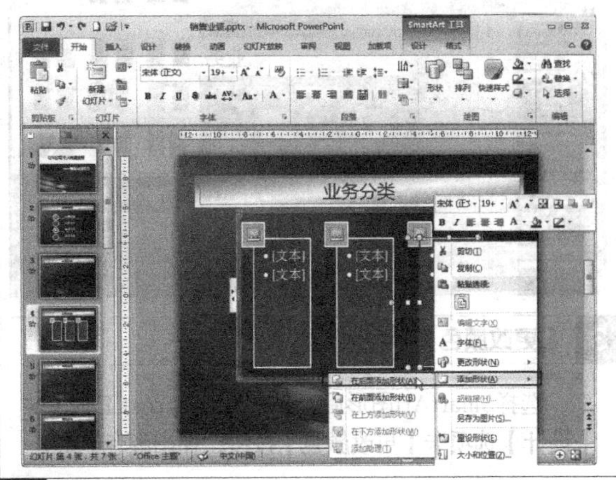

3 调整形状大小和位置

添加形状后，可以拖动形状边框来调整形状的大小和位置，使形状显示得更清晰。

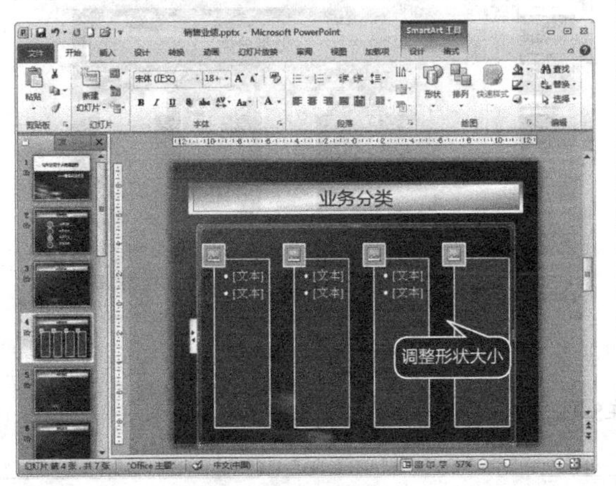

4 输入文本

添加形状后，在文字编辑处添加文字后效果如图所示。

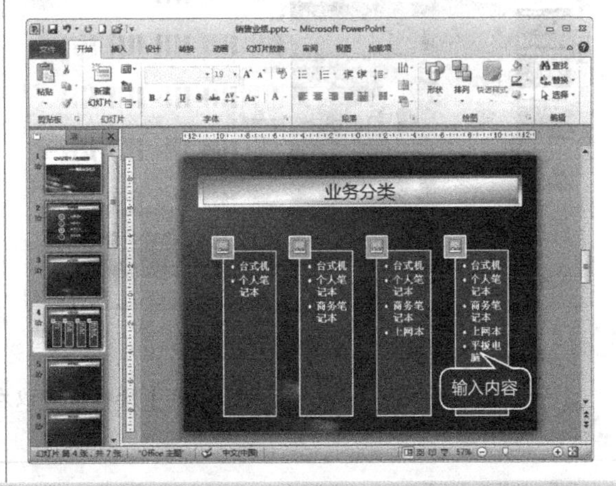

小提示

也可以单击【文本】窗格中现有的窗格，将指针移至文本之前或之后要添加形状的位置，然后按【Enter】键即可。

3.3.3 设置SmartArt图形

设置SmartArt图形一般包括更改形状样式、更改SmartArt图形布局、更改SmartArt图形样式以及更改SmartArt图形中文字的样式等操作。本节中我们对添加的SmartArt图形更改形状样式，包括样式和颜色。

1 形状样式列表

选择SmartArt图形后，单击【SmartArt工具】➤【设计】选项卡【SmartArt样式】选项组中的【其他】按钮，弹出形状样式列表。

2 应用样式

在弹出的列表中选择一种样式，单击将其应用到SmartArt图形上。

3 【更改颜色】按钮

选择SmartArt图形后，单击【SmartArt工具】➤【设计】选项卡【更改颜色】按钮，弹出颜色列表。

4 应用样式

选择一种颜色样式单击从而将其应用到SmartArt图形上。

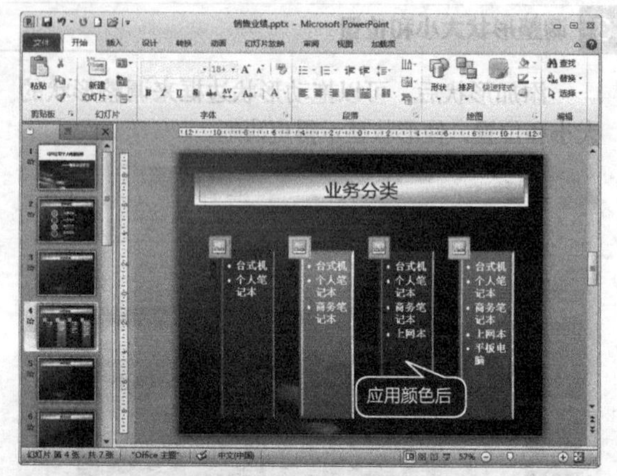

小提示

单击SmartArt图形上的【图片】按钮就可以在SmartArt图形上添加图片。

3.4 使用图表设计业绩综述和地区销售幻灯片

本节视频教学时间：29分钟

本节将通过应用图表让“销售业绩”演示文稿数据显示得更加直观。

3.4.1 了解图表

在学习向幻灯片中插入图表之前，先来了解一下图表的作用及分类。

1. 图表的作用

形象直观的图表与文字数据相比更容易让人接受，在幻灯片中插入图表可以使幻灯片的显示效果更好。

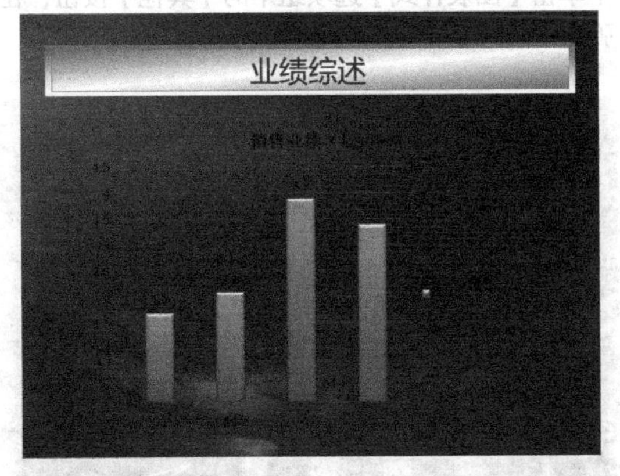

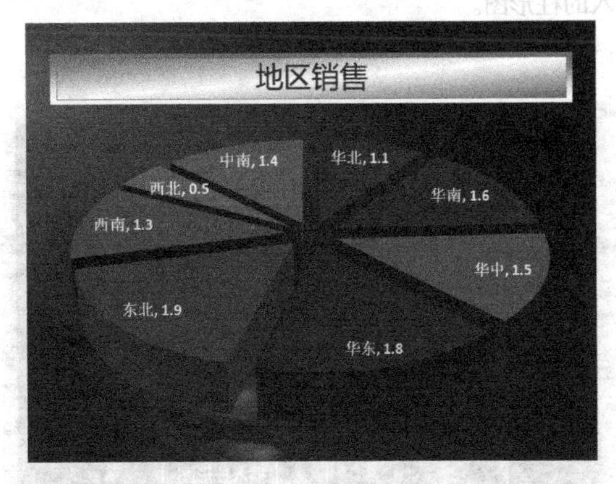

2. 图表的分类

在PowerPoint 2010中，可以插入到幻灯片中的图表包括柱形图、折线图、饼图、条形图、面积图、XY（散点图）、股价图、曲面图、圆环图、气泡图和雷达图。【插入图表】对话框体现出图表的分类。

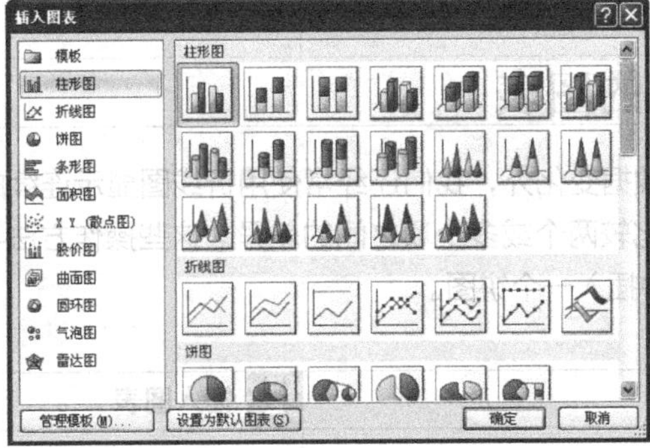

3.4.2 插入图表

柱形图是最常用的一种图表类型，下面在“业绩综述”幻灯片中插入柱形图来展现业绩。

1 【插入图表】对话框

选择“业绩综述”幻灯片，然后单击【插入】选项组中的【图表】按钮，弹出【插入图表】对话框，在右侧的列表中选择一种柱形图后单击【确定】按钮。

2 输入数据

弹出【Microsoft PowerPoint中的图表–Microsoft Excel】文件，在单元格中输入要显示的数据，根据需要调整蓝色线区域大小（输入的数据资料可参考随书光盘中的“素材\ch03\销售业绩数据.xlsx”）。

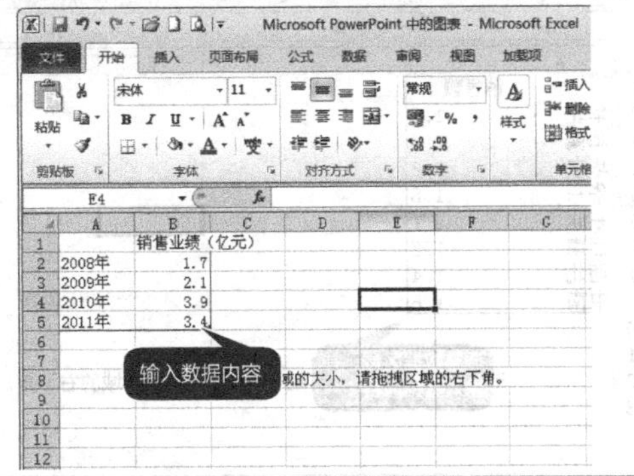

3 插入柱形图

关闭Excel表后返回到幻灯片中即可看到已经插入的柱形图。

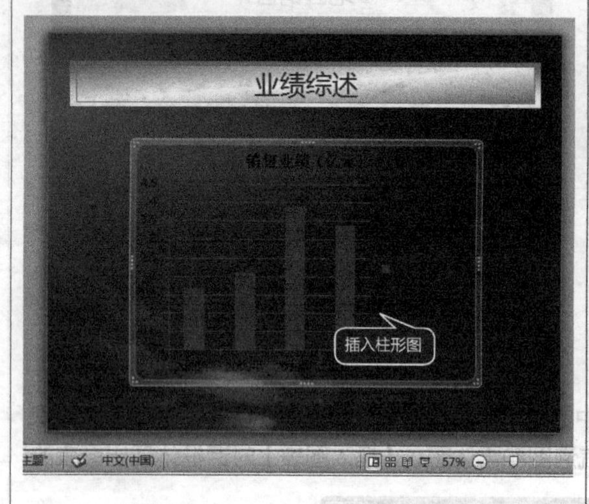

4 更改柱形图样式

选中图形，在【图表工具】➤【 设计】选项卡下单击【图表样式】选项组中的【其他】按钮，在弹出来的列表中选择一种即可。

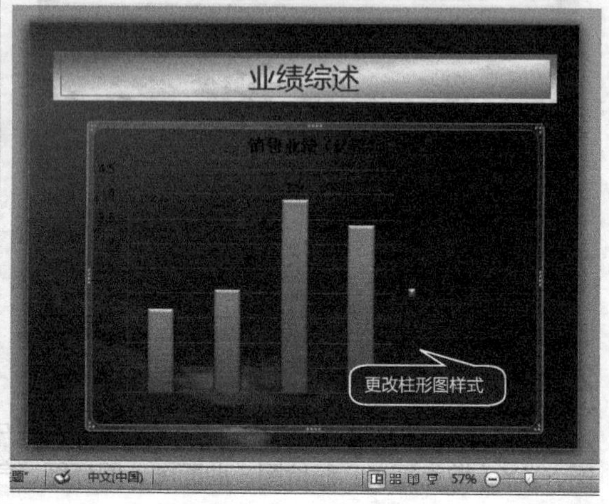

3.4.3 创建其他的图表

除了使用柱形图显示数据变化外，我们还经常使用折线图显示连续的数据，使用饼图显示个体与整体的关系，使用条形图比较两个或多个项之间的差异。这些操作方法与柱形图相似，不再赘述。本节在“地区销售”幻灯片中插入一个饼图。

1 输入数据

选择“地区销售”幻灯片，单击【插入图表】按钮，在弹出的【插入图表】对话框中选择饼图的一种，然后在弹出的Excel文件中输入相关数据内容（可参考“素材\ch03\销售业绩数据.xlsx”）。

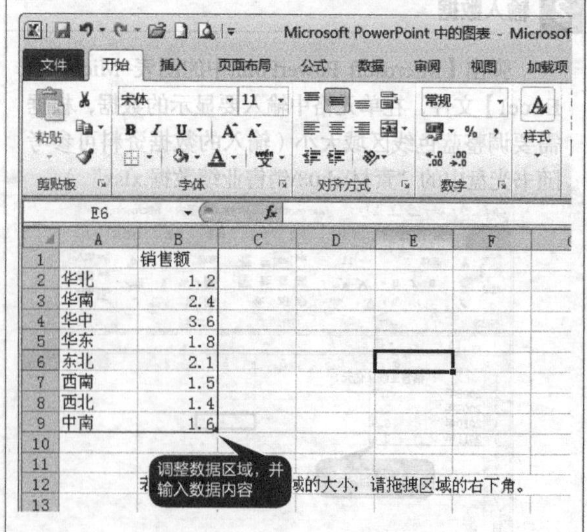

2 插入图表

关闭Excel文件，返回到幻灯片中即可看到插入的一个饼图。使用【图表工具】选项卡对饼图修饰后效果如下。

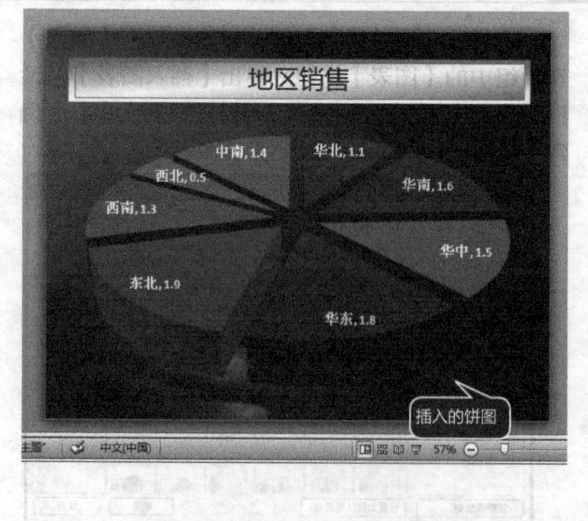

3.5 设计未来展望幻灯片内容

本节视频教学时间：24分钟

在“未来展望”幻灯片中，使用形状和文字来展示内容。

1 插入箭头

选择“未来展望”标题幻灯片，单击【插入】选项卡中的【插图】组单击【形状】按钮，在弹出的列表中选择“上箭头”选项。

2 绘制箭头

在幻灯片中拖曳鼠标绘制一个上箭头，然后在【绘图工具】➤【格式】选项卡下设置箭头样式后如图所示。

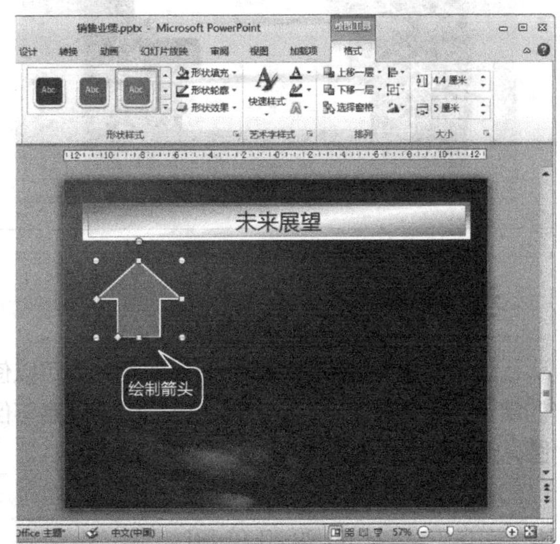

3 绘制矩形

在【形状】列表中单击“矩形”选项，然后在幻灯片中拖曳鼠标插入一个矩形，设置矩形样式后效果如图所示。

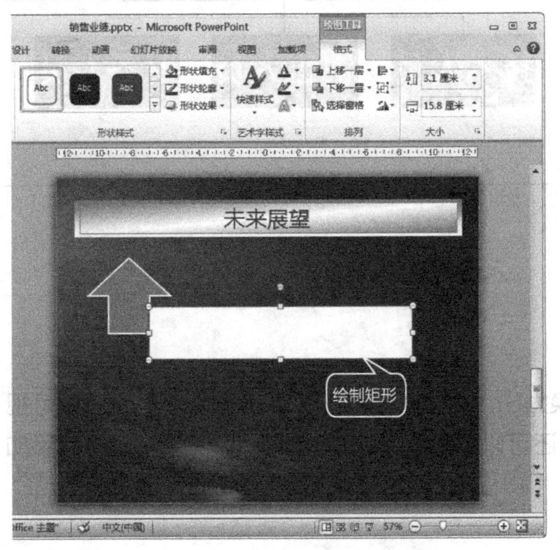

4 排列组合图形

调整箭头和矩形的位置并将其组合起来。

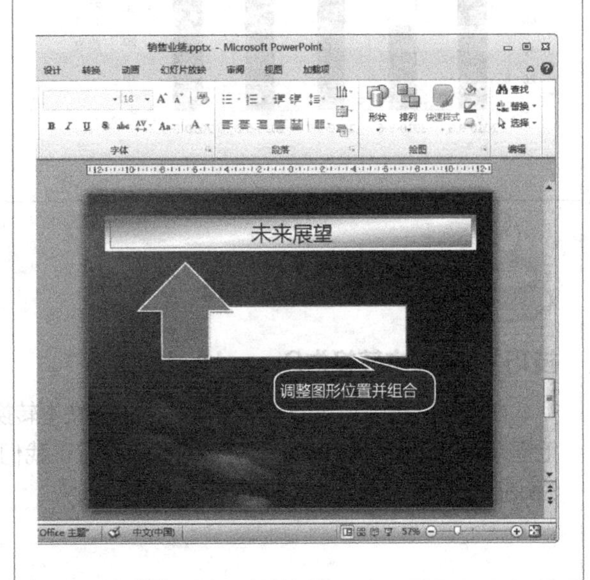

5 绘制矩形

重复以上步骤绘制其他形状，排列组合后效果如图所示。

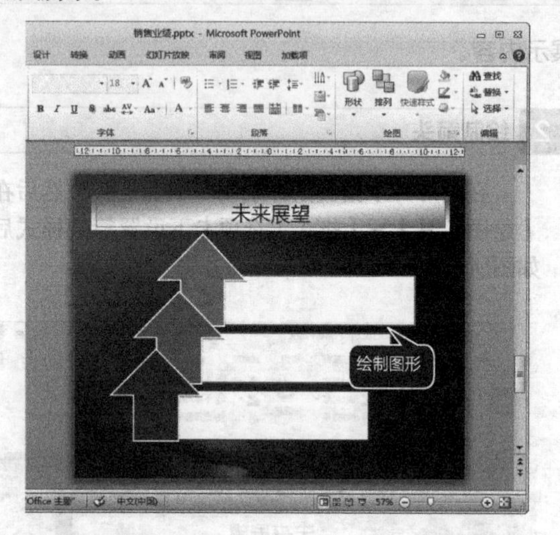

6 添加文字内容

将鼠标光标定位在形状中，依次在各个形状上标注文字，至此，“销售业绩”PPT已经制作完成。

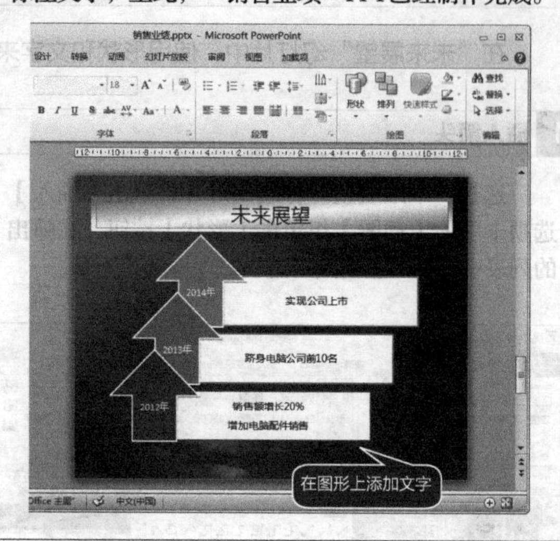

举一反三

除了本章介绍的“销售业绩”演示文稿可以使用图表、形状、SmartArt图形外，还有很多类型的演示文稿经常使用这些元素。使用这些元素不但可以简化文字使用，而且可以更清楚地表达作者意图，达到事半功倍的效果。

某股票股价图

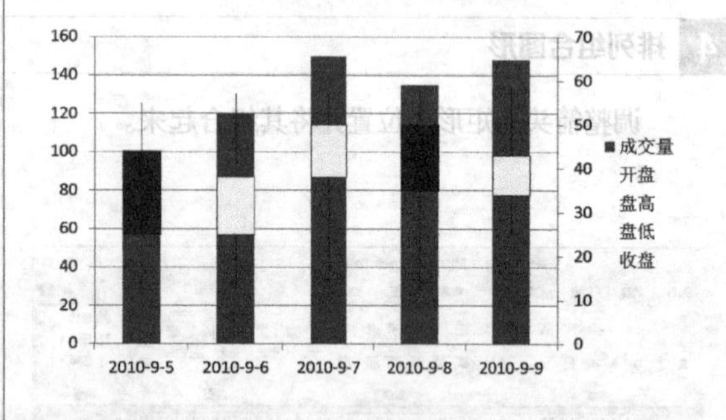

公司组织结构图

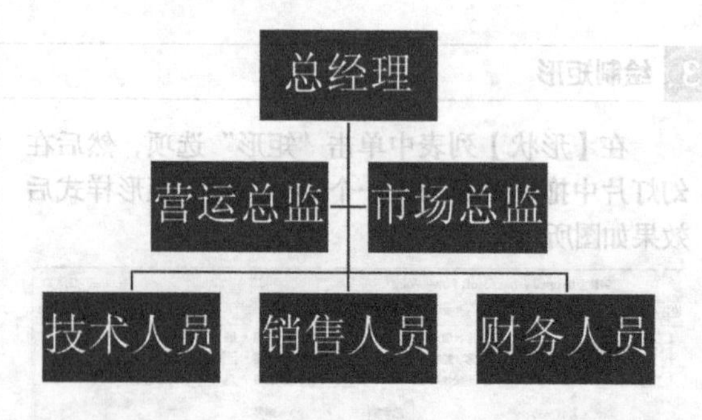

高手私房菜

技巧1：将文本转换为SmartArt图形

在演示文稿中，我们可以将幻灯片中的文本转换为SmartArt图形，以便在PowerPoint中可视地显示信息，而且可以对其进行布局的设置。我们还可以更改SmartArt图形的颜色或者向其添加SmartArt样式来自定义SmartArt图形。

1 选中占位符边框

在打开的演示文稿中，单击内容文字占位符的边框。

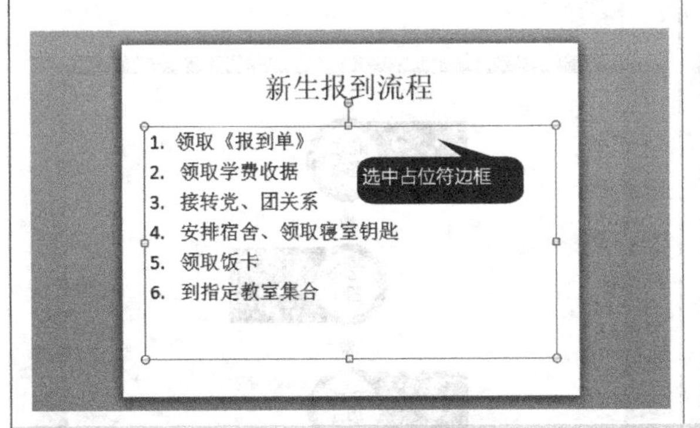

2 转换SmartArt图形

单击【开始】选项卡【段落】组中的【转换为SmartArt图形】按钮，在弹出的菜单中选择【基本流程】选项即可将文本转换为SmartArt图形。

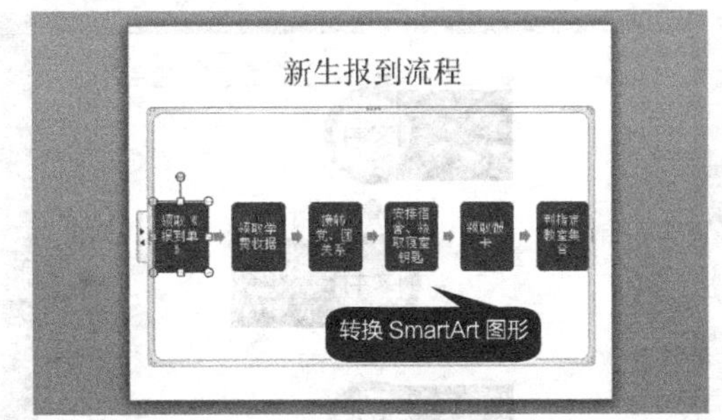

小提示

也可单击【转换为SmartArt图形】下拉菜单中的【其他SmartArt图形】选项，从弹出的【选择SmartArt图形】对话框中选择所要转换的图形。

3 更改布局

在【SmartArt工具】➤【设计】选项卡中的【布局】组中单击【更改布局】下拉列表中的【基本蛇形流程】选项。

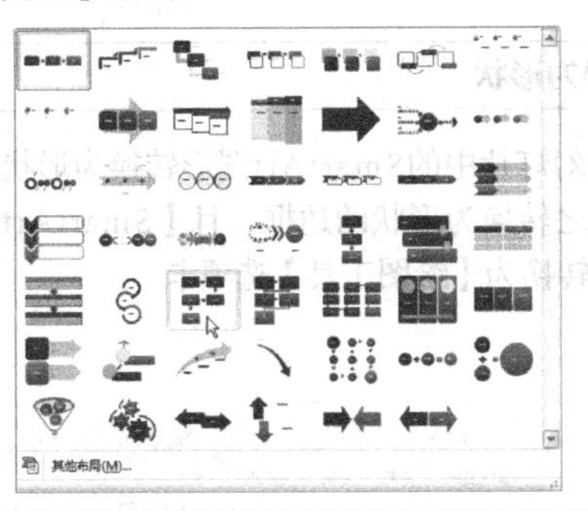

4 查看结果

更改布局后的最终效果如下图所示。

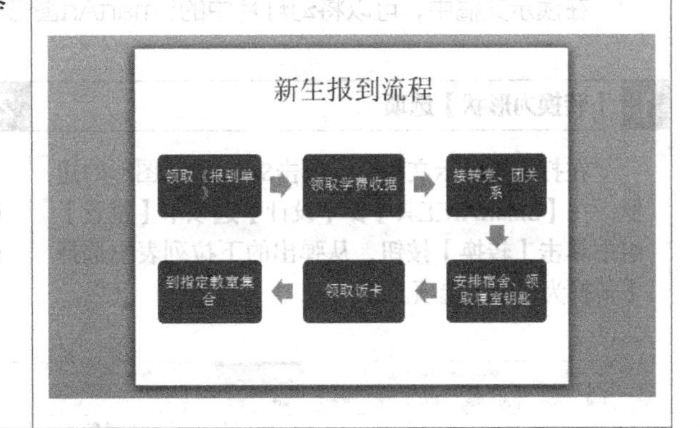

技巧2：将图片转换为SmartArt图形

除了可以将幻灯片中的文本转换为SmartArt图形外，还可以使用一种图片居中的新SmartArt图形布局将幻灯片中的图片转换为SmartArt图形。

1 选择图片

在打开的演示文稿中，按住【Ctrl】键同时选择多张图片。

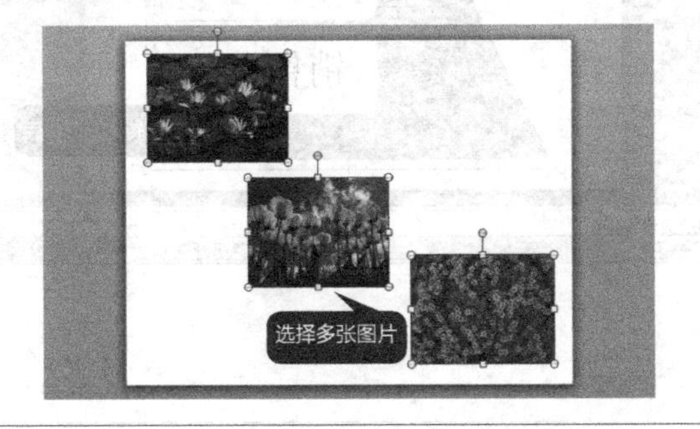

2 【交替图片图形】选项

在【图片工具】➤【格式】选项卡中的【图片样式】组中单击【图片版式】按钮，在弹出的下拉菜单中选择【交替图片圆形】选项。

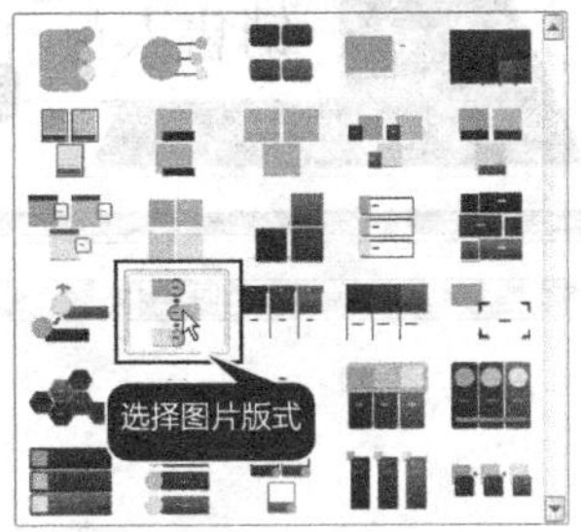

3 调整图片大小

图片即可转换为SmartArt图形，可适当调整SmartArt图形的大小。

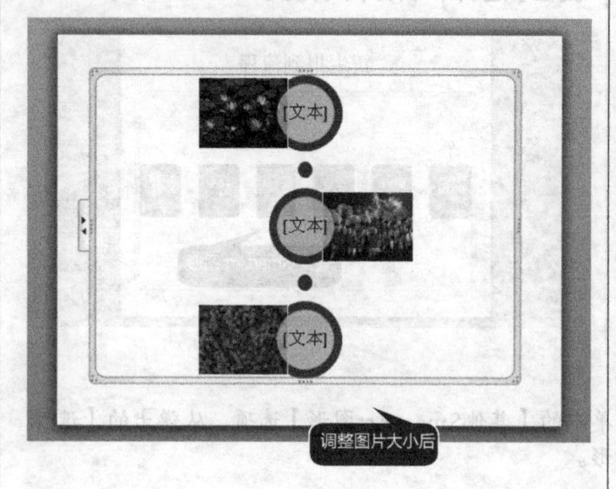

4 输入文本

在SmartArt图形的“文本”处输入相应的文字，效果如下图所示。

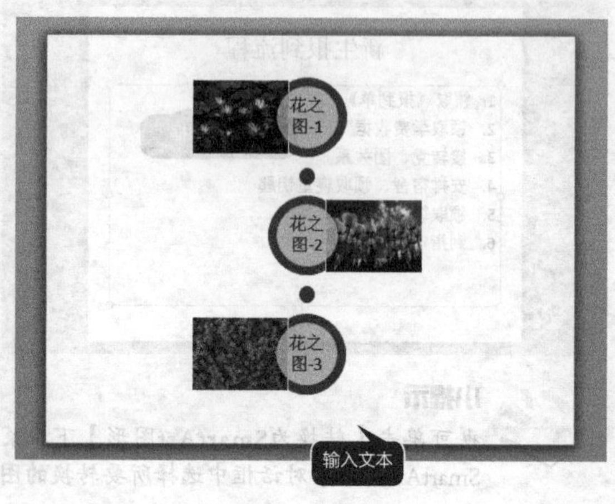

技巧3：将SmartArt图形转换为形状

在演示文稿中，可以将幻灯片中的SmartArt图形转换为形状。

1 【转换为形状】选项

在打开的演示文稿中，单击SmartArt图形的边框，在【SmartArt工具】➤【设计】选项卡【重置】组中单击【转换】按钮，从弹出的下拉列表中选择【转换为形状】选项。

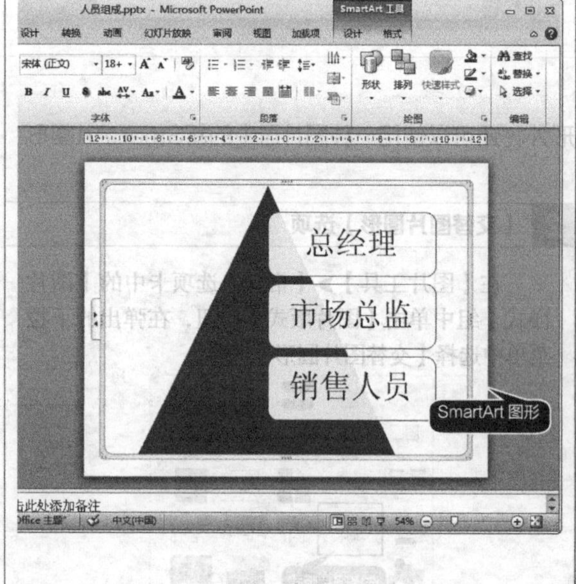

2 转换为形状

将幻灯片中的SmartArt图形转换为形状，图形边框随之转换为形状的边框，且【SmartArt工具】选项卡转换为【绘图工具】选项卡。

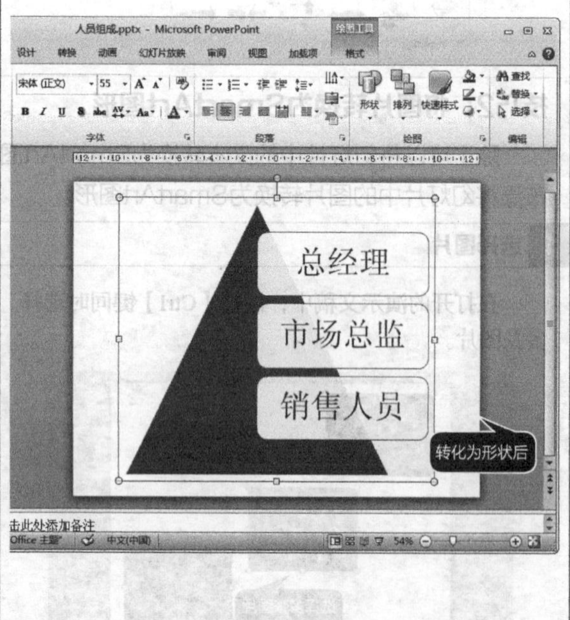

第 4 章

使用动画

——修饰行销企划案 PPT

本章视频教学时间：39 分钟

在演示文稿中添加适当的动画可以使演示文稿的播放效果更加形象，也使一些复杂内容更便于观众理解。

【学习目标】

- 通过本章的学习，读者可以在幻灯片中添加动画效果。

【本章涉及知识点】

- 了解动画要素
- 了解动画使用原则
- 创建动画
- 设置动画
- 测试动画
- 复制动画效果

4.1 动画的要素

本节视频教学时间：5分钟

动画用于给文本或对象添加特殊的视觉或声音效果。例如，可以使文本项目符号点逐字从左侧飞入，或在显示图片时播放掌声。

1. 过渡动画

使用颜色和图片可以引导章节过渡页，学习了动画之后，我们也可以使用翻页动画这个新手段来实现章节之间的过渡效果。通过翻页动画，可以提示观众过渡到了新一章或新一节。选择翻页时不能选择太复杂的动画，整个PPT中的每一页幻灯片的过渡动画都向一个方向动起来就可以了。

2. 重点动画

用动画来强调重点内容的做法被普遍运用在PPT的制作中，在日常的PPT制作中重点动画能占到PPT动画的80%左右。在讲到重点时，如果用鼠标单击或鼠标经过该重点时能激发动画效果，可以更容易吸引观众的注意力。

使用强调效果时，可以使用“进入”动画效果进行设置。

使用重点动画时要避免使动画过于复杂而影响表达力，要谨慎使用蹦字动画，尽量不要将动画速度设置得太慢。

另外，颜色的变化与出现、消失效果的组合，构成的前后对比也是强调重点动画的一种方法。

4.2 动画的使用原则

本节视频教学时间：4分钟

使用动画要遵循醒目、自然、适当、简化及创意原则。

1. 醒目原则

使用动画是为了使重点内容更醒目，因此在使用动画时要遵循醒目原则。如对图形设置【加深】动画，这样在播放幻灯片时，该图形就会加深颜色显示，从而显得更加醒目。

2. 自然原则

无论是使用动画样式，还是设置文字、图形元素出现的顺序，都要遵循自然原则。使用动画不能显得生硬，不能不结合具体的演示内容。

3. 适当原则

在PPT中使用动画要遵循适当原则，既不可以过多使用动画而造成动画满天飞，即滥用动画、错用动画，也不要在整个PPT中不使用任何动画。动画满天飞容易分散观众的注意力，打乱正常的演示过程。而不使用任何动画则会使观众觉得枯燥无味，同时有些问题也不容易解释清楚。因此，在PPT中使用动画要适当，要结合演示文稿要传达的内容来使用。

4. 简化原则

有些时候PPT中某页幻灯片的构成元素不可避免地繁杂，如包含大型组织结构图、流程图等复杂内容的时候，尽管使用了简单的文字、清晰的脉络去展示，但还是会显得复杂。这时如果使用恰当的动画将这些大型图表化繁为简，运用逐步出现、讲解，再出现、再讲解的方法，就能够将观众的注意力集中起来。

5. 创意原则

为了吸引观众的注意力，在PPT中使用动画是必不可少的。但并非任何动画都可以吸引观众，如果效果粗糙或者使用不当，只会让观众疲于应付，反而会分散了他们对内容的注意。因此使用PPT动画，要有创意。

4.3 制作行销企划案需要注意的地方

本节视频教学时间：3分钟

行销企划案是对产品销售的重要分析，要能够达成预定目的或解决难题，因此对于一个企业的发展有重要的影响。在制作企划案时需注意以下几点。

1.思路清楚。可以按5个“W”去制作，What(做什么），When（何时做），Who(谁来做），Where(在哪里，市场区域），Why(为什么可行），可以让观看者更容易记住幻灯片的内容。

2.崭新的创意。制作策划案，不但内容要新颖，吸人眼球，而且要用巧妙地手法把内容展现出来，要注意色彩搭配和运用动画，从而让人产生新鲜感，引起观众兴趣。

3.数据清楚明了。数据分析是企划案的重要内容，直观地反映销售数量、销售金额、公司利润等内容。制作时，要注意表格和图表的运用，使企划案显得更具体、更真实，便于根据数据进行决定。

4.4 创建动画

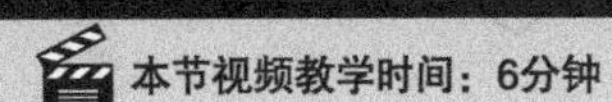

使用动画可以让观众将注意力集中在要点和控制信息流上，并引起观众的兴趣。

4.4.1 创建进入动画

为对象创建进入动画。例如，可使对象逐渐淡入焦点，从边缘飞入幻灯片或者跳入视图中。

1 打开素材文件

打开随书光盘中的“素材\ch04\公司行销企划案.pptx”文件。

2 动画列表

选中幻灯片中要创建进入动画效果的文字，在【动画】选项卡中的【动画】组中单击【其他】按钮，弹出动画下拉列表。

3 创建进入动画

在下拉列表的【进入】区域中选择【飞入】选项，创建此进入动画效果。

4 动画编号标记

添加动画效果后，文字对象前面将显示一个动画编号标记 1 。

小提士

创建动画后，幻灯片中的动画编号标记不会被打印出来。

4.4.2 创建强调动画

为对象可以创建强调动画，效果示例包括使对象缩小或放大、更改颜色或沿其中心旋转等。

1 选择要设置强调动画的文字

选择幻灯片中要创建强调动画效果的文字“——XX公司管理软件”。

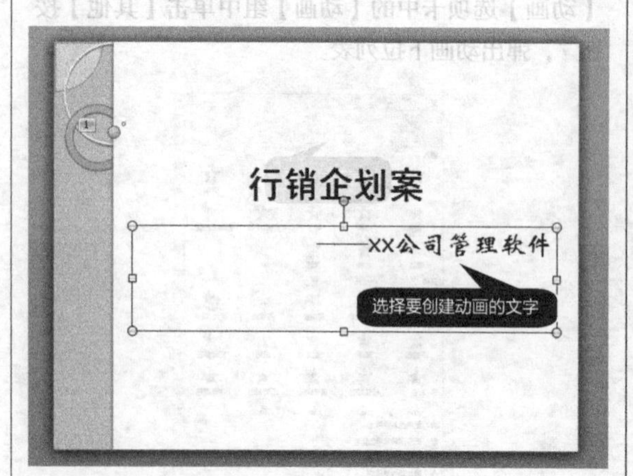

2 添加强调动画

在【动画】选项卡中的【动画】组中单击【其他】按钮，在弹出的下拉列表的【强调】区域中选择【放大/缩小】选项即可。

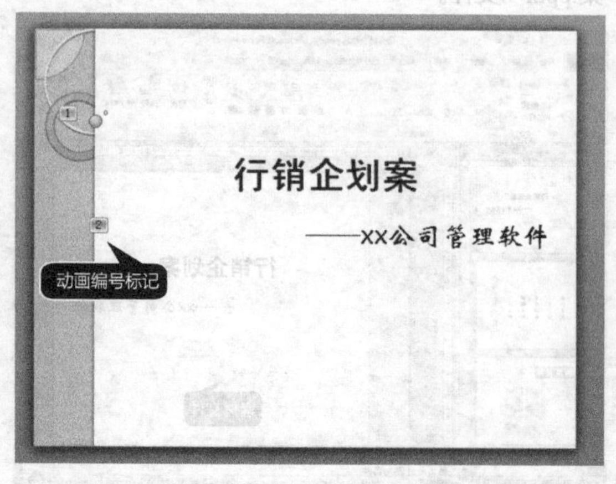

4.4.3 创建路径动画

为对象创建动作路径动画可以使对象上下移动、左右移动或者沿着星形或圆形图案移动。

1 添加路径动画

选择第2张幻灯片，选中幻灯片中要创建路径动画效果的对象，在【动画】选项卡中的【动画】组中单击【其他】按钮 ，在弹出的下拉列表的【路径】区域中选择【弧形】选项。

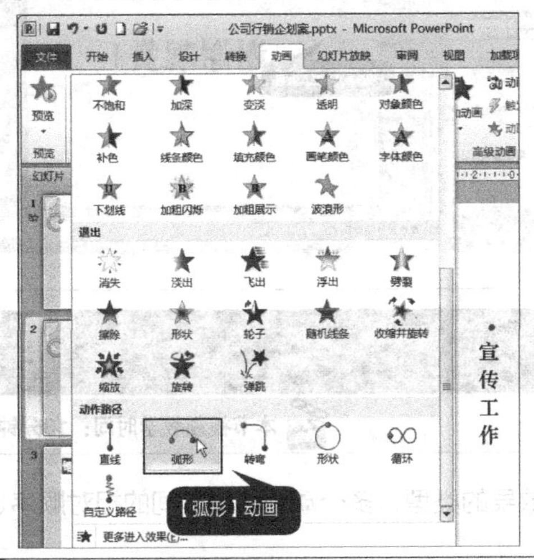

2 查看结果

单击【弧形】选项即可为此对象创建“弧形”的路径动画效果。

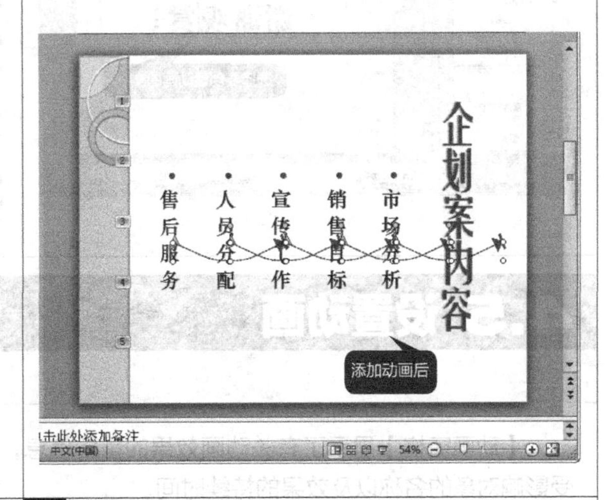

3 单击【自定义路径】按钮

选择第3张幻灯片，选中要自定义路径的文本，然后在动画列表中【路径】组中单击【自定义路径】按钮。

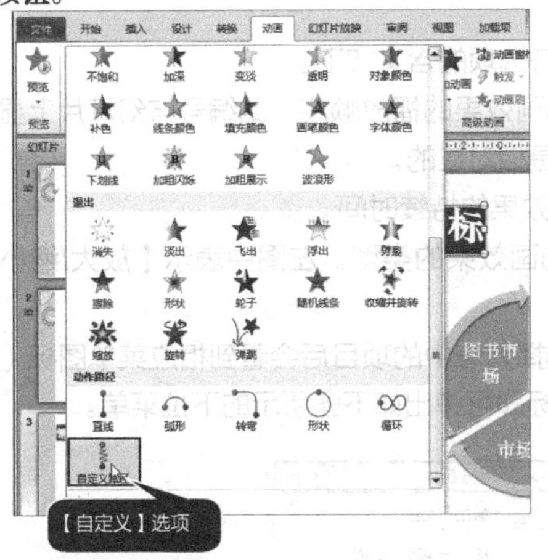

4 设置路径

此时，鼠标光标变为十字形，在幻灯片上绘制出动画路径后按【Enter】键即可。

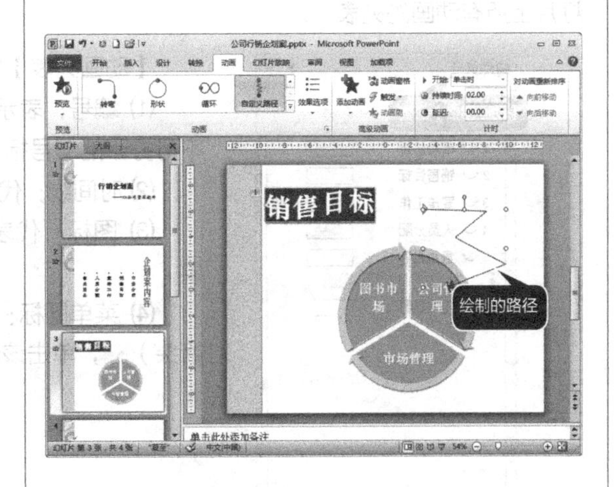

4.4.4 创建退出动画

为对象可以创建退出动画，包括使对象飞出幻灯片、从视图中消失或者从幻灯片旋出等效果。

1 选择设置动画的对象

切换到第4张幻灯片，选中“谢谢观赏！”文本。

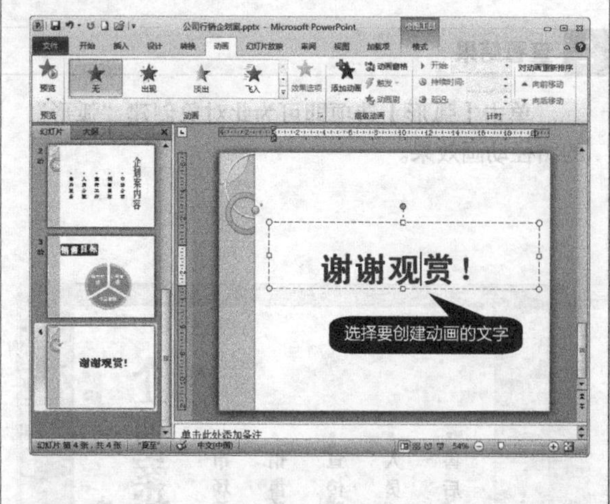

2 选择退出动画

在【动画】选项卡中的【动画】组中单击【其他】按钮，在弹出的下拉列表的【退出】区域中选择【弹跳】选项即可为对象创建“弹跳”动画效果。

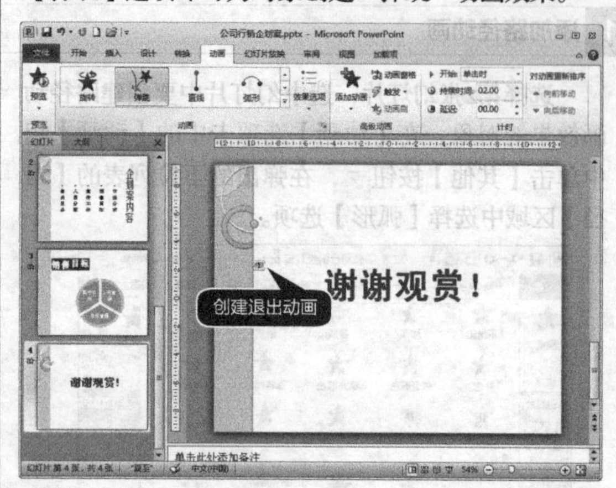

4.5 设置动画

本节视频教学时间：13分钟

【动画窗格】显示了有关动画效果的重要信息，如效果的类型、多个动画效果之间的相对顺序、受影响对象的名称以及效果的持续时间。

4.5.1 查看动画列表

在【动画】选项卡中的【高级动画】组中单击【动画窗格】按钮，可以在【动画窗格】中查看幻灯片上所有动画的列表。

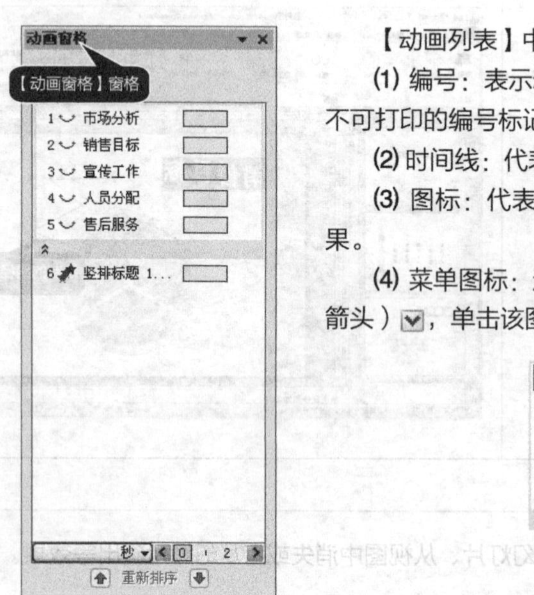

【动画列表】中各选项的含义如下。

(1) 编号：表示动画效果的播放顺序，此编号与幻灯片上显示的不可打印的编号标记是相对应的。

(2) 时间线：代表效果的持续时间。

(3) 图标：代表动画效果的类型。左图中表示【放大/缩小】效果。

(4) 菜单图标：选择列表中的项目后会看到相应菜单图标（向下箭头），单击该图标即可弹出如下图所示的下拉菜单。

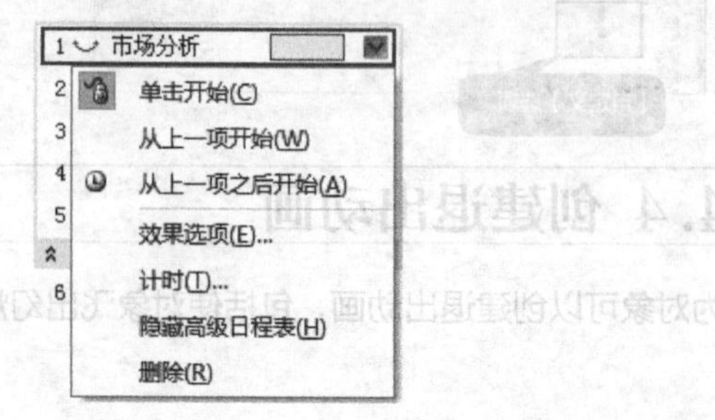

4.5.2 调整动画顺序

放映过程中也可以对幻灯片播放顺序进行调整。

1 【动画窗格】窗口

选择第2张幻灯片，在【动画】选项卡中的【高级动画】组中单击【动画窗格】按钮，弹出【动画窗格】窗口。

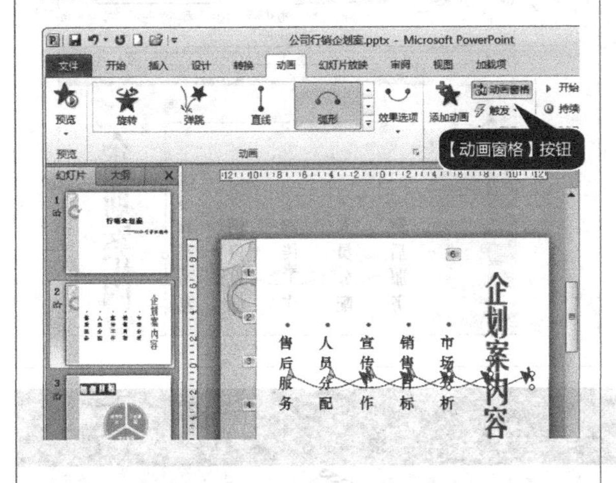

2 调整动画顺序

选中【动画窗格】窗口中需要调整顺序的动画，如选择动画3，然后单击【动画窗格】窗口下方【重新排序】命令左侧或右侧的向上按钮或向下按钮即可进行调整。

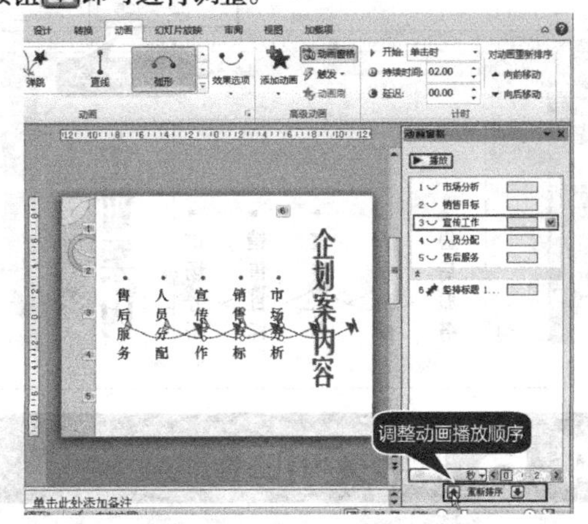

除了使用【动画窗格】窗口调整动画顺序外，也可以使用【动画】选项卡调整动画顺序。

1 【对动画重新排序】区域

选择第1张幻灯片，并选中标题动画，在【动画】选项卡中的【计时】组中单击【对动画重新排序】区域的【向后移动】按钮。

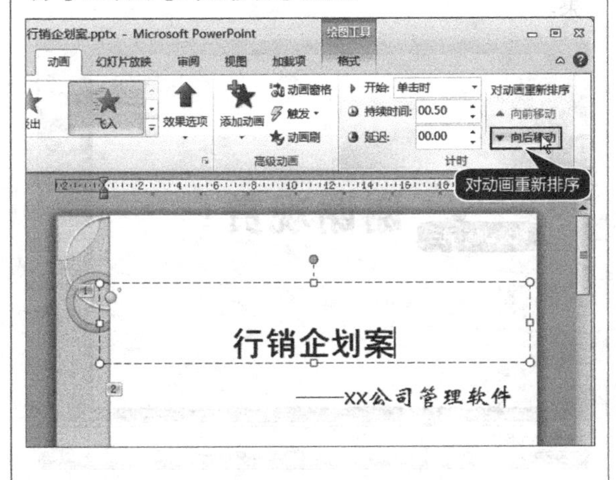

2 查看排序后效果

单击即可将此动画顺序向前移动一个次序，在【幻灯片】窗格中可以看到此动画前面的编号 2 和前面的编号 1 发生了改变。

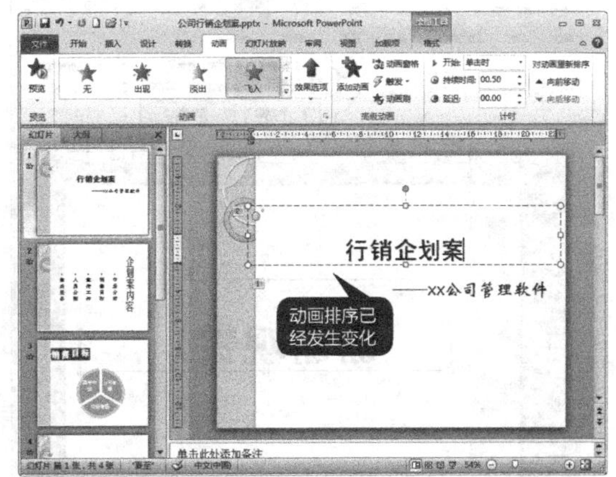

4.5.3 设置动画时间

创建动画后，可以在【动画】选项卡上为动画指定开始时间、持续时间以及延迟计时。

1 为动画设置开始计时

选中第2张幻灯片中的弧形动画，在【计时】组中单击【开始】文本框右侧的下拉箭头，然后从弹出的下拉列表中选择所需的计时。

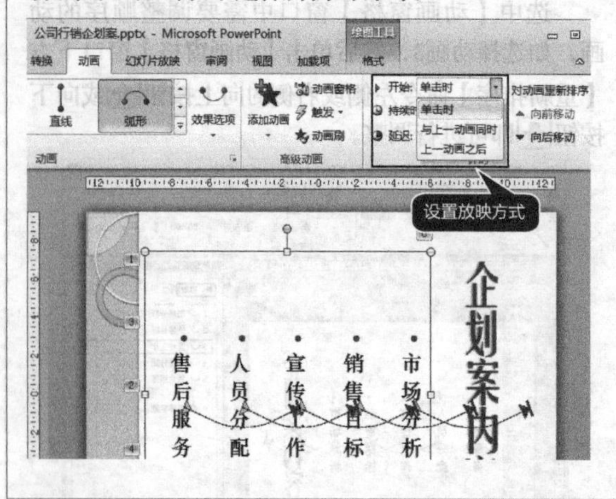

2 为动画设置运行持续时间

在【计时】组中的【持续时间】文本框中输入所需的秒数，或者单击【持续时间】文本框后面的微调按钮来调整动画运行的持续时间。

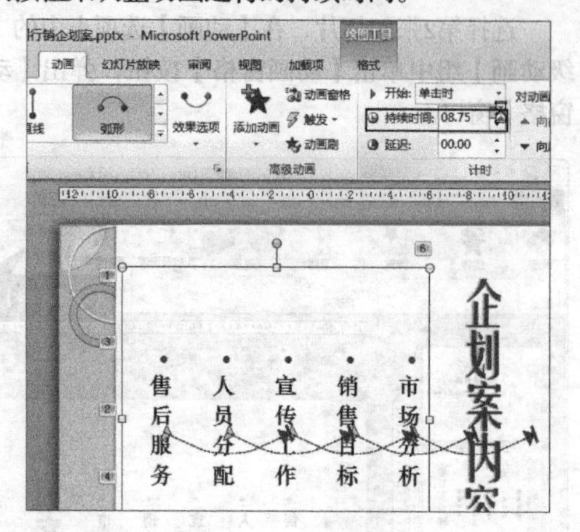

4.6 触发动画

本节视频教学时间：2分钟

触发动画就是设置动画的特殊开始条件。

1 【触发】按钮

选择结束该幻灯片的动画，单击【动画】选项卡【高级动画】组中的【触发】按钮，在弹出的下拉菜单的【单击】子菜单中选择【副标题2】选项。

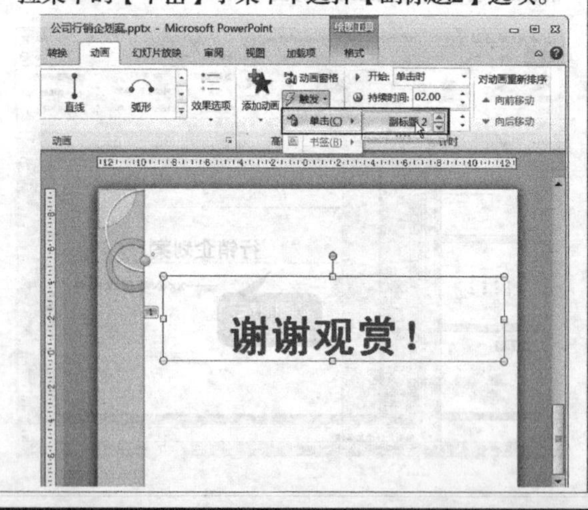

2 触发动画

创建触发动画后的动画编号变为图标，在放映幻灯片时用鼠标指针单击该对象即可显示动画效果。

4.7 复制动画效果

本节视频教学时间：2分钟

PowerPoint 2010中，我们可以使用动画刷复制一个对象的动画效果，并将其应用到另一个对象。

1 【动画刷】按钮

在【动画】选项卡中的【高级动画】组中单击【动画刷】按钮，此时幻灯片中的鼠标指针变为动画刷的形状。

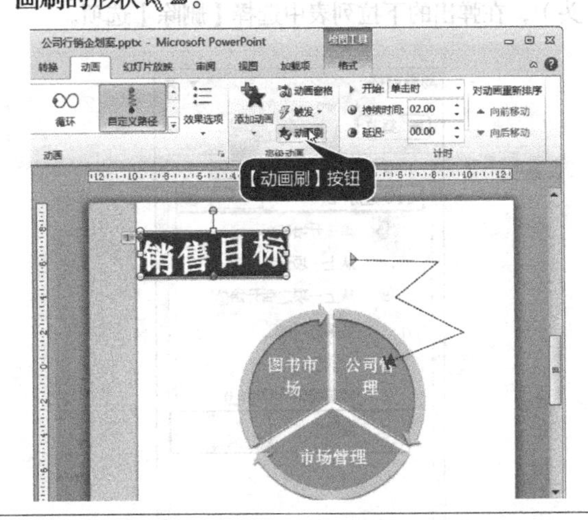

2 单击要复制动画的对象

在幻灯片中，用动画刷单击要设置动画效果的对象即可复制动画效果。

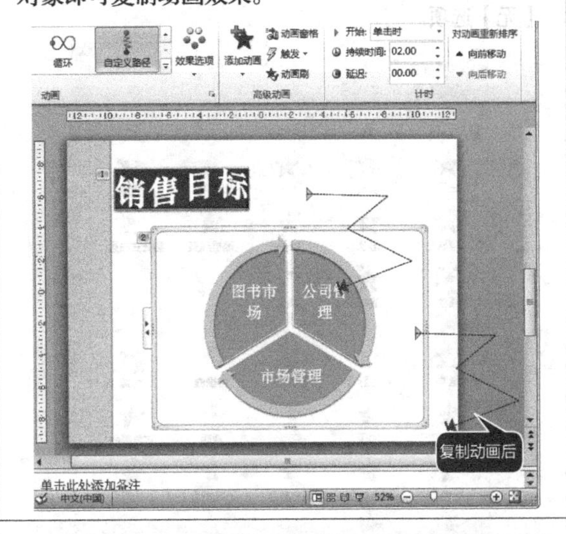

4.8 测试动画

本节视频教学时间：2分钟

为文字或图形对象添加动画效果后，可以在【动画】选项卡中的【预览】组中单击【预览】按钮，验证是否设置成功。单击【预览】按钮下方的下拉按钮，弹出下拉列表，包括【预览】和【自动预览】两个选项。单击选中【自动预览】复选框后，每次为对象创建动画后均可自动在【幻灯片】窗格中预览动画效果。

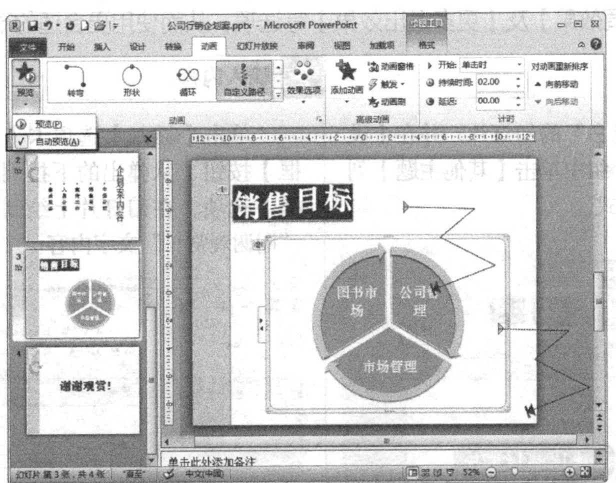

4.9 移除动画

本节视频教学时间：2分钟

为对象创建动画效果后，我们可以根据需要移除动画。移除动画的方法有以下两种。

1 使用【动画】选项卡

在【动画】选项卡中的【动画】组中单击【其他】按钮，在弹出的下拉列表的【无】区域中选择【无】选项。

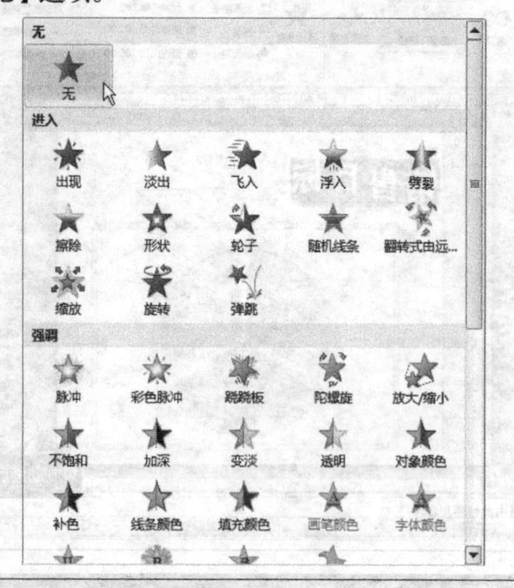

2 使用【动画窗格】

在【动画】选项卡中的【高级动画】组中单击【动画窗格】按钮，在弹出的【动画窗格】中选择要移除动画的选项，然后单击菜单图标（向下箭头），在弹出的下拉列表中选择【删除】选项。

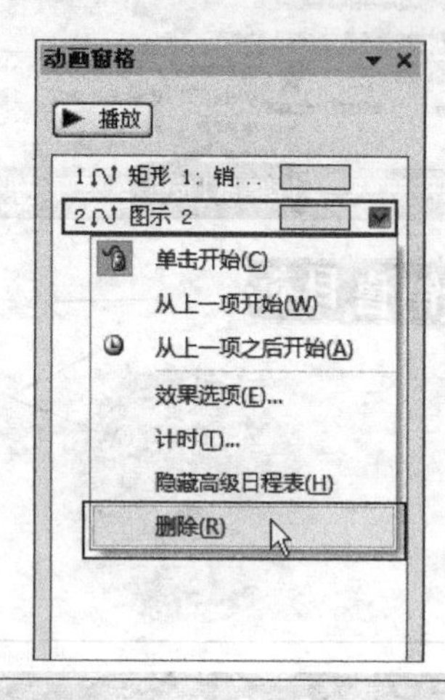

高手私房菜

技巧1：制作更多动画效果

在PowerPoint中选中要添加动画效果的对象后，在【动画】选项卡中的【动画】组中单击【其他】按钮，在弹出的下拉列表中可以直接选择需要的动画效果，也可以在下拉列表下方选择【更多进入效果】、【更多强调效果】及【更多退出效果】等选项，从而使用更合适的动画效果。

1 新建幻灯片

新建一个版式为“空白”的幻灯片，并在【设计】选项卡中的【主题】组中单击【其他主题】列表框中的【凸显】主题样式。

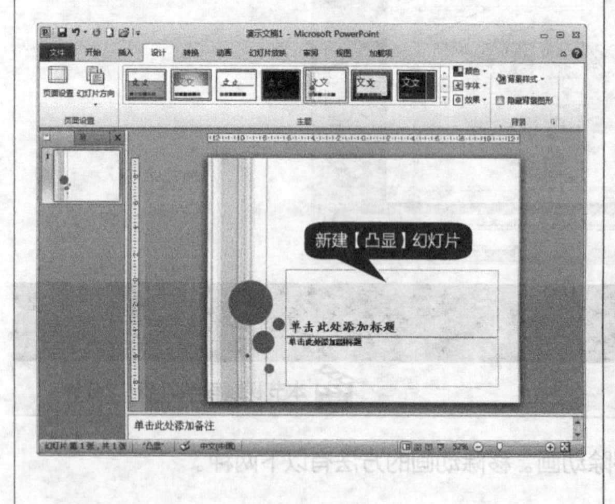

2 输入内容

单击【插入】选项卡【文本】组中的【文本框】按钮，从弹出的下拉列表中选择【横排文本框】选项，在幻灯片上绘制一个文本框，并输入“谢谢观赏！”文字内容。

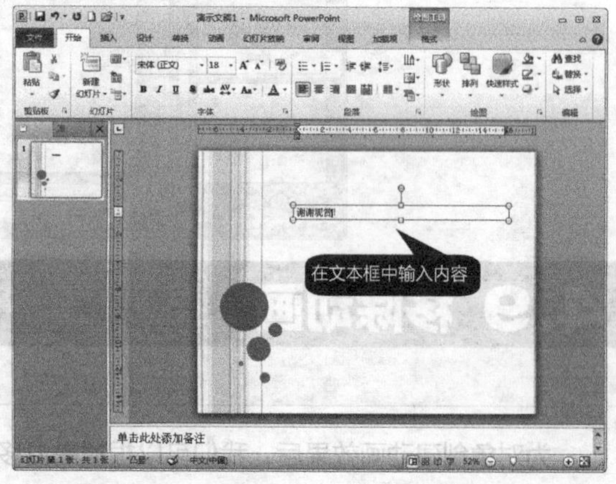

3 设置字体

选中输入的文字，在【开始】选项卡【字体】组中设置字体为“方正舒体”，字号为“88”，效果为“加粗”，颜色为“浅绿”。适当调整文本框的大小及位置。

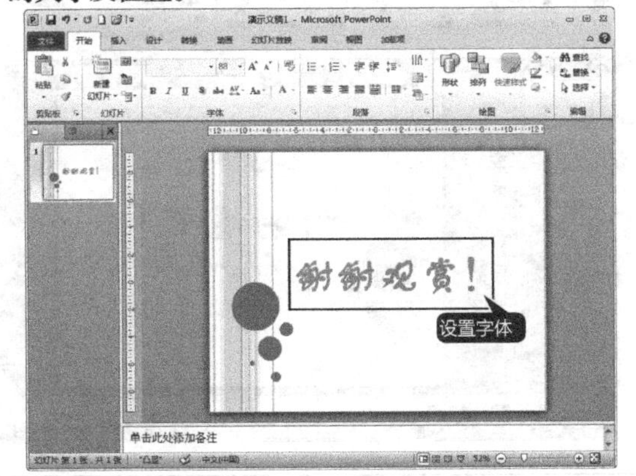

4 设置动画

选中输入的文字，在【动画】选项卡中的【动画】组中单击【其他】按钮，在弹出的下拉列表中选择【更多强调效果】选项。

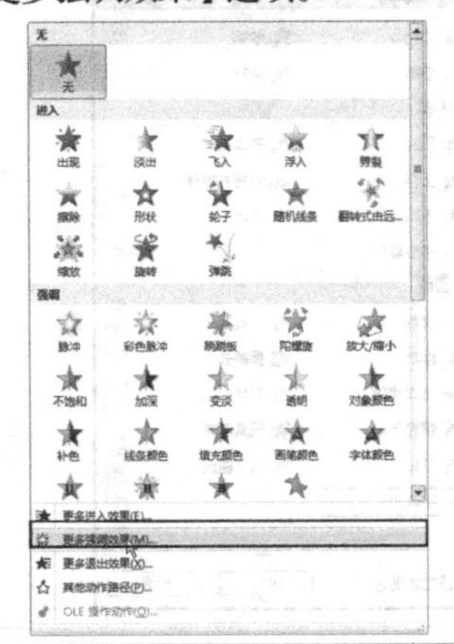

5 选择动画效果

在弹出的【更改强调效果】对话框中选择【华丽型】区域的【闪烁】选项。

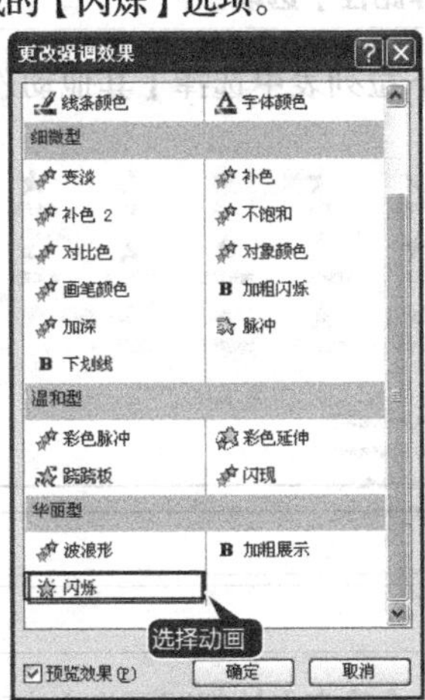

6 动画效果添加成功

单击【确定】按钮，即可为文字添加闪烁动画效果。

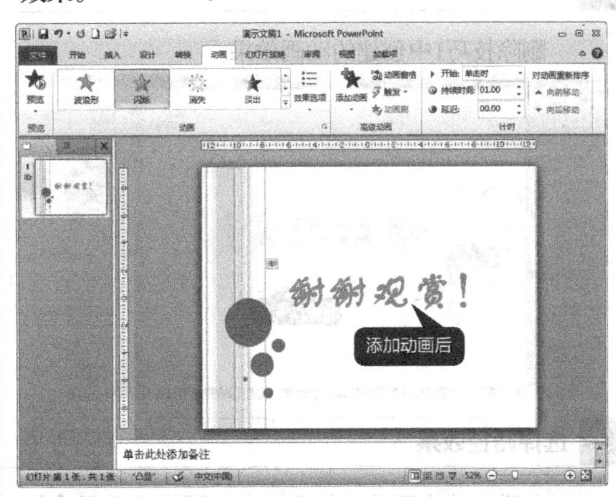

技巧2：制作电影字幕

PowerPoint 2010可以轻松实现电影字幕式的动画效果。

1 删除原有的动画效果

删除技巧1中创建的动画效果。

2 【更多退出效果】选项

在动画下拉列表中选择【更多退出效果】选项。

3 【字幕式】动画效果

在弹出的【更改退出效果】对话框中选择【华丽型】区域的【字幕式】选项。

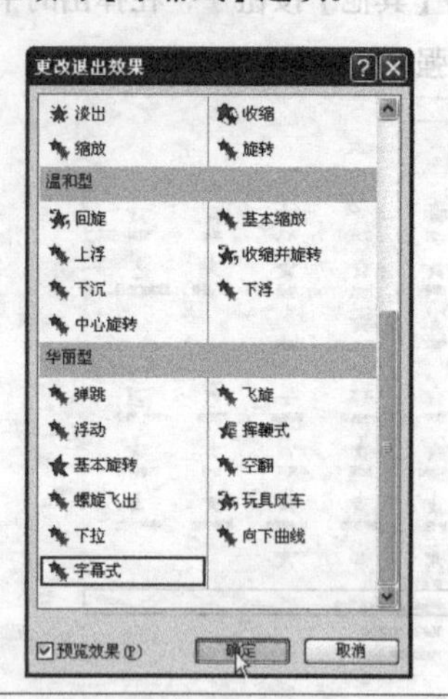

4 查看效果

单击【确定】按钮即可为文本对象添加字幕式动画效果。

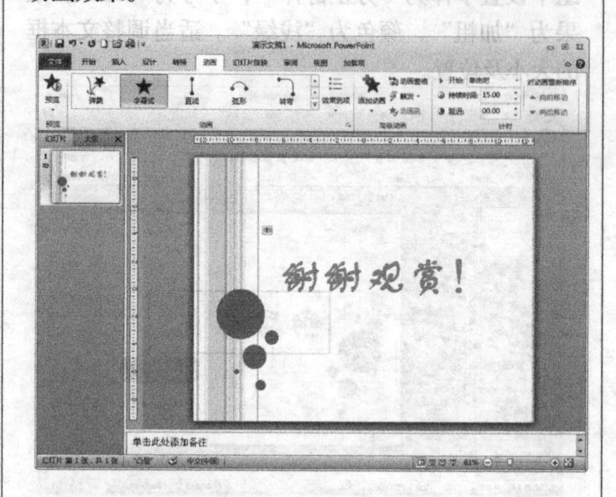

技巧3：创建其他动作路径动画

在PowerPoint 2010中可以轻松实现电影字幕的动画效果。

1 删除原有的动画效果

删除技巧1中创建的动画效果。

2 【其他动作路径】选项

在动画下拉列表中选择【其他动作路径】选项。

3 选择路径效果

在弹出的【更改动作路径】对话框中选择【特殊】区域的【豆荚】选项。

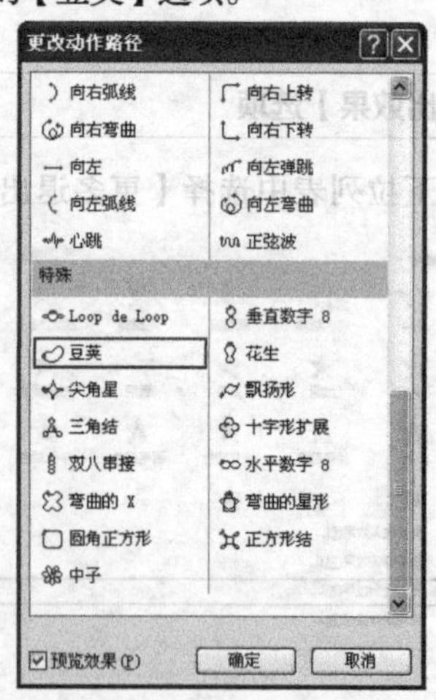

4 查看效果

然后单击【确定】按钮即可为文本对象添加豆荚动画效果。

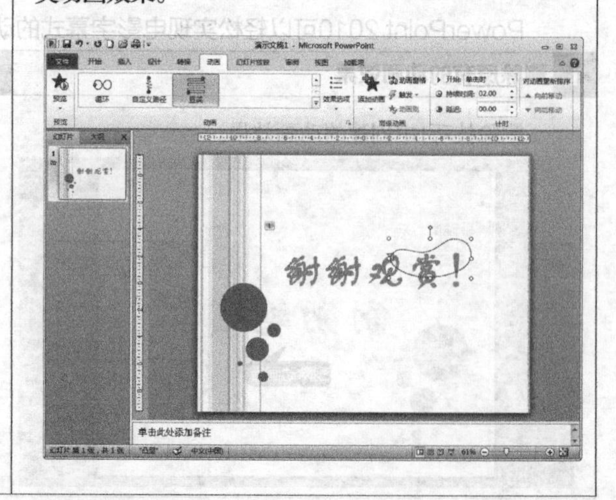

第 5 章

添加多媒体元素

——制作圣诞节卡片 PPT

本章视频教学时间：59 分钟

在制作的幻灯片中添加各种多媒体元素能够使幻灯片更富有感染力。本章中，我们在圣诞节卡片中添加音频和视频文件，让圣诞节卡片的效果更丰富、更完整。

【学习目标】

音频和视频是圣诞节卡片中不可缺少的元素，本章中主要介绍在幻灯片中添加音频和视频以及对音频视频的设置。

【本章涉及知识点】

- 了解添加音频的方法
- 了解设置音频的方法
- 了解添加视频的方法
- 了解设置视频的方法

5.1 设计圣诞节卡片PPT

本节视频教学时间：8分钟

送朋友一张自己亲手制作的圣诞贺卡，让这个圣诞节过得更有意义。

1 打开素材文件

打开随书光盘中的“素材\ch05\圣诞节卡片.pptx”文件。

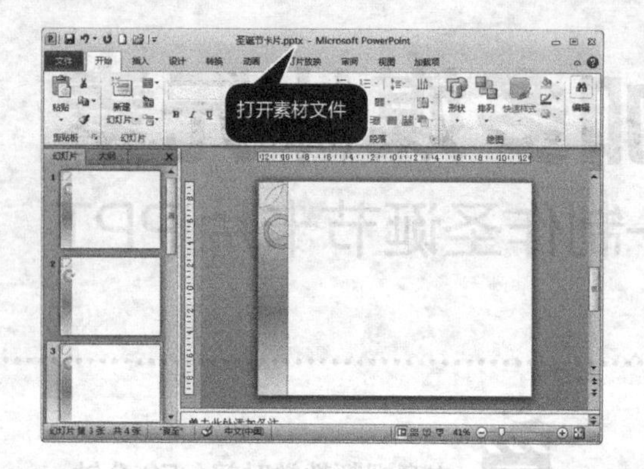

2 设计首页幻灯片标题

选择第一张幻灯片，然后插入一种艺术字样式，输入“圣诞节快乐！”，设置艺术字样式后效果如下图所示。

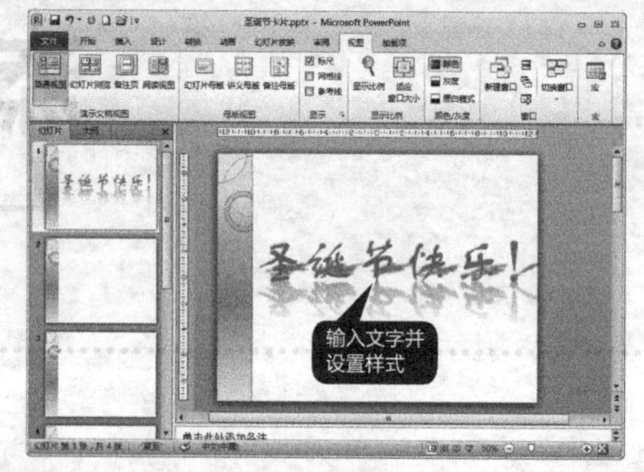

3 在第2张幻灯片中插入图片

选择第2张幻灯片，单击【插入】中【图像】组中的【图片】按钮，在弹出的【插入图片】对话框中选择随书光盘中“素材\ch05”中的“圣诞节-1.png”和“圣诞节-2.jpg”，并且调整图片位置。

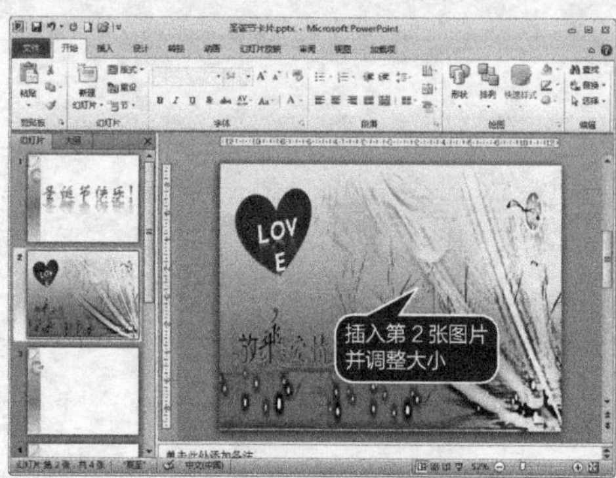

4 在第2张幻灯片中输入文字

在【插入】选项卡中的【文本】组中单击【文本框】按钮，插入一个横排文本框，在其中输入文本后，设置文本字体、字号、颜色等样式如下图所示。

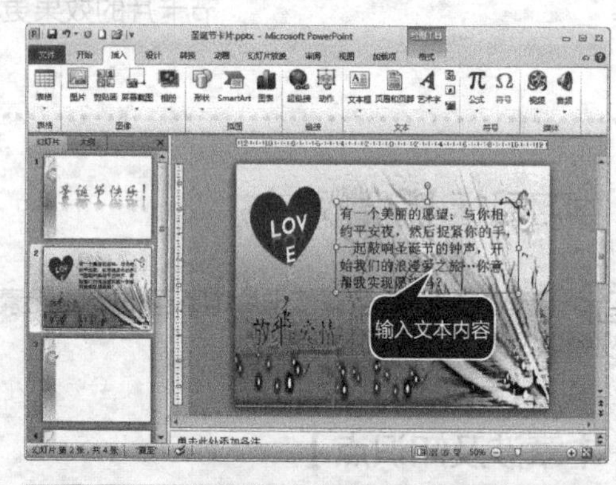

5 在第3张幻灯片中插入图片

选择第3张幻灯片，插入随书光盘中的“素材\ch05\圣诞节-3.png”，并调整图片位置。

6 在第4张幻灯片中插入图片

选择第4张幻灯片，单击占位符中的【插入来自文件中的图片】按钮，在弹出的对话框中插入随书光盘中的“素材\ch05\圣诞节-4.jpg”。

5.2 添加音频

本节视频教学时间：10分钟

PowerPoint 2010中，我们既可以添加来自文件、剪贴画中的音频，使用CD中的音乐，还可以自己录制音频并将其添加到演示文稿中。

5.2.1 PowerPoint 2010支持的声音格式

PowerPoint 2010支持的声音格式很多，下表所列音频格式都可以添加到PowerPoint 2010中。

音频文件	音频格式
AIFF 音频文件（aiff）	*.aif 、*.aifc 、*.aiff
AU 音频文件（au）	*au 、*.snd
MIDI 文件（midi）	*.mid 、*.midi 、*.rmi
MP3 音频文件（mp3）	*.mp3 、*.m3u
Windows 音频文件（wav）	*.wav
Windows Media 音频文件（wma）	*.wma 、*.wax
QuickTime 音频文件（aiff）	*.3g2 、*.3gp 、*.aac 、*.m4a 、*.m4b 、*.mp4

5.2.2 添加文件中的音频

制作演示文稿时，保存在电脑资源管理器中的所有音频文件（只包括支持格式）都可以插入幻灯片。

1 【文件中的音频】选项

选择第1张幻灯片，在【插入】选项卡中的【媒体】选项组中单击【音频】下三角按钮，在弹出的列表中选择【文件中的音频】选项。

2 【插入视频文件】对话框

弹出【插入音频】对话框，在【查找范围】文本框中查找音频文件所在的位置，选择文件后单击【插入】按钮。

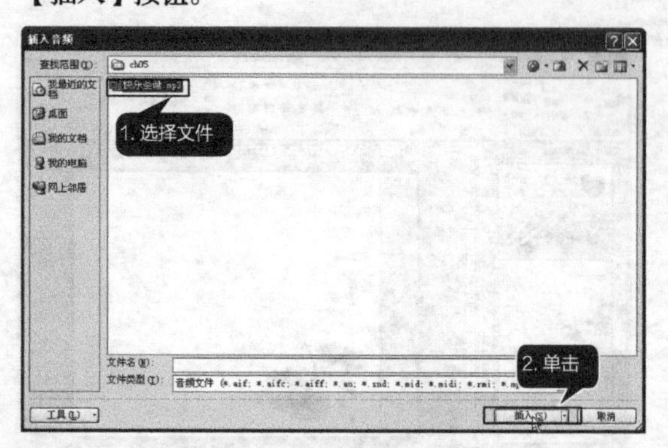

3 插入音频文件

返回到幻灯片中即可看到已插入的音频文件。

4 调整音频位置

选中音频，拖动鼠标至合适的位置即可。

5.2.3 添加剪贴画中的音频

幻灯片中插入音频时，我们也可以直接使用剪贴画中的音频文件。

1 【剪贴画音频】按钮

选择第2张幻灯片，在【插入】选项卡中的【媒体】选项组中单击【音频】下三角按钮，在弹出的列表中选择【剪贴画音频】选项。

2 【剪贴画】窗格

单击后弹出【剪贴画】窗格。

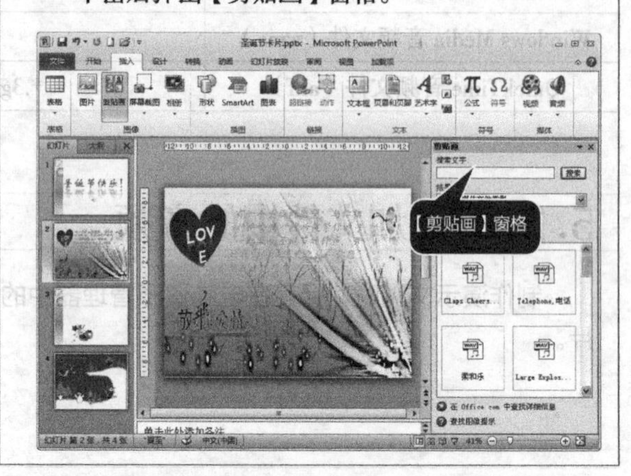

3 输入搜索文字

在剪贴画窗格的【搜索文字】列表框中输入“圣诞节”，单击【搜索】按钮。

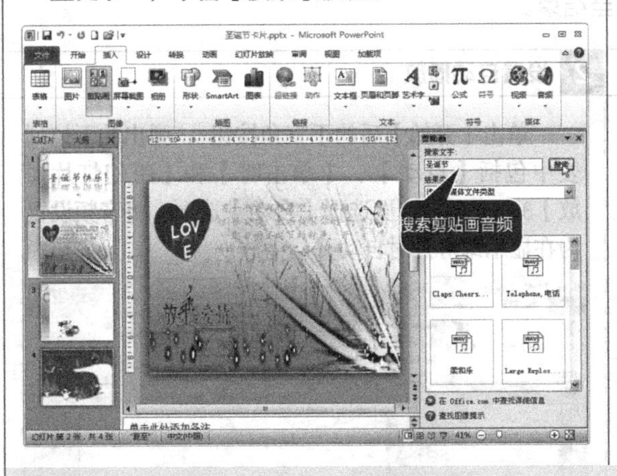

4 插入音频

在搜索结果列表中单击某一个从而将其添加到幻灯片中，并且调整其在幻灯片中的位置。

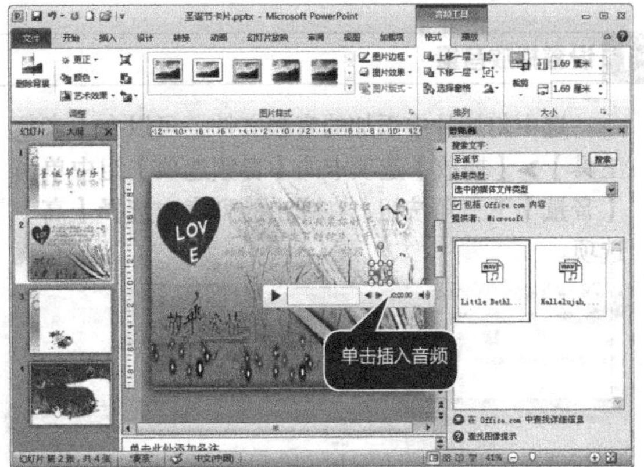

小提示

找到要插入的音频文件后，单击其右侧的˅图标，在弹出的快捷菜单中选择【插入】菜单命令也可将其插入到幻灯片中。

另外，如果有需要还可以录制音频，在【插入】选项卡中的【媒体】组中单击【音频】下三角按钮【录制音频】选项，弹出【录音】对话框，单击【录音】按钮●，即可开始录制。

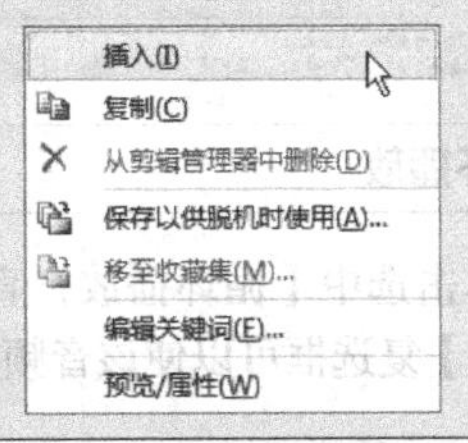

5.3 播放音频与设置音频

本节视频教学时间：10分钟

添加音频后，可以播放，也可以进行设置效果、剪裁音频及在音频中插入书签等操作。

5.3.1 播放音频

在幻灯片中插入音频文件后，可以试听效果。播放音频的方法有以下两种。

1 【剪贴画音频】按钮

选中插入的音频文件后，单击音频文件图标下的【播放】按钮▶即可播放音频。

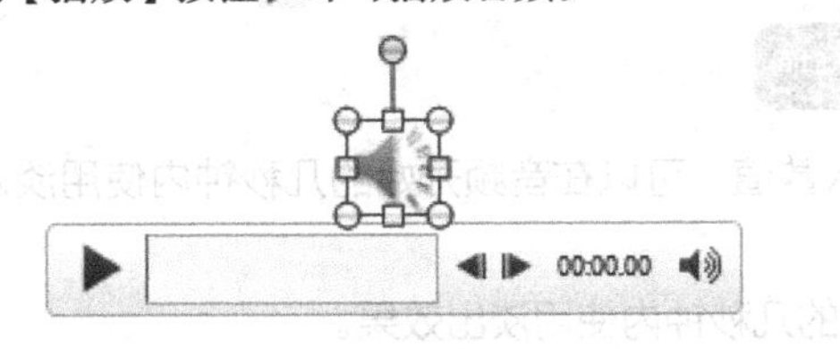

2 使用选项卡

在【音频工具】➤【播放】选项卡中的【预览】组中单击【播放】按钮即可播放插入的音频文件。

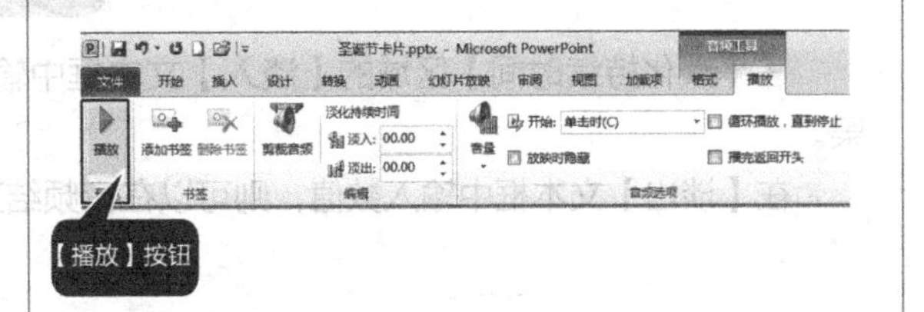

5.3.2 设置播放效果

演讲时，我们可以将音频设置为在显示幻灯片时自动开始播放、在单击鼠标时开始播放或播放演示文稿中的所有幻灯片，甚至可以循环播放音频直至结束。

1 设置播放音量

选中幻灯片中添加的音频文件，可以在【音频工具】➤【播放】选项卡的【音频选项】组中单击【音量】下三角按钮，在弹出的列表中选择【高】选项。

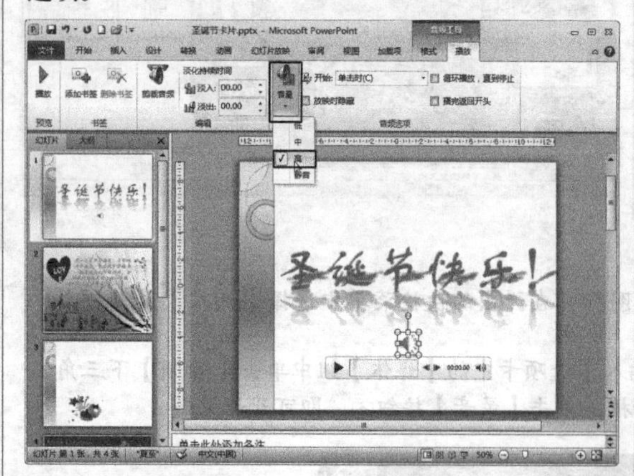

2 设置自动播放

单击【开始】后的下三角按钮，弹出的下拉列表中包括【自动】、【单击时】和【跨幻灯片播放】3个选项。这里选择【自动】选项，将音频设置为在显示幻灯片时自动开始播放。

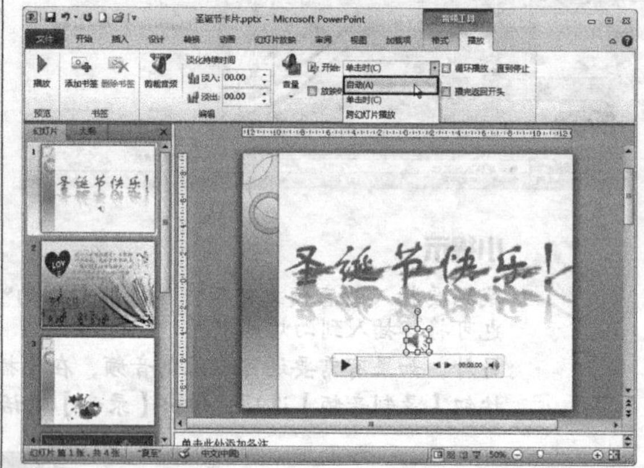

3 设置放映隐藏

单击选中【放映时隐藏】复选框，可以在放映幻灯片时将音频图标隐藏，直接根据设置播放。

4 设置循环播放

同时单击选中【循环播放，直到停止】和【播完返回开头】复选框可以使该音频文件循环播放。

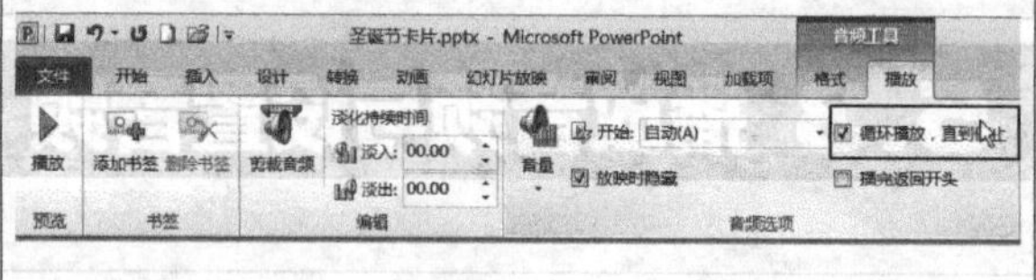

5.3.3 添加淡入淡出效果

在演示文稿中添加音频文件后，除了可以设置播放选项，还可以在【音频工具】➤【播放】选项卡的【编辑】组中为音频文件添加淡入和淡出的效果。

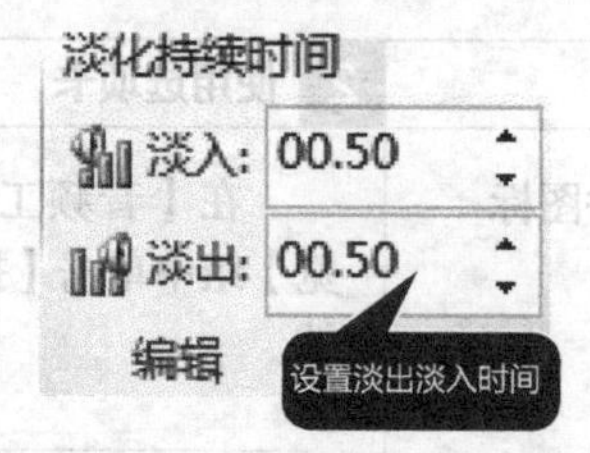

在【淡化持续时间】区域的【淡入】文本框中输入数值，可以在音频开始的几秒钟内使用淡入效果。

在【淡出】文本框中输入数值，则可以在音频结束的几秒钟内使用淡出效果。

5.3.4 剪辑音频

插入音频文件后，我们可以在每个音频的开头和末尾处对其进行修剪。这样便可以缩短音频时间以使其与幻灯片的播放相适应。

1 【剪辑音频】按钮

在第1张幻灯片中选中插入的音频。然后在【音频工具】➤【播放】选项卡的【编辑】组中单击【剪裁音频】按钮。

2 修剪音频开头部分

弹出【剪裁音频】对话框，单击对话框中显示的音频起点（最左侧的绿色标记），当鼠标指针显示为双向箭头时，将箭头拖动到所需的音频起始位置处，即可修剪音频文件的起始部分。

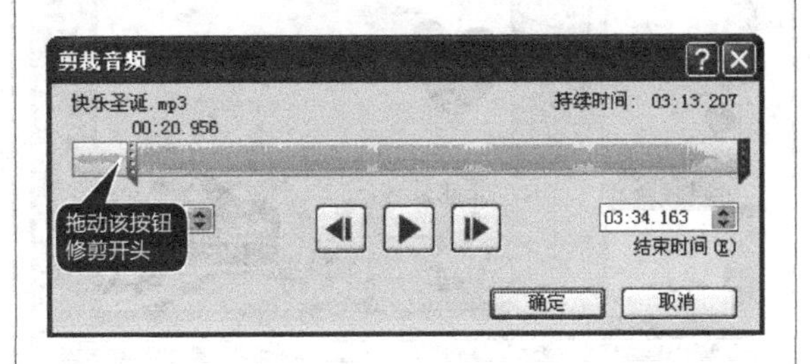

3 修剪结束部分

单击对话框中显示的音频终点（最右侧的红色标记），当鼠标指针显示为双向箭头时，将箭头拖动到所需的音频剪辑结束位置处，即可修剪音频文件的末尾。

4 调整音频剪辑效果

单击对话框中的【播放】按钮可试听调整效果，单击【确定】按钮即可完成音频的剪裁。

小提示

也可以在【开始时间】微调框和【结束时间】微调框中输入精确的数值来剪裁音频文件。

5.3.5 在音频中插入书签

在为演示文稿添加的音频文件中还可以插入书签以指定音频中的关注点，也可以在放映幻灯片时利用书签快速查找音频中的特定点。

1 播放音频

选择音频文件后，单击音频文件图标下的【播放】按钮播放音频。

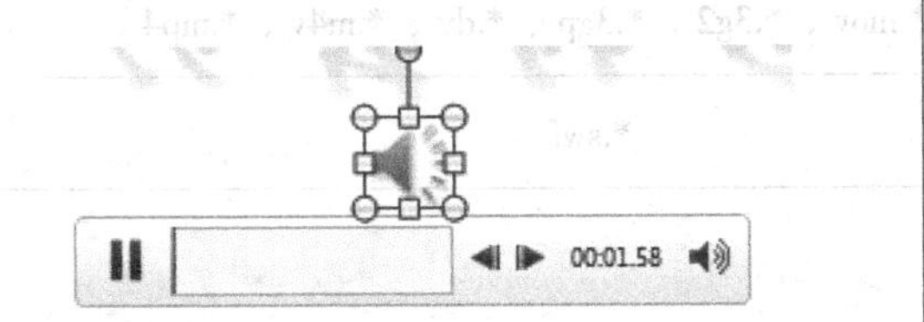

2 添加书签

在【音频工具】➤【播放】选项卡的【书签】组中单击【添加书签】按钮，即可为当前时间点的音频剪辑添加书签，书签显示为黄色圆球状。

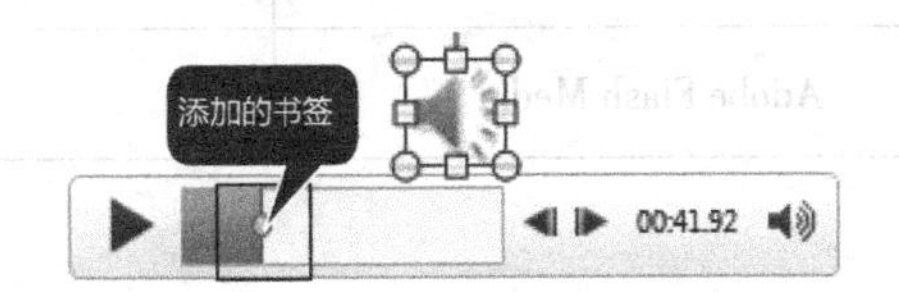

5.3.6 删除音频

若发现插入的音频文件不是想要的，我们可以将其删除。

1 选择音频

选择第2张幻灯片，在普通视图状态选中插入的音频文件的图标 🔈。

2 【Delete】键

按【Delete】键即可将该音频文件删除。

5.4 添加视频

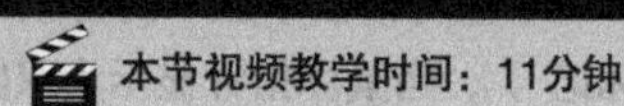
本节视频教学时间：11分钟

在PowerPoint 2010演示文稿中可以链接外部视频文件或电影文件。本节我们就在圣诞节卡片PPT中链接视频文件，添加文件、网站及剪贴画中的视频，并介绍设置视频效果、样式等基本操作。

5.4.1 PowerPoint 2010支持的视频格式

PowerPoint 2010支持的视频格式比较多，下表所列视频格式都可以被添加到PowerPoint 2010中。

视频文件	视频格式
Windows Media 文件（asf）	*.asf、*.asx、*.wpl、*.wm、*.wmx、*.wmd、*.wmz、*.dvr-ms
Windows 视频文件（avi）	*.avi
电影文件（mpeg）	*.mpeg、*.mpg、*.mpe、*.mlv、*.m2v、*.mod、*.mp2、*.mpv2、*.mp2v、*.mpa
Windows Media 视频文件（wmv）	*.wmv、*.wvx
QuickTime 视频文件	*.qt、*.mov、*.3g2、*.3gp、*.dv、*.m4v、*.mp4
Adobe Flash Media	*.swf

5.4.2 链接到视频文件

PowerPoint 2010可以链接外部视频文件，通过链接视频，我们可以减小演示文稿的大小。

1 【文件中的视频】选项

选择第3张幻灯片，在【插入】选项卡的【媒体】组中单击【视频】下三角按钮，在弹出的下拉列表中选择【文件中的视频】选项。

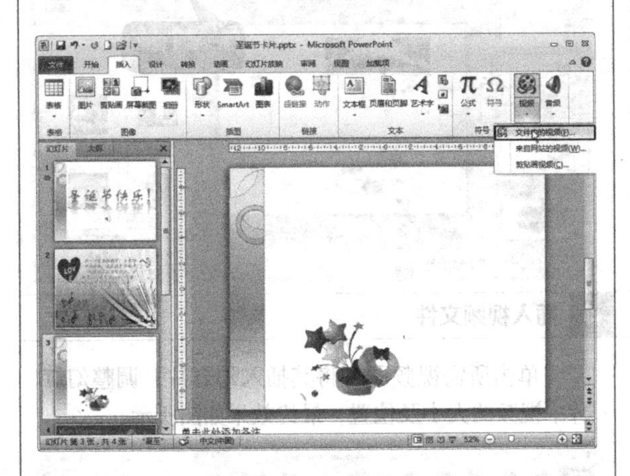

2 查找文件

弹出【插入视频文件】对话框，在【查找范围】中找到并选中所需要用的视频文件，这里选择随书光盘中的“素材\ch05\视频.swf”文件。

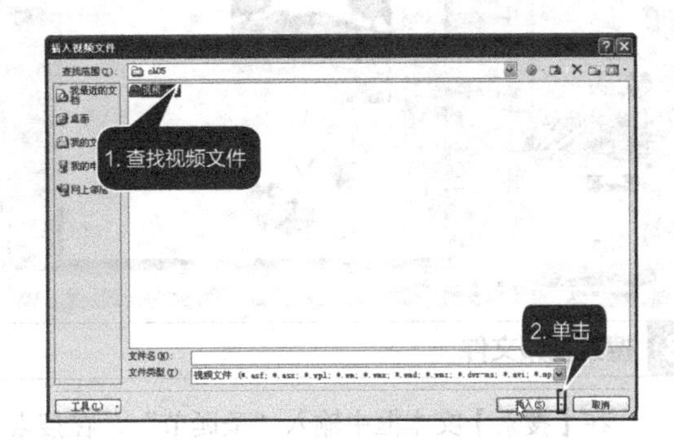

3 【链接到文件】选项

单击【插入】右侧的下三角按钮，在弹出的下拉菜单中选择【链接到文件】命令。

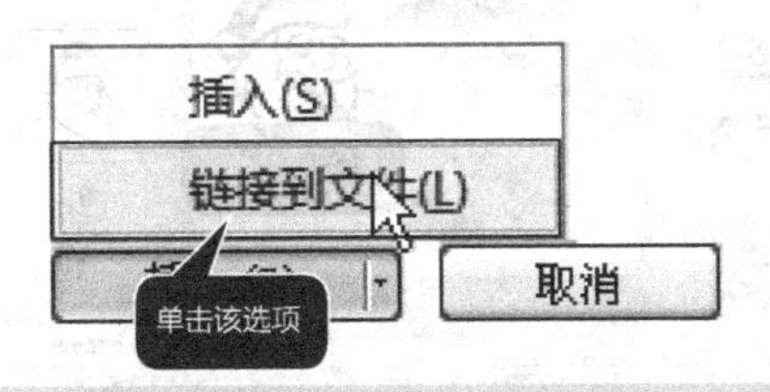

小提示

为了防止出现链接断开的问题，最好先将视频复制到演示文稿所在的文件夹中，然后再链接到该视频。

4 链接视频

所需要的视频文件将直接应用于当前幻灯片。

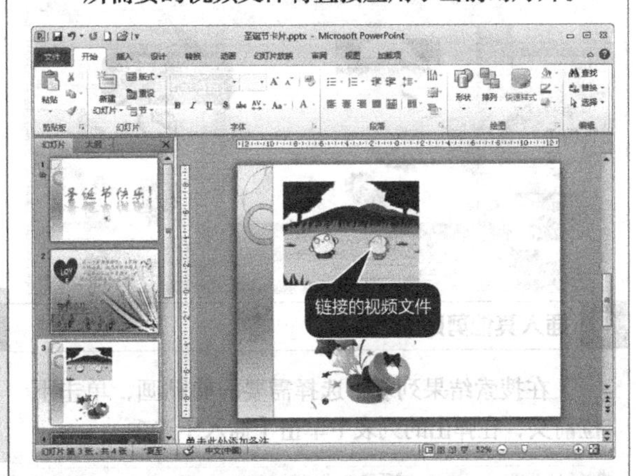

小提示

在【视频】按钮下拉列表中单击【来自网站的视频】按钮，弹出【从网站插入视频】对话框，直接将播放器链接代码复制文本框中，单击【插入】按钮，所需要的视频文件将直接应用于当前幻灯片中。

5.4.3 在PPT中添加剪贴画中的视频

在PowerPoint 2010中可以插入视频文件、来自网站中的视频，也可以直接插入剪贴画中的视频。

1 【剪贴画视频】选项

选择第3张幻灯片，在【插入】选项卡的【媒体】组中单击【视频】按钮，在弹出的下拉列表中选择【剪贴画视频】选项。

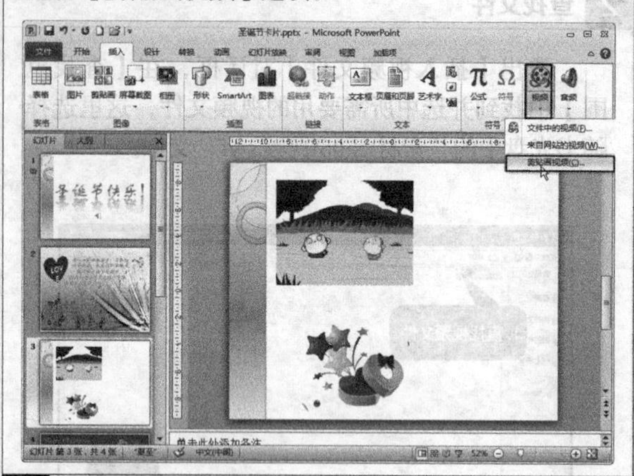

2 【剪贴画】窗格

在【幻灯片】窗格的右侧弹出【剪贴画】窗格。

3 搜索视频文件

在【搜索】文本框中输入“圣诞节”，在搜索结果中找到需要的视频文件。

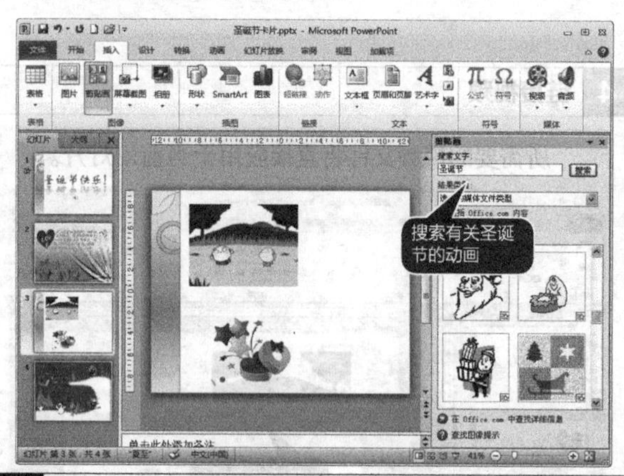

4 插入视频文件

单击所需视频即可将其插入幻灯片，调整幻灯片中视频的大小及位置，最终效果如图所示。

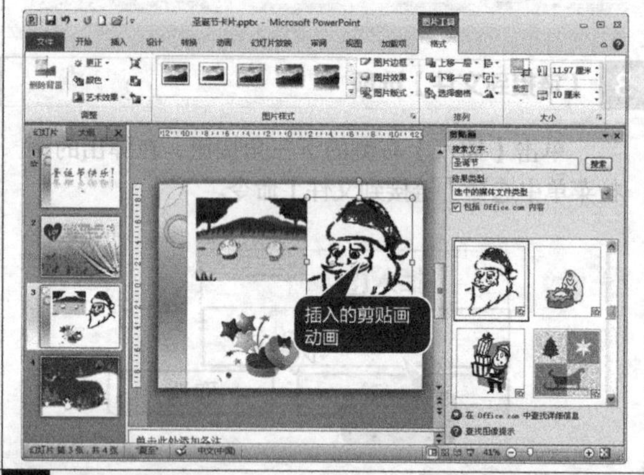

5 插入其他剪贴画

在搜索结果列表中选择需要的剪贴画，单击下拉箭头，在弹出的列表中单击【插入】选项。

6 插入视频文件

将视频插入幻灯片，调整幻灯片中视频的大小及位置，关闭【剪贴画】窗格后效果如图所示。

5.5 预览视频与设置视频

本节视频教学时间：20分钟

添加视频文件后，可以预览该视频，并可以设置相应效果。

5.5.1 预览视频

在幻灯片中插入视频文件后，可以播放该视频以查看效果。播放视频的方法有以下2种。

(1) 选中插入的视频文件后，单击【视频工具】➤【播放】选项卡【预览】组中的【播放】按钮。

(2) 选中插入的视频文件后，单击视频文件图标左下方的【播放】按钮 ▶ 即可预览视频。

1 【播放】按钮

选择第3张幻灯片，单击插入的视频文件后，在【播放】选项卡的【预览】组中单击【播放】按钮预览插入的视频文件。

2 预览视频

单击【播放】按钮后，即可开始播放视频。

5.5.2 设置视频的颜色效果

在演示文稿中插入视频文件后，还可以对该视频文件进行颜色效果、视频样式及视频播放选项等设置。

1 调整亮度和对比度

选择插入的视频文件，在【视频工具】➤【格式】选项卡的【调整】组中单击【更正】按钮，在弹出的下拉列表中选择【亮度：0%（正常） 对比度：+20%】选项作为视频文件新的亮度和对比度。

2 调整后结果

调整亮度和对比度后的效果如下图所示。

5.5.3 设置视频样式

在【视频工具】➤【格式】选项卡的【视频样式】组中可以对插入到演示文稿中的视频的形状、边框及视频的效果等进行设置，以便达到想要的效果。

1 设置视频样式

选择视频文件，在【视频工具】➤【格式】选项卡的【视频样式】组中单击【其他】按钮，在弹出的下拉列表中的【中等】区域中选择【旋转，白色】选项作为视频样式。

2 设置视频边框

在【视频工具】➤【格式】选项卡的【视频样式】组中单击【视频边框】按钮，在弹出的下拉列表中选择视频边框的主题颜色为【绿色，强调文字颜色4，淡色40%】。

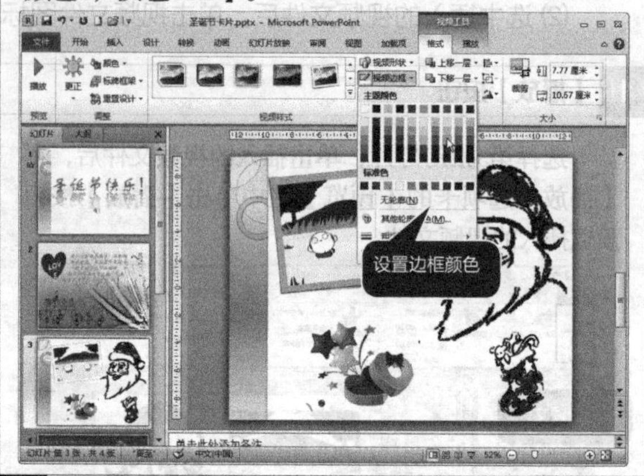

3 设置视频效果

在【视频工具】➤【格式】选项卡的【视频样式】组中单击【视频效果】按钮，在弹出的下拉列表中选择【映像】子菜单中的【半映像，8pt偏移量】映像变体。

4 查看设置效果

调整视频样式后的效果如下图所示。

5.5.4 设置播放选项

演讲时，可以将插入或链接的视频文件设置为在显示幻灯片时自动开始播放，或在单击鼠标时开始播放。

1 调节音量

选中视频文件后单击【播放】选项卡的【音量】按钮，在弹出的下拉列表中可以设置音量的大小。

2 选择播放时间

单击【开始】后的下三角按钮，在弹出的下拉列表中单击【单击时】选项可以通过单击鼠标来控制启动视频的时间。

3 设置全屏播放

单击选中【全屏播放】复选框，可以全屏播放幻灯片中的视频文件。

4 设置其他选项

单击选中【循环播放，直至停止】复选框和【播完返回开头】复选框可以使该视频文件循环播放。

小提示

单击选中【未播放时隐藏】复选框，可以将视频文件在未播放时设置为隐藏状态。设置视频文件为未播放时隐藏状态后，需要创建一个自动的动画来启动播放，否则在幻灯片放映的过程中将看不到此视频。

5.5.5 添加淡出淡入效果

添加视频文件后，在【播放】选项卡的【编辑】组中为视频文件添加淡入和淡出的效果。

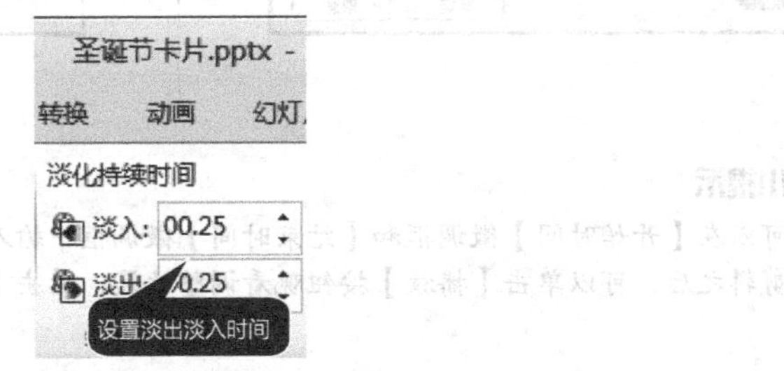

5.5.6 剪辑视频

在视频的开头和末尾处对视频进行修剪，可以缩短视频时间以使其与幻灯片的播放相适应。

1 播放视频

选择视频文件，单击视频文件下的【播放】按钮▶播放视频。

2 【剪裁视频】对话框

弹出【剪裁视频】对话框，在该对话框中可以看到视频的持续时间、开始时间及结束时间。

3 修剪视频开头部分

单击对话框中显示的视频起点（最左侧的绿色标记），当鼠标指针显示为双向箭头时，将箭头拖动到所需的视频起始位置处，即可修剪视频文件的开头部分。

4 修剪视频结尾部分

单击对话框中显示的视频终点（最右侧的红色标记），当鼠标指针显示为双向箭头时，将箭头拖动到所需的视频剪辑结束位置处，即可修剪视频文件的末尾。

小提示

可以在【开始时间】微调框和【结束时间】微调框中输入精确的数值来剪裁视频文件。剪辑之后，可以单击【播放】按钮观看调整效果，单击【确定】按钮即可完成视频的剪裁。

5.5.7 在视频中添加标签

在添加到演示文稿的视频文件中可以插入书签以指定视频中的关注点，也可以在放映幻灯片时利用书签直接跳至视频的特定位置。

1 播放视频

选择视频文件，单击视频文件下的【播放】按钮▶播放视频。

2 【添加书签】按钮

在【视频工具】➤【播放】选项卡的【书签】组中单击【添加书签】按钮，即可为当前时间点的视频剪辑添加书签，书签显示为黄色圆球状。

小提示

添加视频后如果发现不是所需要的，可以删除该视频文件，选中视频文件后直接按【Delete】键即可。

这样，我们就完成了圣诞节卡片的制作，单击【保存】按钮保存后就可以发给朋友欣赏了。

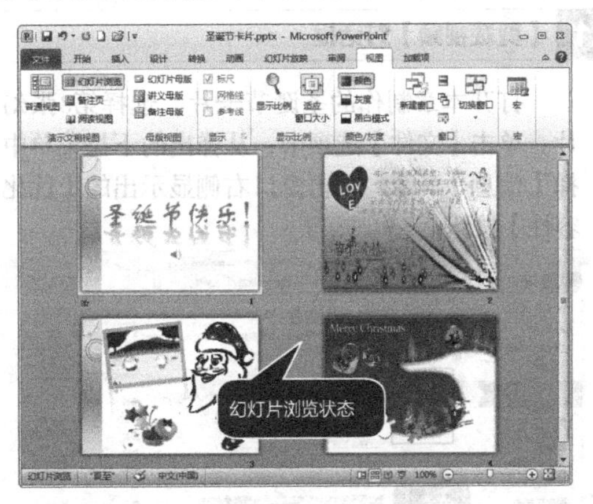

举一反三

在幻灯片中使用多媒体元素，可以使幻灯片内容更加丰富，也更有感染力。在制作演示文稿时，适当插入一些与幻灯片主题内容一致的多媒体元素，可以达到事半功倍的效果。本章设计的“圣诞节卡片PPT”是一种内容活泼、形式多样、侧重与人交流感情的演示文稿。除此之外，此类演示文稿还包括生日卡片PPT、新年贺卡PPT、新婚请柬PPT等。

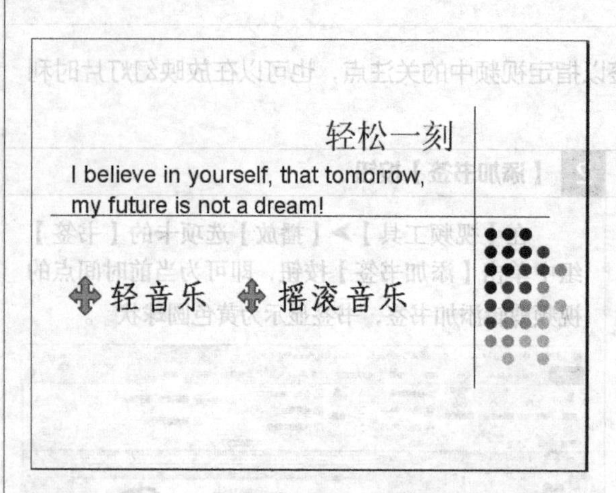

高手私房菜

技巧：优化演示文稿中多媒体的兼容性

若要避免PowerPoint演示文稿中的媒体（例如视频或音频文件）出现播放问题，可以优化媒体文件的兼容性，这样就可以轻松地与他人共享演示文稿或将其随身携带到另一个地方后（当要使用其他计算机在其他地方进行演示时）依然顺利播放多媒体文件。

1 【剪裁视频】对话框

打开本章制作的圣诞节卡片，选择第3张幻灯片。单击【文件】选项卡，从弹出的下拉菜单中选择【信息】命令，单击窗口右侧显示出的【优化兼容性】按钮。

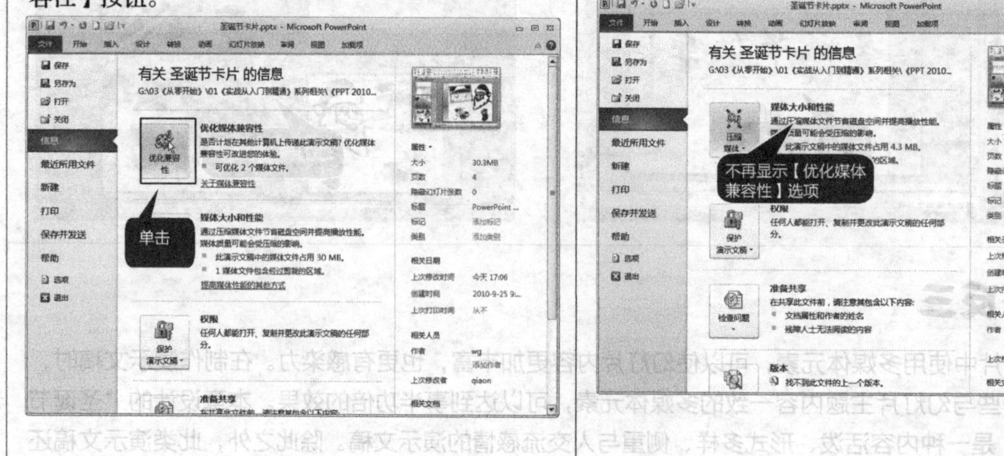

2 优化结束

系统将自动优化媒体兼容性，优化视频文件的兼容性后，【信息】窗口中将不再显示【优化媒体兼容性】选项。

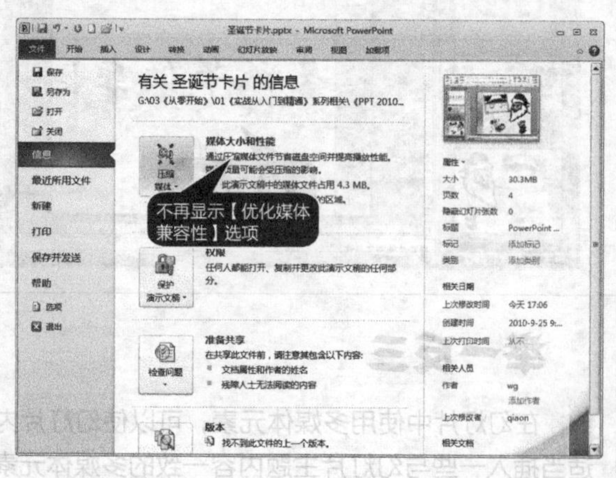

第6章

添加超链接和使用动作

——制作绿色城市 PPT

本章视频教学时间：27 分钟

PowerPoint 2010中，通过使用超链接我们可以从一张幻灯片转至非连续的另一张幻灯片。本章将介绍使用创建超链接和创建动作的方法。

【学习目标】

- 通过本章的学习，掌握如何为幻灯片添加超链接和使用动作。

【本章涉及知识点】

- 熟悉创建超链接的方法
- 掌握创建动作的方法
- 掌握如何设置鼠标单击和经过动作

6.1 创建超链接

本节视频教学时间：16分钟

PowerPoint中，超链接是从一张幻灯片跳到同一演示文稿中不连续的另一张幻灯片的链接。通过超链接，我们也可以从一张幻灯片跳到其他演示文稿中的幻灯片、电子邮件地址、网页以及其他文件等。我们可以对文本或其他对象创建超链接。

6.1.1 链接到同一演示文稿中的幻灯片

将“绿色城市”PPT中的文字链接到演示文稿的其他位置。

1 打开素材文件

打开随书光盘中的“素材\ch06\绿色城市.pptx”文件，在普通视图中选择要用作超链接的文本，如选中文字“绿色城市”。

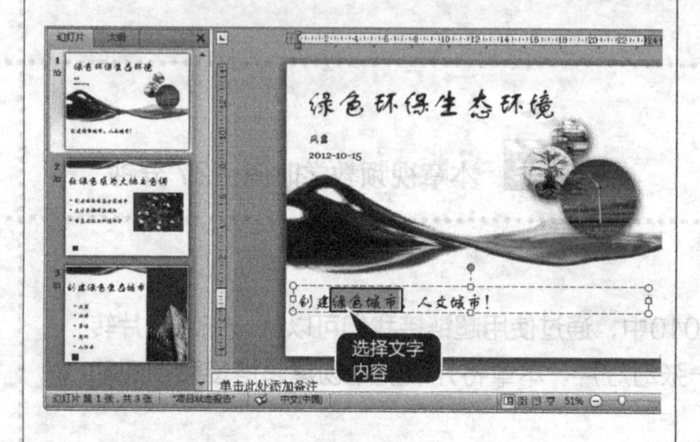

2 单击【超链接】按钮

单击【插入】选项卡【链接】选项组中的【超链接】按钮。

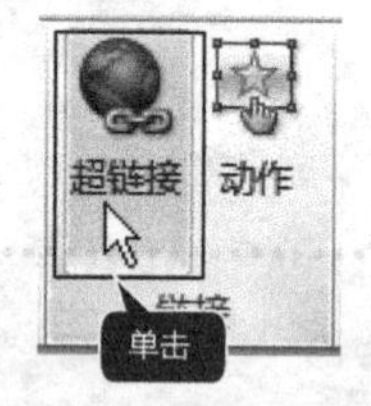

3 【插入超链接】对话框

在弹出的【插入超链接】对话框左侧的【链接到】列表框中选择【本文档中的位置】选项，在右侧【请选择文档中的位置】列表中选择【最后一张幻灯片】选项或【幻灯片标题】下方的【创建绿色生态城市】选项。

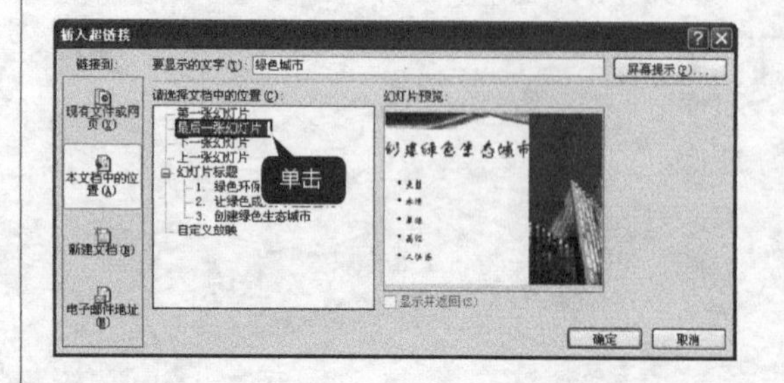

4 超链接设置完成

单击【确定】按钮，即可将选中的文本链接到本演示文稿中的最后一张幻灯片。添加超链接后的文本以蓝色、下划线字显示，放映幻灯片时，单击添加过超链接的文本即可链接到相应的位置。

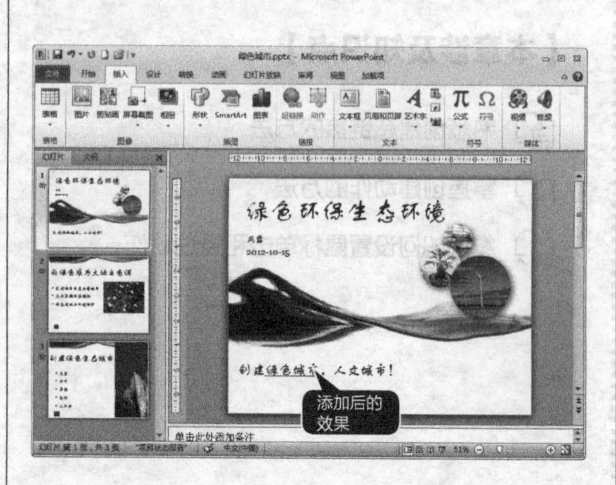

按【F5】键放映幻灯片，单击创建了超链接的文本“绿色城市”，即可将幻灯片链接到另一幻灯片。

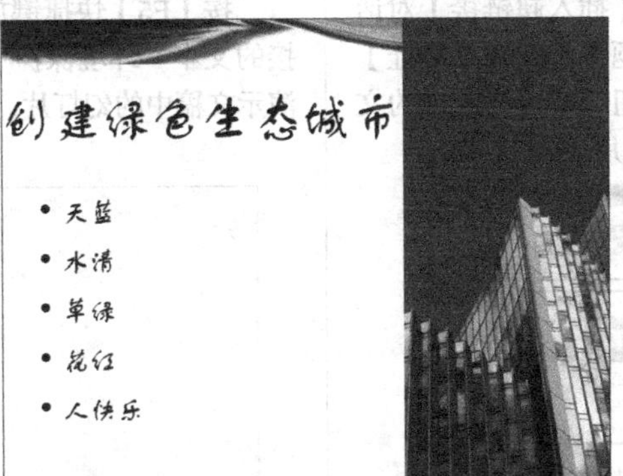

6.1.2 链接到不同演示文稿中的幻灯片

也可以将文本链接到不同演示文稿中。

1 选择要创建链接的幻灯片

打开第2张幻灯片，选择要创建链接的文本，如选中文字“环境保护”。

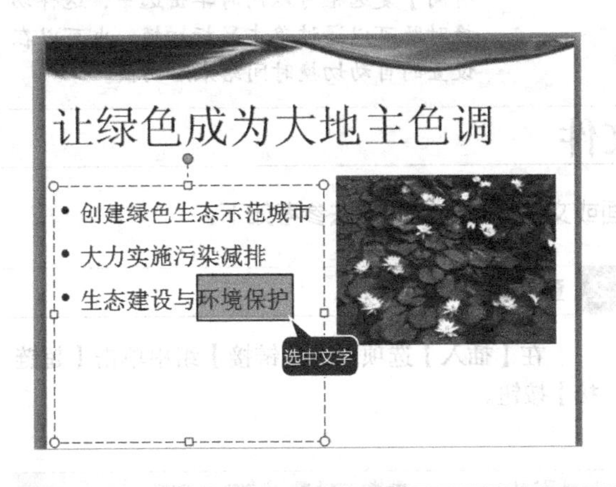

2 单击【超链接】按钮

在【插入】选项卡的【链接】组中单击【超链接】按钮。

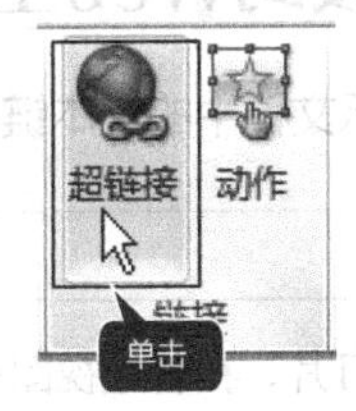

3 选择【现有文件或网页】选项

在弹出的【插入超链接】对话框左侧的【链接到】列表框中选择【现有文件或网页】选项，选择随书光盘中的“素材\ch06\环境保护.pptx”文件作为链接到幻灯片的演示文稿。

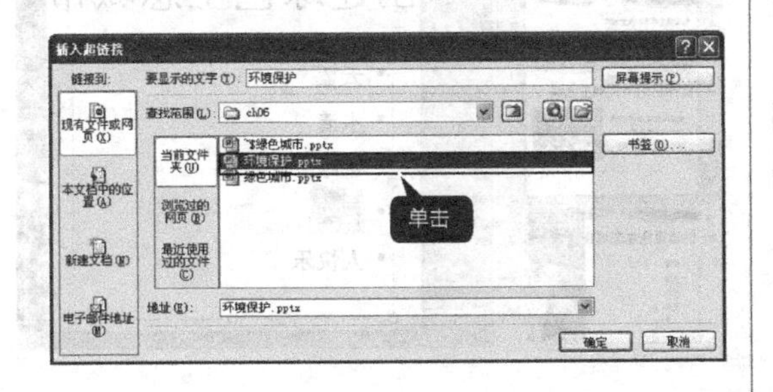

4 选择幻灯片标题

单击【书签】按钮，在弹出的【在文档中选择位置】对话框中选择幻灯片标题。

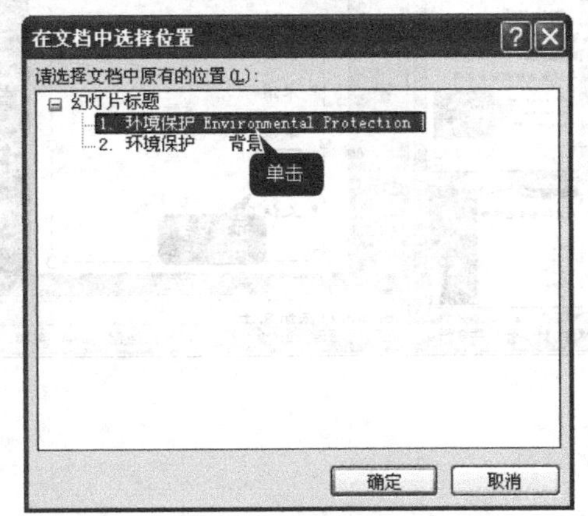

5 添加文本链接

单击【确定】按钮，返回【插入超链接】对话框。可以看到选择的幻灯片标题也添加到【地址】文本框中，并单击【确定】按钮，即可将选中的文本链接到另一演示文稿中的幻灯片。

6 查看最终效果

按【F5】快捷键放映幻灯片，单击创建了超链接的文本“环境保护”，即可将幻灯片链接到另一演示文稿中的幻灯片。

小提示

【单击鼠标时】复选框和【设置自动换片时间】复选框可以同时单击选中，这样切换时既可以通过单击鼠标切换，也可以在设置的自动切换时间结束后切换。

6.1.3 链接到Web上的页面或文件

也可以将演示文稿中的文本链接到Web上的页面或文件，具体操作方法参考如下。

1 添加本文链接

选择第3张幻灯片，在普通视图中选择要用作超链接的文本，如选中文字“花红”。

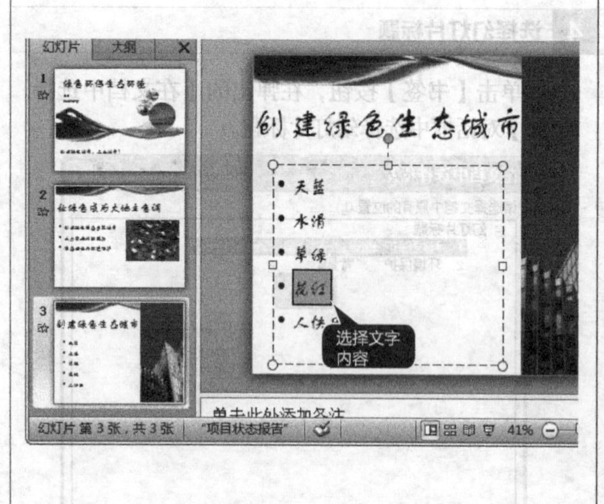

2 查看最终效果

在【插入】选项卡的【链接】组中单击【超链接】按钮。

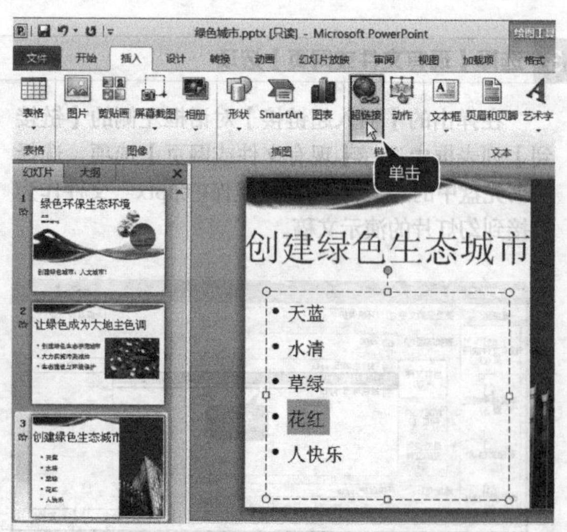

3 单击【浏览Web】按钮

在弹出的【插入超链接】对话框左侧的【链接到】列表框中选择【现有文件或网页】选项，在【查找范围】文本框右侧单击【浏览Web】按钮。

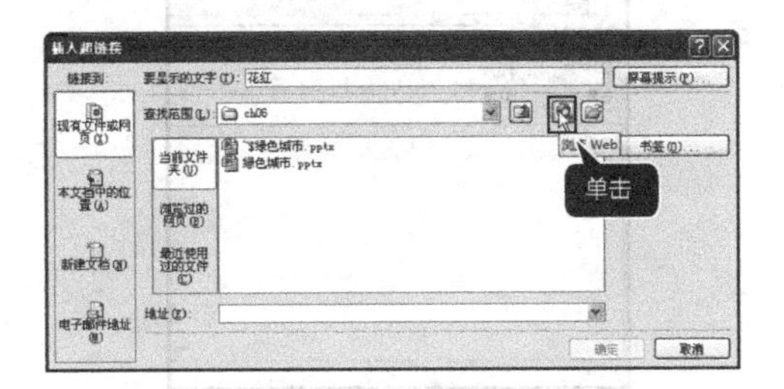

4 查看链接的网页

在弹出的网页浏览器中打开要链接到的网页，然后单击【插入超链接】对话框中的【确定】按钮。如链接到百度首页。

5 查看链接的地址

此时【插入超链接】对话框的【地址】文本框中显示了刚链接到的百度首页页面。

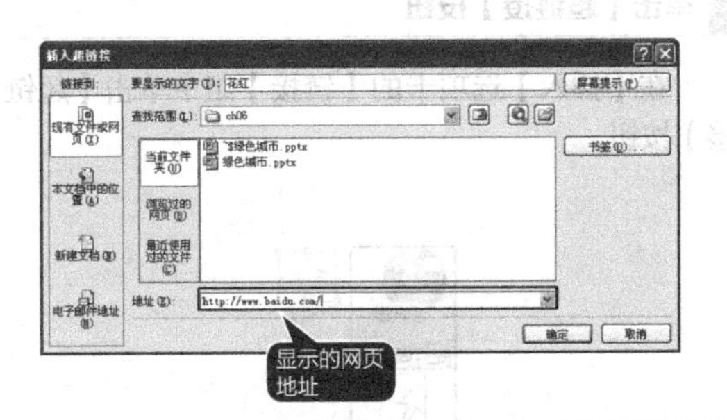

6 查看添加链接后的效果

单击【确定】按钮，即可将选中的文本链接到Web页面上。

6.1.4 链接到电子邮件地址

将文本链接到电子邮件地址的具体操作方法如下。

1 选择文字内容

选择第2张幻灯片，在普通视图中选择要用作超链接的文本，如选中文字“绿色生态”。

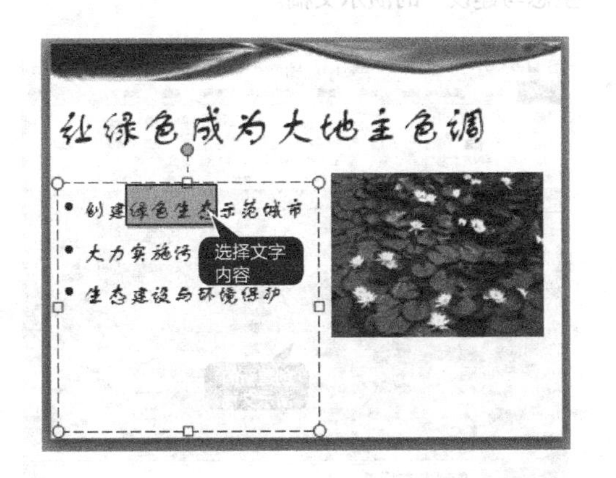

2 设置超链接

单击【超链接】按钮，在弹出的【插入超链接】对话框左侧的【链接到】列表框中选择【电子邮件地址】选项，在【电子邮件地址】文本框中输入要链接到的电子邮件地址“745915040@qq.com”，在【主题】文本框中输入电子邮件的主题“环境”。

小提示

也可以在【最近用过的电子邮件地址】列表框中单击电子邮件地址。

3 单击【确定】按钮

单击【确定】按钮，将选中的文本链接到指定的电子邮件地址。

4 将幻灯片链接到电子邮件

按【F5】快捷键放映幻灯片，单击创建了超链接的文本"绿色生态"，即可将幻灯片链接到电子邮件。

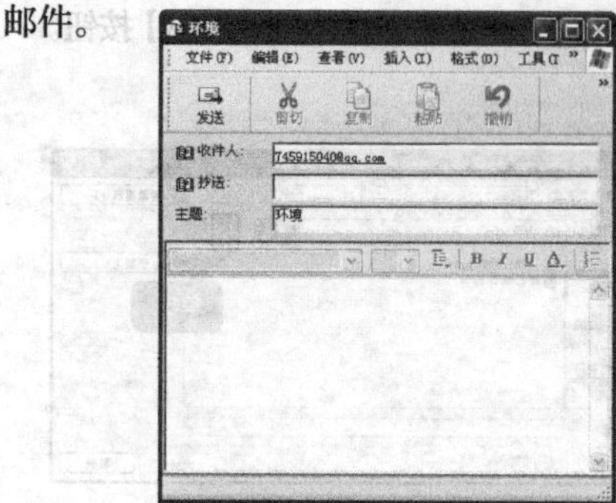

6.1.5 链接到新文件

将文本链接到新文件的具体操作方法如下。

1 选择文本内容

选择第2张幻灯片，在普通视图中选择要用作超链接的文本，如选中文字"生态建设"。

2 单击【超链接】按钮

在【插入】选项卡的【链接】组中单击【超链接】按钮。

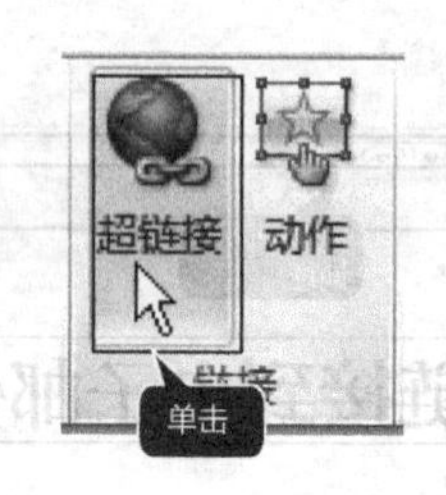

3 选择【新建文档】选项

在弹出的【插入超链接】对话框左侧的【链接到】列表框中选择【新建文档】选项，在【新建文档名称】文本框中输入要创建并链接到的文件的名称"生态建设"。

小提示

如果要在另一位置创建文档，可在【完整路径】区域单击【更改】按钮，在弹出的【新建文档】对话框中选择要创建文件的位置，然后单击【确定】按钮。

4 单击【确定】按钮

单击【确定】按钮，即可创建一个新的名称为"生态与建设"的演示文稿。

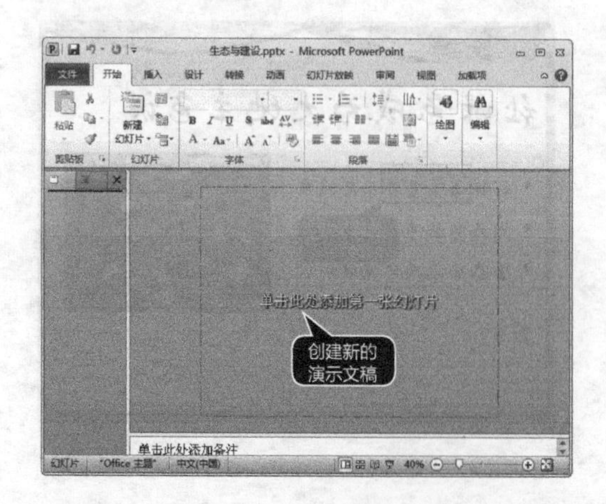

6.2 创建动作

本节视频教学时间：5分钟

在PowerPoint中，既可以将幻灯片、幻灯片中的文本或对象创建超链接到幻灯片中，也可以创建动作到幻灯片中。

6.2.1 创建动作按钮

创建动作按钮的具体操作方法如下。

1 选择文本

打开要绘制动作按钮的幻灯片，这里选择第2张幻灯片。

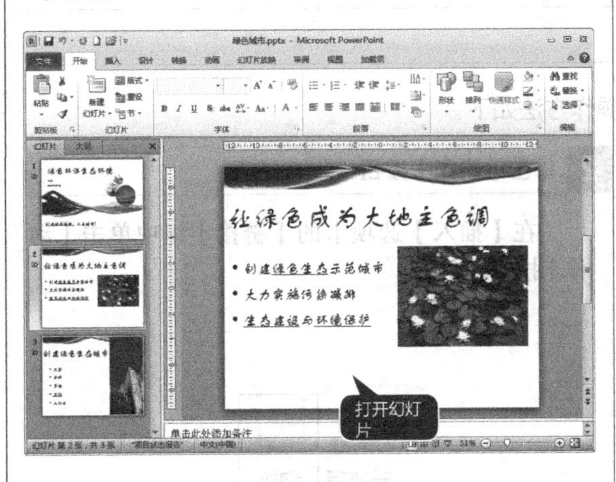

2 插入动作按钮

在【插入】选项卡的【插图】组中单击【形状】按钮，在弹出的下拉列表中选择【动作按钮】区域的【动作按钮：后退或前一项】图标。

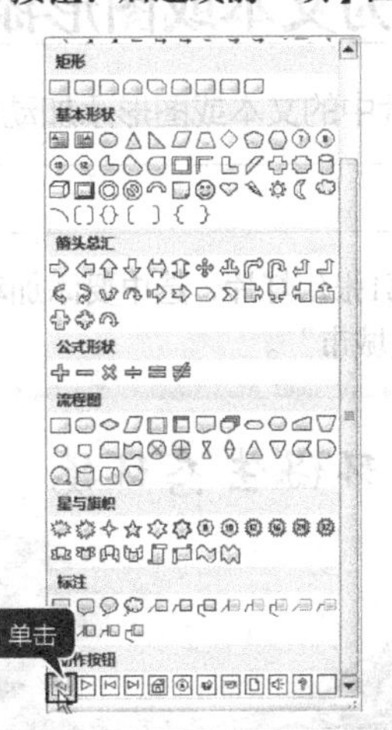

3 绘制形状

在幻灯片的左下角单击并拖曳到适当位置处，弹出【动作设置】对话框。选择【单击鼠标】选项卡，在【单击鼠标时的动作】区域中单击选中【超链接到】单选按钮，并在其下拉列表中选择【上一张幻灯片】选项。

4 插入动作按钮

设置完成后，单击【确定】按钮即可在幻灯片中插入动作按钮，插入后效果如图所示。

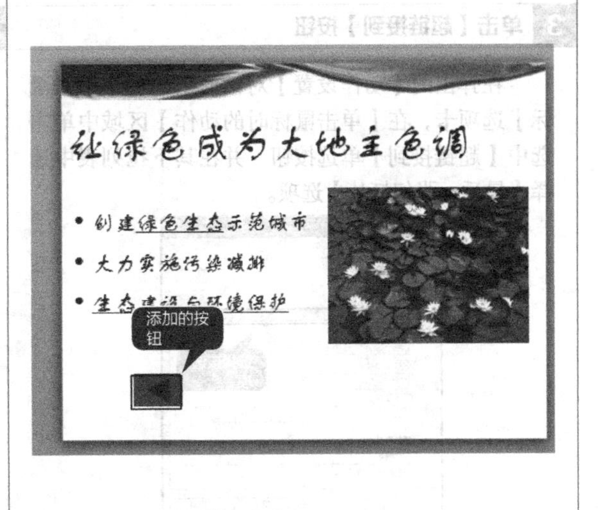

5 为其他幻灯片添加动作按钮

重复上述步骤，为第3张幻灯片添加动作按钮。

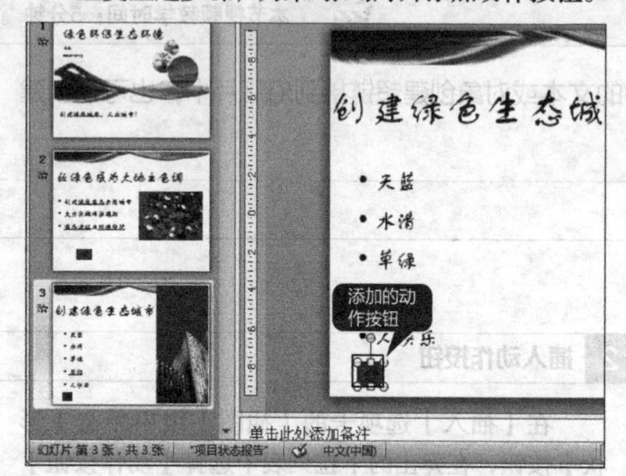

6 设置换片时间

按【F5】键放映幻灯片，在幻灯片中单击动作按钮即可实现相应操作。如单击第3张幻灯片的按钮即可返回第1张幻灯片。

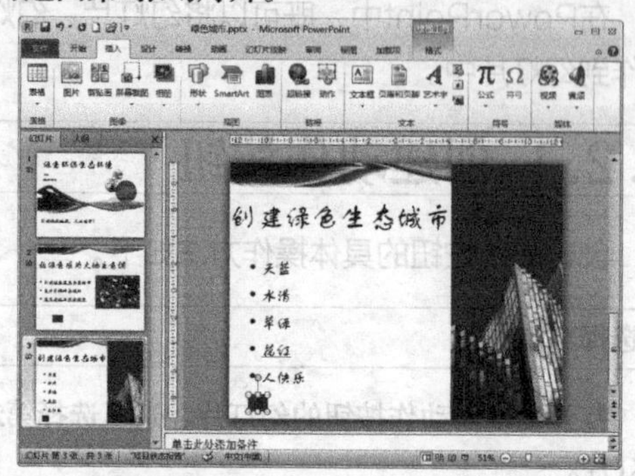

6.2.2 为文本或图形添加动作

向幻灯片中的文本或图形添加动作按钮的具体操作方法如下。

1 选择文本

切换到第1张幻灯片，选中要添加动作的文本，如选择“绿色城市”。

2 单击【动作】按钮

在【插入】选项卡的【链接】组中单击【动作】按钮。

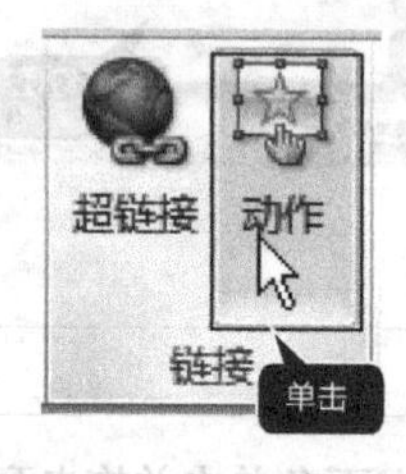

3 单击【超链接到】按钮

在弹出的【动作设置】对话框中选择【单击鼠标】选项卡，在【单击鼠标时的动作】区域中单击选中【超链接到】单选按钮，并在其下拉列表中选择【最后一张幻灯片】选项。

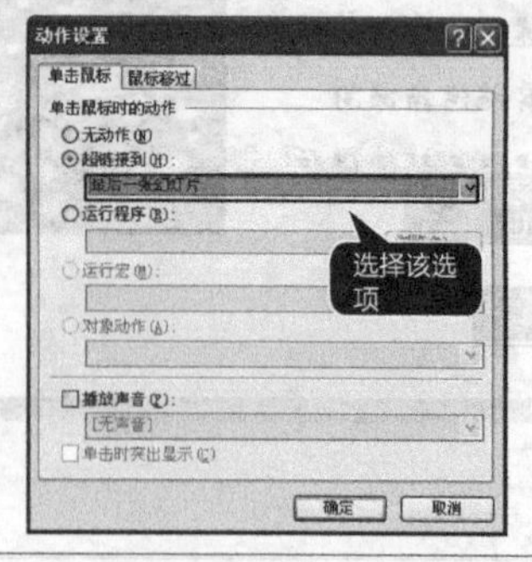

4 单击【确定】按钮

单击【确定】按钮，即可完成为文本添加动作按钮的操作。添加动作后的文本以蓝色、下划线字显示，放映幻灯片时，单击添加过动作效果的文本即可实现相应的操作。

6.3 设置鼠标单击动作和经过动作

本节视频教学时间：6分钟

通过【动作设置】对话框可以设置鼠标单击动作和鼠标经过动作。

6.3.1 设置鼠标单击动作

在【动作设置】对话框中选择【单击鼠标】选项卡，在其中可以设置单击鼠标时的动作。

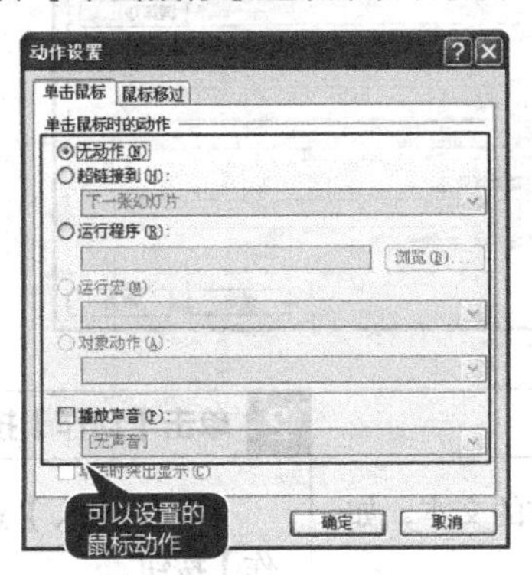

设置单击鼠标时的动作，可以单击对话框中的【无动作】、【超链接到】和【运行程序】。

单击选中【无动作】单选按钮，即不添加任何动作到幻灯片的文本或对象。

单击选中【超链接到】单选按钮，可以从其下拉列表中选择要链接到的对象。

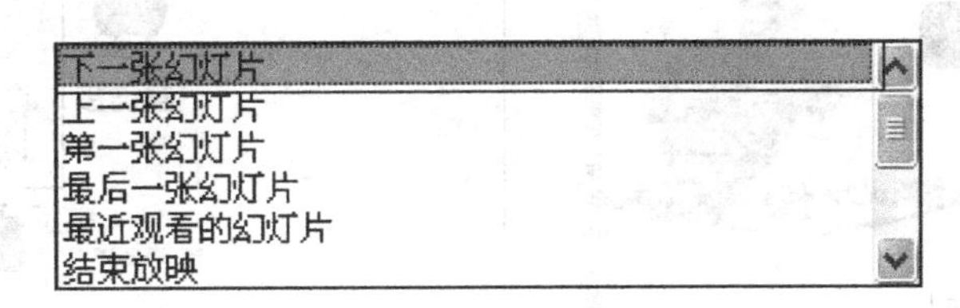

单击选中【运行程序】单选按钮时，单击【浏览】按钮，在弹出的【选择一个要运行的程序】对话框中可以选择要链接到的对象。

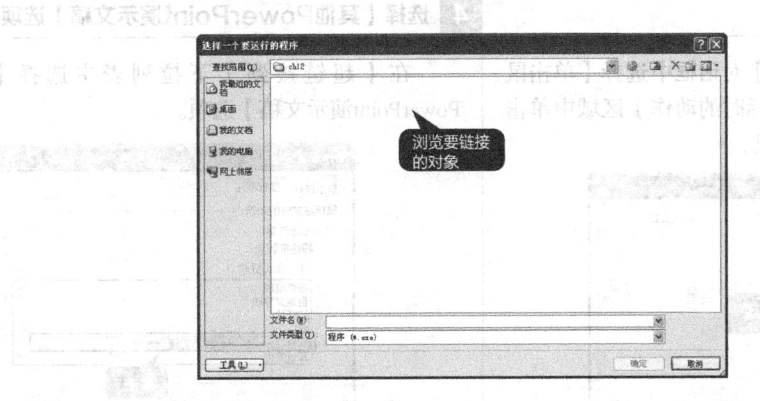

单击选中【播放声音】复选框时，可以为创建的鼠标单击动作添加播放声音。

6.3.2 设置鼠标经过动作

选择【动作设置】对话框中的【鼠标移过】选项卡，在该对话框中可设置鼠标经过时的动作。其设置方法和设置鼠标单击动作方法相同。

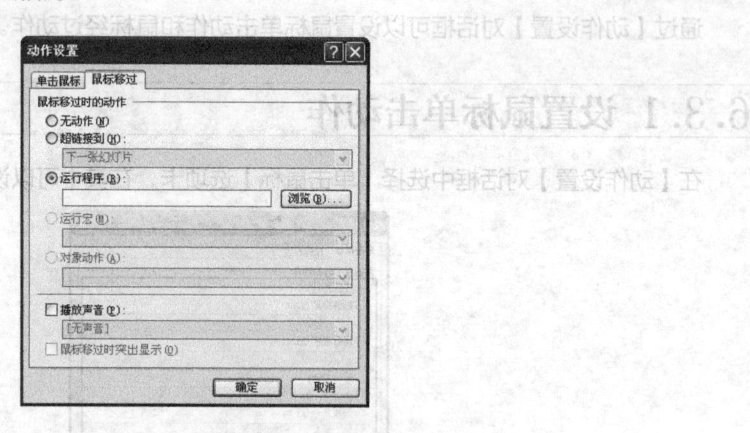

1 选择文本

在第1张幻灯片中，选中要添加动作的文本，如选择“环保”。

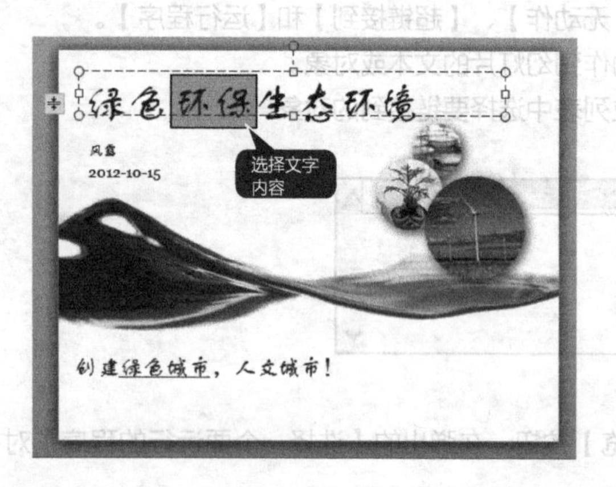

2 单击【动作】按钮

在【插入】选项卡的【链接】组中单击【动作】按钮。

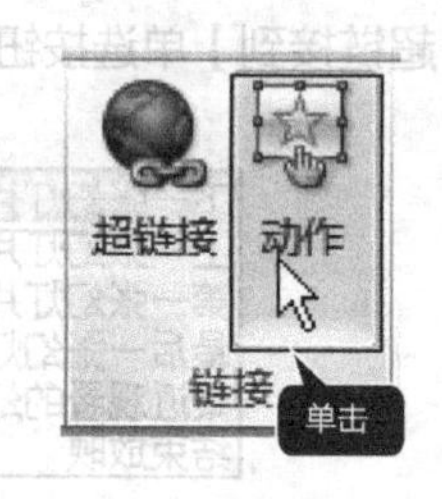

3 单击【超链接到】按钮

在弹出的【动作设置】对话框中选择【单击鼠标】选项卡，在【单击鼠标时的动作】区域中单击选中【超链接到】单选按钮。

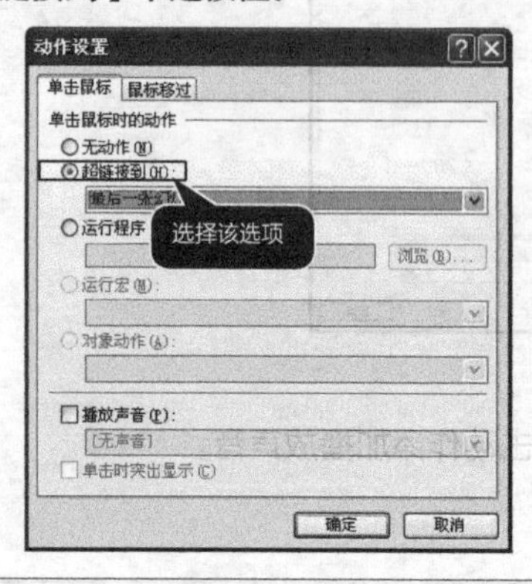

4 选择【其他PowerPoint演示文稿】选项

在【超链接到】下拉列表中选择【其他PowerPoint演示文稿】选项。

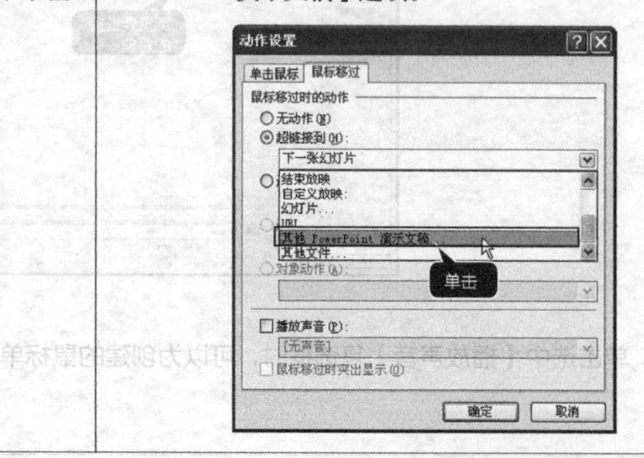

5 打开要链接的演示文稿

在弹出的【超链接到其他PowerPoint演示文稿】对话框中选择需要链接的演示文稿“素材\ch06\环境保护.pptx”。

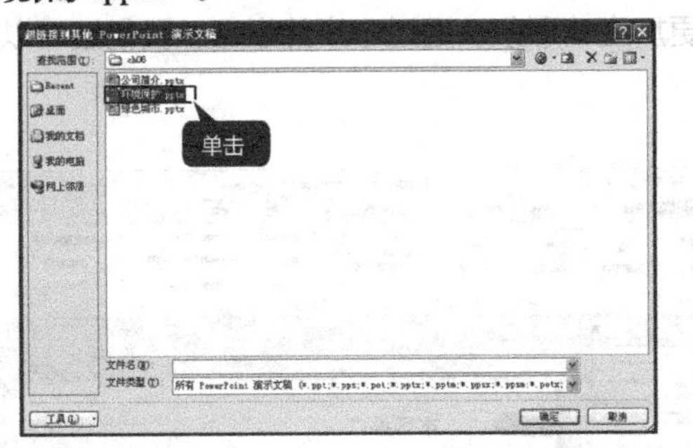

6 单击【确认】按钮

单击【确定】按钮，在弹出的【超链接到幻灯片】对话框的【幻灯片标题】列表框中选择要链接的幻灯片，如选择首页幻灯片。

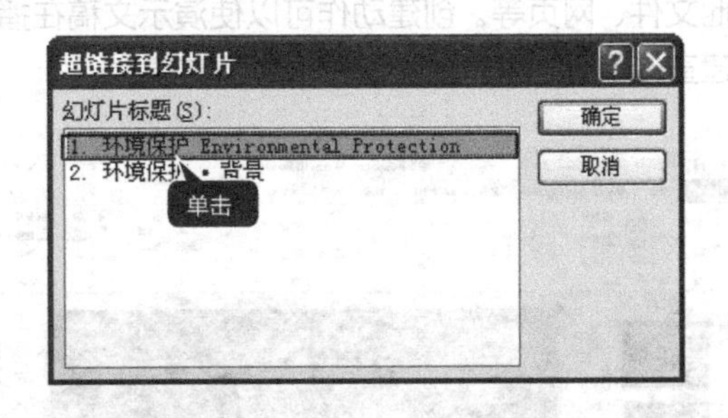

7 完成设置超链接

单击【确定】按钮，返回【动作设置】对话框后再次单击【确定】按钮，完成播放幻灯片时单击该文本的动作设置，即该文本到其他演示文稿的链接。

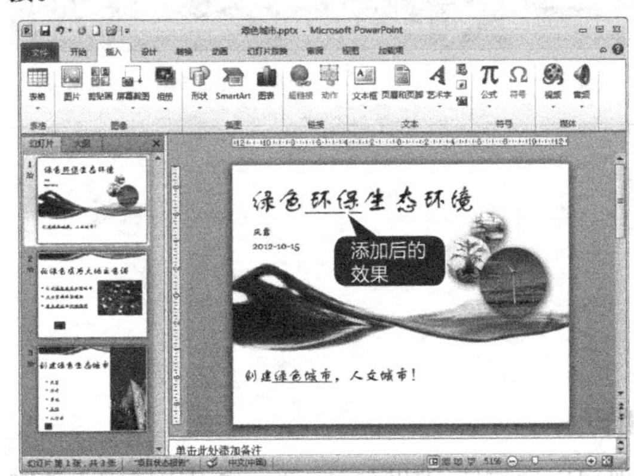

8 选择文本内容

选择第2张幻灯片中的“示范城市”文字。

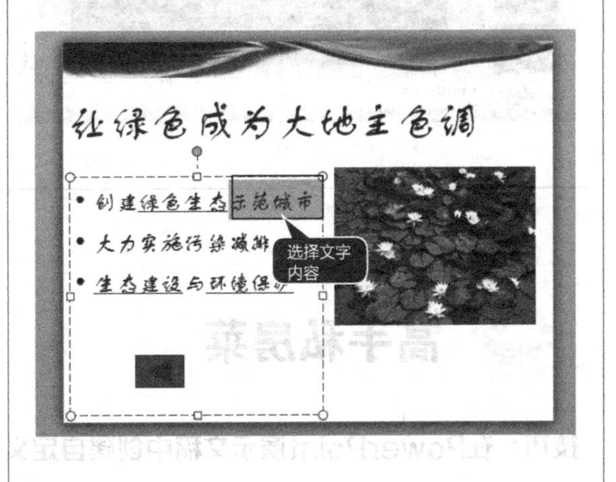

9 进行动作设置

单击【动作】按钮，在弹出的【动作设置】对话框中超链接到演示文稿“素材\ch06\环境保护.pptx”。

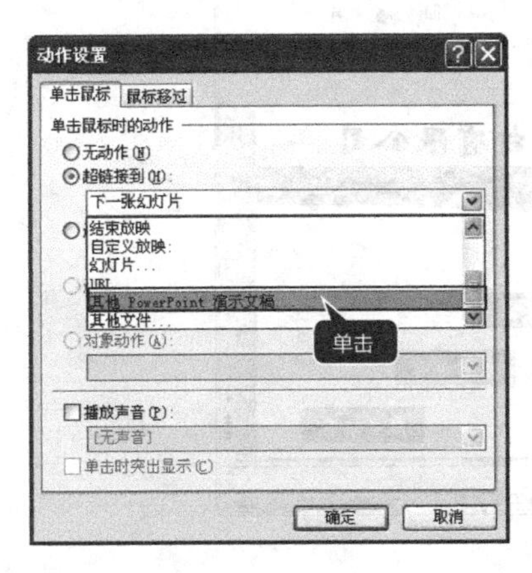

10 查看最终效果

单击【确定】按钮，返回到幻灯片中即可查看设置效果。

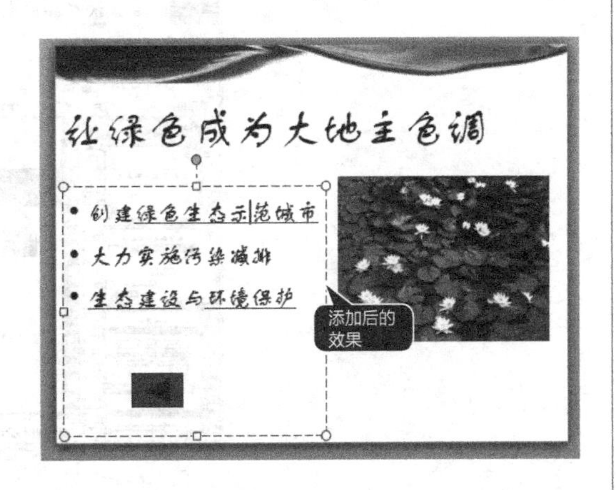

举一反三

超链接不但可以链接到其他演示文稿中，还可以链接到同一演示文稿中的不同幻灯片，或者是其他文件、网页等。创建动作可以使演示文稿在播放时更加生动形象。通过本章的学习，我们还可以创建宣传手册、销售会议等PPT演示文稿。

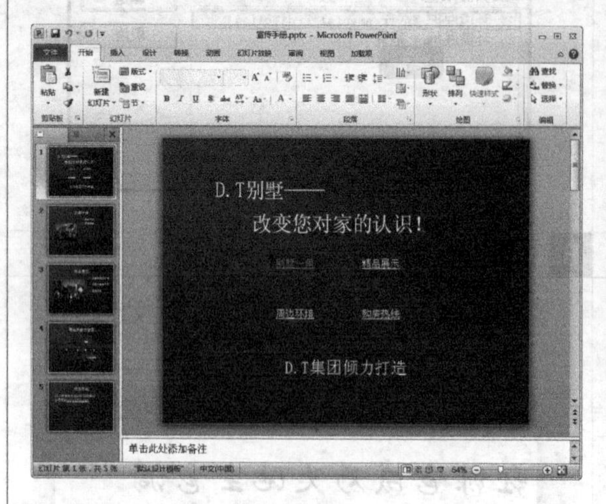

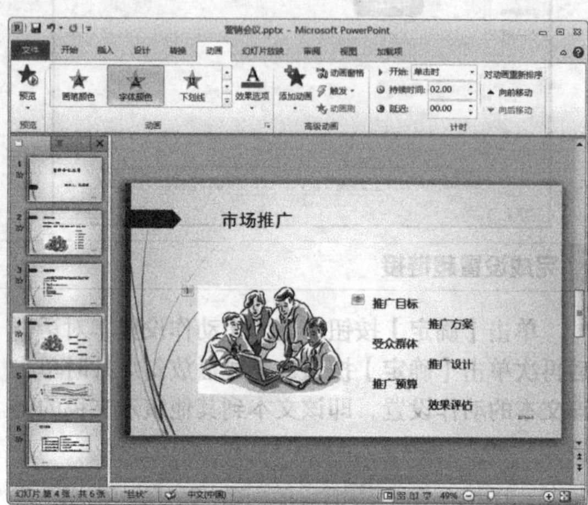

高手私房菜

技巧：在PowerPoint演示文稿中创建自定义动作

PPT演示文稿中经常要用到链接功能，这一功能既可以通过使用超链接实现，也可以使用【动作按钮】功能来实现。

下面，我们建立一个“服务宗旨”按钮，以链接到第6张幻灯片上。

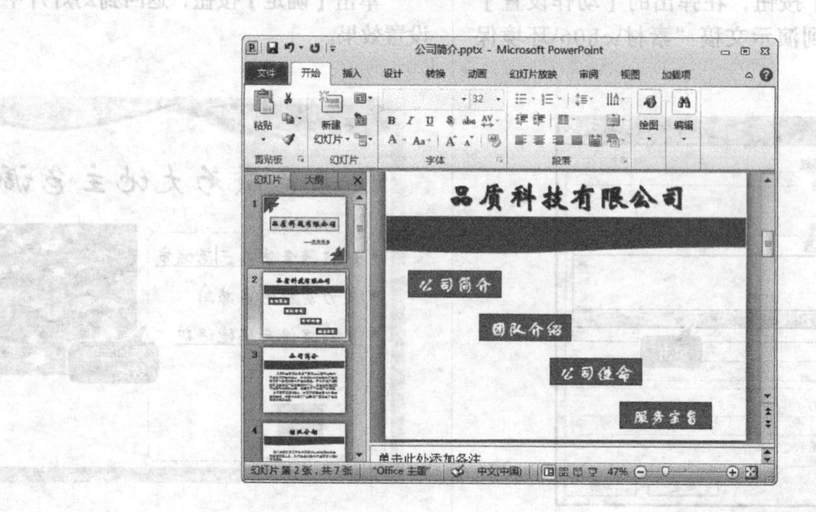

1 打开素材文件

打开随书光盘中的“素材\ch06\公司简介.pptx”文件，打开要创建自定义动作按钮的幻灯片。

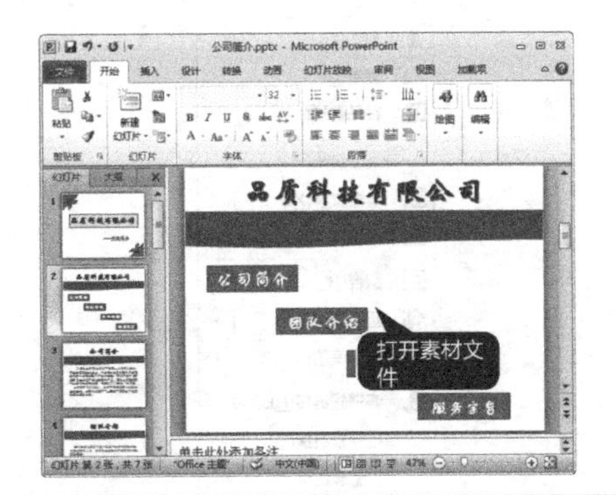

2 选择【幻灯片】选项

在【插入】选项卡的【插图】组中单击【形状】按钮，在弹出的下拉列表中选择【动作按钮】区域的【动作按钮：自定义】图标。

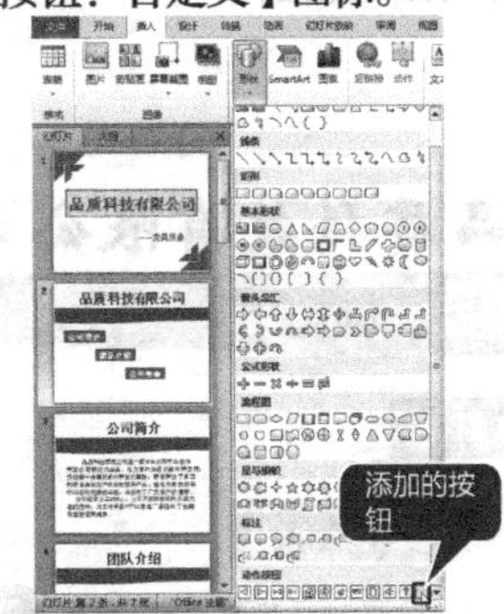

3 选择【新建主题颜色】命令

在幻灯片的左下角单击并拖曳到适当位置处，弹出【动作设置】对话框。选择【单击鼠标】➤【单击鼠标时的动作】➤【超链接到】➤【幻灯片】选项。

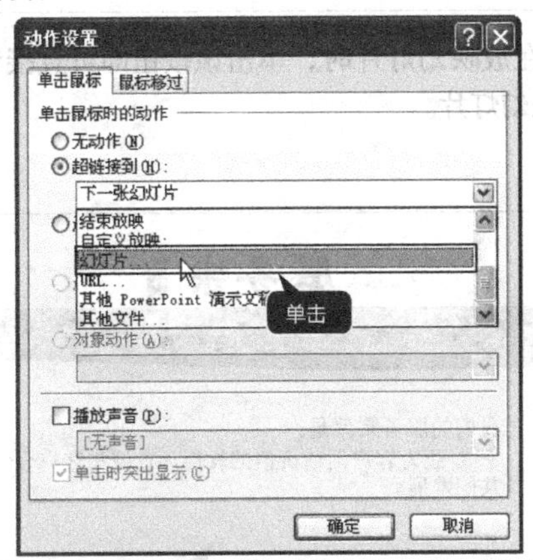

4 选择要设置的颜色

弹出【超链接到幻灯片】对话框，在【幻灯片标题】下拉列表中选择【服务宗旨】选项。

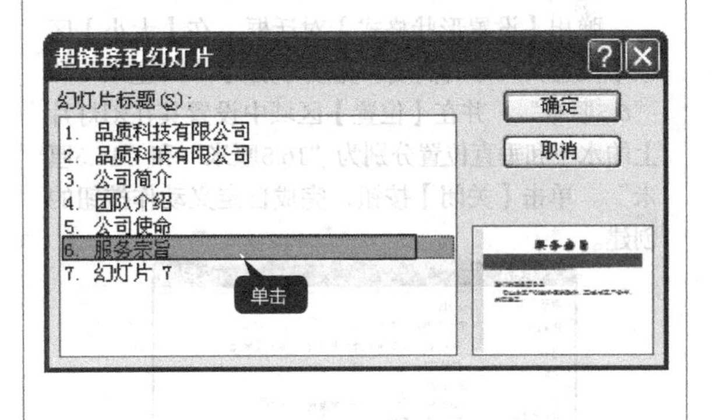

5 选择【新建主题颜色】命令

单击【确定】按钮，在【动作设置】对话框中可以看到【超链接到】文本框中显示了【服务宗旨】选项。

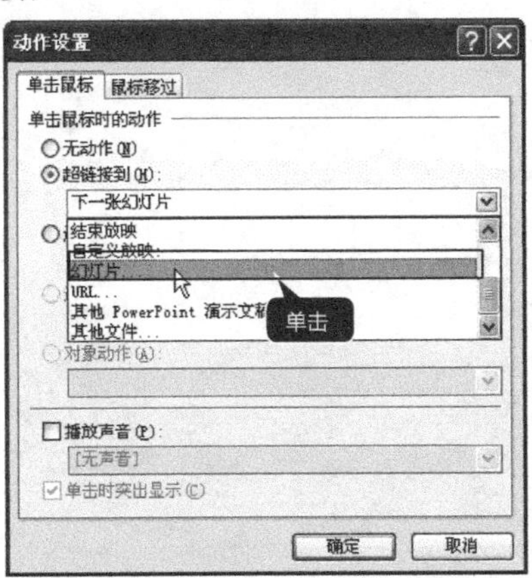

6 选择要设置的颜色

单击【确定】按钮，在幻灯片中创建的动作按钮中输入文字“服务宗旨”。

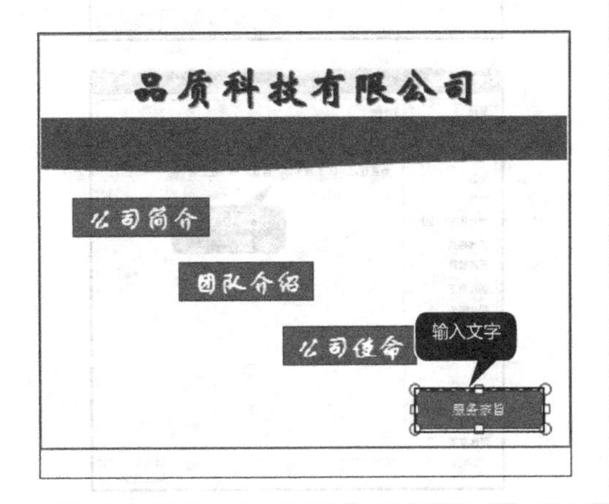

7 设置字体

选中文字“服务宗旨”，在【开始】选项卡【字体】组中设置字体为“方正舒体”、字号为“32”，并设置为加粗。

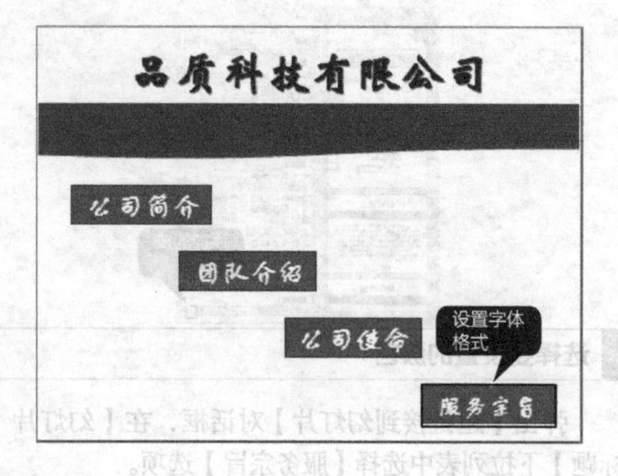

8 选择【大小和位置】选项

选中创建的自定义按钮的边框，单击鼠标右键，在弹出的快捷菜单中选择【大小和位置】选项。

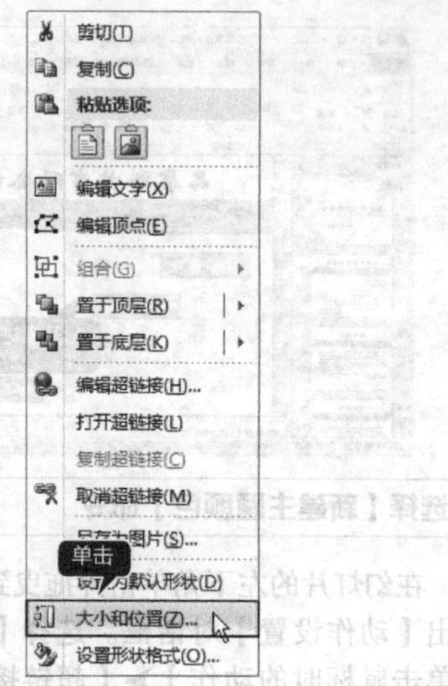

9 设置形状格式

弹出【设置形状格式】对话框，在【大小】区域中设置其尺寸的高度和宽度分别为“1.8厘米”和“6.5厘米”，并在【位置】区域中设置其在幻灯片上的水平和垂直位置分别为“16.5厘米”和“16.5厘米”。单击【关闭】按钮，完成自定义动作按钮的创建。

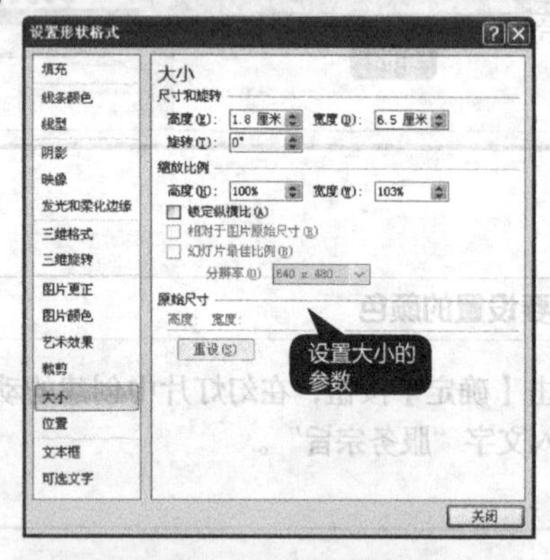

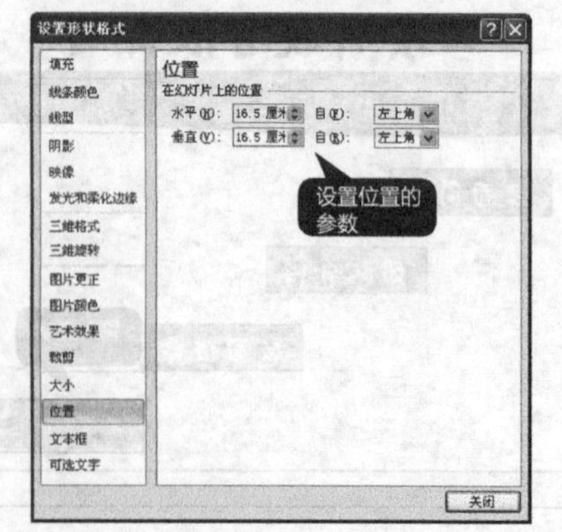

10 选择要设置的颜色

在放映幻灯片时，单击该按钮即可直接切换到第6张幻灯片。

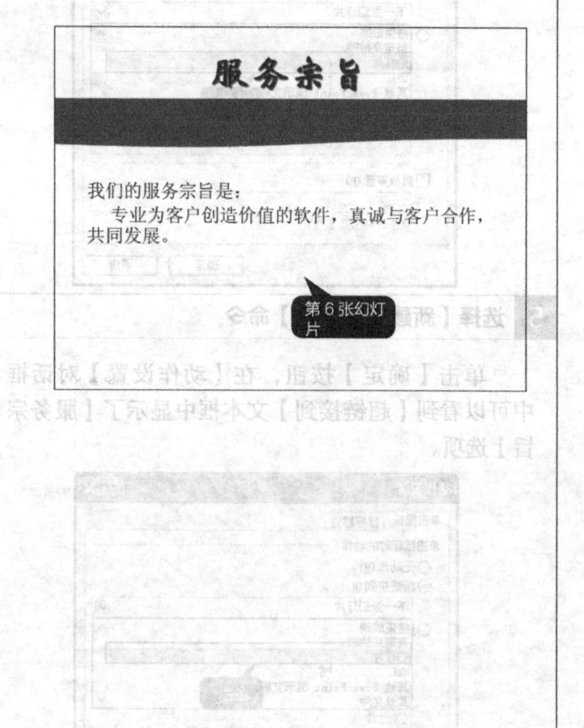

第 7 章

为幻灯片添加切换效果
——修饰公司简介幻灯片

本章视频教学时间：20 分钟

幻灯片演示的优点之一是用户可以在幻灯片之间增加切换效果，如淡化、渐隐或擦除等。添加合适的切换效果能更好地展示幻灯片的内容。

【学习目标】

- 通过本章的学习，掌握如何为幻灯片添加切换效果。

【本章涉及知识点】

- 熟悉添加切换效果的方法
- 掌握设置切换效果的方法
- 掌握设置切换方式的方法

7.1 添加文本元素切换效果

本节视频教学时间：9分钟

幻灯片切换效果是指在放映期间，一张幻灯片切换到下一张幻灯片时在【幻灯片放映】视图中出现的动画效果。这可以使幻灯片的放映更生动。

7.1.1 添加细微型切换效果

细微型切换效果是幻灯片切换效果的一种，主要包括切出、淡出、推进、擦除等效果。为幻灯片添加细微型切换效果的具体操作方法如下。

1 打开文件

打开随书光盘中的“素材\ch07\公司简介.pptx”文件，并切换到普通视图模式。

2 选择幻灯片

单击【幻灯片/大纲】窗格中的【幻灯片】选项卡，并单击演示文稿中的一张幻灯片缩略图作为要添加切换效果的幻灯片。

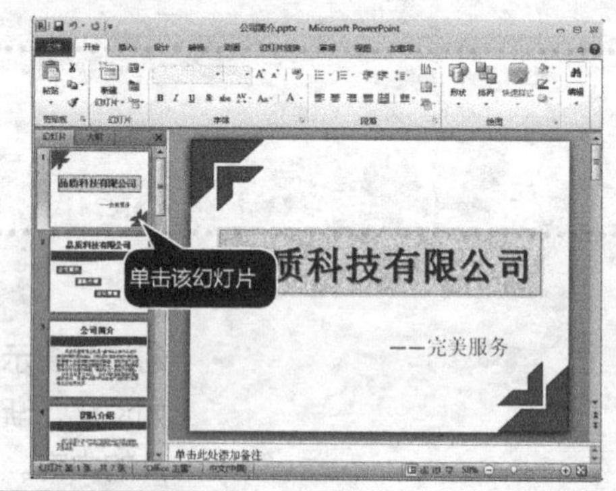

3 选择切换效果

在【转换】选项卡的【切换到此幻灯片】组中单击【其他】按钮，在弹出的下拉列表的【细微型】区域中选择一个细微型切换效果，如选择【分割】选项，即可为选中的幻灯片添加分割的切换效果。

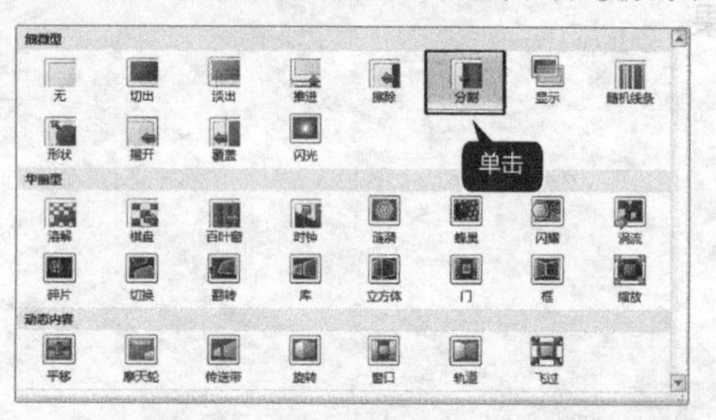

4 查看切换效果

添加过细微型分割效果的幻灯片在放映时即可显示此切换效果，下面是切换效果时的部分截图。

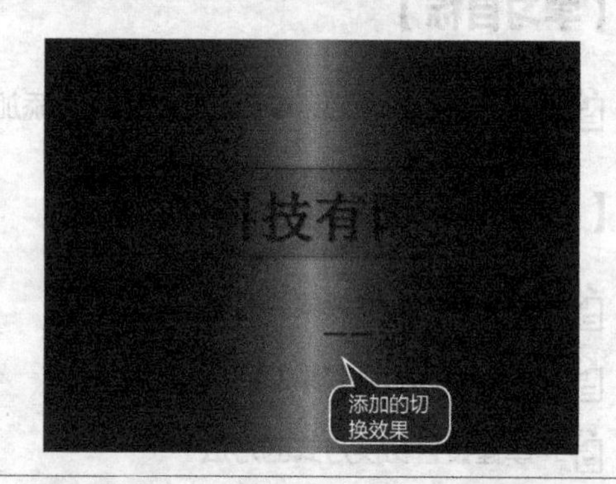

7.1.2 添加华丽型切换效果

在7.1.1节为幻灯片添加细微型切换效果的基础上，继续为幻灯片添加华丽型切换效果。为幻灯片添加华丽型切换效果的具体操作方法如下。

1 选择切换效果

单击演示稿中的一张幻灯片缩略图，然后在【转换】选项卡的【切换到此幻灯片】组中单击【其他】按钮，在【华丽型】区域中选择一个切换效果，如选择【涟漪】切换效果。

2 查看切换效果

添加过华丽型涟漪效果的幻灯片在放映时即可显示此切换效果，下面是切换效果时的部分截图。

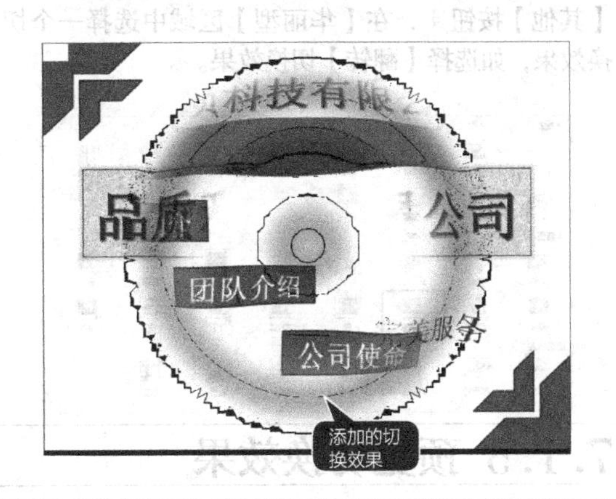

7.1.3 添加动态切换效果

动态切换效果主要包括平移、摩天轮、传递带、旋转、窗口、轨道以及飞过等效果。为幻灯片添加动态型切换效果的具体操作方法如下。

1 选择切换效果

单击演示稿中的一张幻灯片缩略图，然后在【转换】选项卡的【切换到此幻灯片】组中单击【其他】按钮，在【动态型】区域中选择一个切换效果，如选择【旋转】切换效果。

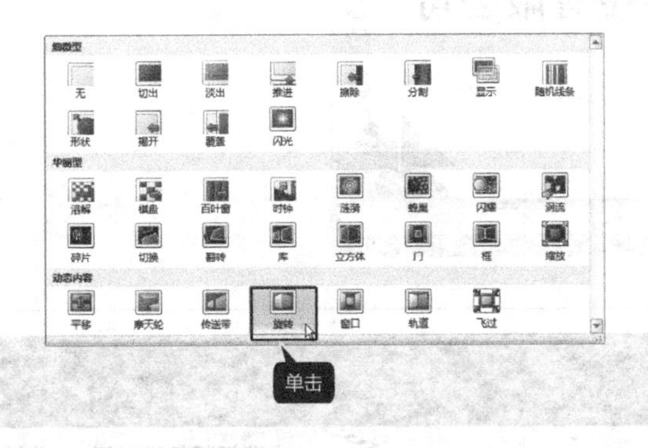

2 选择幻灯片

添加过动态型旋转效果的幻灯片在放映时即可显示此切换效果，下面是切换效果时的部分截图。

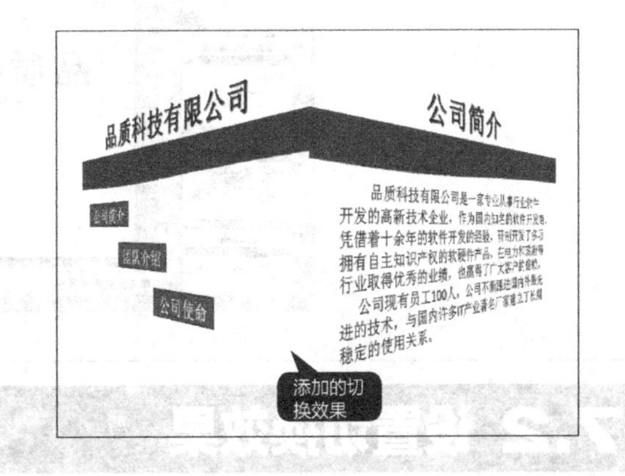

7.1.4 全部应用切换效果

如果演示文稿中的所有幻灯片要应用相同的切换效果，我们可以在【转换】选项卡的【计时】组中单击【全部应用】按钮来实现。

1 选择切换效果

单击演示文稿中的一张幻灯片缩略图，然后在【转换】选项卡的【切换到此幻灯片】组中单击【其他】按钮，在【华丽型】区域中选择一个切换效果，如选择【翻转】切换效果。

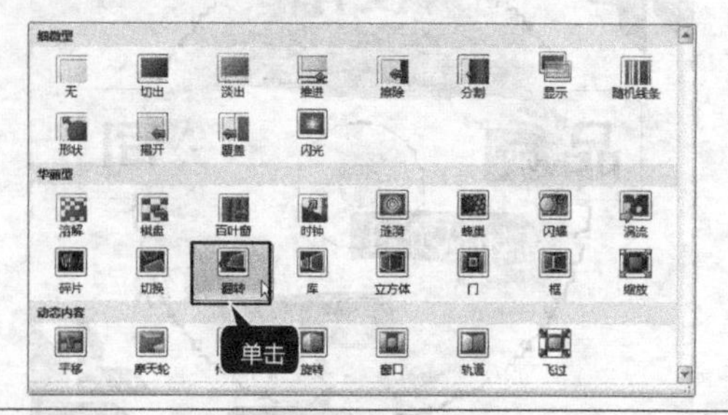

2 选择幻灯片

在【转换】选项卡的【计时】组中单击【全部应用】按钮，即可为所有的幻灯片使用设置的切换效果。

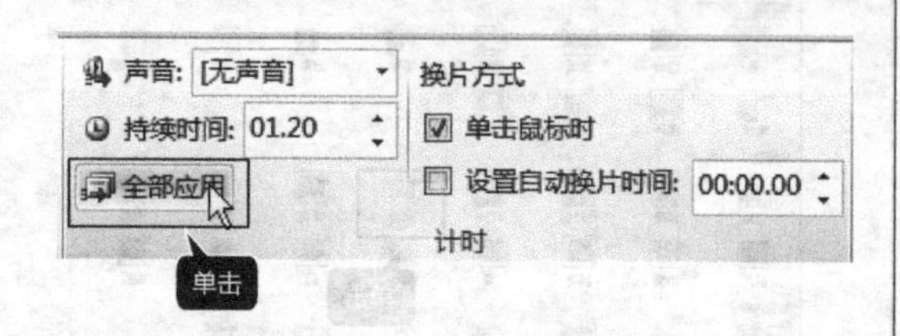

7.1.5 预览切换效果

为幻灯片设置切换效果后，除了可以在放映演示文稿时观看切换的效果，我们还可以在设置切换效果后直接预览。

预览切换效果的具体操作方法：选中设置过切换效果的幻灯片，在【转换】选项卡的【预览】组中单击【预览】按钮，然后在【幻灯片】窗格中预览切换效果。

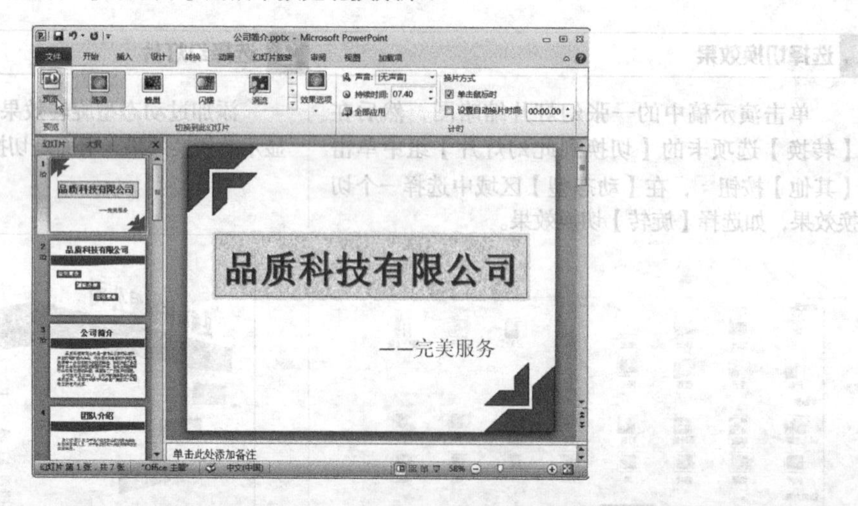

7.2 设置切换效果

本节视频教学时间：7分钟

为幻灯片添加切换效果后，我们可以设置切换效果的持续时间并添加声音，还可以对切换效果的属性进行自定义。

7.2.1 更改切换效果

添加切换效果之后，如果达不到预想状态，可以更改幻灯片的切换效果。

1 选择切换效果

单击演示文稿中的第5张幻灯片缩略图，然后在【转换】选项卡的【切换到此幻灯片】组中单击【其他】按钮，在【华丽型】区域中选择一个切换效果，如选择【切换】切换效果。

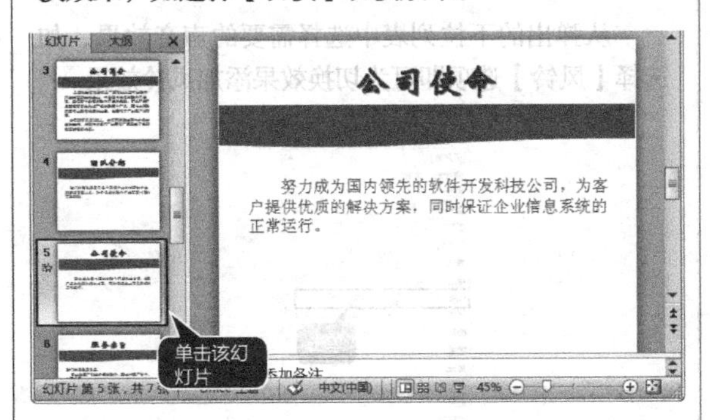

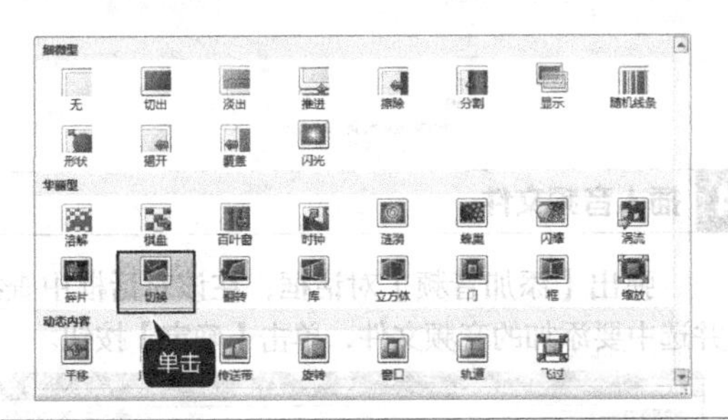

2 查看切换效果

从下拉列表中为此幻灯片设置新的切换效果，如选择【华丽型】区域的【立方体】切换效果。

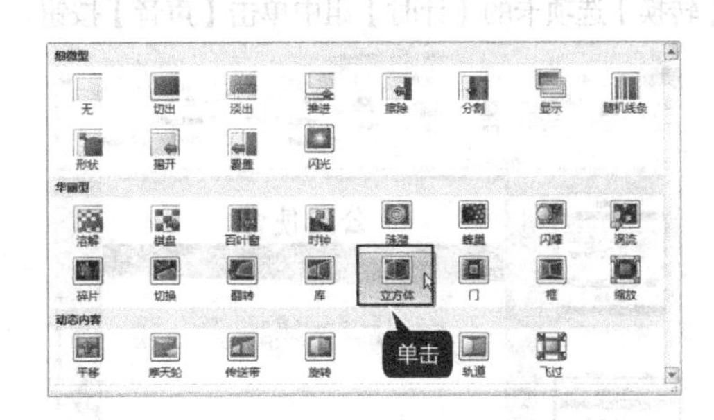

小提示

要更改演示文稿中所有幻灯片的切换效果，在重复上述更改切换效果后，要单击【转换】选项卡【计时】组中的【全部应用】按钮。

7.2.2 设置切换效果的属性

PowerPoint 2010中的部分切换效果具有可自定义的属性，我们可以对这些属性进行自定义设置。

1 选择幻灯片

在普通视图状态下，单击【幻灯片/大纲】窗格中的【幻灯片】选项卡，并单击演示文稿中的第5张幻灯片缩略图。

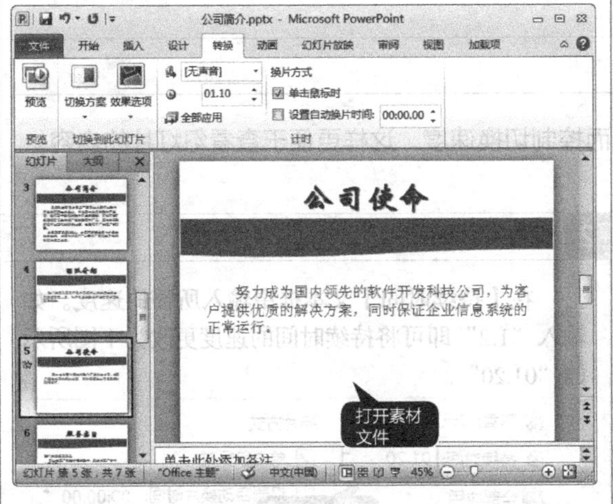

2 设置奇幻效果的属性

在【转换】选项卡的【切换到此幻灯片】组中单击【效果选项】按钮。从弹出的下拉列表中选择其他选项可以更改切换效果的切换起始方向，如要将默认的【向右】更改为【向左】效果则选择【向左】选项即可。

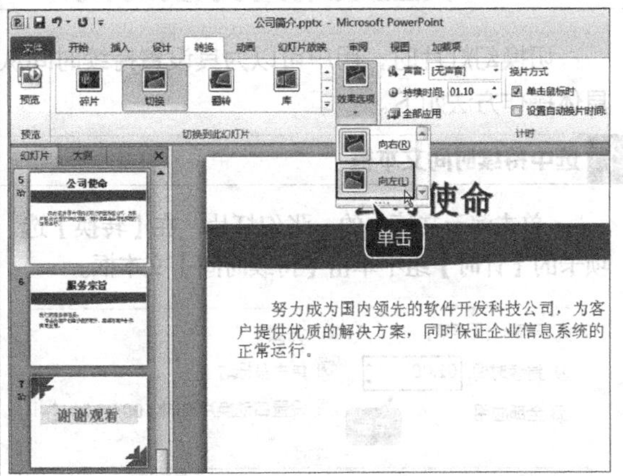

7.2.3 为切换效果添加声音

如果想使切换效果更生动，我们可以为其添加声音效果。具体操作方法如下。

1 单击【声音】按钮

单击演示文稿中的第5张幻灯片缩略图，然后在【转换】选项卡的【计时】组中单击【声音】按钮。

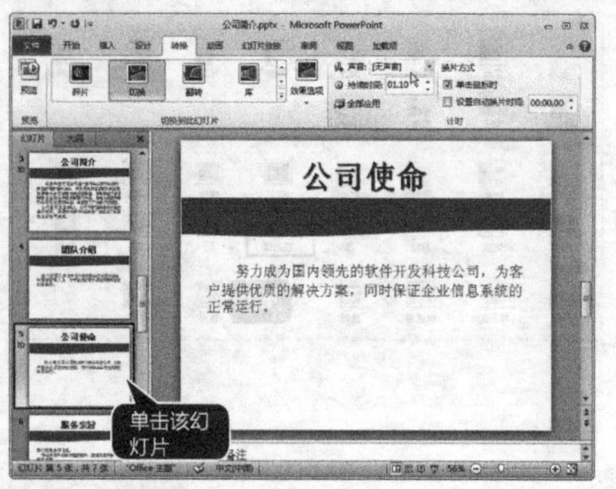

2 选择声音效果

从弹出的下拉列表中选择需要的声音效果，如选择【风铃】选项即可为切换效果添加风铃效果。

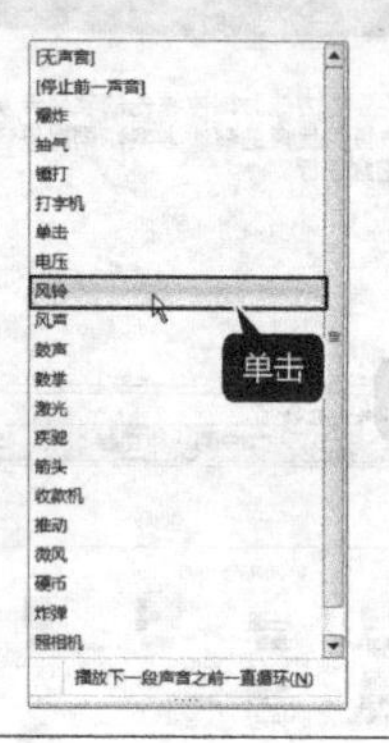

3 选择其他声音

也可以从弹出的下拉列表中选择【其他声音】选项来添加自己想要的效果。

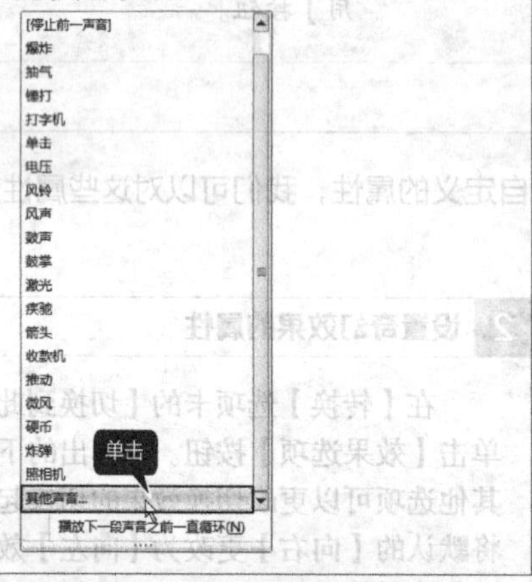

4 插入音频文件

弹出【添加音频】对话框，在该对话框中查找并选中要添加的音频文件，单击【确定】按钮。

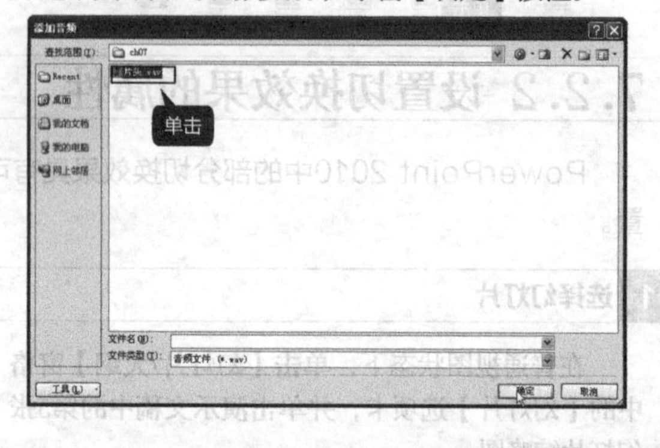

7.2.4 设置效果的持续时间

切换幻灯片时，用户可以为其设置持续时间从而控制切换速度，这样更便于查看幻灯片的内容。具体操作方法如下。

1 选中持续时间文本框

单击演示文稿中的一张幻灯片，在【转换】选项卡的【计时】组中单击【持续时间】文本框。

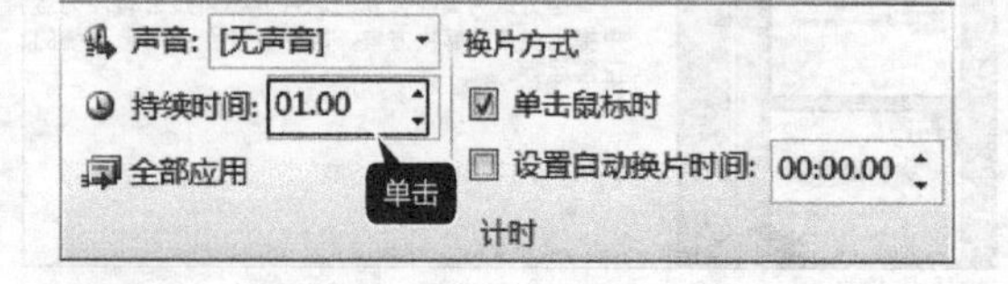

2 设置持续时间

在【持续时间】文本框中输入所需的速度。如输入“1.2”即可将持续时间的速度更改为下图所示的“01.20”。

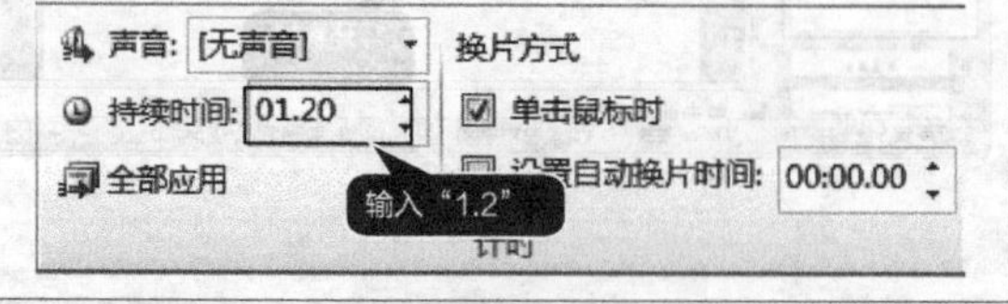

7.3 设置切换方式

本节视频教学时间：4分钟

可以设置幻灯片的切换方式，以便放映演示文稿时使幻灯片按照需要的切换方式进行切换。切换演示文稿中的幻灯片包括单击鼠标时切换和设置自动换片时间两种切换方式。

在【转换】选项卡的【计时】组单击【换片方式】区域可以设置幻灯片的切换方式。单击选中【单击鼠标时】复选框，可以设置单击鼠标来切换放映演示文稿中幻灯片的切换方式。

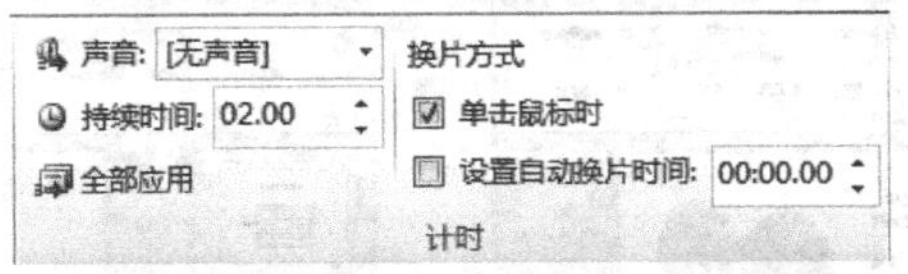

也可以单击选中【设置自动换片时间】复选框，在【设置自动换片时间】文本框中输入自动换片的时间以自动设置幻灯片的切换。

下面通过具体的实例介绍设置切换方式的具体操作方法。

1 选择幻灯片

选择演示文稿中的第2张幻灯片。

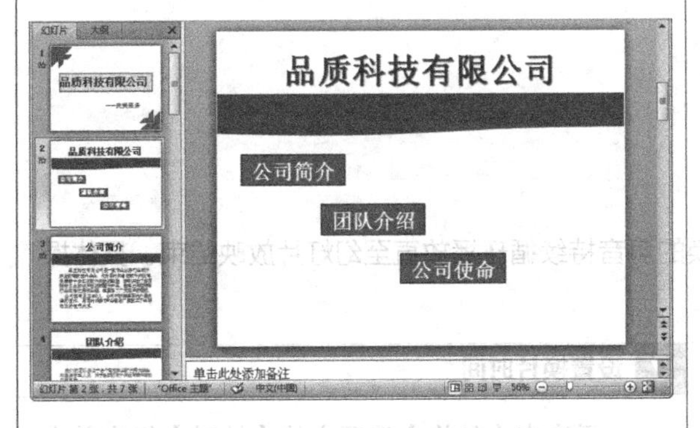

2 单击选中【单击鼠标时】复选框

在【转换】选项卡的【计时】组的【换片方式】区域中，单击选中【单击鼠标时】复选框，即可设置在该张幻灯片中单击鼠标时切换至下一张幻灯片。

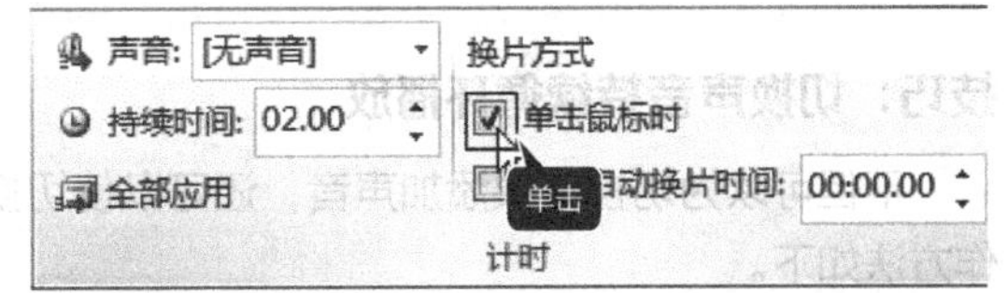

3 选择幻灯片

选择第2张幻灯片。

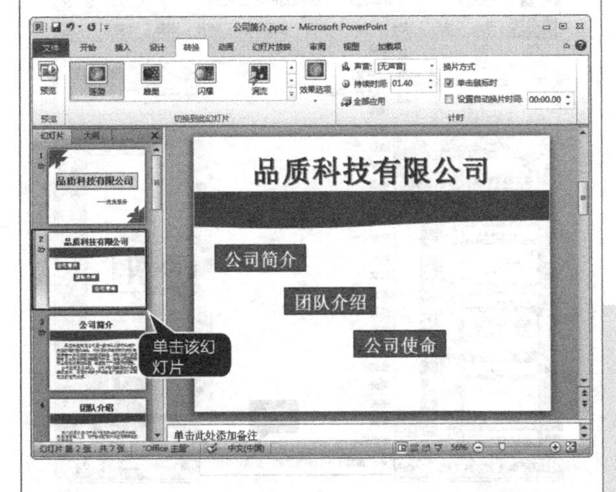

4 设置换片时间

在【转换】选项卡的【计时】组的【换片方式】区域撤选【单击鼠标时】复选框，单击选中【设置自动换片时间】复选框，并设置换片时间为5秒。同样方法，依次设置第3张幻灯片切换至第4张幻灯片的切换时间。

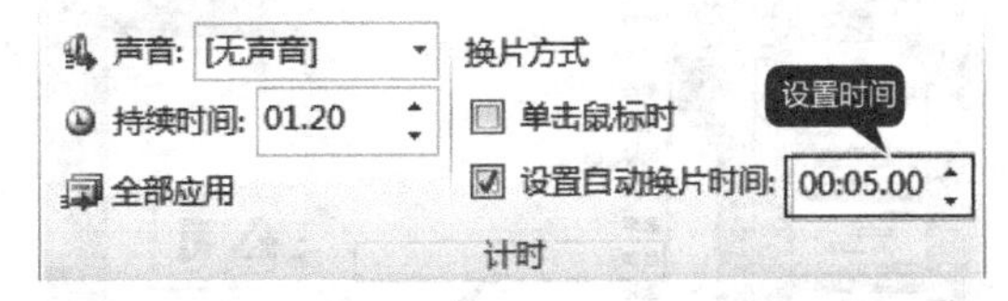

小提示

【单击鼠标时】复选框和【设置自动换片时间】复选框可以同时单击选中，这样切换时既可以单击鼠标切换，也可以按设置的自动切换时间切换。

举一反三

在为演示文稿添加切换效果时，除了个人喜好外，也必须同时考虑到前后幻灯片切换方式的衔接、换片方式与换片声音的搭配，甚至幻灯片的风格、使用场合等因素。如生日卡片PPT、元旦祝福PPT等演示文稿中就可以添加一些相对比较随意、活泼的切换方式，而工作PPT、演讲大纲PPT等一些在正式场合使用的演示文稿，就要考虑为演示文稿添加一些比较简单、自然的切换方式。

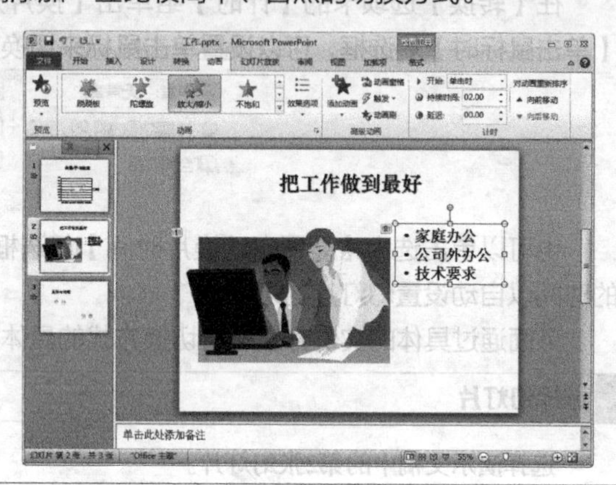

高手私房菜

技巧：切换声音持续循环播放

不但可以为切换效果添加声音，还可以使切换的声音持续循环播放直至幻灯片放映结束。具体操作方法如下。

1 选择【鼓声】效果

打开“公司简介.pptx”文件，选择第一张幻灯片，然后在【转换】选项卡的【计时】组中单击【声音】按钮，在下拉列表中选择【鼓掌】效果。

2 设置换片时间

再次在【转换】选项卡的【计时】组中单击【声音】按钮，从弹出的下拉列表中单击选中【播放下一段声音之前一直循环】复选框。播放幻灯片时，该声音即在下一段声音出现前循环播放。

第 8 章

幻灯片演示

——放映员工培训 PPT

本章视频教学时间：45 分钟

我们制作PPT是用来向观众演示的，掌握幻灯片播放的技巧并灵活使用可以达到意想不到的效果。本章将介绍PPT的演示原则与技巧。

【学习目标】

- 通过本章的学习，掌握幻灯片的演示方法和技巧。

【本章涉及知识点】

- 熟悉 PPT 的演示原则与技巧
- 掌握 PPT 演示操作的方法
- 掌握 PPT 自动演示的方法

8.1 幻灯片演示原则与技巧

本节视频教学时间：23分钟

在介绍PPT演示之前，先介绍PPT演示应遵循的原则和一些基本技巧，以便灵活操作。

8.1.1 PPT的演示原则

为了让PPT更加出彩，效果更生动，我们既要关注PowerPoint制作的技术，又要遵循PPT演示基本原则。

1. 10种充分利用PowerPoint的方法

(1) 采用强有力的材料支持演示者的演示。

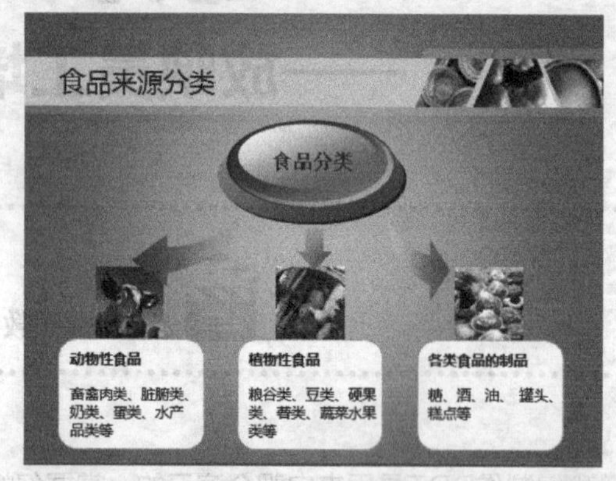

(2) 简单化。有时最有效的PowerPoint其实很简单，只需要易于理解的图表和反映演讲内容的图形。

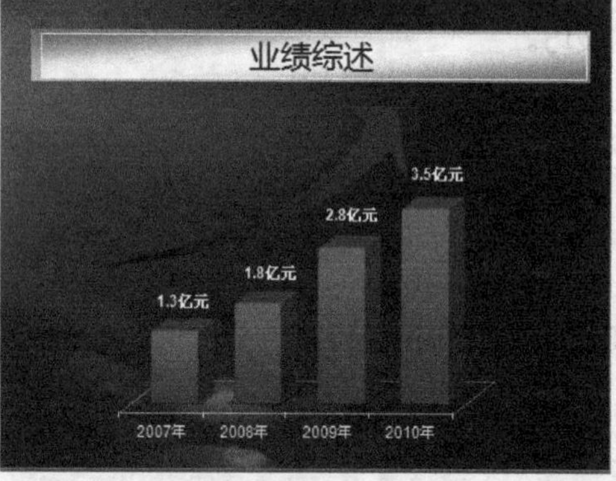

(3) 最小化幻灯片数量。PowerPoint的魅力在于能够以简明的方式传达观点并支持演讲者的评论，因此有时幻灯片的数量并不是越多越好。

(4) 不要照本宣科。演示文稿与扩充性和讨论性的口头评论合理搭配才能实现最佳效果。

(5) 安排适当的讨论。在展示新幻灯片时，要给观众阅读和理解幻灯片内容的时间，然后再加以评论，拓展并增补屏幕内容。

(6) 要有一定的间歇。PowerPoint是与口头评语最匹配的视觉材料。经验丰富的PowerPoint 演示者会不失时机地将屏幕转为空白或黑屏，这样不仅可以带给观众视觉上的休息，还可以将听众的注意力集中到更需要口头强调的内容中，例如设置分组讨论或问答环节。

(7) 使用鲜明的颜色。通过文字、图表和背景颜色的强烈反差来传达关键信息和情感，在传达演示意图时往往能起到事半功倍的效果。

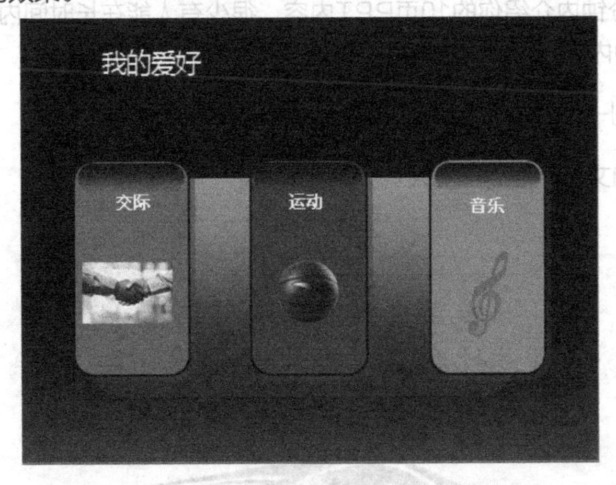

(8) 导入其他影像和图表。使用外部影像（如视频）和图表能增强内容多样性并提高视觉吸引力。

(9) 演示前要认真编辑内容。在公众面前演示的幻灯片一定要精心进行准备，因为这是完善总体演示的好机会。

(10) 在演示结尾分发讲义，而不是在演示过程中。这样有利于集中观众的注意力，从而充分发挥演示的影响。

2. PowerPoint10/20/30原则

PPT的演示原则在这里我们总结为PowerPoint的10/20/30原则。

简单地说，PowerPoint的10/20/30原则，就是一个PowerPoint演示文稿，应该只有10页幻灯片、持续时间不超过20分钟、字号不小于30磅。这一原则适用于任何促使达成协议的陈述，如募集资本、推销、建立合作关系等。

(1) PPT演示原则——10。

10，是PowerPoint演示所包含的最理想的幻灯片页数。普通人在会议里往往难以掌握10个以上的概念。这就要求我们在制作演示文稿时做到一目了然，文字内容要突出关键、分析化繁为简。

简练的陈述在博取听众赞许方面是很有帮助的。

⑵ PPT演示原则——20。

20，最好在20分钟内介绍你的10页PPT内容。很少有人能在长时间内保持注意力集中，我们必须抓紧时间。在20分钟内完成介绍，就可以留下更多的时间进行讨论。

⑶ PPT演示原则——30。

30，是指PPT的文本字号尽可能大。

很多PPT使用不超过20磅字体的文本，总是试图在一张幻灯片里挤进更多的文本。

每页幻灯片里都挤满字号很小的文本，很可能说明演示者对材料不够熟悉，何况，并不是文本越多就越有说服力。一页幻灯片中挤太多的文本内容会让观众分不清，也无法抓住观众的注意力。

因此，制作演示文稿时，同一页幻灯片中不要使用过多的文本，字号也不要太小。最好使用雅黑、黑体、幼圆和Arial等这些笔画较为均匀的字体。

8.1.2 PPT十大演示技巧

好的PPT演讲需要演讲者精心策划并细致准备，演讲者也要对PPT演讲的技巧有所了解。

1. PowerPoint自动黑屏

使用PowerPoint进行演讲时，有时需要进行讨论，这时为了避免屏幕上的图片或小动画影响观众注意力，我们可以按一下键盘的【B】键。此时屏幕将会黑屏，讨论完后再按一下【B】键放映即可恢复正常。也可以在播放的演示文稿中单击鼠标右键，在弹出的快捷菜单中选择【屏幕】菜单命令，然后在其子菜单中选择【黑屏】或【白屏】命令。

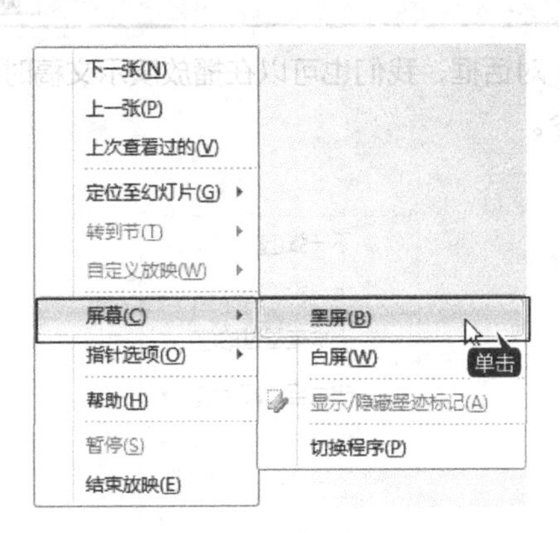

退出黑屏或白屏时，可以在转换为黑屏或白屏的页面上单击鼠标右键，在弹出的快捷菜单中选择【屏幕】菜单命令，然后在其子菜单中选择【屏幕还原】命令即可。

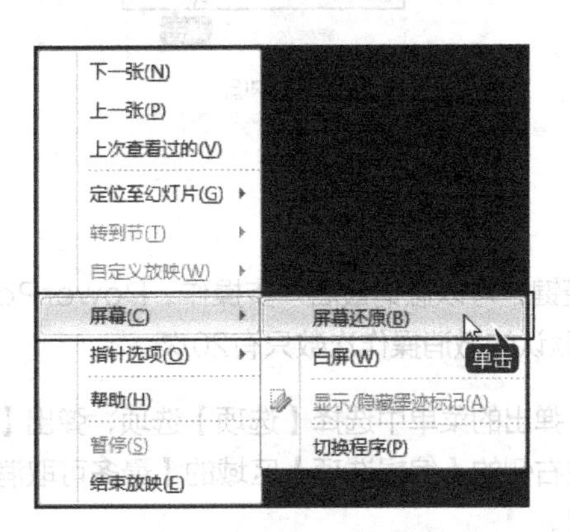

2. 快速定位放映中的幻灯片

播放PowerPoint演示文稿时，如果要快进到或退回到第5张幻灯片，我们可以按数字5键，然后再按【Enter】键即可。

若要从任意位置返回到第一张幻灯片，同时按下鼠标左右键并停留2秒钟以上即可。

3. 在放映幻灯片时显示快捷方式

放映幻灯片时，如果想用快捷键，但一时又忘了快捷键如何操作，我们这时可以按下【F1】键（或【SHIFT+?】组合键），弹出的【幻灯片放映帮助】对话框中将显示快捷键的操作提示。

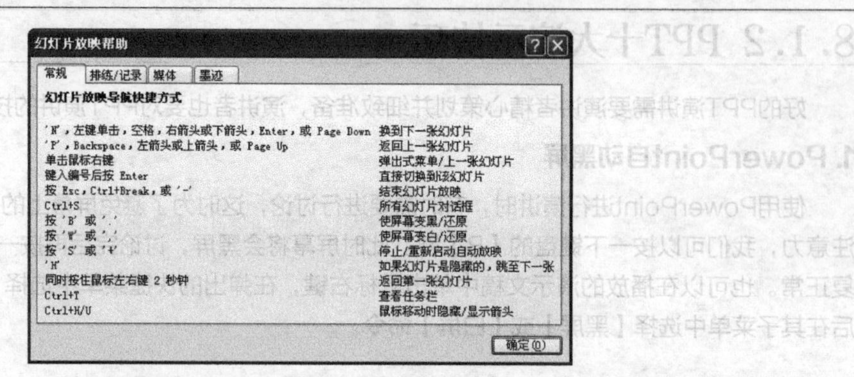

要弹出【幻灯片放映帮助】对话框，我们也可以在播放演示文稿时在页面上单击鼠标右键，在弹出的快捷菜单中选择【帮助】命令。

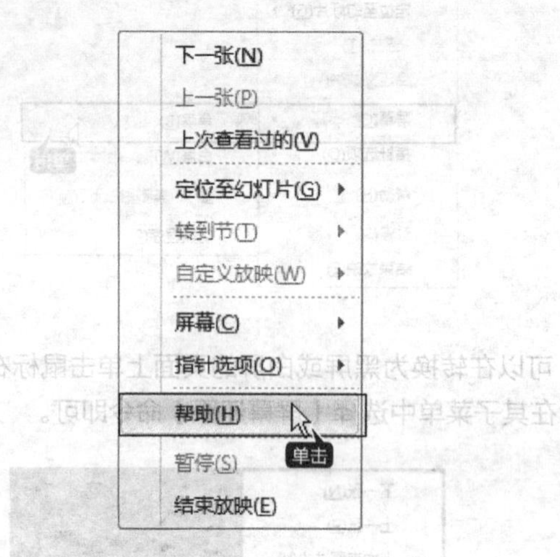

4. 突破20次的撤销极限

通过使用【Ctrl+Z】快捷键，可以撤销最后一步操作。PowerPoint的撤消功能为文稿编辑提供了很大的方便，但PowerPoint默认的撤消操作次数只有20次。

单击【文件】选项卡，从弹出的菜单中选择【选项】选项，弹出【PowerPoint选项】对话框。选择左侧的【高级】选项卡，在右侧的【编辑选项】区域的【最多可取消操作数】的文本框中将“20”更改为需要撤消的操作次数即可。

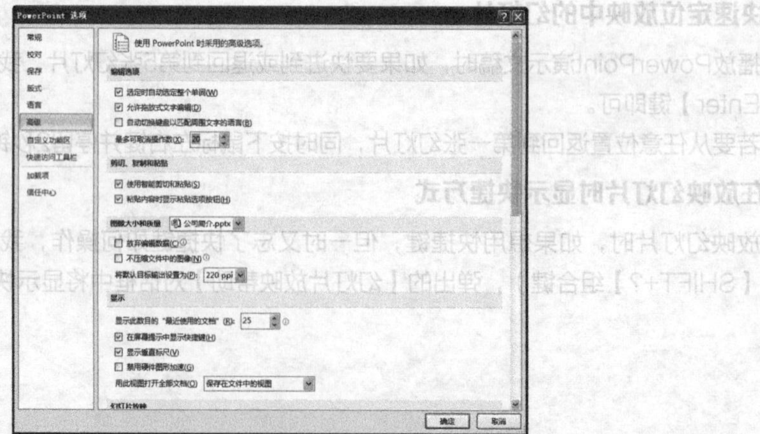

5. PPT编辑放映两不误

想要在放映幻灯片的同时编辑其中的内容，或在编辑过程中查看放映效果，只要按住【Ctrl】键不放，在【幻灯片放映】选项卡的【开始放映幻灯片】组中单击【从头开始】按钮或【从当前幻灯片开始】按钮即可。

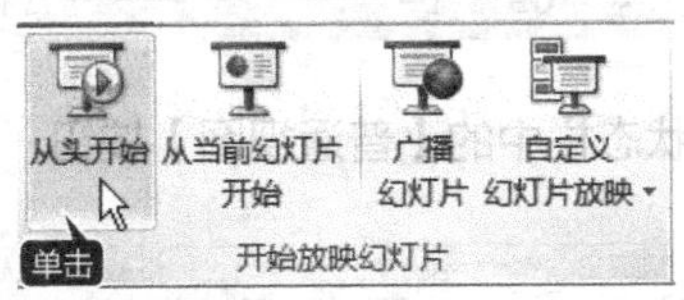

此时，幻灯片将演示窗口缩小至屏幕左上角。

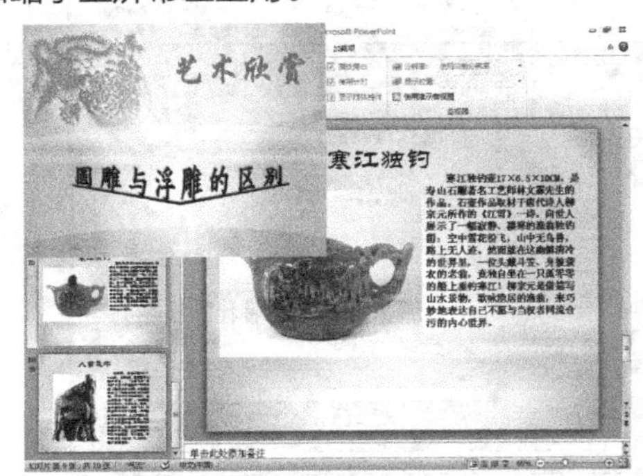

修改幻灯片时，演示窗口会最小化，修改完成后再切换到演示窗口就可以看到相应的效果。

6. 让幻灯片自动播放

要让PowerPoint的幻灯片自动播放，而不需要先打开PPT再播放，打开文稿前将该文件的扩展名从.pptx改为.pps后再双击打开即可。这样一来就避免了每次都要先打开才能进行播放所带来的不便和烦琐。

在将扩展名从.pptx改为.pps时，会弹出【重命名】对话框，提示是否确实要更改。单击【是】按钮即可。

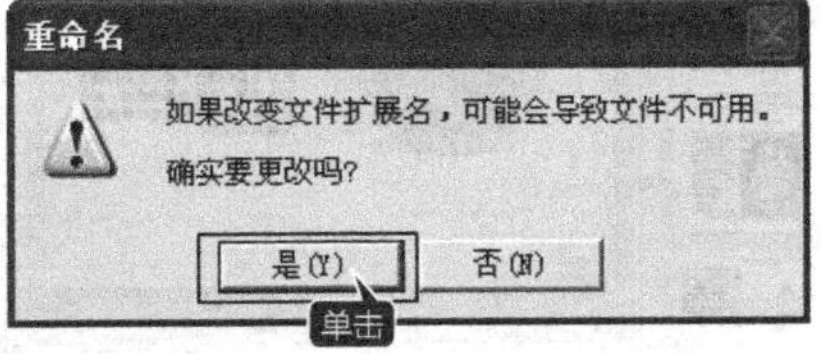

7. 巧用键盘辅助定位对象

PPT中，有时用鼠标定位对象不太准确，这时我们可以在按住【Shift】键的同时，用鼠标水平或竖直移动对象，这样就可以基本接近于直线平移。或在按住【Ctrl】键的同时，用方向键来移动对象，也可以使定位精确到像素点的级别。

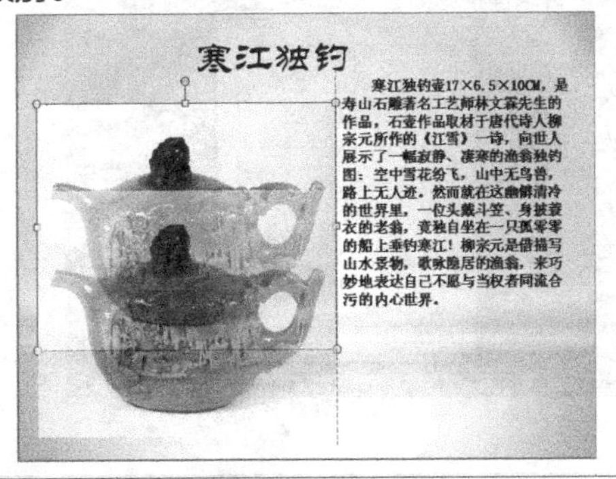

8. PPT中视图巧切换

PPT窗口状态栏右下角的视图切换区域中，我们可以实现普通视图、幻灯片浏览、阅读视图和幻灯片放映之间的切换。

按住【Shift】键的同时，单击状态栏中的【普通视图】按钮，可以切换到幻灯片母版视图。

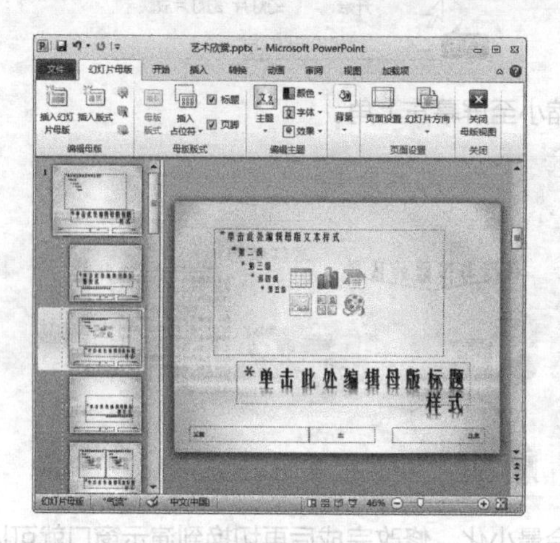

再次单击【普通视图】按钮即可返回到普通视图。

按住【Shift】键的同时，单击状态栏中的【幻灯片浏览】按钮，则可以切换到讲义母版视图。

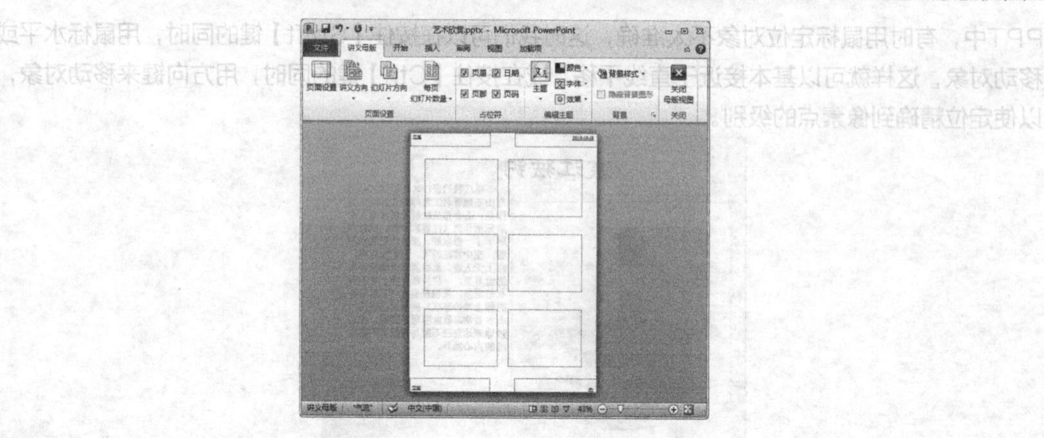

再次单击【幻灯片浏览】按钮则可以切换到幻灯片浏览视图。

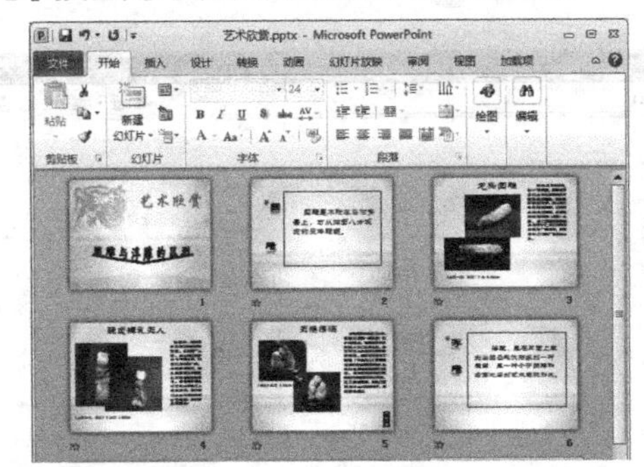

9. 快速灵活改变图片颜色

利用PowerPoint制作演示文稿时，插入漂亮的剪贴画会令文稿增色。不过，并不是所有剪贴画都符合要求，剪贴画的颜色搭配要合理。

首先选中剪贴画，然后在【图片工具】➤【格式】选项卡的【调整】组中单击【重设图片】右侧的下三角按钮，在弹出的菜单中选择【重设图片】或【重设图片和大小】选项。

重设颜色后的剪贴画效果如下图所示。

10. 保持特殊字体

为了获得更好的效果，人们常在幻灯片中使用个性化的字体，但当播放幻灯片时，字体又变成了普通字体，甚至还由于字体变化而导致格式混乱，严重破坏演示效果。

其实，PowerPoint可以将这些特殊字体保存下来以供使用。

单击【文件】选项卡，在弹出的下拉菜单中选择【另存为】菜单命令，弹出【另存为】对话框。

在该对话框中单击【工具】按钮，从弹出的下拉列表中选择【保存选项】选项。

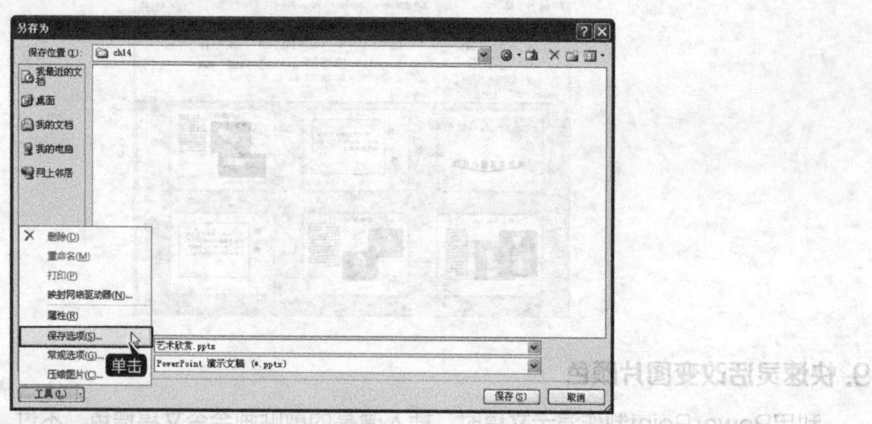

在弹出的【PowerPoint选项】对话框中选中【将字体嵌入文件】复选框，然后根据需要选中【仅嵌入演示文稿中使用的字符（适于减小文件大小）】或【嵌入所有字符（适于其他人编辑）】单选按钮，最后单击【确定】按钮保存该文件。

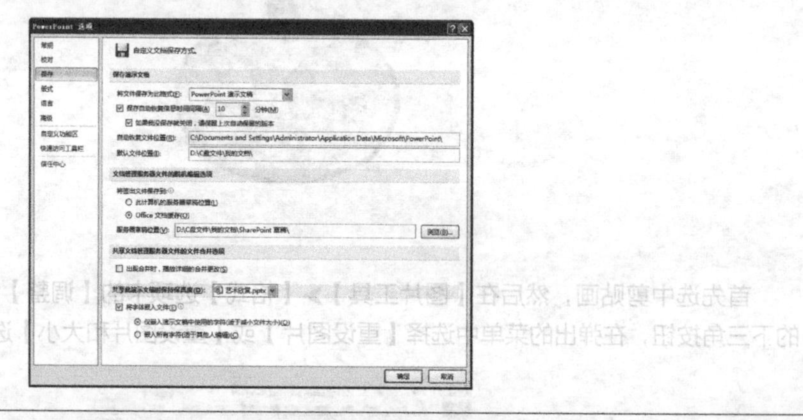

8.2 演示方式

 **本节视频教学时间：7分钟**

在PowerPoint 2010中，演示文稿的放映类型包括演讲者放映、观众自行浏览和在展台浏览3种。

演示方式的设置可以通过在【幻灯片放映】选项卡的【设置】组中单击【设置幻灯片放映】按钮，然后在弹出的【设置放映方式】对话框中对放映类型、放映选项及换片方式进行设置。

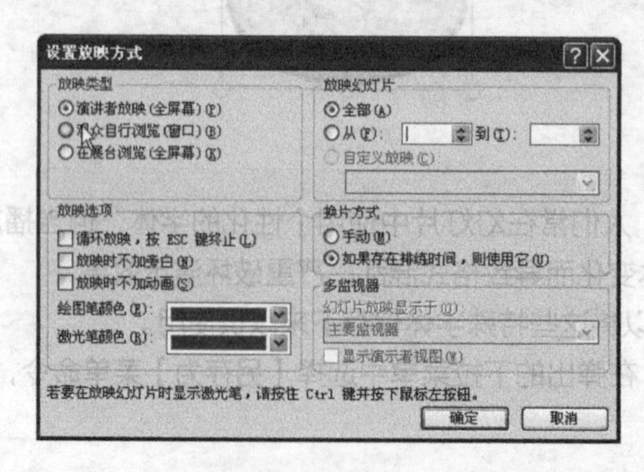

8.2.1 演讲者放映

放映方式中的演讲者放映是指由演讲者一边讲解一边放映幻灯片，此演示方式一般用于比较正式的场合，如专题讲座、学术报告等。

将演示文稿的放映方式设置为演讲者放映的具体操作方法如下。

1 打开素材

打开随书光盘中的“素材\ch08\员工培训.pptx”文件。在【幻灯片放映】选项卡的【设置】组中单击【设置幻灯片放映】按钮。

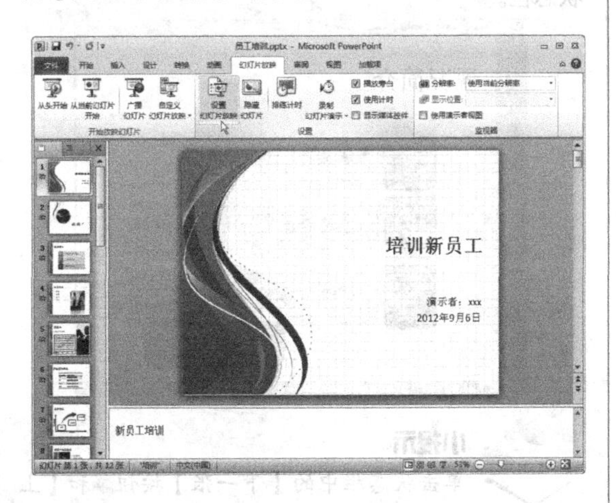

2 设置【设置放映方式】对话框

弹出【设置放映方式】对话框，在【放映类型】区域中单击选中【演讲者放映（全屏幕）】单选按钮，即可将放映方式设置为演讲者放映方式。

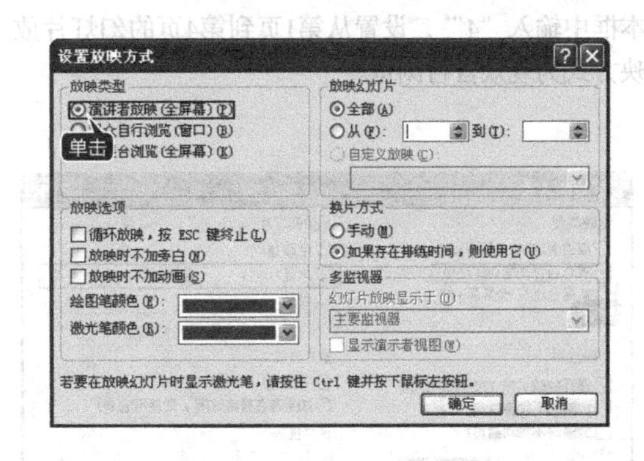

3 设置放映方式和换片方式

在【设置放映方式】对话框的【放映选项】区域单击选中【循环放映，按Esc键终止】复选框，在【换片方式】区域中单击选中【手动】复选框，设置演示过程中换片方式为手动，设置如下图所示。

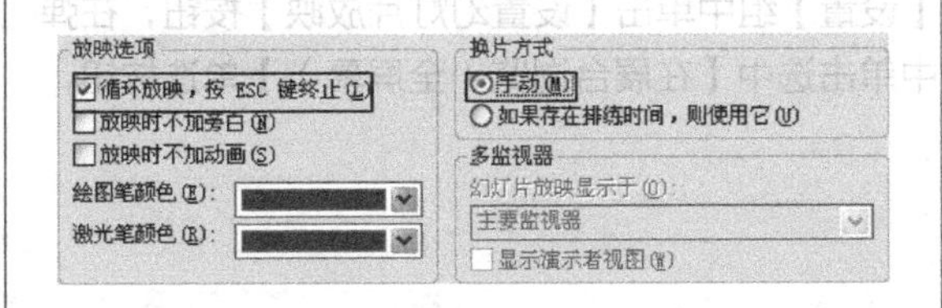

小提示

单击选中【循环放映，按Esc键终止】复选框，可以在最后一张幻灯片放映结束后自动返回到第一张幻灯片重复放映，直到按下盘上的【Esc】键才能结束放映。单击选中【放映时不加旁白】复选框表示在放映时不播放在幻灯片中添加的声音。单击选中【放映时不加动画】复选框表示在放映时设定的动画效果将被屏蔽。

4 全屏幕演示PPT

单击【确定】按钮完成设置，按【F5】快捷键进行全屏幕的PPT演示。如下图所示为演讲者放映方式下的第2页幻灯片的演示状态。

小提示

在【换片方式】区域中单击选中【如果存在排练时间，则使用它】单选按钮，则多媒体报告在放映时将自动换页。如果单击选中【手动】单选按钮，在放映多媒体内容时，则必须单击鼠标才能切换。

8.2.2 观众自行浏览

观众自行浏览指由观众自己动手使用计算机观看幻灯片。如果希望让观众自己浏览多媒体幻灯片，可以将多媒体演讲的放映方式设置成观众自行浏览。

下面介绍观众自行浏览“员工培训”幻灯片的具体操作步骤。

1 设置放映类型为观众自行浏览

在【幻灯片放映】选项卡的【设置】组中单击【设置幻灯片放映】按钮，弹出【设置放映方式】对话框。在【放映类型】区域中单击选中【观众自行浏览（窗口）】单选按钮；在【放映幻灯片】区域中单击选中【从…到…】单选按钮，并在第2个文本框中输入“4”，设置从第1页到第4页的幻灯片放映方式为观众自行浏览。

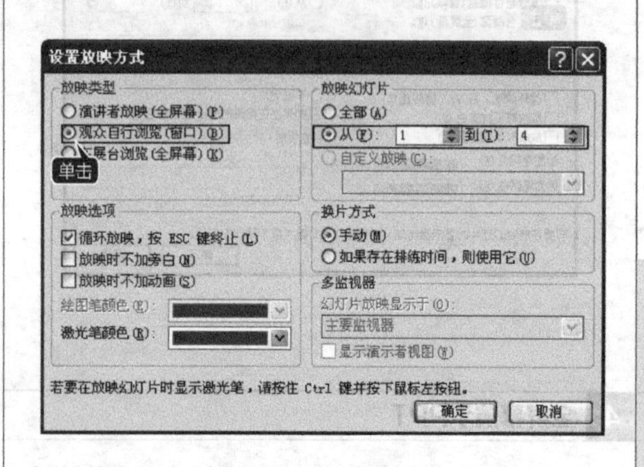

2 单击选中【隐藏背景图形】复选框

单击【确定】按钮完成设置，按【F5】快捷键进行演示文稿的演示。这时我们可以看到设置后的前4页幻灯片以窗口的形式出现，并且在最下方显示状态栏。

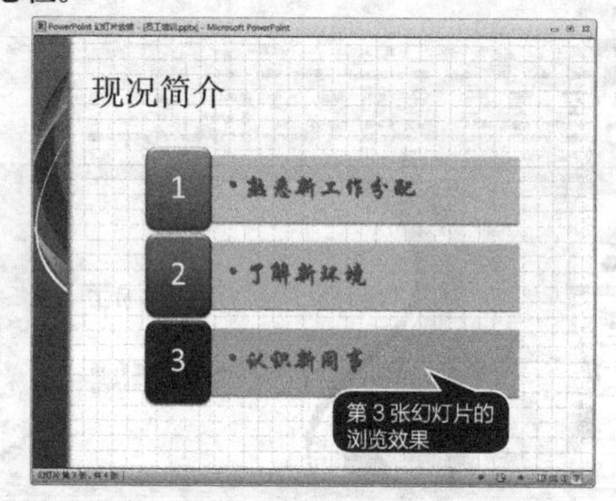

小提示

单击状态栏中的【下一张】按钮和【上一张】按钮也可以切换幻灯片；单击状态栏右方的其他视图按钮，可以将演示文稿由演示状态切换到其他视图状态。

8.2.3 在展台浏览

在展台浏览这一放映方式可以让多媒体幻灯片自动放映而不需要演讲者操作，例如放在展览会的产品展示等。

打开演示文稿后，在【幻灯片放映】选项卡的【设置】组中单击【设置幻灯片放映】按钮，在弹出的【设置放映方式】对话框的【放映类型】区域中单击选中【在展台浏览（全屏幕）】单选按钮，即可将演示方式设置为在展台浏览。

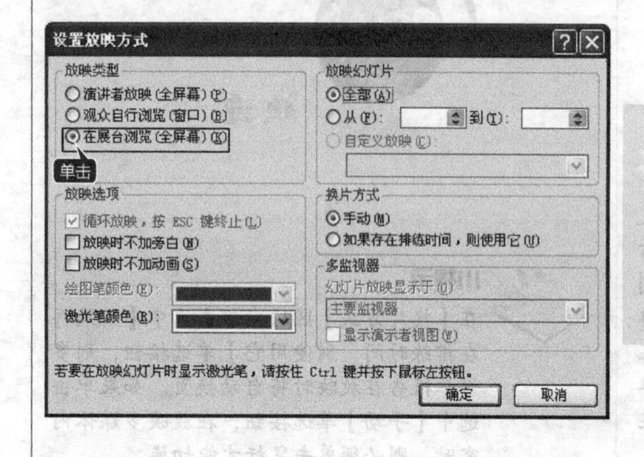

小提示

可以将展台演示文稿设置为当参观者查看完整个演示文稿后或演示文稿保持闲置状态达到一段时间后，自动返回至演示文稿首页，这样，参观者就不必时刻守着展台了。

8.3 开始演示幻灯片

本节视频教学时间：6分钟

默认情况下，幻灯片的放映方式为普通手动放映。我们可以根据实际需要设置幻灯片的放映方法，如自动放映、自定义放映和排列计时放映等。

8.3.1 从头开始放映

放映幻灯片一般是从头开始放映的，从头开始放映的具体操作步骤如下。

1 设置从头放映

在【幻灯片放映】选项卡的【开始放映幻灯片】组中单击【从头开始】按钮。

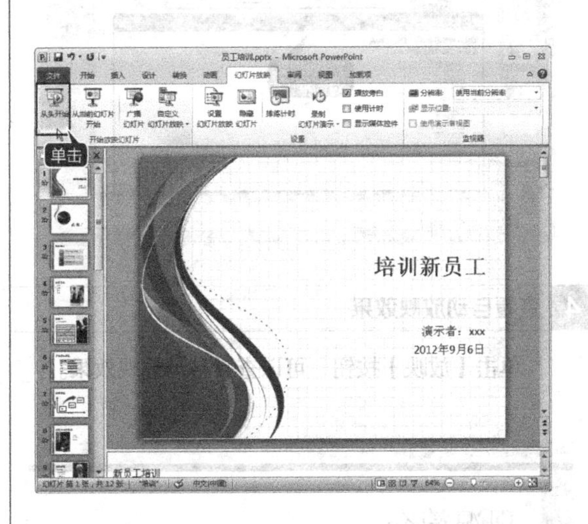

2 播放幻灯片

系统将从头开始播放幻灯片。单击鼠标、按【Enter】键或空格键均可切换下一张幻灯片。

小提示

按键盘上的上、下、左、右方向键也可以向上或向下切换幻灯片。

8.3.2 从当前幻灯片开始放映

放映“员工培训”幻灯片时可以从选定的当前幻灯片开始放映，具体操作步骤如下。

1 选择开始放映的幻灯片

选中第3张幻灯片，在【幻灯片放映】选项卡的【开始放映幻灯片】组中单击【从当前幻灯片开始】按钮。

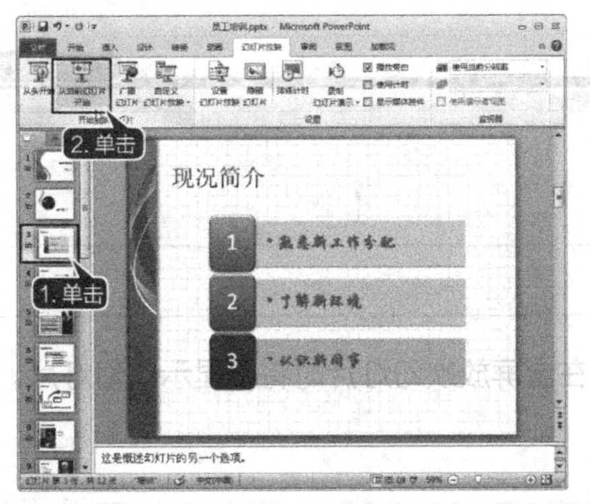

2 播放幻灯片

系统将从当前幻灯片开始播放幻灯片。按【Enter】键或空格键即可切换到下一张幻灯片。

8.3.3 自定义多种放映方式

利用PowerPoint的【自定义幻灯片放映】功能，可以为幻灯片设置多种自定义放映方式。设置“员工培训”演示文稿自动放映的具体操作步骤如下。

1 选择【自定义放映】菜单

在【幻灯片放映】选项卡的【开始放映幻灯片】组中单击【自定义幻灯片放映】按钮，在弹出的下拉菜单中选择【自定义放映】菜单命令。

2 弹出【定义自定义放映】对话框

弹出【自定义放映】对话框，单击【新建】按钮，弹出【定义自定义放映】对话框。

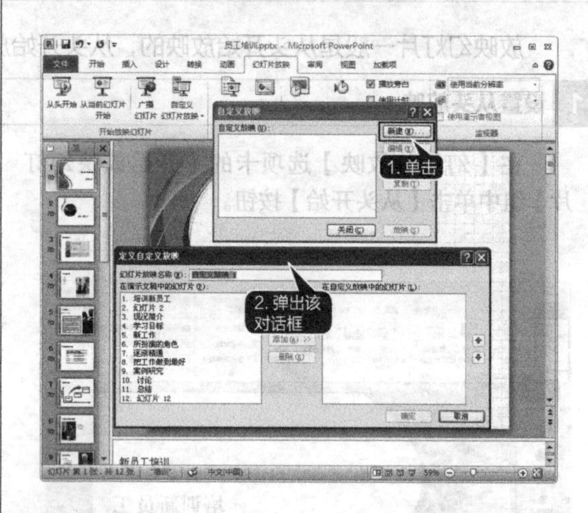

3 自定义放映的幻灯片

在【在演示文稿中的幻灯片】列表框中选择需要放映的幻灯片，然后单击【添加】按钮即可将选中的幻灯片添加到【在自定义放映中的幻灯片】列表框中。单击【确定】按钮，返回到【自定义放映】对话框。

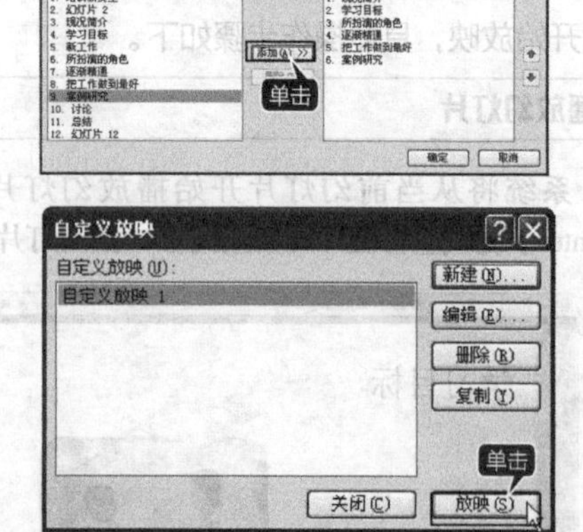

4 查看自动放映效果

单击【放映】按钮，可以查看自动放映效果。

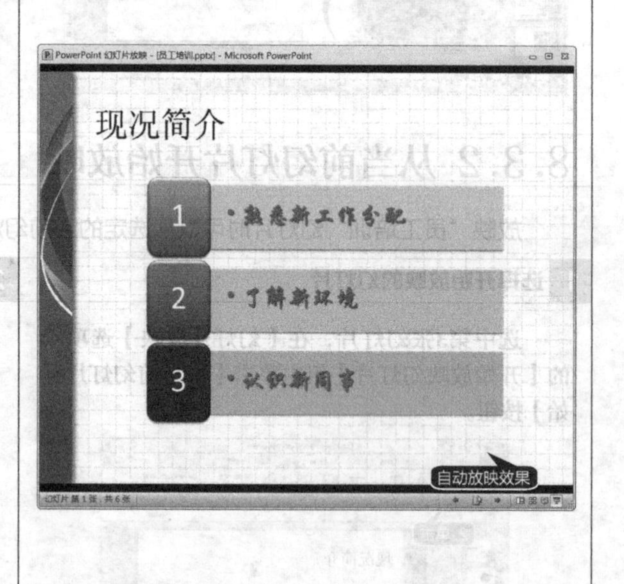

8.3.4 放映时隐藏指定幻灯片

在演示文稿中可以将某一张或多张幻灯片隐藏，这样在全屏放映幻灯片时将不显示此幻灯片。

1 单击【隐藏幻灯片】按钮

选中第7张幻灯片，在【幻灯片放映】选项卡的【设置】组中单击【隐藏幻灯片】按钮。

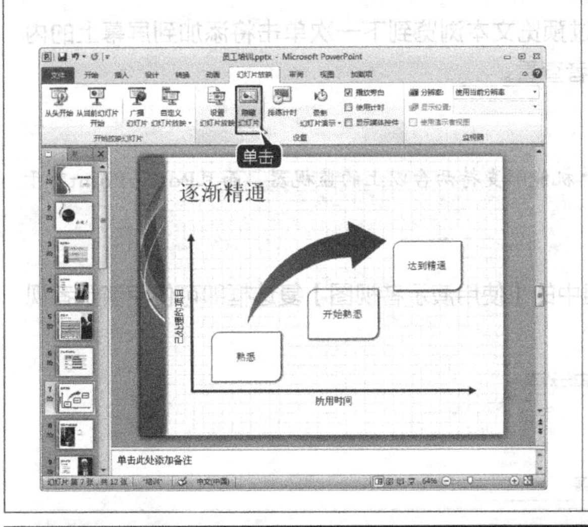

2 插入图片

在【幻灯片/大纲】窗格中的【幻灯片】选项卡下的缩略图中看到第7张幻灯片编号显示为隐藏状态，这样在放映幻灯片的时候第7张幻灯片就会被隐藏起来。

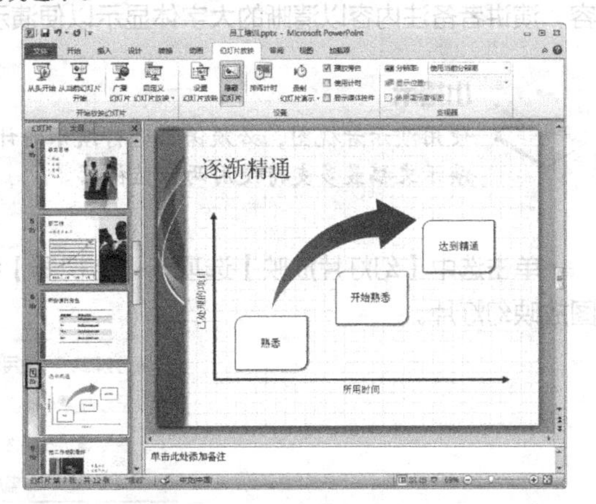

8.4 添加演讲者备注

本节视频教学时间：3分钟

使用演讲者备注可以帮助我们详细阐述幻灯片中的要点。好的备注既可以帮助演示者引领观众的思路，又可以避免幻灯片上文本泛滥。

8.4.1 添加备注

创作幻灯片时，我们可以在【幻灯片】窗格下方的【备注】窗格中添加备注，这样可以详尽展示幻灯片的内容。演讲者可以将这些备注打印出来，在演示过程中作为参考。

下面介绍在“员工培训”演示文稿中添加备注的具体操作步骤。

1 选择添加备注的幻灯片

选中第2张幻灯片，在【备注】窗格中的“单击此处添加备注”处单击，输入如下图所示的备注内容。

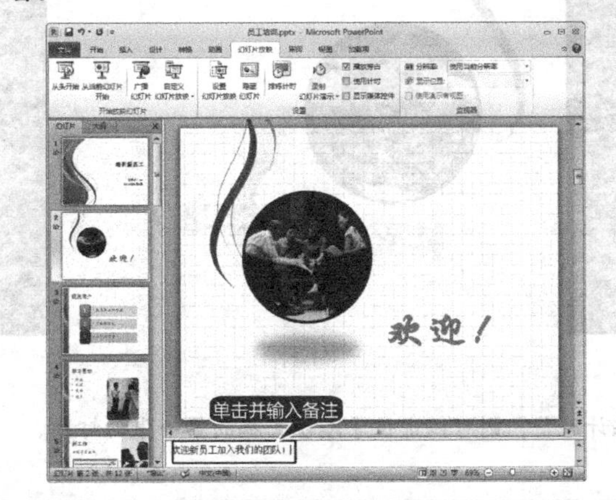

2 播放幻灯片

将鼠标指针指向【备注】窗格的上边框，当指针变为形状后，向上拖动边框以增大备注空间。

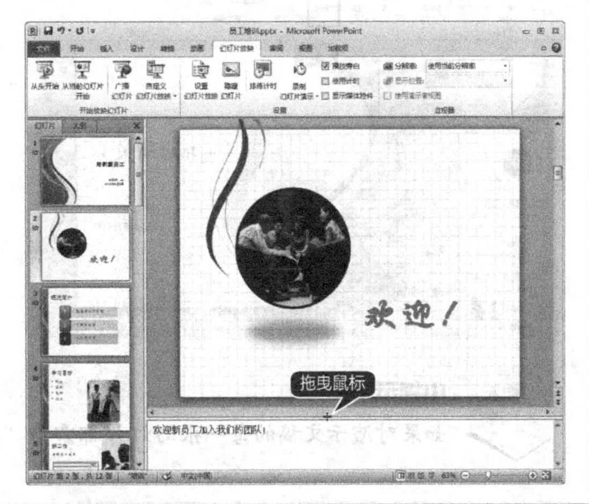

8.4.2 使用演示者视图

为演示文稿添加备注后，放映幻灯片时，演示者可以使用演示者视图在另一台监视器上查看备注内容。

在使用演示者视图放映时，演示者则可以通过预览文本浏览到下一次单击将添加到屏幕上的内容，演讲者备注内容以清晰的大字体显示以便演示者查看。

小提示

使用演示者视图，必须保证进行演示的计算机能够支持两台以上的监视器，而且PowerPoint对于演示文稿最多支持使用两台监视器。

单击选中【幻灯片放映】选项卡【监视器】组中的【使用演示者视图】复选框即可使用演示者视图放映幻灯片。

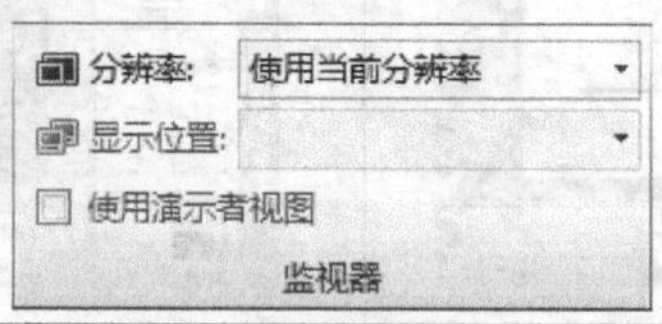

8.5 让PPT自动演示

本节视频教学时间：6分钟

在公众场合进行PPT演示要掌握好PPT的演示时间。

8.5.1 排练计时

演示文稿的制作者为了掌握好演示时间，可以预先测定幻灯片放映的停留时间。“员工培训”演讲排练计时的操作如下。

1 单击【排练计时】按钮

打开素材，在【幻灯片放映】选项卡的【设置】组中单击【排练计时】按钮。

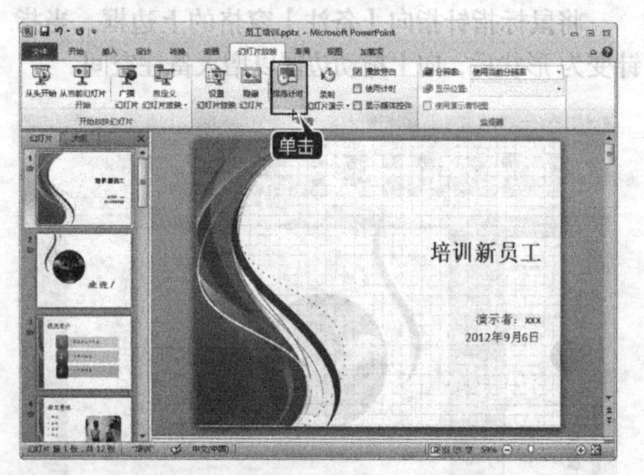

2 系统自动切换到放映模式

系统会自动切换到放映模式，并弹出【录制】对话框，在【录制】对话框上会自动计算出当前幻灯片的排练时间，时间的单位为秒。

小提示

如果对演示文稿的每一张幻灯片都需要“排练计时”，则可以定位于演示文稿的第一张幻灯片。

3 【录制】对话框

在【录制】对话框中可看到排练时间，如下图所示。

4 排练完成

排练完成后，系统会显示一个警告的消息框以显示当前幻灯片放映的总共时间。单击【是】按钮，完成幻灯片的排练计时。

小提示

放映过程中需要临时查看或跳到某一张幻灯片时，我们可以通过【录制】对话框中的按钮来实现。

(1)【下一项】：切换到下一张幻灯片。

(2)【暂停】：暂时停止计时后再次单击会恢复计时。

(3)【重复】：重复排练当前幻灯片。

8.5.2 录制幻灯片演示

录制幻灯片演示是PowerPoint 2010具备的一项新增功能，该功能可以记录PPT幻灯片的放映时间，同时，允许用户使用鼠标或激光笔为幻灯片添加注释。也就是说，制作者在PowerPoint 2010中的一切注释都可以使用录制幻灯片演示功能记录下来，从而使得PowerPoint 2010幻灯片的互动性大大提高。

1 选择开始放映的幻灯片

在【幻灯片放映】选项卡的【设置】组中单击【录制幻灯片演示】的下三角按钮，在弹出的下拉列表中选择【从头开始录制】或【从当前幻灯片开始录制】选项。本例中选择【从头开始录制】选项。

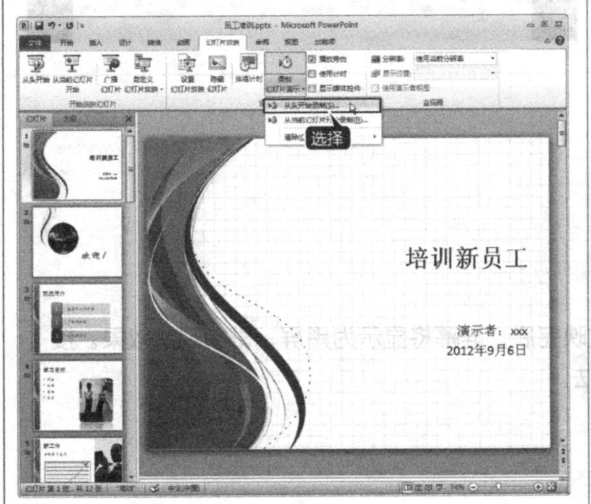

2 开始录制

弹出【录制幻灯片演示】对话框，该对话框中默认的单击选中【幻灯片和动画计时】复选框和【旁白和激光笔】复选框。我们可以根据需要选择需要的选项。然后，单击【开始录制】按钮，幻灯片即开始放映并自动开始计时。

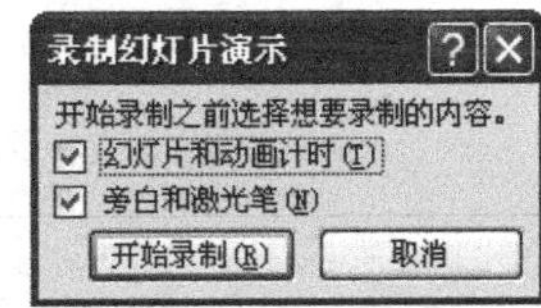

3 弹出【Microsoft PowerPoint】对话框

幻灯片放映结束时，录制幻灯片演示也随之结束，并弹出【Microsoft PowerPoint】对话框。

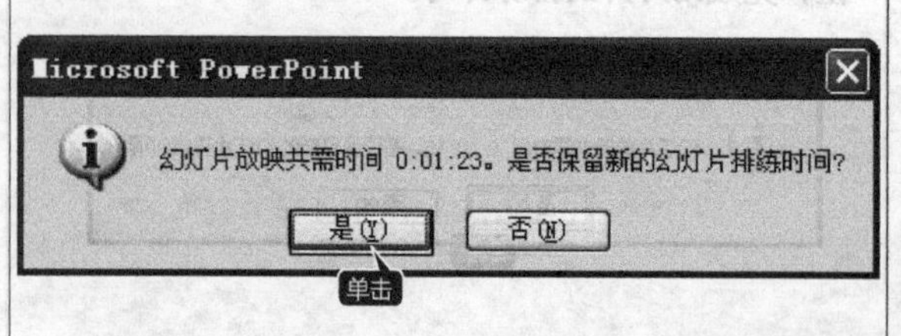

小提示

在【Microsoft PowerPoint】对话框中显示了放映该演示文稿所用的时间。若保留排练时间可单击【是】按钮，若不保留排练时间，可单击【否】按钮。

4 显示每张幻灯片的演示计时时间

单击【是】按钮，返回到演示文稿窗口且自动切换到幻灯片浏览视图。在该窗口中显示了每张幻灯片的演示计时时间。

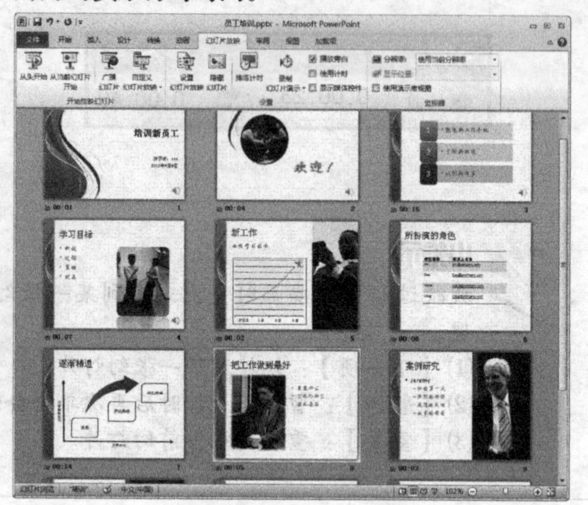

举一反三

PowerPoint 2010放映员工幻灯片时可以根据需要选择放映的方式、添加演讲者备注或者让PPT自动演示。通过本章的学习，我们还可以依此设置发展战略研讨会PPT、艺术欣赏PPT等类型的演示文稿。

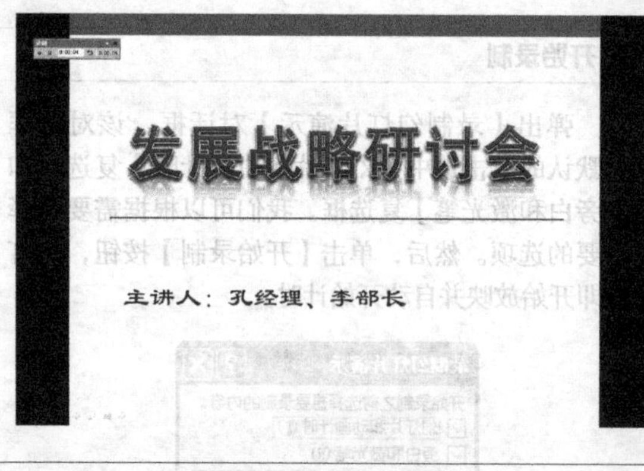

高手私房菜

技巧1：取消以黑幻灯片结束

经常制作并放映幻灯片的朋友知道，幻灯片放映完后，屏幕将显示为黑屏，影响观赏效果。接下来我们学习一下取消以黑屏结束幻灯片放映的方法。

1 弹出【PowerPoint选项】对话框

打开随书光盘中的“素材\ch08\公司简介.pptx”文件。单击【文件】选项卡，从弹出的菜单中选择【选项】选项，弹出【PowerPoint选项】对话框。

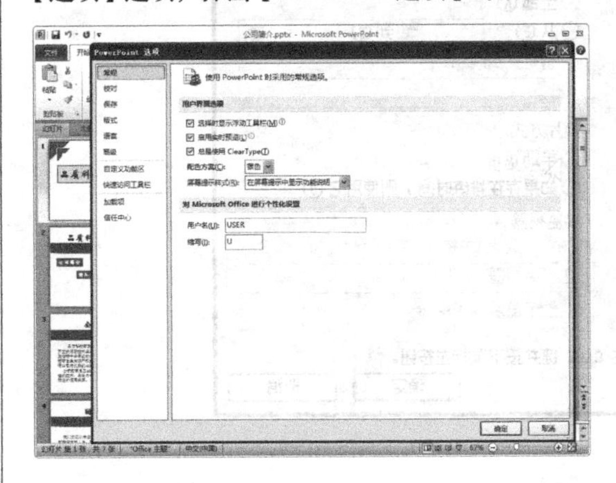

2 设置【PowerPoint选项】对话框

选择左侧的【高级】选项卡，在右侧的【幻灯片放映】区域中撤选【以黑幻灯片结束】复选框。单击【确定】按钮即可取消以黑幻灯片结束的操作。

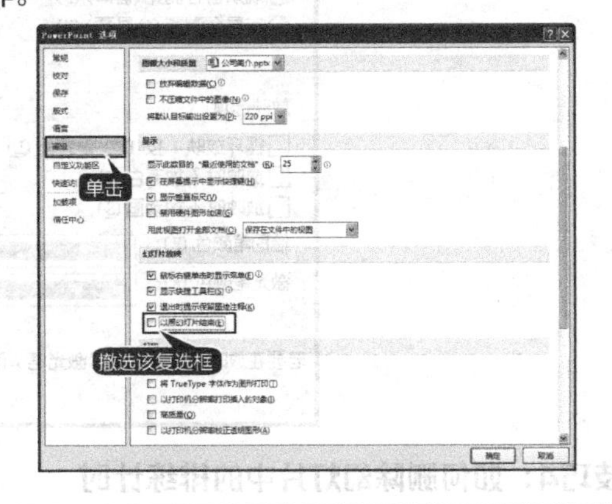

技巧2：在窗口模式下播放PPT

播放PPT演示文稿时，如果想进行其他的操作，就要先进行切换，这样操作很麻烦。通过PPT窗口模式播放能解决这一难题。

在窗口模式下播放PPT方法：在按住【Alt】键的同时，依次按【D】键和【V】键。

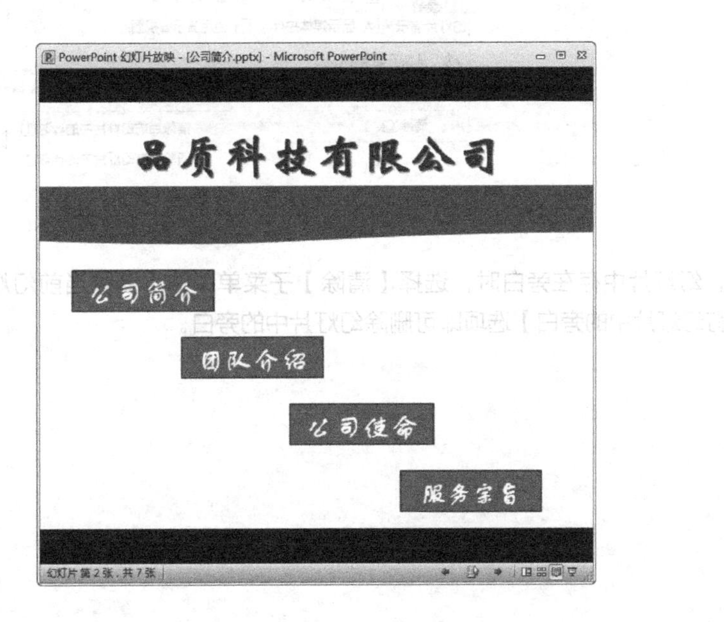

技巧3：如何在放映幻灯片时不使用排练时间换片

对演示文稿进行排练计时后，可以在【幻灯片浏览】视图中查看到每张幻灯片的排练计时时间，也可以在放映幻灯片时按照排练计时进行自动放映。

如果需要在放映幻灯片时不按照先前的排练计时时间自动换片，只需在【幻灯片放映】选项卡的【设置】组中单击【设置幻灯片放映】按钮，在弹出的【设置放映方式】对话框的【换片方式】

区域中单击选中【手动】单选按钮，单击【确定】按钮即可。

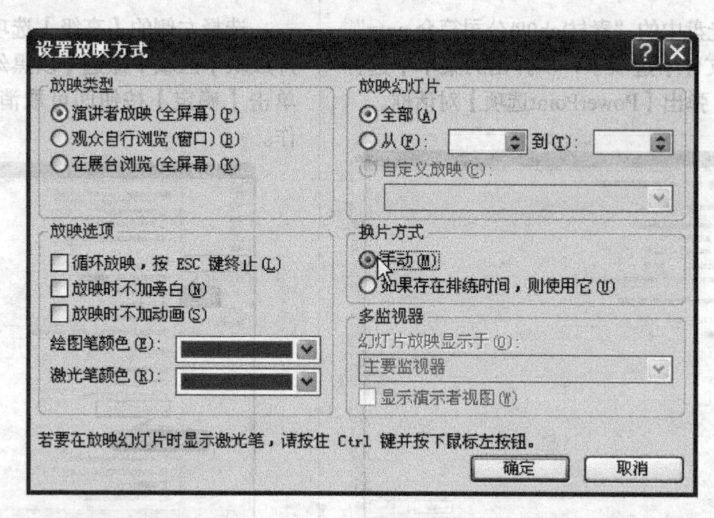

技巧4：如何删除幻灯片中的排练计时

在幻灯片中进行排练计时或录制幻灯片演示后，可以根据需要删除幻灯片中的排练计时。操作方法为，在【幻灯片放映】选项卡的【设置】组中单击【录制幻灯片演示】按钮，在弹出的下拉列表中选择【清除】选项，然后从子菜单中选择【清除当前幻灯片中的计时】选项或【清除所有幻灯片中的计时】选项即可删除当前幻灯片或所有幻灯片中的计时。

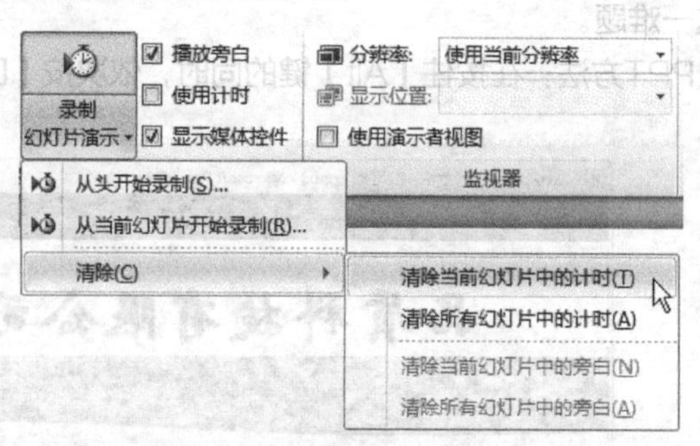

此外，幻灯片中存在旁白时，选择【清除】子菜单中的【清除当前幻灯片中的旁白】选项或【清除所有幻灯片中的旁白】选项即可删除幻灯片中的旁白。

第 9 章

幻灯片的打印与发布

——打印诗词鉴赏 PPT

本章视频教学时间：23 分钟

PowerPoint 2010新增的幻灯片分节显示功能能让我们更好地管理幻灯片。而且，幻灯片除了可在计算机屏幕上展示外，还可以被打印出来。我们也可以发布幻灯片以共享。

【学习目标】

- 通过本章的学习，快速掌握幻灯片的打印和发布。

【本章涉及知识点】

- 熟悉幻灯片的打印与发布
- 掌握打印幻灯片的操作方法
- 熟悉将幻灯片发布为其他格式的方法
- 掌握打包幻灯片的方法

9.1 将幻灯片分节显示

本节视频教学时间：7分钟

PowerPoint 2010左侧的幻灯片预览栏中新增了分节功能。我们可以通过建立节来管理幻灯片并理顺思路。我们还可以为各个幻灯片章节重新排序或归类。

1 打开素材文件

打开随书光盘中的“素材\ch09\诗词鉴赏.pptx”文件，并选择第3张幻灯片。

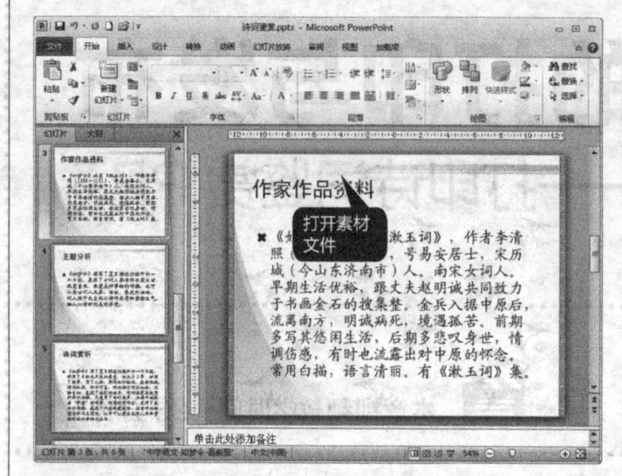

2 【新增节】选项

在【开始】选项卡的【幻灯片】组中单击【节】按钮，在弹出的下拉列表中选择【新增节】选项。

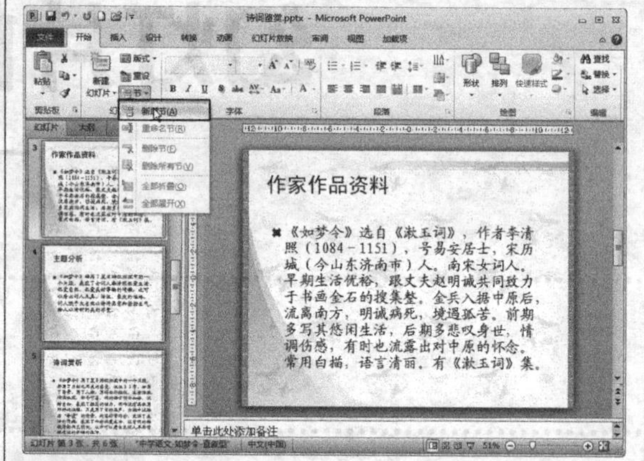

3 新增节

在【幻灯片/大纲】窗格中的【幻灯片】选项卡下的缩略图中可以看到第3张幻灯片的上方显示“无标题节”，说明第3张幻灯片及其下的所有幻灯片成为新增节中的内容。而第3张幻灯片之上的所有幻灯片显示为默认节。

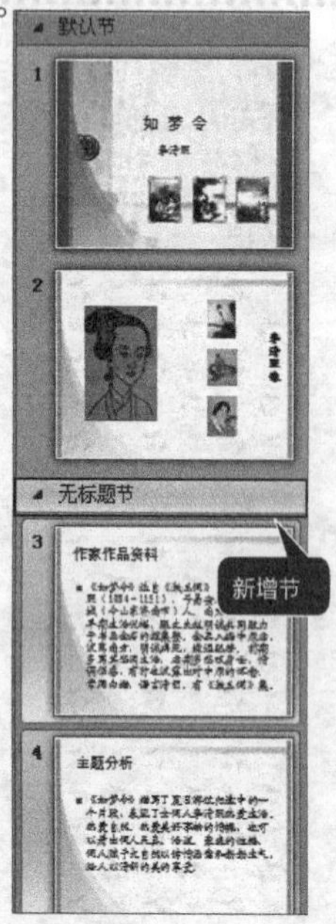

4 设置其他新增节

选择第5张幻灯片，然后重复步骤2的操作，即可将第5张和第6张幻灯片设置为新增节。

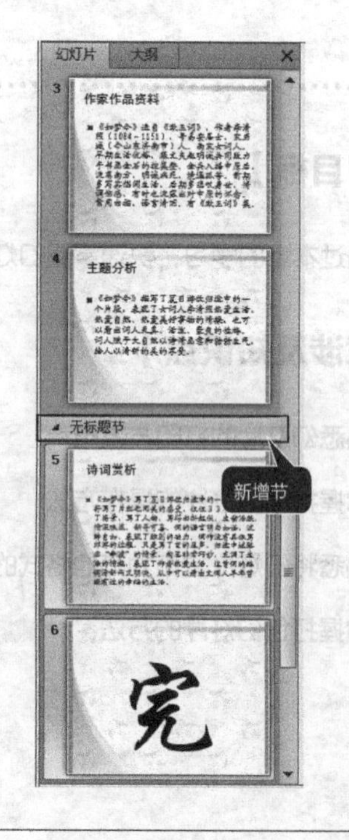

5 使用【默认节】选择幻灯片

在【幻灯片/大纲】窗格中的【幻灯片】选项卡下的缩略图中单击【默认节】，即可选择默认节下的第1、2张幻灯片。

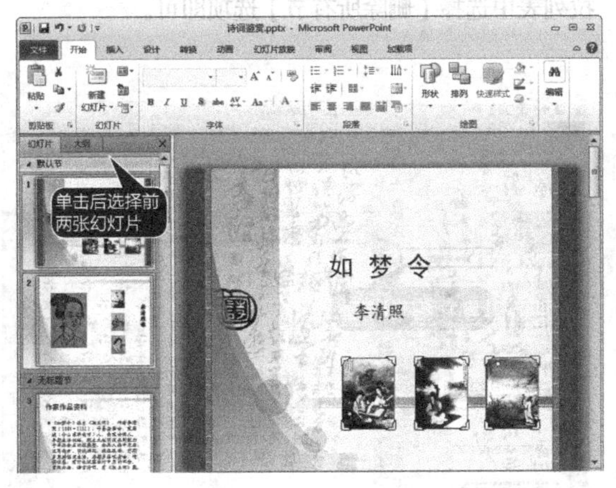

6 重命名节

在【开始】选项卡的【幻灯片】组中单击【节】按钮，在弹出的下拉列表中选择【重命名节】选项。然后在弹出的【重命名节】对话框中重新命名，如将默认节重命名为“诗词简介”。

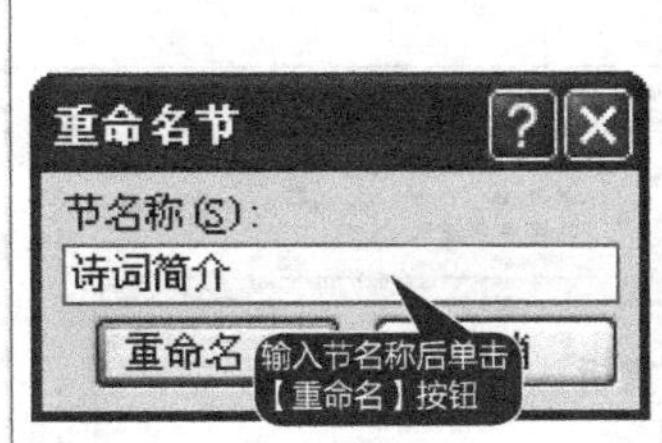

7 修改节名

重复步骤5~6的操作，将另外两个节分别重命名为“作品分析”和“诗词赏析”。

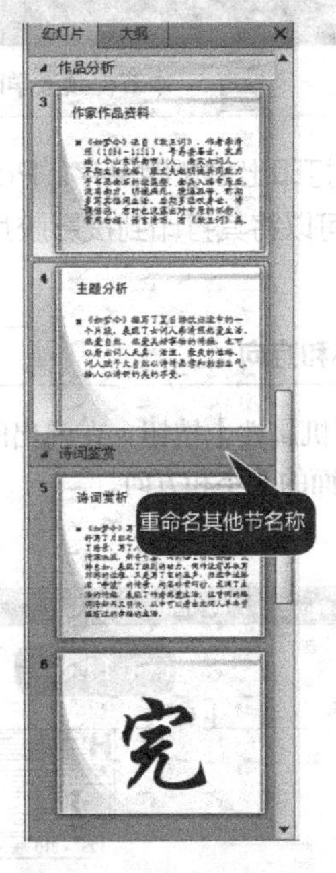

8 折叠/展开幻灯片

选择任一幻灯片，在【开始】选项卡的【幻灯片】组中单击【节】按钮，在弹出的下拉列表中选择【全部折叠】选项，即可将【幻灯片/大纲】窗格中【幻灯片】选项卡下缩略图的所有节中的幻灯片折叠，而只显示为节标题。单击节标题前的【展开节】按钮可展开该节标题所包含的幻灯片。

小提示

在【开始】选项卡的【幻灯片】组中单击【节】按钮，在弹出的下拉列表中选择【全部折叠】选项即可折叠所有节下的幻灯片；

将所有节标题折叠后，在弹出的下拉列表中，可以单击【全部展开】选项将所有节下的幻灯片展开。

9 删除节

选择【幻灯片/大纲】窗格中的【幻灯片】选项卡下的缩略图中的第1个默认节外的节标题，然后在【开始】选项卡的【幻灯片】组中单击【节】按钮，在弹出的下拉列表中选择【删除节】选项即可删除该节，而该节中的幻灯片将成为上一个节中的内容。

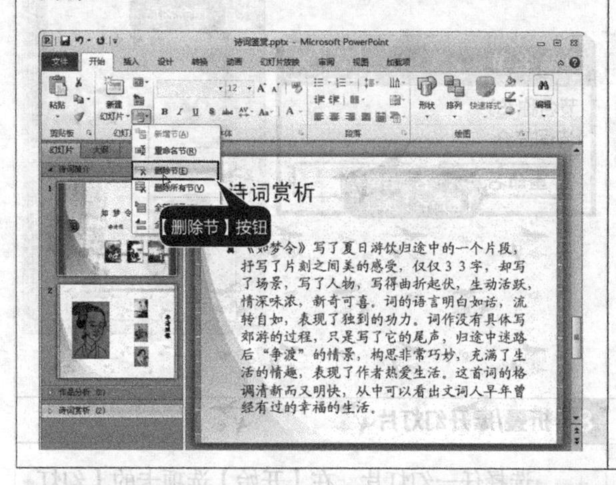

10 删除所有节

如果要删除演示文稿中的所有节，可以选择含有节标题中的任一幻灯片，然后在【开始】选项卡的【幻灯片】组中单击【节】按钮，在弹出的下拉列表中选择【删除所有节】选项即可。

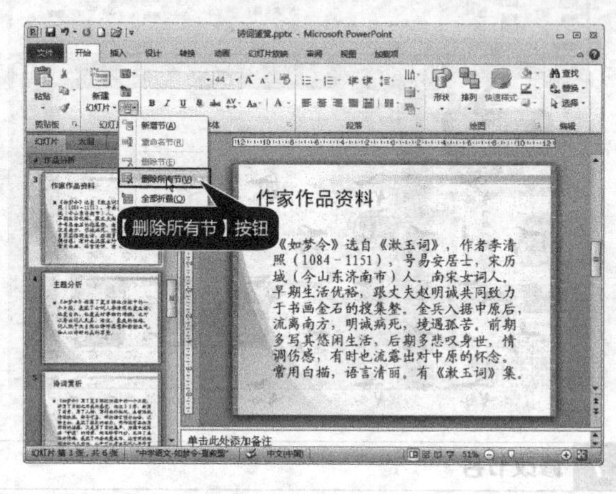

9.2 打印幻灯片

本节视频教学时间：7分钟

幻灯片除了可在计算机屏幕上作电子展示外，我们还可以将它们打印出来长期保存。PowerPoint 2010的打印功能非常强大，我们不仅可以将幻灯片打印到纸上，还可以将其打印到投影胶片上来通过投影仪放映。

1 【打印】选项

在打开的“诗词鉴赏”演示文稿中，单击【文件】选项卡，在弹出的下拉菜单中选择【打印】选项，弹出打印设置界面。

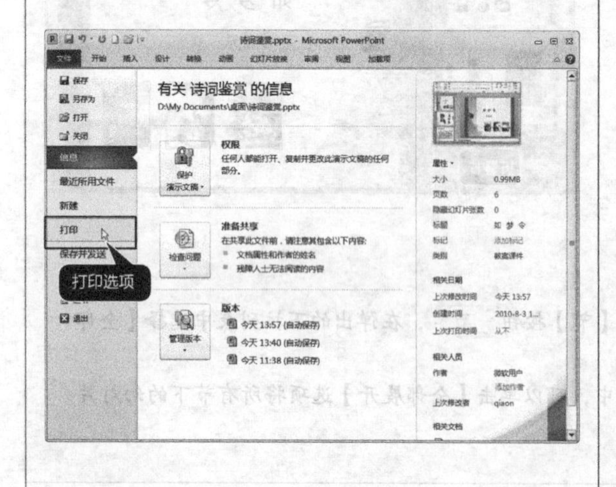

2 设置页面大小和方向

单击【打印机属性】按钮，在弹出的对话框中我们可以设置页面的大小和方向。

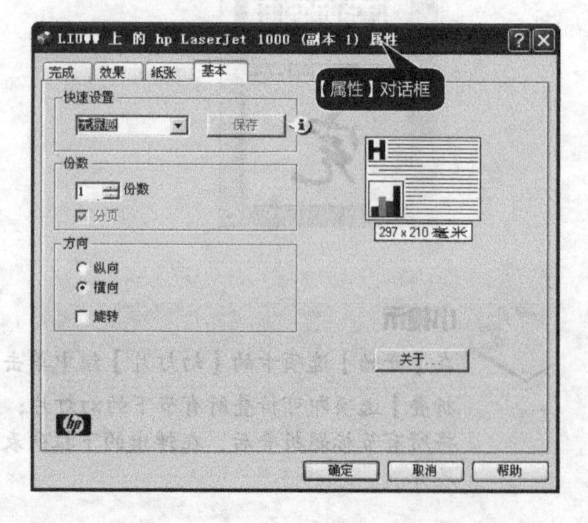

3 【完成】选项卡

选择【完成】选项卡，在弹出的界面中设置每张纸上的页面数及打印质量。

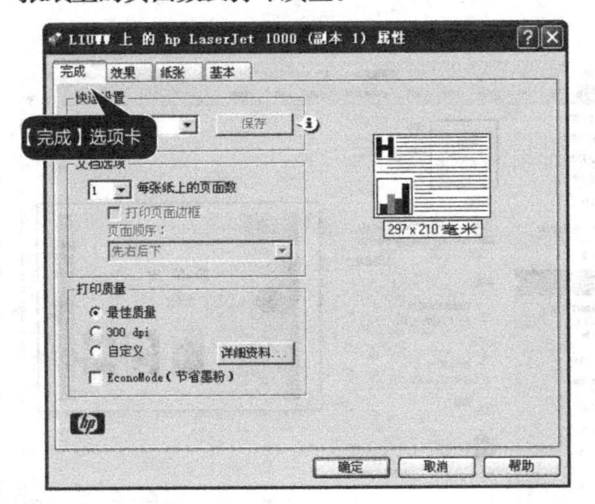

4 【效果】选项卡

选择【效果】选项卡，在弹出的界面中设置打印效果，如是否添加水印等。

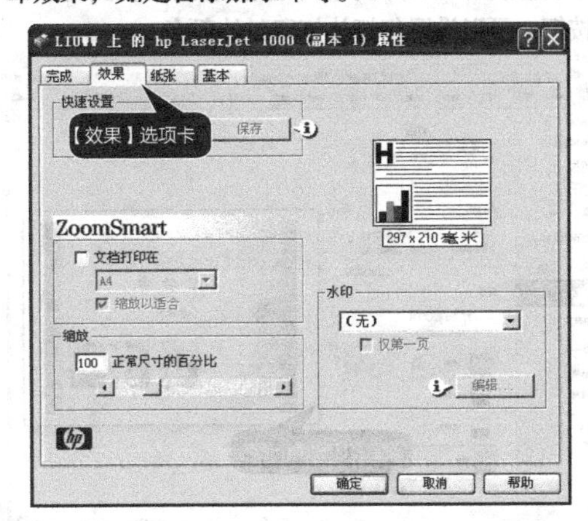

5 【纸张】选项卡

选择【纸张】选项卡，在弹出的界面中设置打印尺寸。

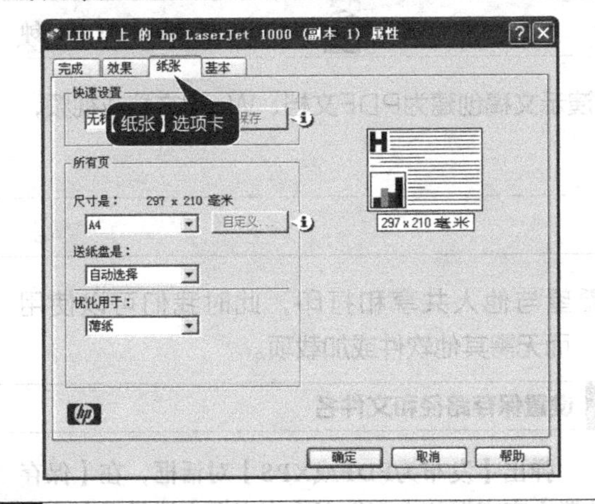

6 【基本】选项卡

选择【基本】选项卡，在该界面中设置打印份数和打印方向，设置完成后单击【确定】按钮。

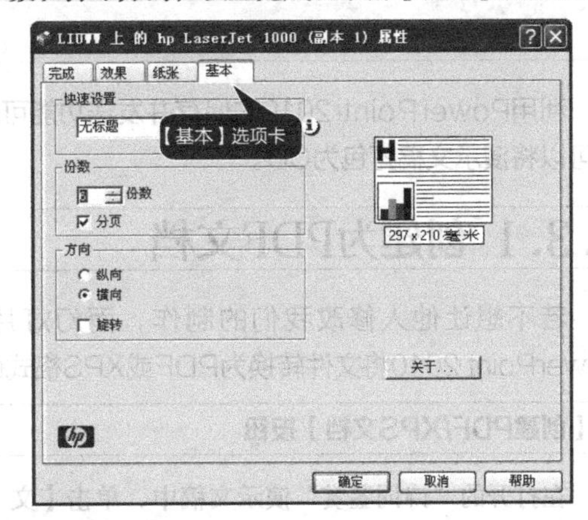

7 设置打印范围

单击【设置】区域中的【打印全部幻灯片】右侧的下三角按钮，在弹出的下拉菜单中设置具体需要打印的页面。例如，本实例选择【打印当前幻灯片】选项。

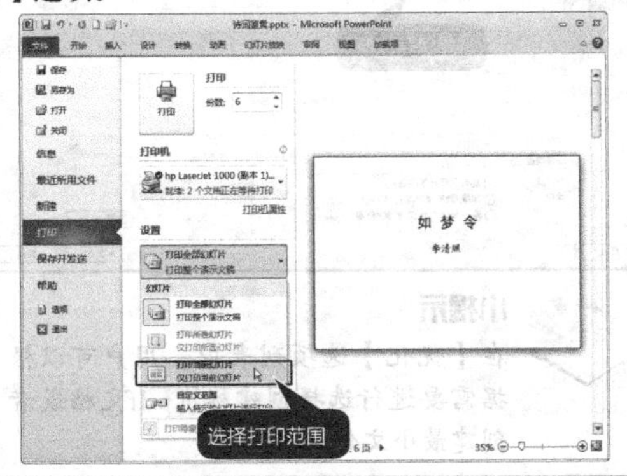

8 设置打印版式、边框

单击【整页幻灯片】右侧的下三角按钮，在弹出的下拉菜单中设置打印的版式、边框和大小等参数。

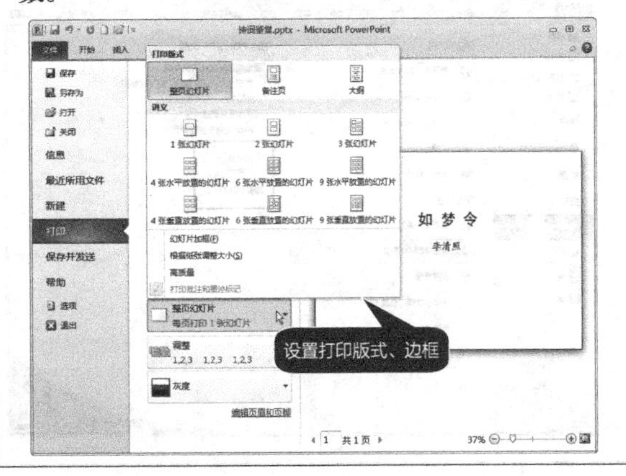

9 设置打印顺序和颜色

单击【调整】右侧的下三角按钮，在弹出的面板中设置打印排列顺序，单击【颜色】右侧的下三角按钮，可以设置幻灯片打印时的颜色。

10 打印演示文稿

设置完成后单击【打印】按钮即根据设置打印。

9.3 发布为其他格式

本节视频教学时间：6分钟

利用PowerPoint 2010的保存并发送功能可以将演示文稿创建为PDF文档、Word文档或视频，还可以将演示文稿打包为CD。

9.3.1 创建为PDF文档

若不想让他人修改我们的制作，而幻灯片又希望与他人共享和打印，此时我们可以使用PowerPoint 2010将文件转换为PDF或XPS格式即可，而无需其他软件或加载项。

1 【创建PDF/XPS文档】按钮

在打开的“诗词鉴赏”演示文稿中，单击【文件】选项卡，在弹出的下拉菜单中选择【保存并发送】菜单命令，在弹出的子菜单中选择【创建PDF/XPS文档】菜单命令子菜单右侧的【创建PDF/XPS】按钮。

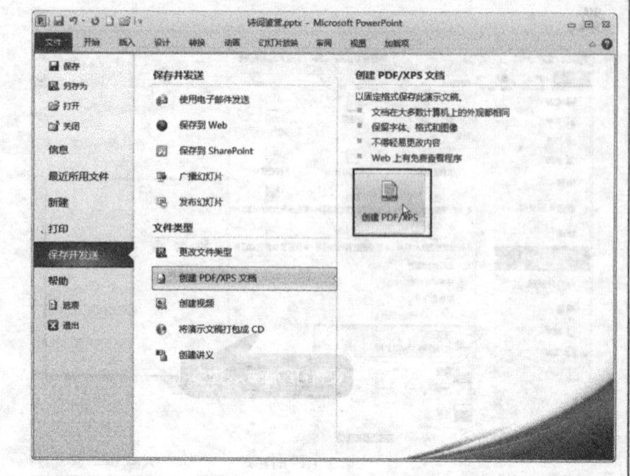

2 设置保存路径和文件名

弹出【发布为PDF或XPS】对话框，在【保存位置】文本框和【文件名】文本框中选择保存的路径，并输入文件名称。

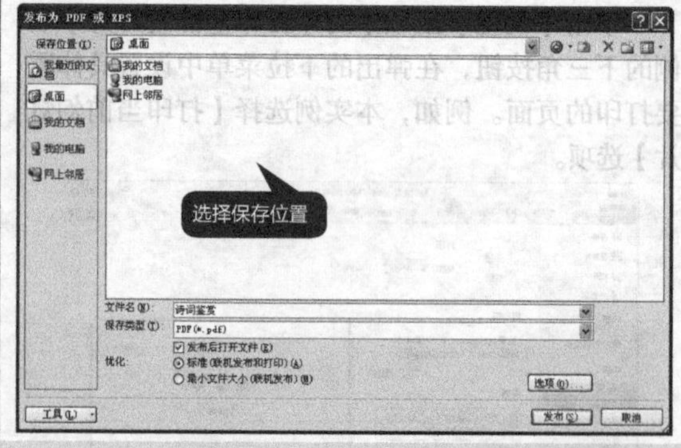

小提示

在【优化】选项列表中，用户可以根据需要进行选择创建标准pdf文档或者创建最小文件。

3 【选项】对话框

单击【发布为PDF或XPS】对话框右下角的【选项】按钮，在弹出的【选项】对话框中设置保存的范围、保存选项和PDF选项等参数。

4 发布为PDF

单击【确定】按钮，返回【发布为PDF或者XPS】对话框，单击【发布】按钮，系统开始自动发布幻灯片文件。

小提示

如果系统安装有PDF阅读器，发布完成后，将自动打开保存的PDF文件。

9.3.2 保存为Word格式文件

将演示文稿创建为Word文档就是将演示文稿创建为可以在Word中编辑和设置格式的讲义。下面就将“诗词鉴赏”演示文稿保存为Word格式文档。

1 【创建PDF/XPS文档】按钮

在打开的“诗词鉴赏”演示文稿中，单击【文件】选项卡，在弹出的下拉菜单中选择【保存并发送】菜单命令，在弹出的子菜单中选择【创建讲义】菜单命令，然后在右侧列表中单击【创建讲义】按钮。

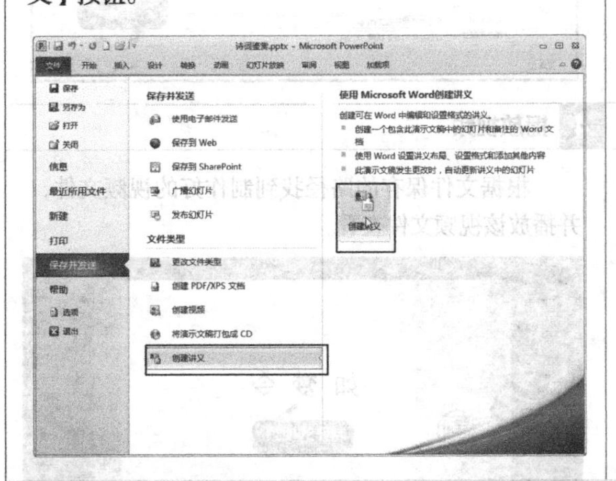

2 设置保存路径和文件名

弹出【发送到Microsoft Word】对话框，在【Microsoft Word使用的版式】区域中单击选中【只使用大纲】单选按钮。

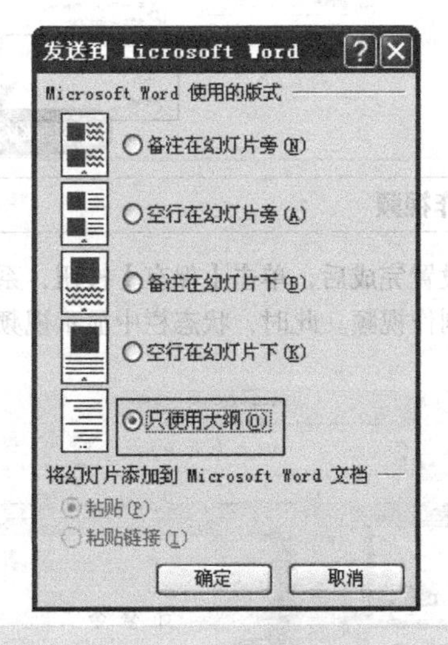

小提示

要转换的演示文稿必须是用PowerPoint内置的“幻灯片版式”制作的幻灯片，如果是通过插入文本框等方法输入的字符，是不能实现转换的。如本例中第1页幻灯片中通过插入文本框输入的“创建绿色城市，人文城市！”就不能直接转换到Word文档中。

3 转换到Word中

单击【确定】按钮，系统将自动启动Word，并将演示文稿中的字符转换到Word文档中。

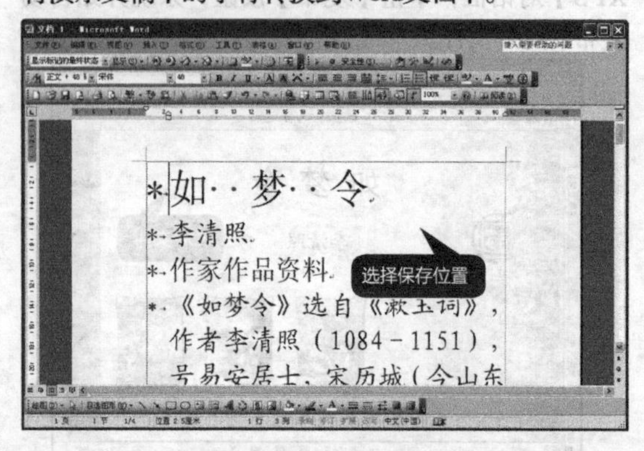

4 设置Word样式

在Word文档中编辑并保存此讲义，即可完成该Word文档的创建。

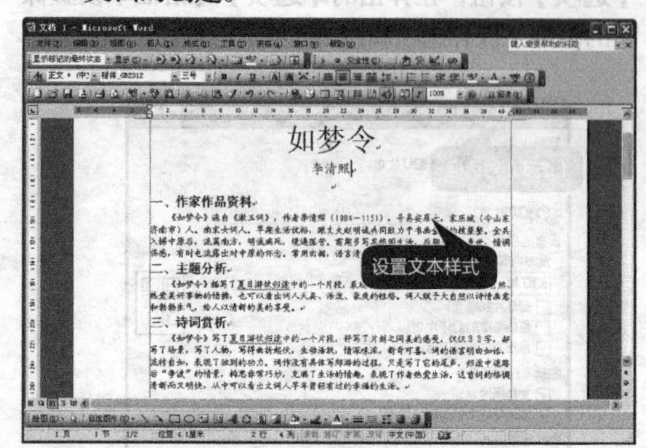

9.3.3 保存为视频格式文档

我们还可以将演示文稿保存为视频，操作也很简单。

1 设置幻灯片放映时间

在【保存并发送】菜单命令的子菜单中选择【创建视频】菜单命令，并在【放映每张幻灯片的秒数】微调框中设置放映每张幻灯片的时间。

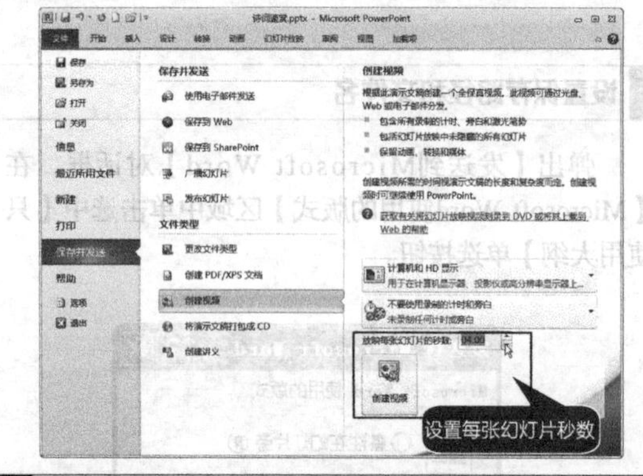

2 设置保存路径和文件名

单击【创建视频】按钮，弹出【另存为】对话框。在【保存位置】和【文件名】文本框中分别设置保存路径和文件名。

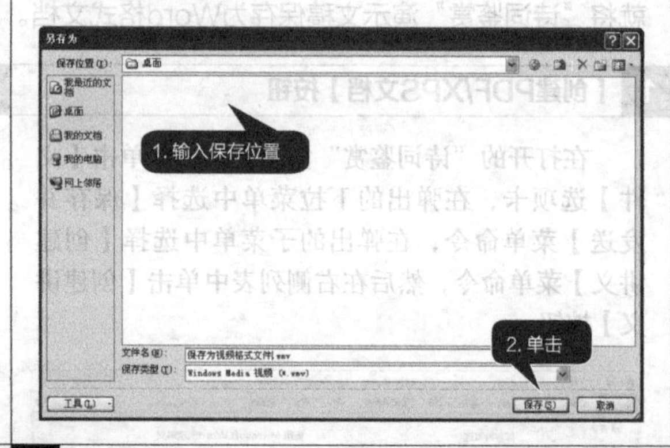

3 制作视频

设置完成后，单击【保存】按钮，系统将自动开始制作视频。此时，状态栏中显示视频的制作进度。

4 播放视频

根据文件保存的路径找到制作好的视频文件，并播放该视频文件查看。

9.4 在没有安装PowerPoint的电脑上放映PPT

本节视频教学时间：3分钟

即使使用的计算机上没有安装PowerPoint软件，我们仍可以打开幻灯片文档。通过使用PowerPoint 2010提供的【打包成CD】功能，我们可以实现在任意电脑上播放幻灯片的目的。

1 【将演示文稿打包成CD】菜单命令

在【保存并发送】菜单命令的子菜单中选择【将演示文稿打包成CD】菜单命令，然后单击【打包成CD】按钮。

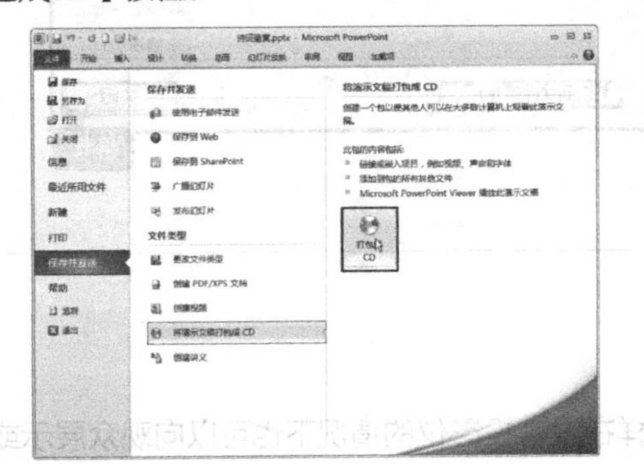

2 选择文件

弹出【打包成CD】对话框，选择【要复制的文件】列表中的选项，单击【添加】按钮，在弹出的【添加文件】对话框中选择要添加的文件。

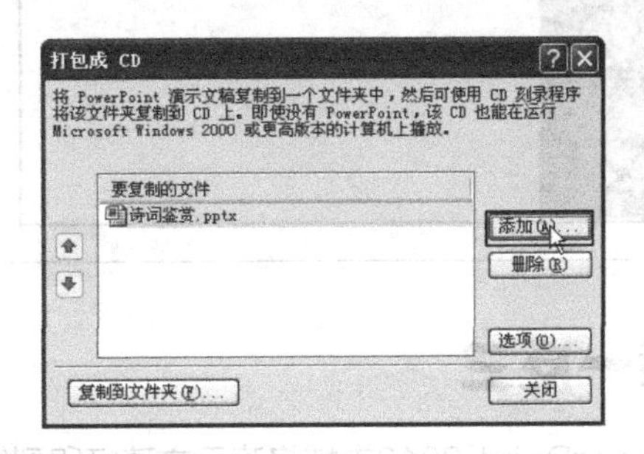

3 添加其他幻灯片

单击【添加】按钮，返回【打包成CD】对话框，可以看到新添加的幻灯片。

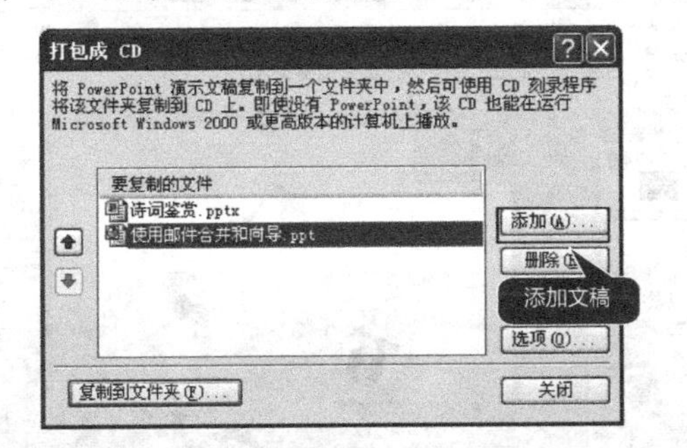

4 设置密码

单击【选项】按钮，在弹出的【选项】对话框中可以设置要打包文件的安全性等选项。设置密码后单击【确定】按钮后在弹出的【确认密码】对话框中输入两次确认密码。

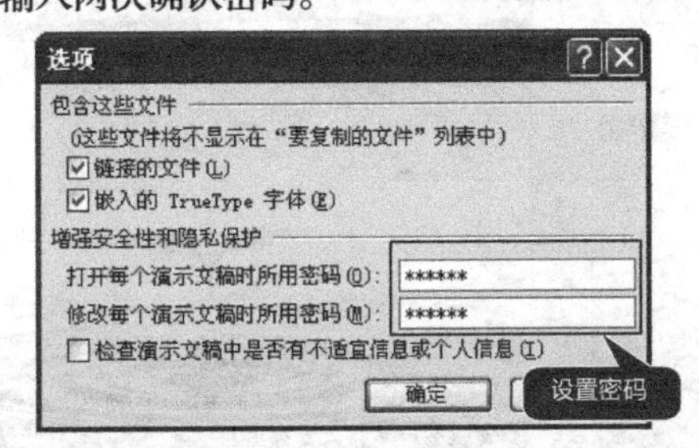

5 设置文件名称及保存路径

单击【确定】按钮，返回到【打包成CD】对话框。单击【复制到文件夹】按钮，在弹出的【复制到文件夹】对话框的【文件夹名称】和【位置】文本框中分别设置文件夹名称和保存位置。

6 关闭提示对话框

单击【确定】按钮，弹出【Microsoft PowerPoint】提示对话框，这里单击【是】按钮，系统将开始自动复制文件到文件夹。

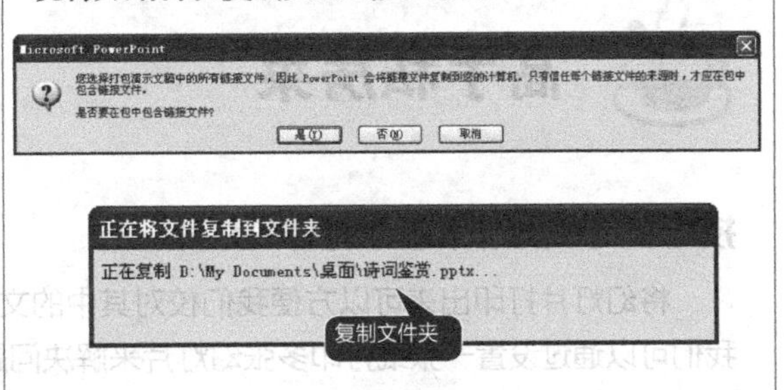

7 CD文件夹

复制完成后，系统将自动打开生成的CD文件夹。如果所使用计算机上没有安装PowerPoint，操作系统将自动运行“AUTORUN.INF”文件，并播放幻灯片文件。

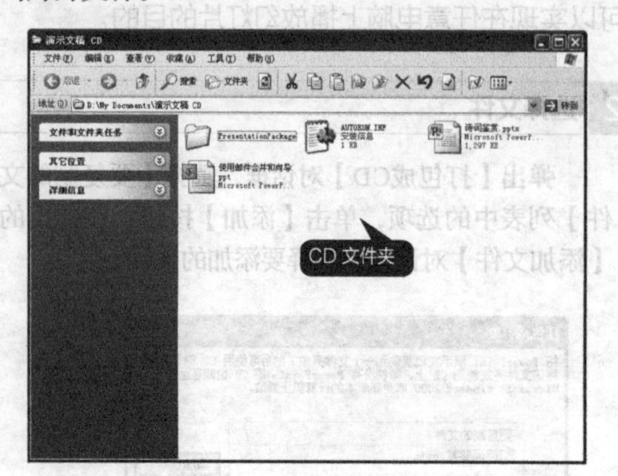

8 关闭【打包成CD】对话框

返回【打包成CD】对话框，单击【关闭】按钮，完成打包操作。

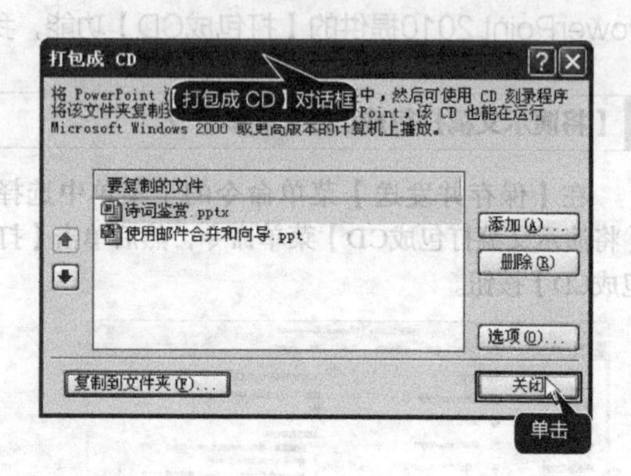

举一反三

PowerPoint 2010支持将演示文稿打印到纸上，这样在没有投影仪的情况下也可以向观众展示或发布PPT演示文稿。通过本章的学习，我们还可以打印一些宣传类的如保护环境、表白等类型的演示文稿。

高手私房菜

技巧1：节约纸张和墨水打印幻灯片

将幻灯片打印出来可以方便我们校对其中的文字，但一张纸只打印出一张幻灯片或许太浪费了，我们可以通过设置一张纸打印多张幻灯片来解决问题。

1 【打印】选项

打开需要打印的包含多张幻灯片的演示文稿，单击【文件】选项卡，在弹出的下拉菜单中选择【打印】选项，弹出打印设置界面。

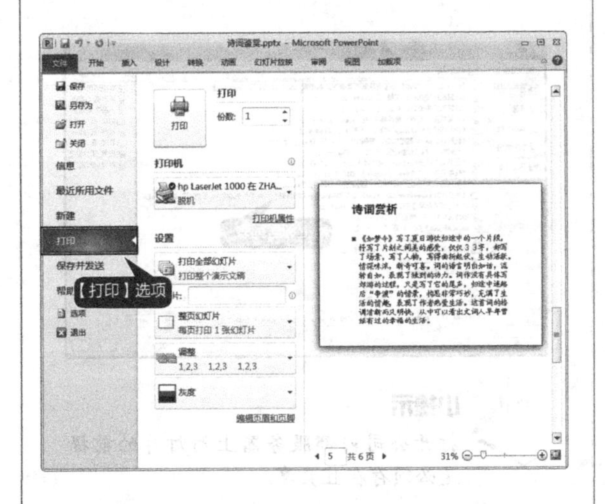

2 设置打印内容

单击【整页幻灯片】右侧的下三角按钮，在弹出的下拉菜单中的【讲义】区域选中选择相应的选项即可将打印内容设置为讲义。如选择【9张水平放置的幻灯片】选项即可在一张纸上打印9张水平放置的幻灯片。

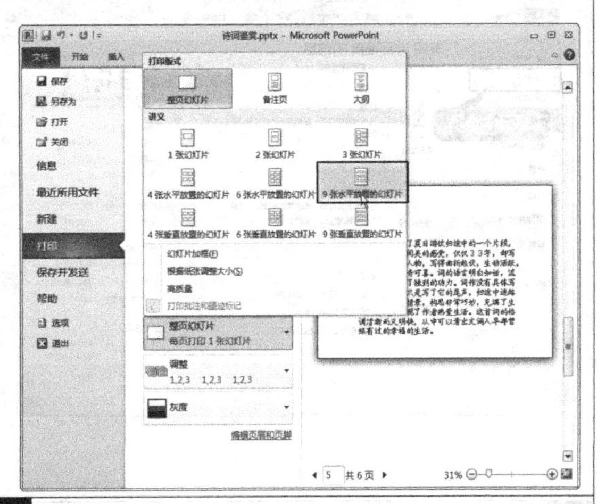

3 【灰度】选项

单击【颜色】右侧的下三角按钮，在弹出的下拉菜单中选择【灰度】选项可以节省打印墨水。

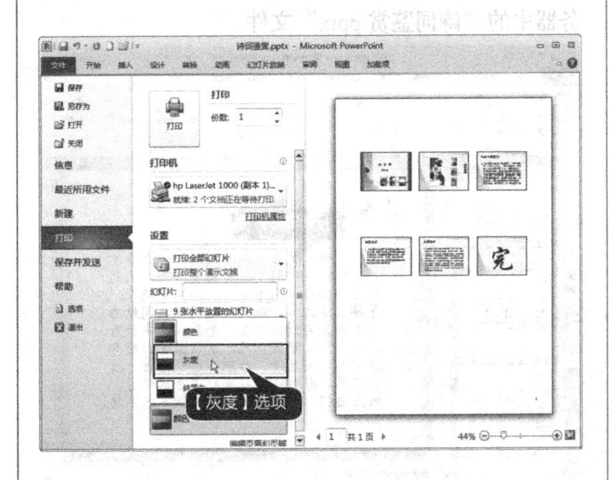

4 设置完成

经过以上打印设置，即可在打印演示文稿时节约纸张和墨水。

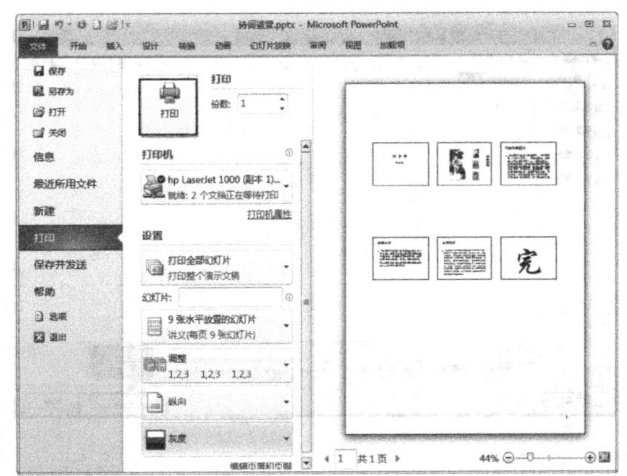

技巧2：打开公司内部服务器上的幻灯片

我们不仅可以打开存放在自己计算机中的幻灯片，还可以不必下载就直接打开公司内部服务器上的幻灯片。

1 【打开】选项

在打开的演示文稿中，单击【文件】选项卡，在弹出的下拉菜单中选择【打开】选项。

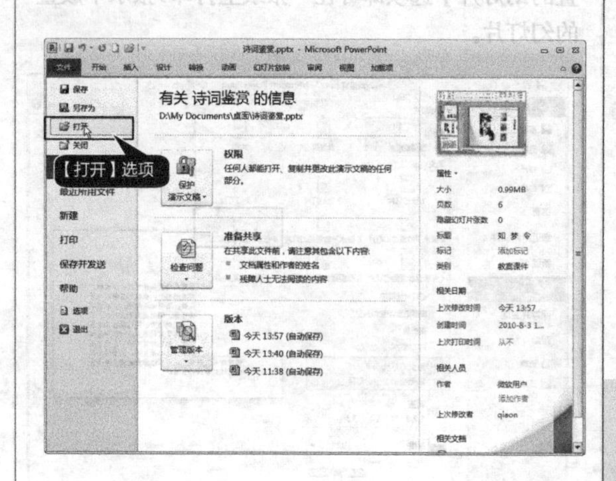

2 【网上邻居】按钮

在弹出的【打开】对话框中单击【网上邻居】按钮，可以看到局域网中其他计算机所共享的文件。

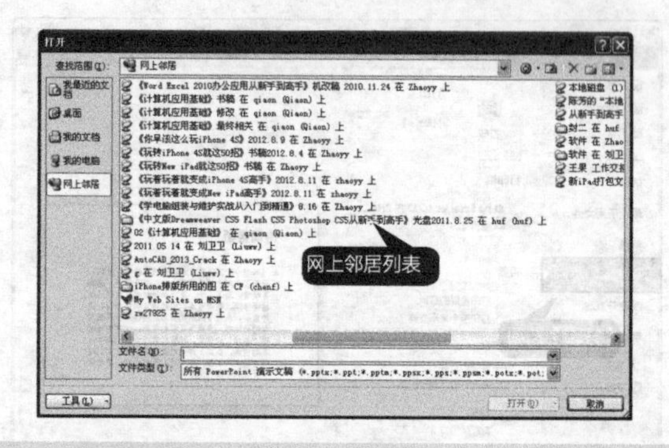

小提示

打开公司内部服务器上幻灯片的前提是必须存在且共享。

3 查看共享的幻灯片

双击含有幻灯片的共享文件夹，就可以打开并查看共享的幻灯片。

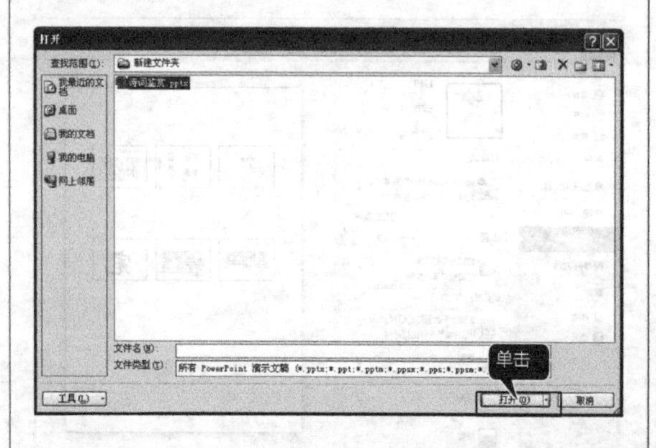

4 打开共享的幻灯片

选择需要的幻灯片，单击【打开】按钮，便可将公司内容服务器上的幻灯片打开，如这里打开服务器中的“诗词鉴赏.pptx”文件。

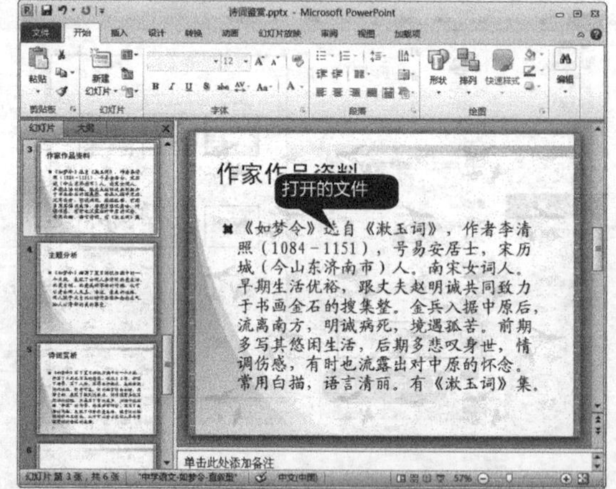

小提示

打开共享的幻灯片将以只读的形式打开或放映，不允许读者在原有幻灯片上进行修改，如果是加密的幻灯片，在打开的时候，还需要输入密码才可以使用。

第10章

秀出自己的风采
——制作属于自己的 PPT 模板

本章视频教学时间：33 分钟

简单来说，模板就是一个框架，我们可以方便地填入内容。在PPT中，如果要修改所有幻灯片标题的样式，只需要在幻灯片的母版中修改即可。

【学习目标】

- 通过本章的学习，熟悉 PPT 模板的使用和制作。

【本章涉及知识点】

- 熟悉使用模板的方法
- 掌握设计版式的方法
- 熟悉设计主题的方法
- 掌握幻灯片的配色方法

10.1 使用模板

本节视频教学时间：12分钟

PowerPoint模板是另存为.pptx文件的一张幻灯片或一组幻灯片的蓝图。模板可以包含版式、主题颜色、主题字体、主题效果和背景样式，还可能包含内容。

我们可以使用多种不同类型的PowerPoint内置免费模板，也可以在Office.com和其他合作伙伴网站上获取更多的免费模板。此外，我们还可以创建自己的自定义模板，存储、使用并与他人共享。

10.1.1 使用内置模板

创建新的空白演示文稿或使用最近打开的模板、样本模板或主题等，单击【文件】选项卡，从弹出的菜单中选择【新建】菜单命令，然后从【可用的模板和主题】区域中选择需要使用的内置模板。

下面具体介绍使用内置模板的操作方法。

1 选择【新建】菜单命令

在打开的演示文稿1中单击【文件】选项卡，从弹出的菜单中选择【新建】菜单命令。

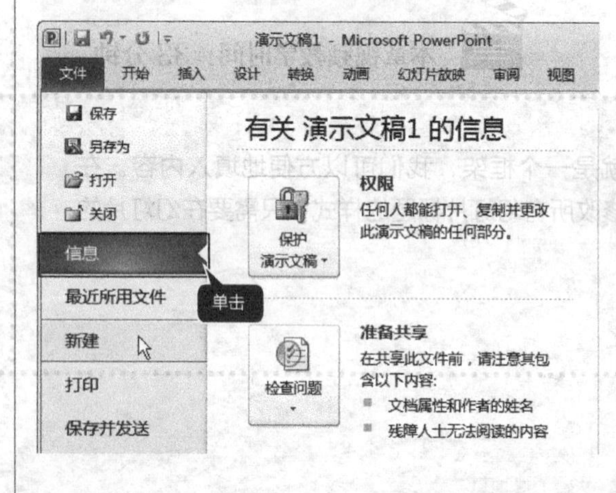

2 弹出【可用的模板和主题】窗口

此时，在【新建】菜单命令的右侧弹出【可用的模板和主题】窗口。

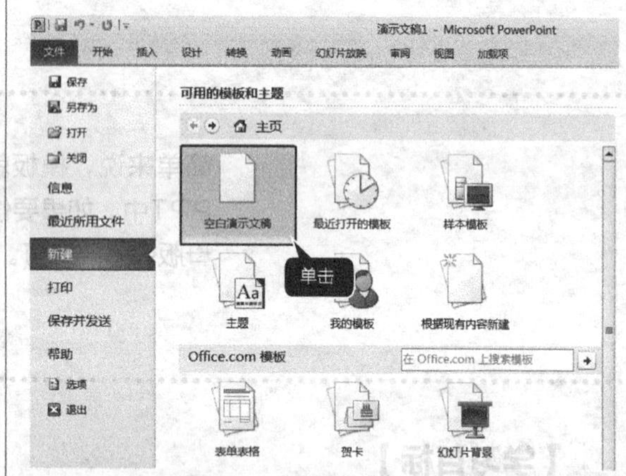

3 选择【创建】按钮

双击【空白演示文稿】选项或单击选择【空白演示文稿】选项后单击其右侧的【创建】按钮。

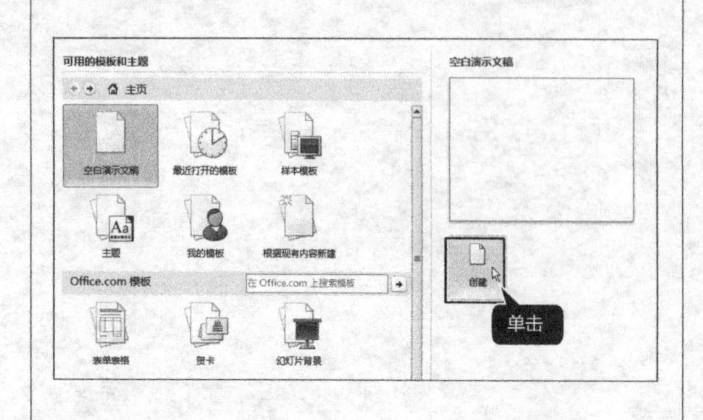

4 自动创建新文稿

系统即自动创建一个名称为“演示文稿2”的空白新演示文稿。

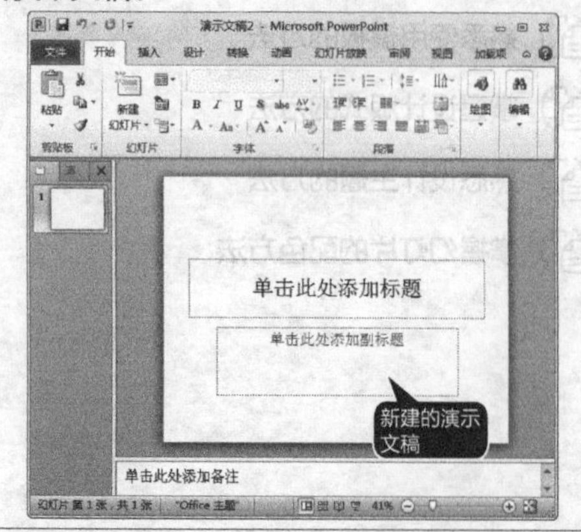

5 单击【最近打开的模板】选项

单击选择【最近打开的模板】选项，可从最近使用过的模板中选择需要创建的模板。

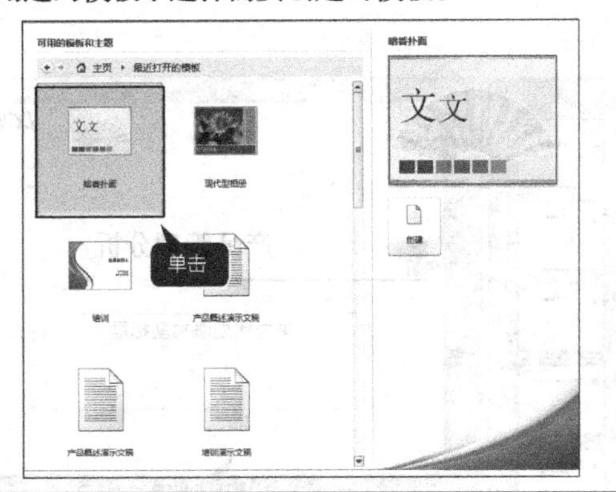

6 单击选择【样本模板】选项

单击选择【样本模板】选项，可从弹出的样本模板中选择需要创建的模板。

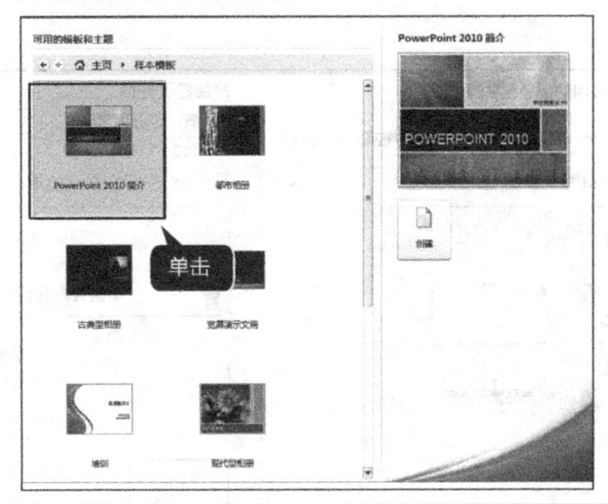

7 单击【主题模板】选项

单击选择【主题模板】选项，可从主题模板中选择需要创建主题模板的演示文稿。

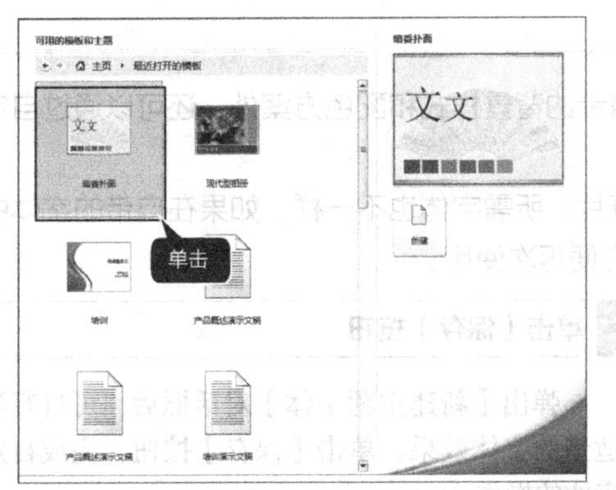

8 单击【我的模板】选项

单击选择【我的模板】选项，可从弹出的【新建演示文稿】对话框中选择先前安装到本地驱动器上的模板，然后单击【确定】按钮即可。

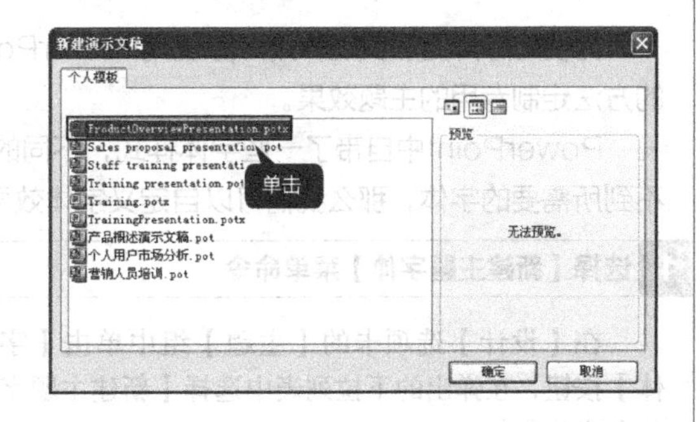

10.1.2 使用网络模板

除了10.1.1小节中介绍的免费内置模板外，我们还可以使用Office.com提供的免费网络模板。使用网络模板的操作如下。

1 单击【主题模板】选项

在打开的演示文稿中单击【文件】选项卡，选择【新建】菜单命令，在【可用的模板和主题】下方可以看到【Office.com模板】区域的选项。

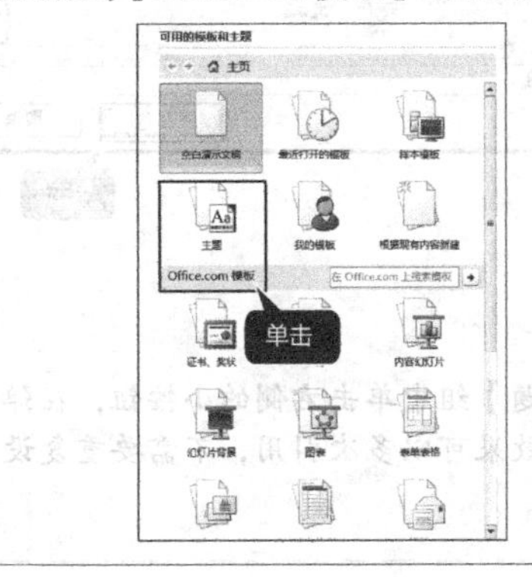

2 单击【我的模板】选项

在【Office.com模板】区域下选择需要使用的模板，如选择【库存控制】选项。

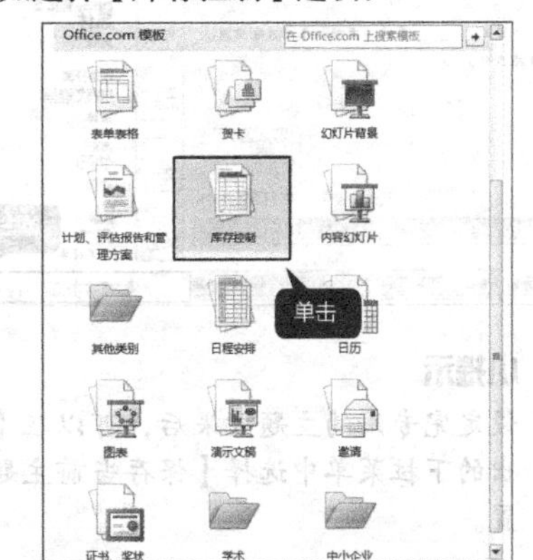

3 单击【下载】按钮

从搜索到的结果中选中需要的模板，然后单击其右侧的【下载】按钮。

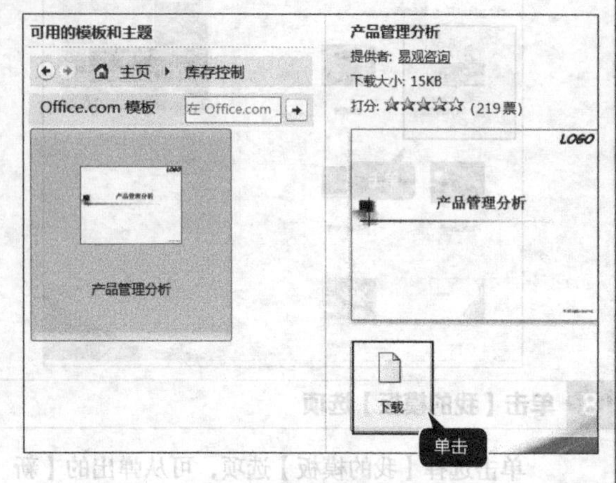

4 成功显示隐藏的文件

将该模板下载下来以供使用，结果如下图所示。

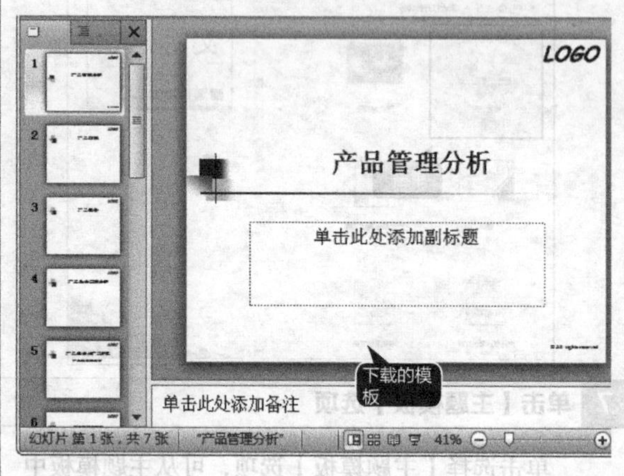

10.1.3 自定义模板

为使幻灯片更加美观，用户除使用PowerPoint自带的背景样式和配色方案外，还可以通过自定义的方法定制专用的主题效果。

PowerPoint中自带了一些字体样式，不同的幻灯片，所需字体也不一样。如果在自带的字体中找不到所需要的字体，那么我们可以自定义字体效果并方便再次使用。

1 选择【新建主题字体】菜单命令

在【设计】选项卡的【主题】组中单击【字体】按钮，在弹出的下拉列表中选择【新建主题字体】菜单命令。

2 单击【保存】按钮

弹出【新建主题字体】对话框后，可自行选择适当的字体效果。单击【保存】按钮，完成自定义字体的操作。

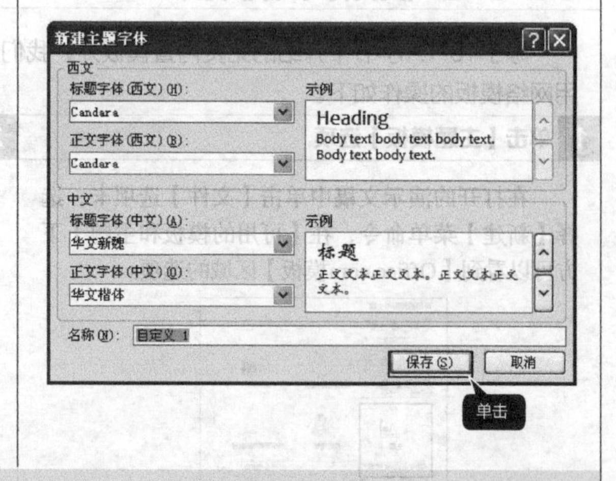

小提示

设定完专用的主题效果后，可以在【设计】选项卡的【主题】组中单击右侧的小按钮，在弹出的下拉菜单中选择【保存当前主题】选项。保存的主题效果可以多次引用，不需要重复设置。

10.2 设计版式

本节视频教学时间：14分钟

本节将介绍幻灯片版式以及向演示文稿中添加幻灯片编号、备注页编号、日期和时间及水印等内容的方法。

10.2.1 什么是版式

幻灯片版式包含要在幻灯片上显示的全部内容的格式设置、位置和占位符。PowerPoint中包含标题幻灯片、标题和内容、节标题等11种内置幻灯片版式。

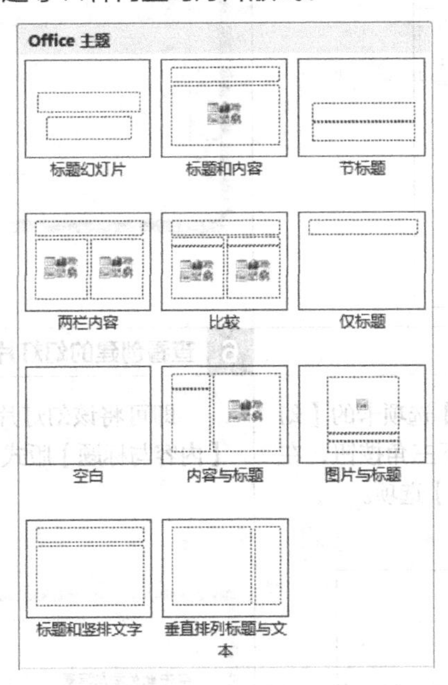

以上每种版式均显示了将在其中添加文本或图形的各种占位符的位置。

在PowerPoint中使用幻灯片版式的具体操作步骤如下。

1 启动PowerPoint 2010

在【开始】菜单中选择【所有程序】➤【Microsoft Office】➤【Microsoft PowerPoint 2010】菜单命令，启动PowerPoint 2010。系统自动创建一个包含标题幻灯片的演示文稿。

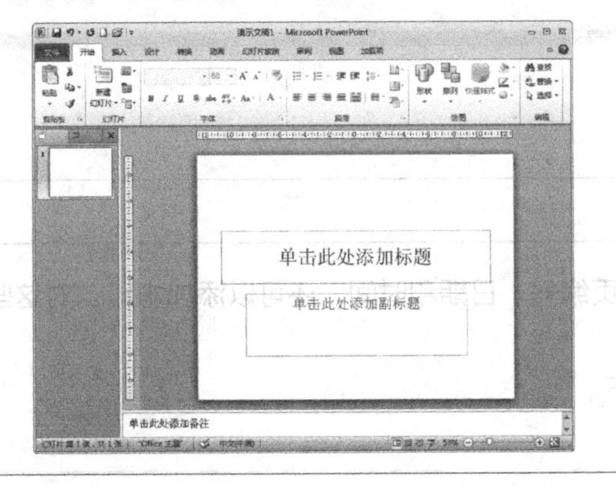

2 单击【新建幻灯片】下方的展开按钮

在【开始】选项卡的【幻灯片】组单击【新建幻灯片】按钮下方的下三角按钮。

3 选择幻灯片版式

在弹出的【Office主题】下拉菜单中选择一个要新建的幻灯片版式，如此处选择【标题和内容】幻灯片。

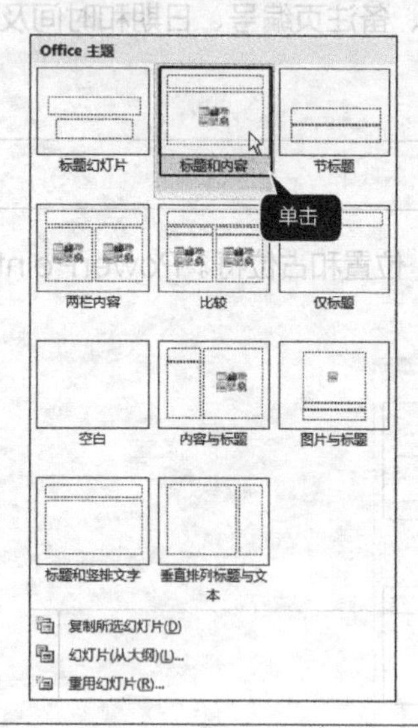

4 查看创建的幻灯片

即可在演示文稿中创建一个标题和内容的幻灯片。

5 选择幻灯片版式

选择第2张幻灯片，并在【开始】选项卡的【幻灯片】组单击【版式】按钮右侧的下三角按钮，在弹出的下拉菜单中选择【内容与标题】选项。

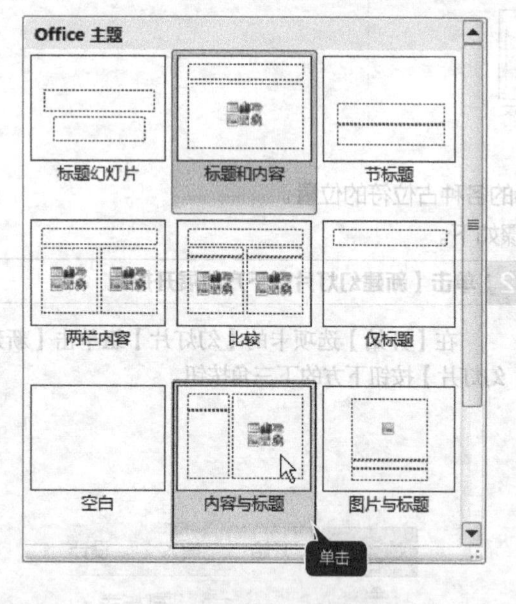

6 查看创建的幻灯片

即可将该幻灯片的【标题与内容】版式更改为【内容与标题】版式。

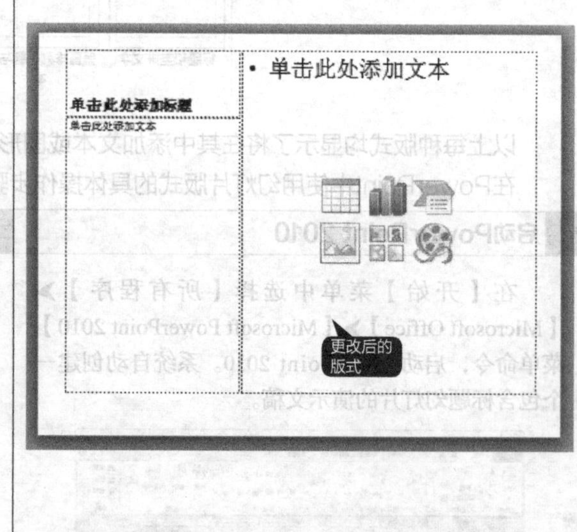

10.2.2 自添加幻灯片编号

在演示文稿中我们既可以添加幻灯片编号、备注页编号、日期和时间，还可以添加水印。对这些操作在接下来的章节中将分别作详细介绍。

在演示文稿中添加幻灯片编号的具体操作步骤如下。

1 选择幻灯片

打开随书光盘中的“素材\ch10\绿色城市.pptx”文件，在【视图】选项卡的【演示文稿视图】组中单击【普通视图】按钮，使演示文稿处于普通视图状态。单击【幻灯片/大纲】窗格中的【幻灯片】选项卡，并单击演示文稿中的第一张幻灯片缩略图。

2 单击选中【幻灯片编号】复选框

在【插入】选项卡的【文本】组中单击【幻灯片编号】按钮，在弹出的【页眉和页脚】对话框中单击选中【幻灯片编号】复选框。

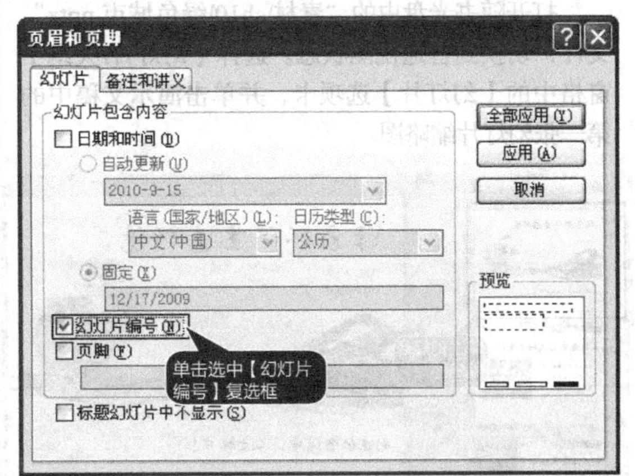

3 单击【应用】按钮

单击【应用】按钮，选择第一张幻灯片右下角插入幻灯片编号。

4 单击【选择其他日期】链接

若在演示文稿中的所有幻灯片中都添加幻灯片编号，可在【页眉和页脚】对话框中单击选中【幻灯片编号】复选框后，单击【全部应用】按钮即可。

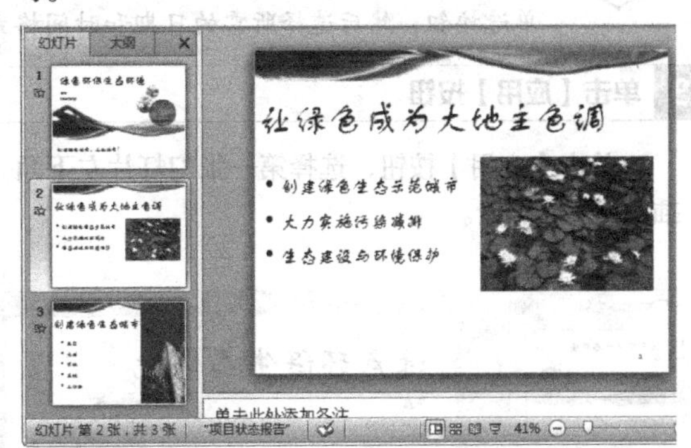

10.2.3 添加备注页编号

在演示文稿中添加备注页编号的操作和添加幻灯片编号类似，只需在弹出的【页眉和页脚】对话框中选择【备注和讲义】选项卡，然后单击选中【页码】复选框，最后单击【全部应用】按钮即可。

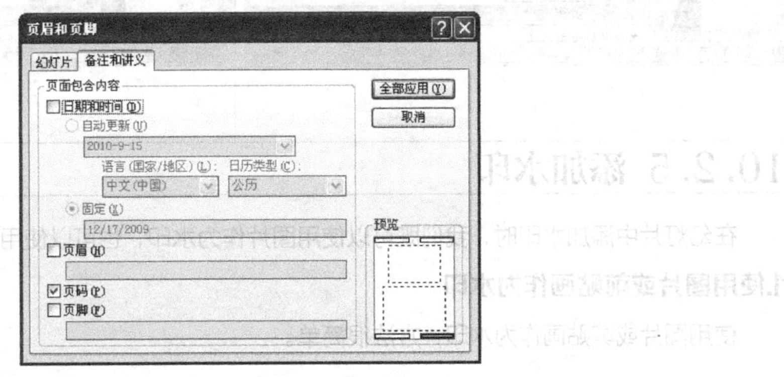

10.2.4 添加日期和时间

在演示文稿中添加日期和时间的具体操作步骤如下。

1 选择幻灯片版式

打开随书光盘中的“素材\ch10\绿色城市.pptx”文件，切换到普通视图状态。选择【幻灯片/大纲】窗格中的【幻灯片】选项卡，并单击演示文稿中的第一张幻灯片缩略图。

2 查看创建的幻灯片

在【插入】选项卡的【文本】组中单击【日期和时间】按钮，在弹出的【页眉和页脚】对话框的【幻灯片】选项卡中选中【日期和时间】复选框。选中【固定】单选按钮，并在其下的文本框中输入想要显示的日期。

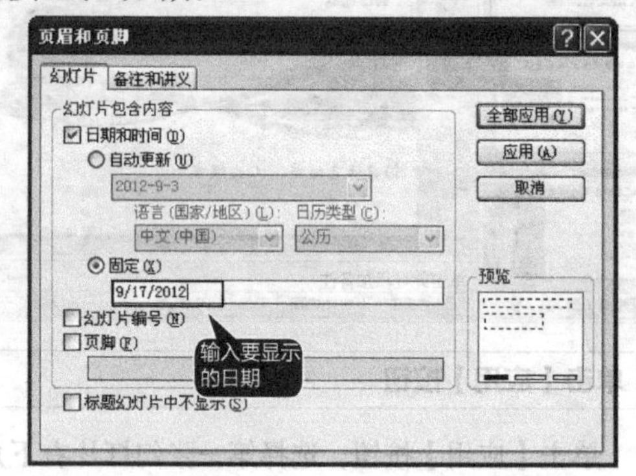

小提示

若要指定在每次打开或打印演示文稿时反映当前日期和时间更新，可以单击选中【自动更新】单选按钮，然后选择所需的日期和时间格式即可。

3 单击【应用】按钮

单击【应用】按钮，选择第一张幻灯片左下角插入幻灯片编号。

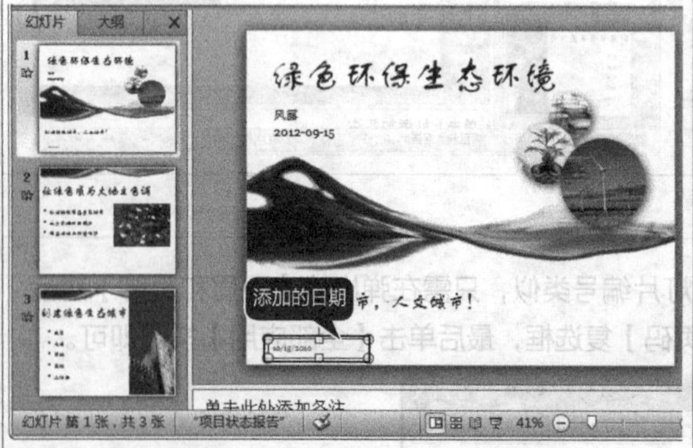

4 查看创建的幻灯片

若在演示文稿中的所有幻灯片中都添加日期和时间，单击【全部应用】按钮即可。

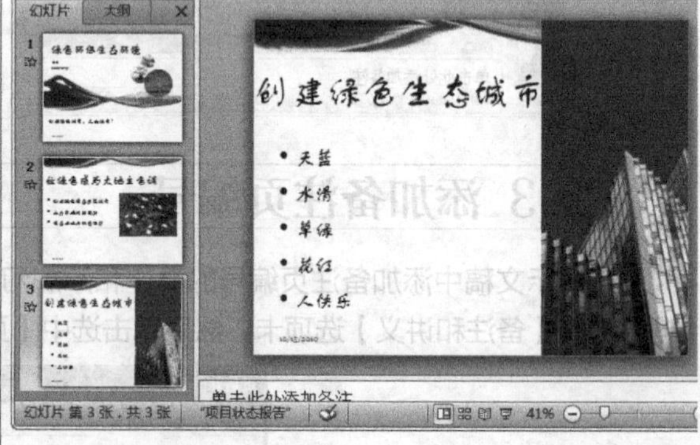

10.2.5 添加水印

在幻灯片中添加水印时，我们既可以使用图片作为水印，也可以使用文本框或艺术字作为水印。

1.使用图片或前贴画作为水印

使用图片或剪贴画作为水印，方法很简单。

1 打开幻灯片

打开随书光盘中的“素材\ch10\图片水印.pptx”文件，并单击要添加水印的幻灯片。

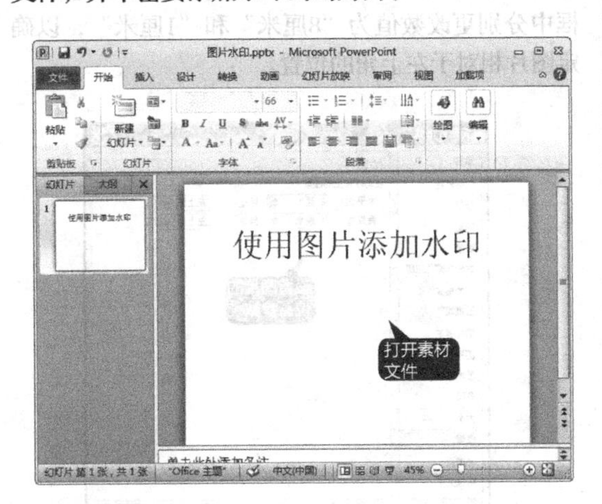

2 插入图片

在【插入】选项卡的【图像】组中单击【图片】按钮，在弹出的【插入图片】对话框中选择所需要的图片。如选择随书光盘中的“素材\ch10\水印.jpg”文件。

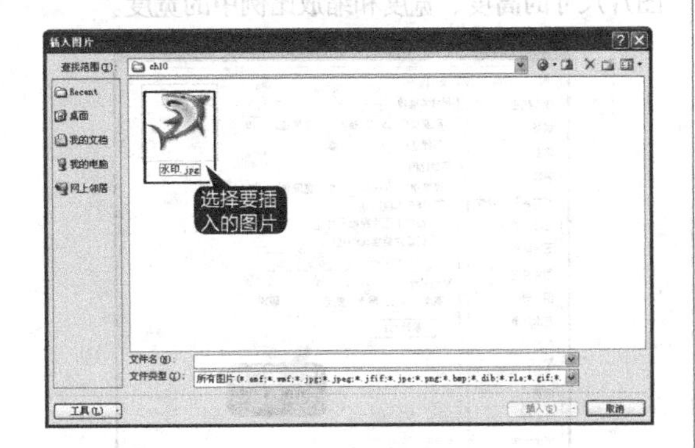

小提示

(1) 要为空白演示文稿中的所有幻灯片添加水印，需要在【视图】选项卡的【母版视图】组中单击【幻灯片母版】选项。

(2) 如果已完成的演示文稿中包含多个母版幻灯片，则可能不需要对这些母版幻灯片应用背景以及对演示文稿进行不必要的更改。比较安全的做法是一次为一张幻灯片添加背景。

(3) 也可以在【插入】选项卡的【图像】组中单击【剪贴画】按钮，在弹出的【剪贴画】窗格中选择合适的剪贴画作为水印。

3 单击【插入】按钮

单击【插入】按钮，将选择的图片插入到幻灯片中。

4 选择【大小和位置】选项

在插入的图片处于选中状态时右击，在弹出的快捷菜单中选择【大小和位置】选项。

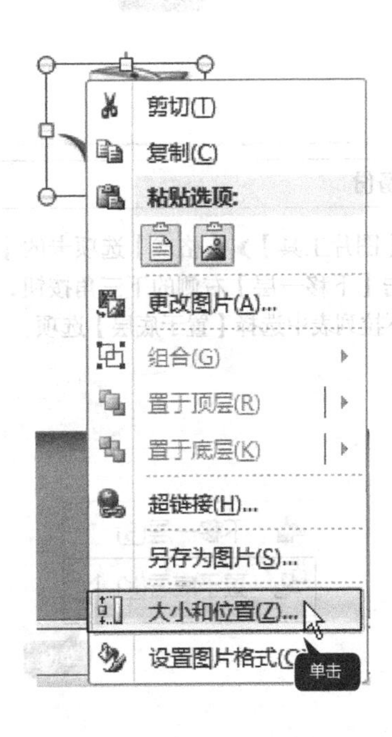

5 设置图片大小

在弹出的【设置图片格式】对话框中的【大小】区域中选中【锁定纵横比】和【相对于图片原始尺寸】复选框，并在【高度】文本框中更改缩放比例为“70%”，在其他文本框中单击会自动调整图片尺寸的高度、宽度和缩放比例中的宽度。

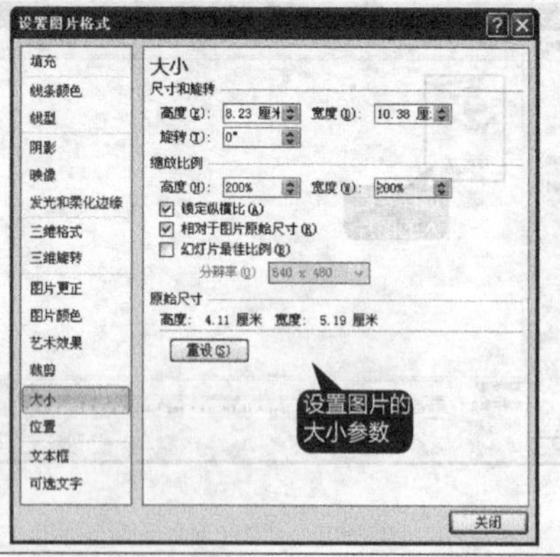

6 设置图片位置

在【设置图片格式】对话框中切换到左侧的【位置】选项，在【水平】文本框和【垂直】文本框中分别更改数值为“8厘米”和“1厘米”，以确定图片相对于左上角的位置。

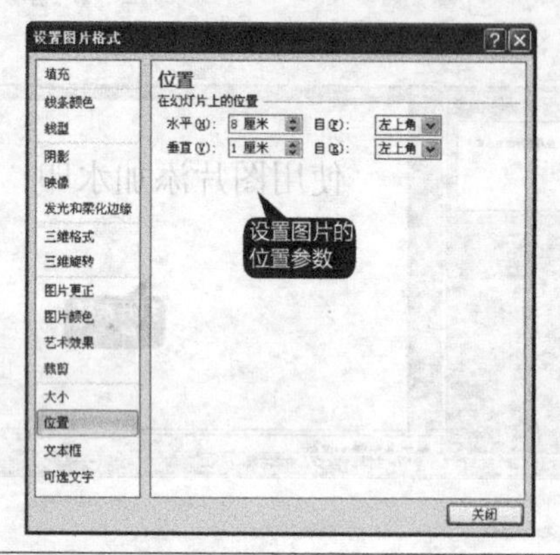

7 单击【关闭】按钮

单击【关闭】按钮，调整图片位置后的效果如下图所示。

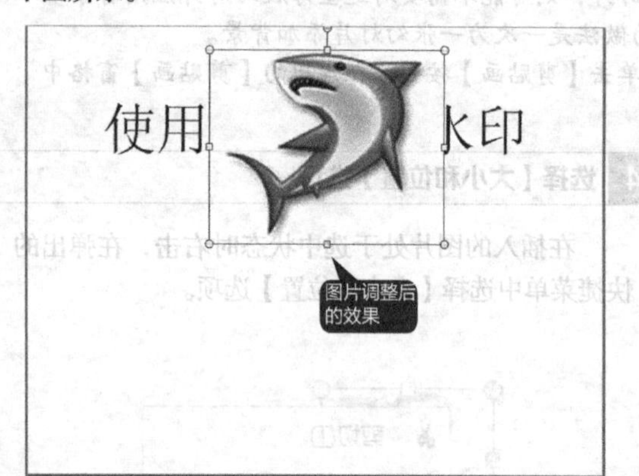

8 选择【冲蚀】选项

在【图片工具】➤【格式】选项卡的【调整】组中单击【颜色】按钮，从弹出的下拉列表的【重新着色】区域中选择【冲蚀】选项。

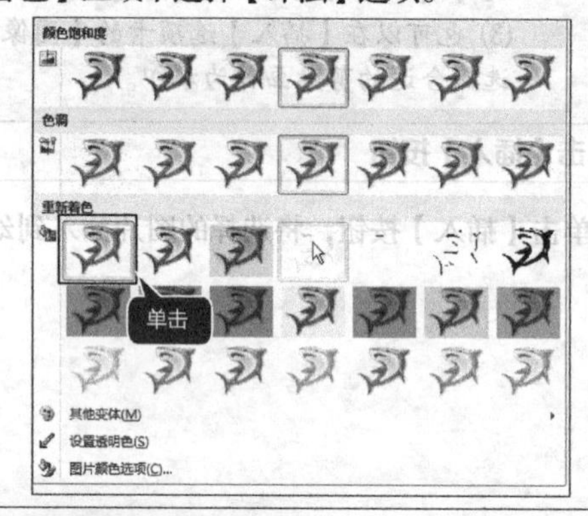

9 完成备份

在【图片工具】➤【格式】选项卡的【排列】组中单击【下移一层】右侧的下三角按钮，然后从弹出的下拉列表中选择【置于底层】选项。

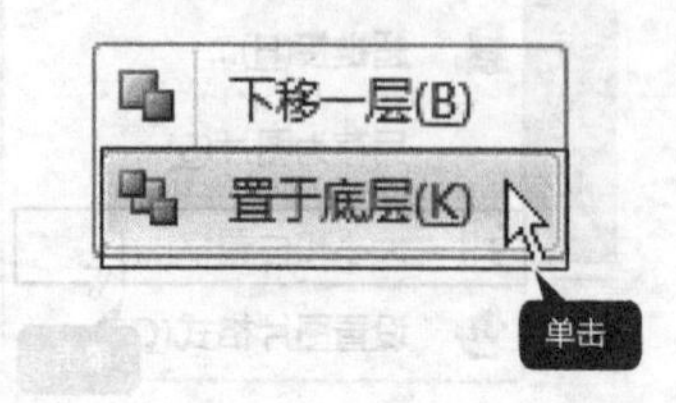

10 查看添加水印后的效果

此时，即可查看到添加水印后的幻灯片效果，如下图所示。

2.使用文本框或艺术字作为水印

我们可以使用文本或艺术字为幻灯片添加水印效果，用以指明演示文稿属于什么类型，如草稿或机密。

下面以文本框为例介绍使用文本框作为水印的方法。

1 打开幻灯片

打开随书光盘中的“素材\ch10\绿色城市.pptx”文件，并单击要添加水印的幻灯片。

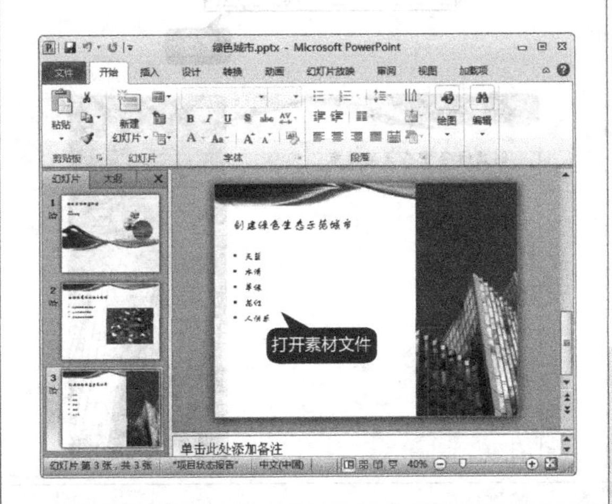

2 选择【垂直文本框】选项

在【插入】选项卡的【文本】组中单击【文本框】按钮，在弹出的下拉列表中选择【垂直文本框】选项。

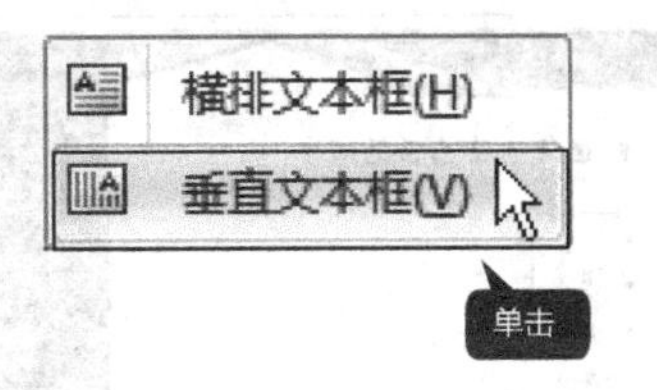

小提示

也可以单击【插入】选项卡【文本】组中的【艺术字】按钮，插入合适的艺术字作为水印。

3 输入文字内容

在幻灯片的合适位置处单击并拖曳出一个文本框，输入文字内容后调整文字的字体和大小。

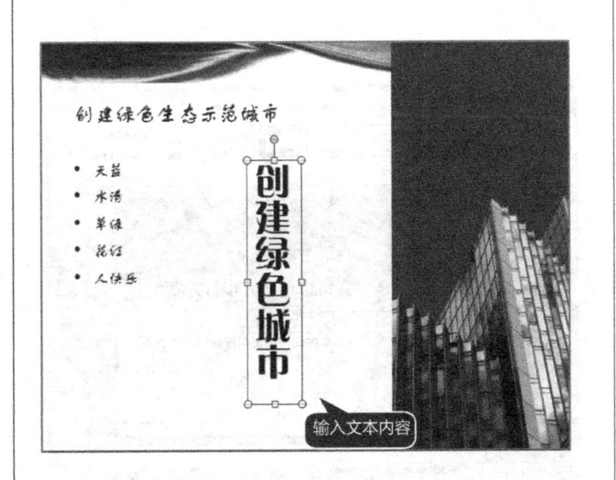

4 选择【垂直文本框】选项

移动鼠标指针至文本框，当指针变为✢时，将文本框拖动到新位置。

5 设置标题颜色

在【开始】选项卡的【字体】组中单击【字体颜色】右侧的下三角按钮，然后从弹出的下拉列表中选择【茶色，背景2，深色10%】选项。

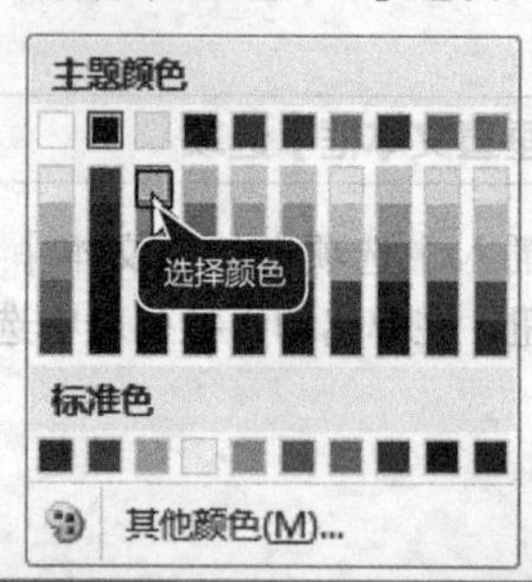

6 选择【置于底层】选项

在【绘图工具】➤【格式】选项卡的【排列】组中单击【下移一层】右侧的下三角按钮，然后从弹出的下拉列表中选择【置于底层】选项，此时可看到制作水印后的最终效果。

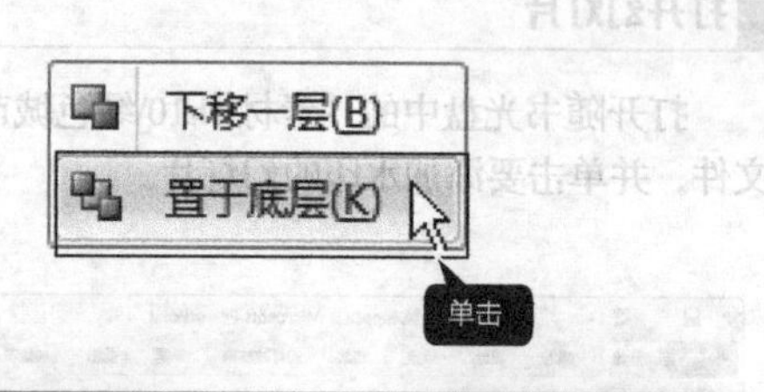

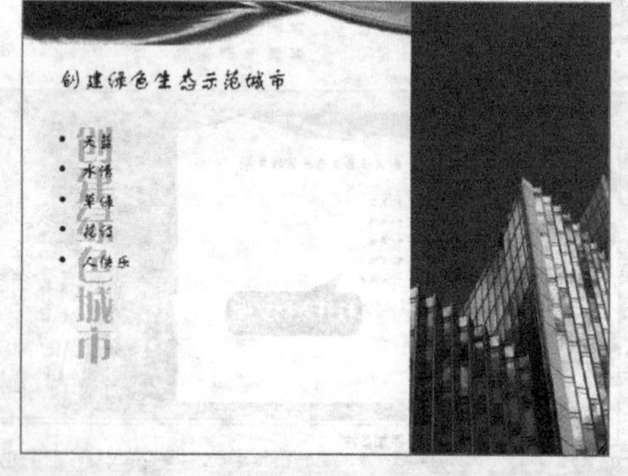

10.3 设计主题

本节视频教学时间：7分钟

为了使当前演示文稿整体搭配合理，我们除了需要对演示文稿的整体框架进行搭配外，还需要对演示文稿的颜色、字体和效果等主题进行设置。

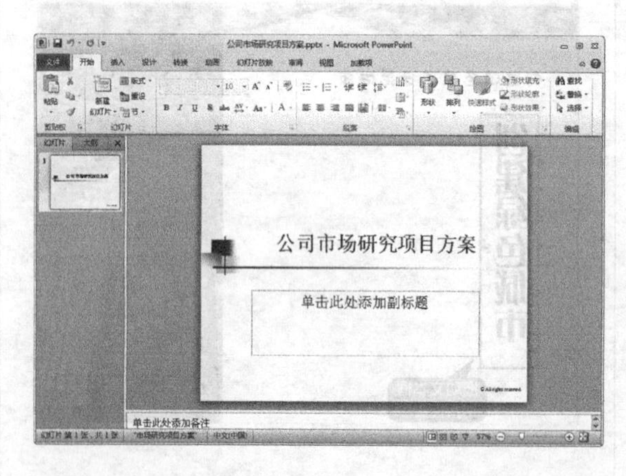

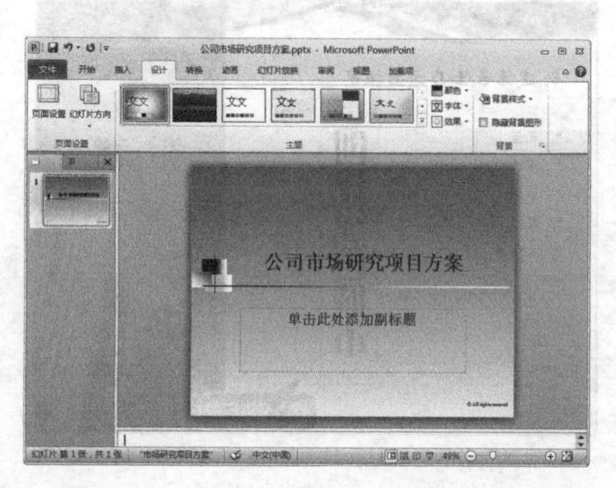

10.3.1 设计背景

PowerPoint中自带了多种背景样式，用户可以根据需要选择。

1 打开幻灯片

打开随书光盘中的“素材\ch10\公司市场研究项目方案.pptx”文件，选择要设置背景样式的幻灯片。

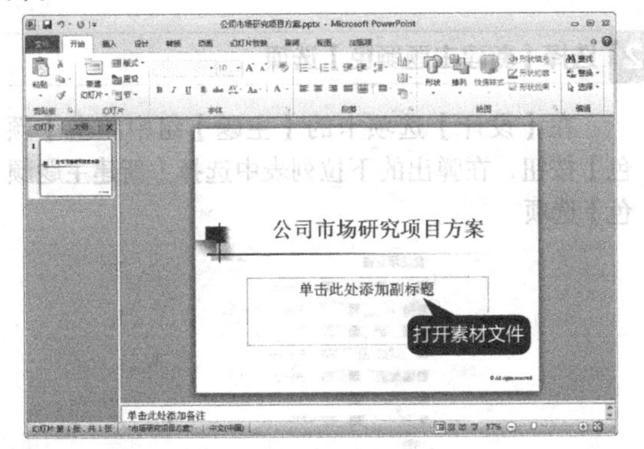

2 选择背景样式

在【设计】选项卡的【背景】组中单击【背景样式】按钮，在弹出的下拉列表中选择一种样式来应用于当前演示文稿中，如选择样式9。

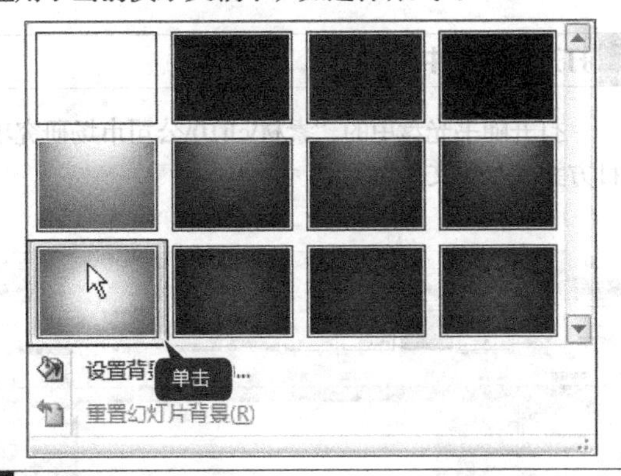

3 查看应用后的效果

所选的背景样式会直接应用于当前幻灯片上。

4 自定义背景样式

如果在当前下拉列表中没有适合的背景样式，可以选择【设置背景格式】选项来自定义背景样式。

5 查看应用后的效果

在弹出的【设置背景格式】对话框中设置合适的背景样式。如单击【填充】区域中【预设颜色】右侧的向下按钮，在弹出的菜单中选择【雨后初晴】选项，然后单击【关闭】按钮。

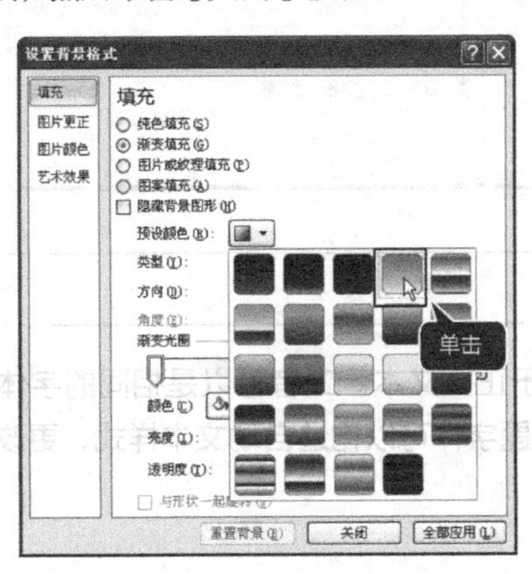

6 自定义背景样式

自定义的背景样式将被应用到当前幻灯片上。

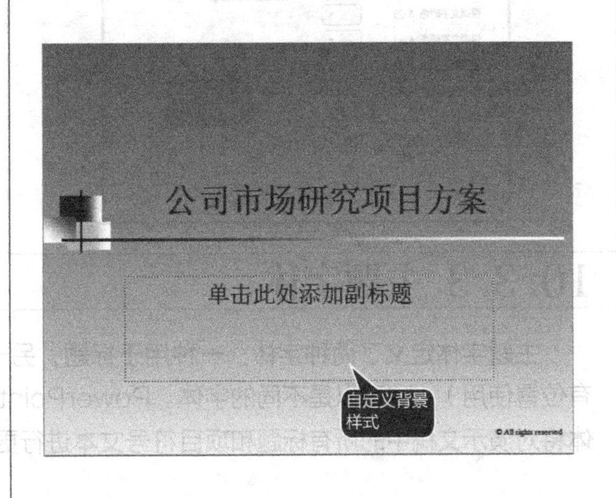

10.3.2 配色方案

PowerPoint中自带的主题样式如果都不适用于当前幻灯片，我们可以自行搭配颜色。不同颜色的搭配会产生不同的视觉效果。

1 打开素材文件

打开随书光盘中的“素材\ch10\公司市场研究项目方案.pptx”文件。

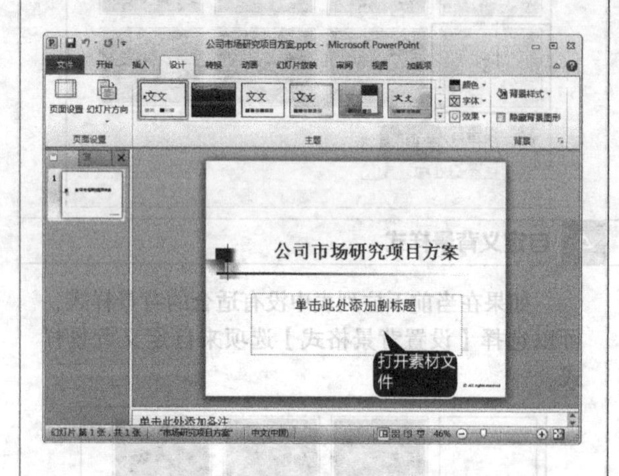

2 选择【新建主题颜色】选项

在【设计】选项卡的【主题】组中单击【颜色】按钮，在弹出的下拉列表中选择【新建主题颜色】选项。

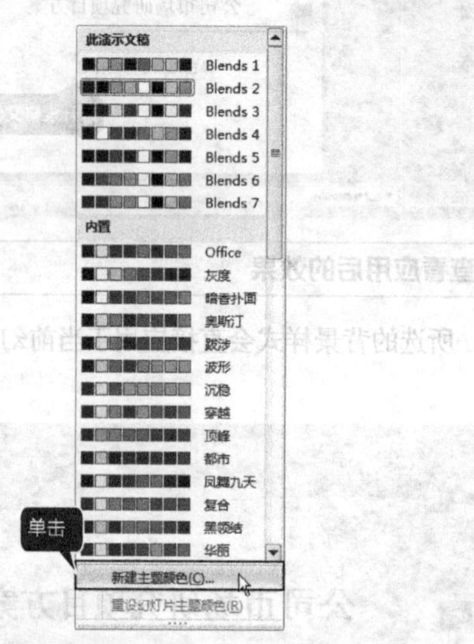

3 选择颜色搭配

弹出【新建主题颜色】对话框，选择适当的颜色进行整体的搭配，单击【保存】按钮。

4 查看应用后的颜色

所选择的自定义颜色将直接应用于当前幻灯片上。

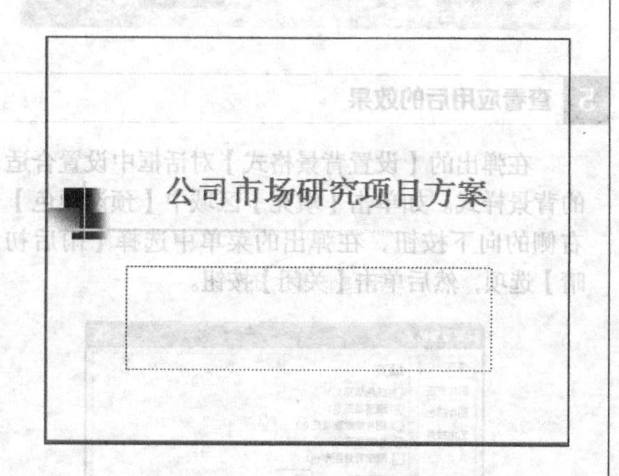

10.3.3 主题字体

主题字体定义了两种字体：一种用于标题，另一种用于正文文本。二者可以是相同的字体（在所有位置使用），也可以是不同的字体。PowerPoint使用主题字体可以构造自动文本样式，更改主题字体将对演示文稿中的所有标题和项目符号文本进行更改。

选择要设置主题字体效果的幻灯片后，在【设计】选项卡的【主题】组中单击【字体】按钮，在弹出的下拉列表中，每种用于主题字体的标题字体和正文文本字体的名称将显示在相应的主题名称下，从中可以选择需要的字体。

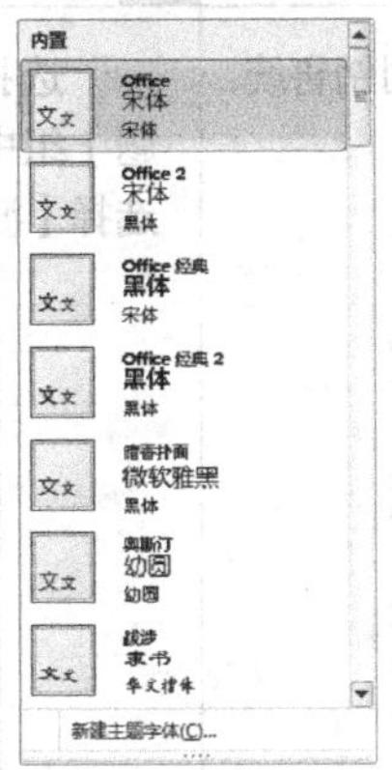

如果内置字体不能满足需要，我们可以单击下拉列表中的【新建主题字体】选项，弹出【新建主题字体】对话框。

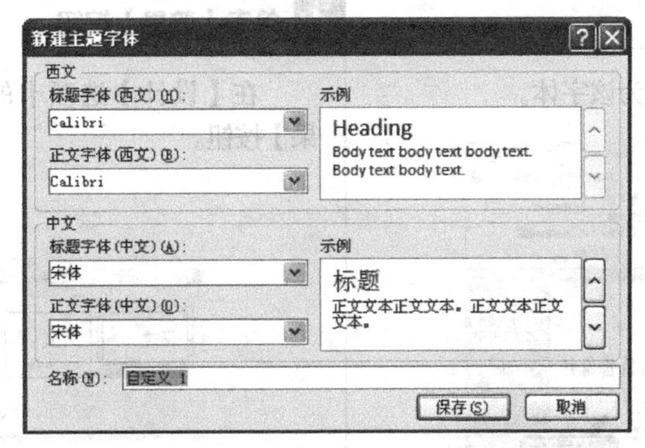

在该对话框中设置西文字体和中文字体，然后单击【保存】按钮即可完成对主题字体的自定义。

10.3.4 主题效果

主题效果是应用于文件中元素的视觉属性的集合。主题效果、主题颜色和主题字体三者构成一个主题。

选择幻灯片后，在【设计】选项卡的【主题】组中单击【效果】按钮，在弹出的下拉列表可以选择需要的内置艺术效果。

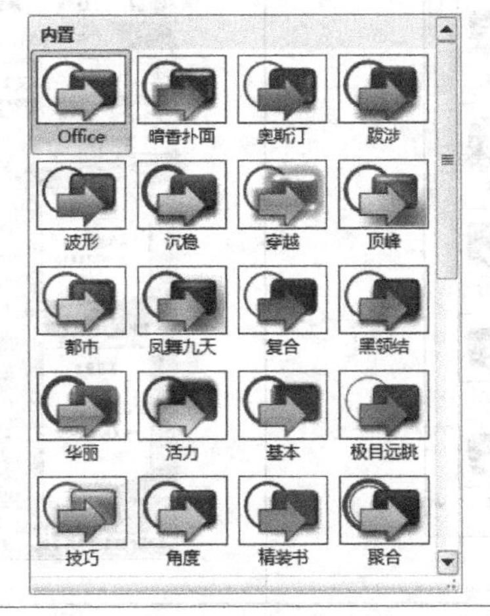

下面举例介绍在PowerPoint 2010中使用主题字体和主题效果的具体操作方法。

1 打开素材文件

打开随书光盘中的“素材\ch10\常青公司销售统计.pptx”文件。

2 选择字体

选择任一幻灯片，在【设计】选项卡的【主题】组中单击【字体】按钮。从弹出的下拉列表中选择【波形–华文新魏】字体。

3 查看设置的字体

演示文稿中的字体即设置为该字体。

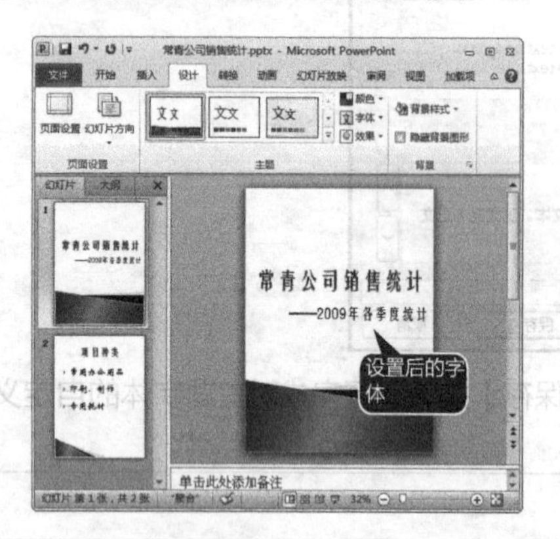

4 单击【效果】按钮

在【设计】选项卡的【主题】组中单击【效果】按钮。

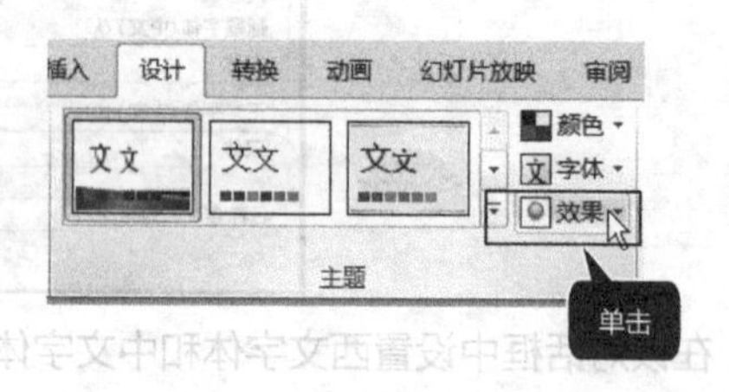

5 选择【沉稳】效果

从弹出的下拉列表中选择【沉稳】效果。

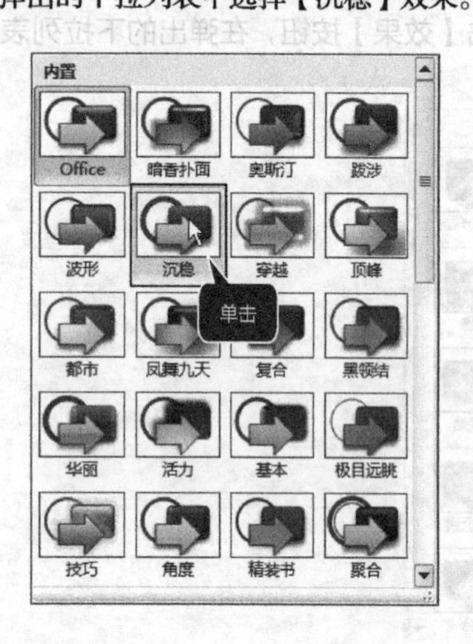

6 查看最后的效果

演示文稿中的主题效果即被更改为沉稳。

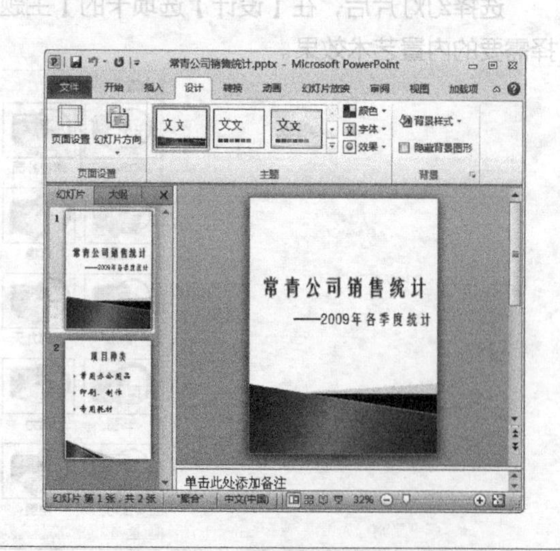

举一反三

在本章中我们介绍了制作个性PPT模板的方法，主要涉及了使用模板、设计版式和设计主题等内容。这类演示文稿一般来说，比较注重视觉效果，做到整个演示文稿的颜色协调统一。除了之前我们介绍的演示文稿以外，类似的还有艺术欣赏、产品宣传以及策划案等。

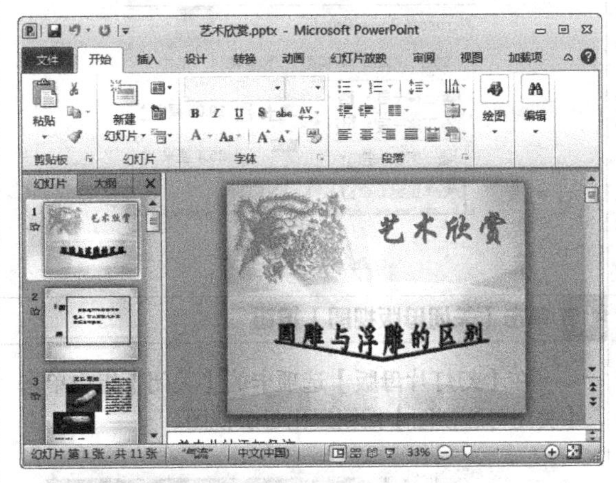

高手私房菜

制作属于自己的PPT模板

除使用PowerPoint内置模板和网络模板外，我们还可以制作自己的PPT模板。

1 单击【幻灯片母版】按钮

新建一个演示文稿，在【视图】选项卡的【母版视图】组中单击【幻灯片母版】按钮，切换到幻灯片母版视图。

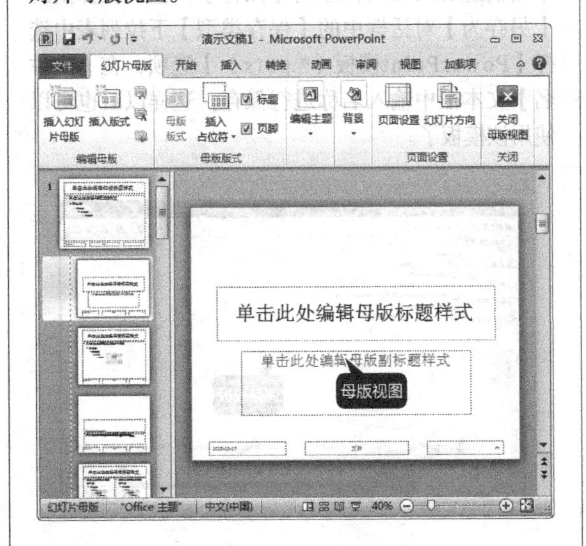

2 插入【图像】按钮

在幻灯片母版和版式缩略图任务窗格中选择第一个缩略图，在【插入】选项卡的【图像】组中单击【图片】按钮。

3 单击【幻灯片母版】按钮

在弹出的【插入图片】对话框中，选择要插入的“素材\ch10\背景.jpg”文件，将该图片插入母版幻灯片中。

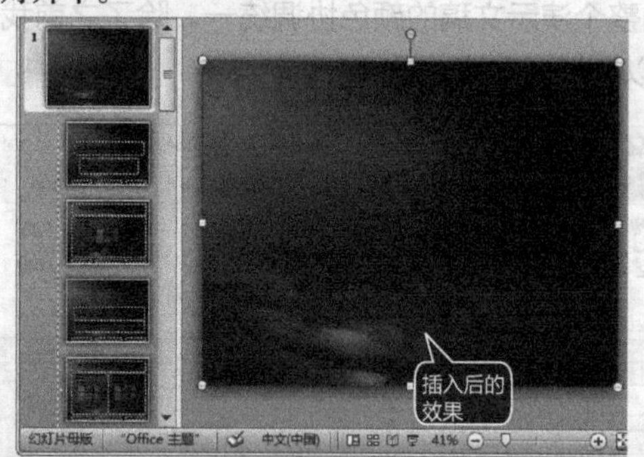

4 插入【图像】按钮

在【图片】➤【格式】选项卡的【排列】组中单击【下移一层】右侧的下三角按钮，在弹出的下拉列表中选择【置于底层】选项。

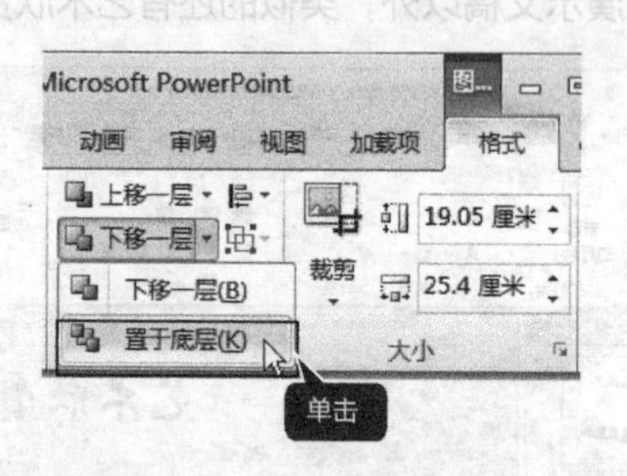

5 查看图片置于底层下的效果

图片即可置于底层，而不会影响母版中其他内容的排版和编辑。

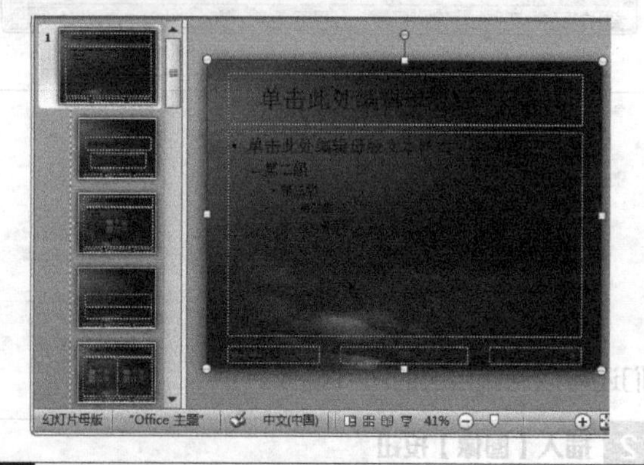

6 单击【关闭母版视图】按钮

在【幻灯片母版】选项卡的【关闭】组中单击【关闭母版视图】按钮退出母版视图。

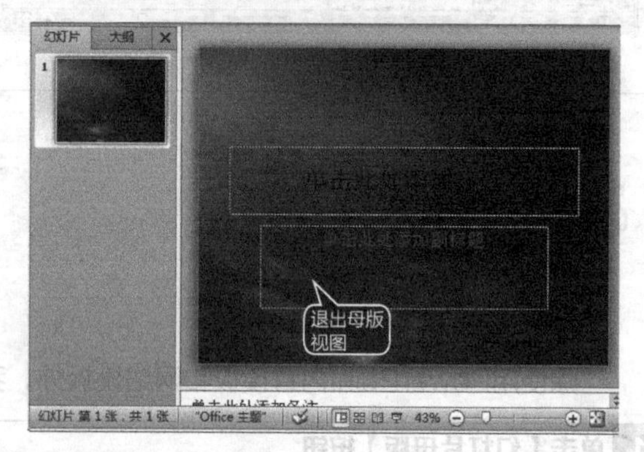

7 插入的图片应用到所有版式

在【开始】选项卡的【幻灯片】组中单击【新建幻灯片】按钮中的下三角按钮，在弹出的下拉菜单中可以看到插入的图片已经运用到所有的版式中。

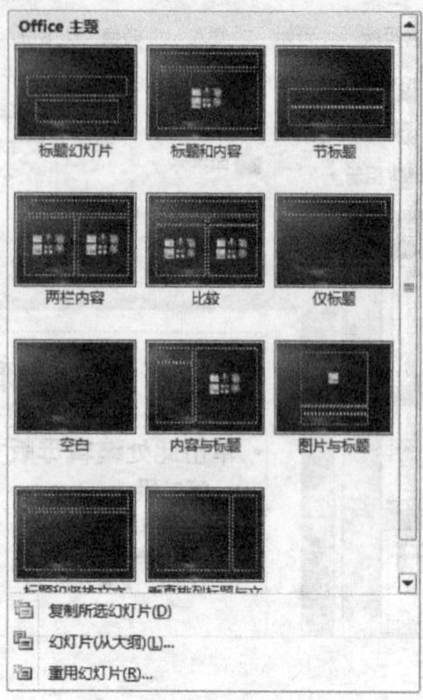

8 保存模板

我们可以在创建的版式中编辑演示文稿，或单击快速访问工具栏上的【保存】按钮，在弹出的【另存为】对话框中的【保存类型】下拉列表中选择【PowerPoint模板（*.potx）】选项，在【文件名】文本框中输入名称进行保存，这样以后也可以使用该模板了。

第11章

用好母版与视图

——浏览公司简介 PPT

本章视频教学时间：26 分钟

若在PPT中使用了母版，当需要修改所有幻灯片标题的样式时，我们只需要在幻灯片母版中修改即可，这样可以简化重复操作。通过视图则可以在不同状态下查看幻灯片内容。

【学习目标】

- 掌握使用幻灯片母版快速设置幻灯片样式的方法以及使用视图在不同状态下查看幻灯片内容的操作。

【本章涉及知识点】

- 掌握演示文稿视图和母版视图的使用方法
- 熟悉缩放查看的方法
- 了解颜色模式及其他辅助工具

11.1 演示文稿视图

 本节视频教学时间：6分钟

PowerPoint 2010中用于编辑、打印和放映演示文稿的视图类型包括普通视图、幻灯片浏览视图、备注页视图、幻灯片放映视图、阅读视图和母版视图。

在PowerPoint 2010工作界面中设置和选择演示文稿视图的方法有以下两种。

1 打开公司简介PPT

打开随书光盘“素材\ch11\公司简介.pptx”文件。

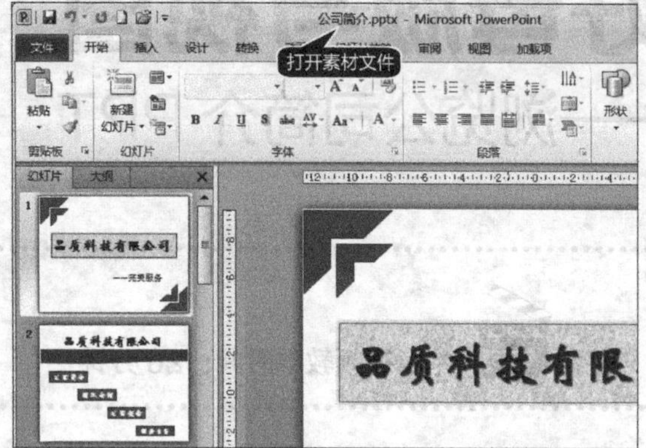

2 选择演示文稿视图

可以在【视图】选项卡上的【演示文稿视图】组和【母版视图】组中进行选择或切换。也可以在状态栏上的【视图】区域进行选择或切换，包括普通视图、幻灯片浏览视图、阅读视图和幻灯片放映视图。

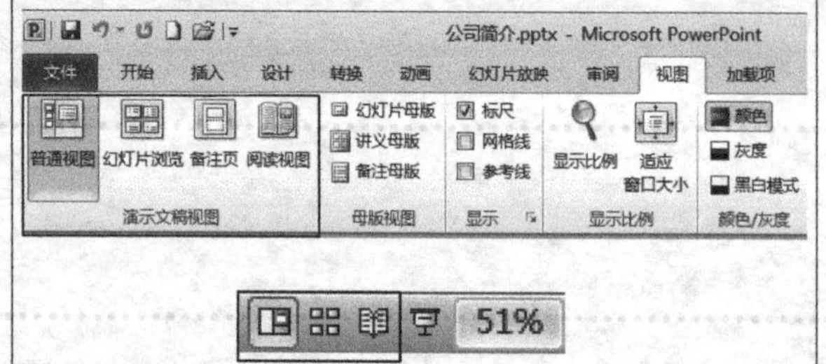

1. 普通视图

普通视图是最常用的编辑视图，常用于撰写和设计演示文稿。普通视图包含【幻灯片】选项卡、【大纲】选项卡、【幻灯片】窗格和【备注】窗格4个工作区域。

2. 幻灯片浏览视图

幻灯片浏览视图用于查看缩略图形式的幻灯片。通过此视图，在创建演示文稿以及准备打印演示文稿时，我们可以轻松地对演示文稿的顺序进行排列和组织。

在幻灯片浏览视图的工作区空白位置或幻灯片上右击，在弹出的快捷菜单中选择【新增节】选项，我们就可以在幻灯片浏览视图中添加节，从而按不同的类别对幻灯片进行排序。

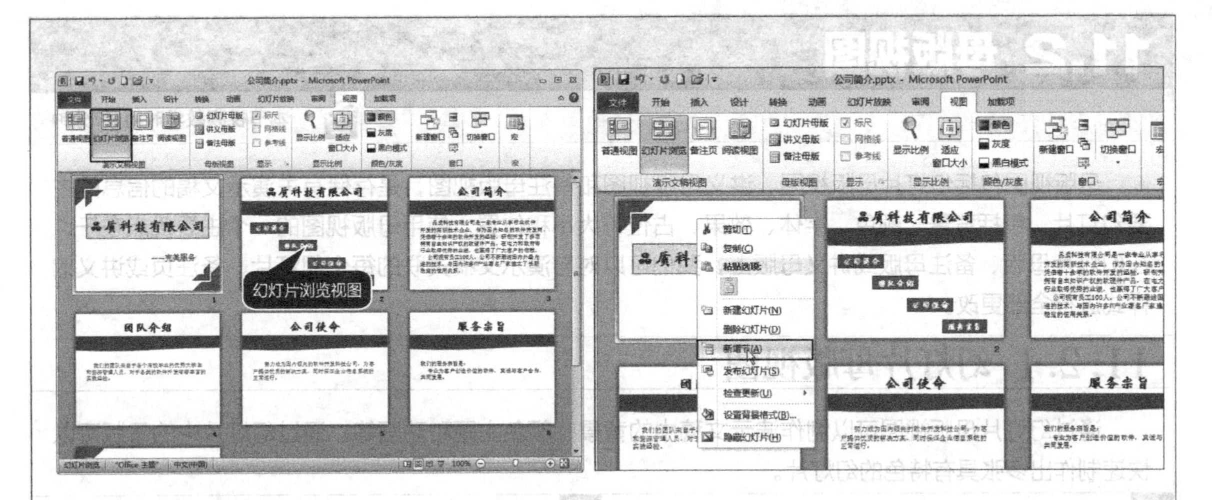

3. 备注页视图

【备注】窗格中输入的要应用于当前幻灯片的备注，可以在备注页视图中显示出来。我们也可以将备注页打印出来并在放映演示文稿时进行参考。

如果要以整页格式查看和使用备注，我们可以在【视图】选项卡上的【演示文稿视图】组中单击【备注页】按钮。此时【幻灯片】窗格在上方显示，【备注】窗格在其下方显示。

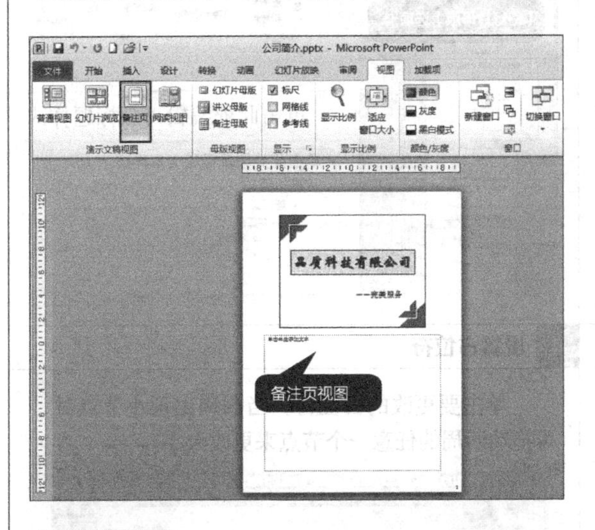

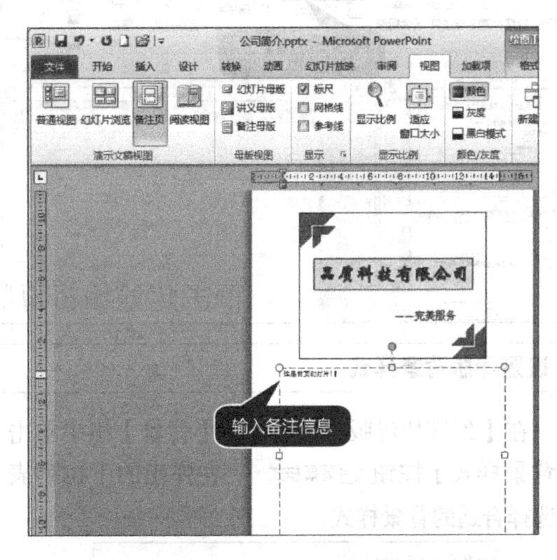

4. 阅读视图

阅读视图可以通过大屏幕放映演示文稿，便于查看。如果演讲者希望在一个设有简单控件以方便审阅的窗口中查看演示文稿，而不想用全屏的幻灯片放映视图，则也可以在自己的计算机上使用阅读视图。

在【视图】选项卡上的【演示文稿视图】组中单击【阅读视图】按钮，或单击状态栏上的【阅读视图】按钮，都可以切换到阅读视图模式。

如果要更改演示文稿，我们可以随时从阅读视图切换至其他视图。具体操作方法为，在状态栏上直接单击其他视图模式按钮，或直接按【Esc】键退出阅读视图模式。

11.2 母版视图

本节视频教学时间：7分钟

母版视图包括幻灯片母版视图、讲义母版视图和备注母版视图，是存储有关演示文稿的信息的主要幻灯片，包括背景、颜色、字体、效果、占位符大小和位置。使用母版视图的一个主要优点在于，在幻灯片母版、备注母版或讲义母版上，我们可以对与演示文稿关联的每个幻灯片、备注页或讲义的样式进行全部更改。

11.2.1 幻灯片母版视图

通过幻灯片母版视图可以制作演示文稿中的背景、颜色主题和动画等。通过幻灯片中的母版可以快速制作出多张具有特色的幻灯片。

1 【幻灯片母版】按钮

在【视图】选项卡的【母版视图】组中单击【幻灯片母版】按钮，进入幻灯片母版视图。

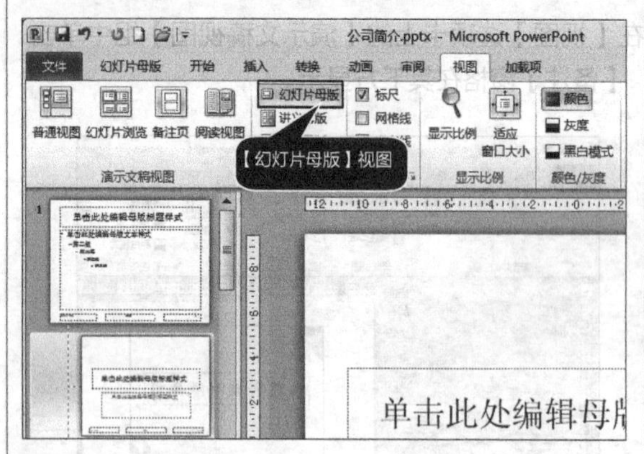

2 【幻灯片母版】选项卡

在弹出的【幻灯片母版】选项卡中可以设置占位符的大小及位置、背景设计和幻灯片的方向等。

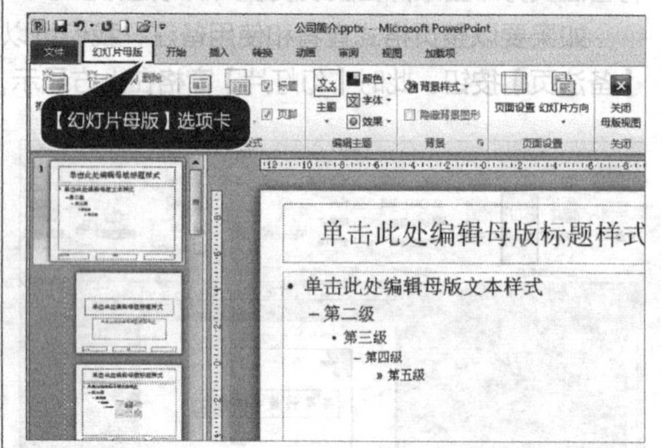

3 设置母版背景样式

在【幻灯片母版】选项卡的【背景】组中单击【背景样式】按钮 背景样式。在弹出的下拉列表中选择合适的背景样式。

4 设置占位符

单击要更改的占位符，当四周出现小节点时，可拖动四周的任意一个节点来更改大小。

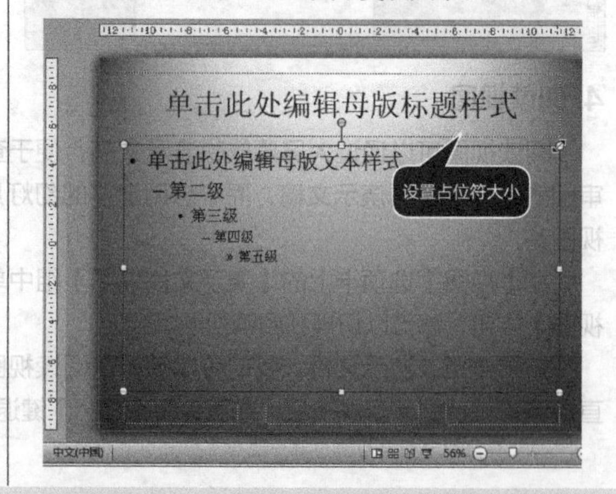

小提示

设置幻灯片母版中的背景和占位符时，需要先选中母版视图下左侧的第1张幻灯片缩略图，然后再进行设置，这样才能一次性完成对演示文稿中的所有幻灯片的设置。

11.2.2 讲义母版视图

讲义母版视图可以将多张幻灯片显示在一张幻灯片中，以用于打印输出。

1 【讲义母版】按钮

在【视图】选项卡的【母版视图】组中单击【讲义母版】按钮。

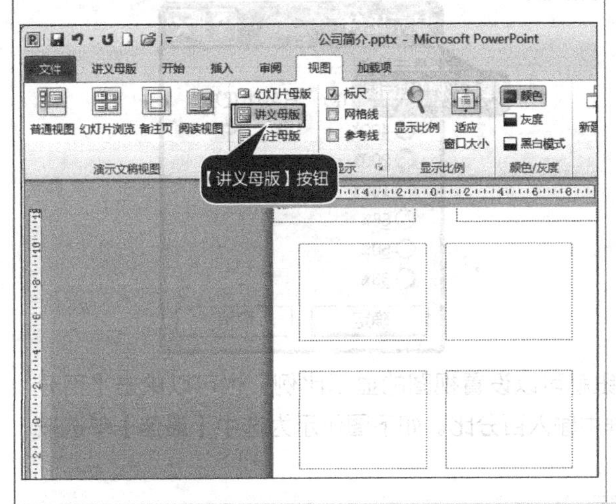

2 添加页眉和页脚

在【插入】选项卡的【文本】组中单击【页眉和页脚】按钮，在弹出的【页眉和页脚】对话框中单击【备注和讲义】选项卡，为当前讲义母版中添加页眉和页脚效果。设置完成后单击【全部应用】按钮，新添加的页眉页脚将显示在编辑窗口上。

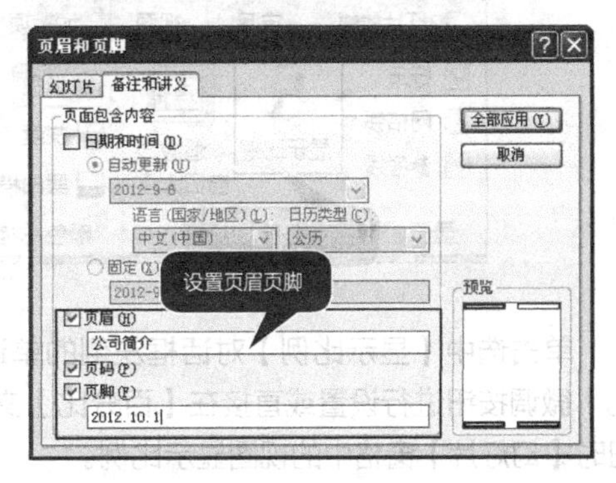

小提示

打开【页眉和页脚】对话框，单击选中【幻灯片】选项中的【日期和时间】复选框，也可以单击选中【自动更新】单选按钮，页脚显示的日期将自动与系统的时间保持一致。如果单击选中【固定】单选按钮，就不会根据系统时间而变化。

11.2.3 备注母版视图

备注母版视图主要用于显示用户在幻灯片中的备注，可以是图片、图表或表格等。

1 【备注母版】按钮

在【视图】选项卡的【母版视图】组中单击【备注母版】按钮。

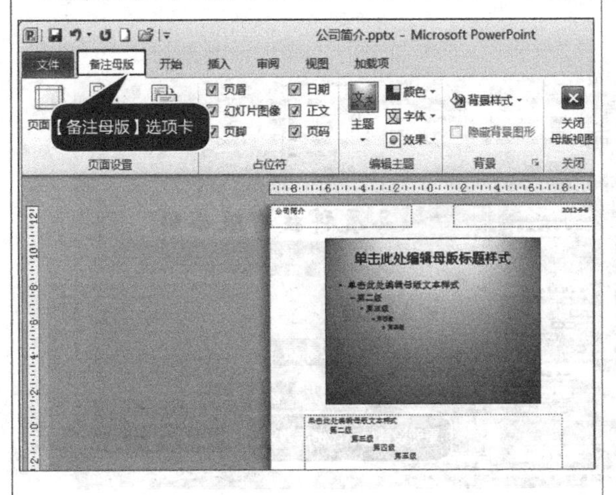

2 设置文字样式

选中备注文本区的文本，单击【开始】选项卡，在此选项卡的功能区中用户可以设置文字的大小、颜色和字体等。

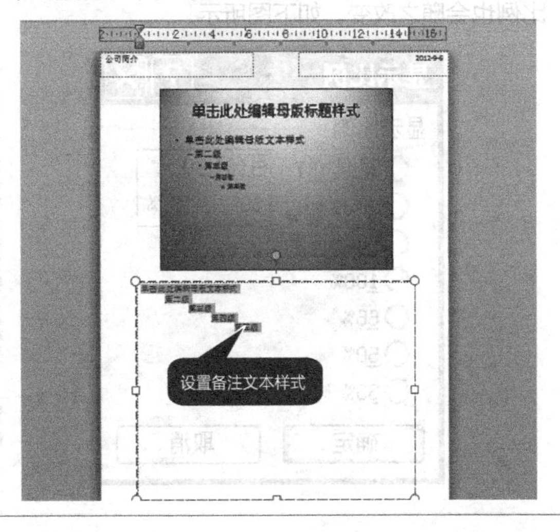

11.3 缩放查看

本节视频教学时间：3分钟

我们可以通过调整缩放比例来进行缩放查看。

通过【视图】选项卡【显示比例】组中的各选项可以对视图进行显示比例的设置，以便进行缩放查看。单击【显示比例】按钮，弹出【显示比例】对话框。

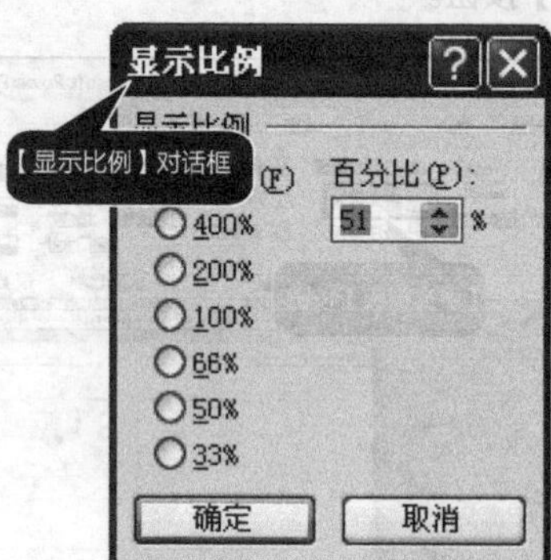

单击选中【显示比例】对话框左侧的单选按钮就可以设置视图的显示比例，也可以单击【百分比】微调按钮进行设置或直接在【百分比】文本框中输入百分比。如下图所示为选中【最佳】单选按钮时【幻灯片】窗格中的视图显示比例。

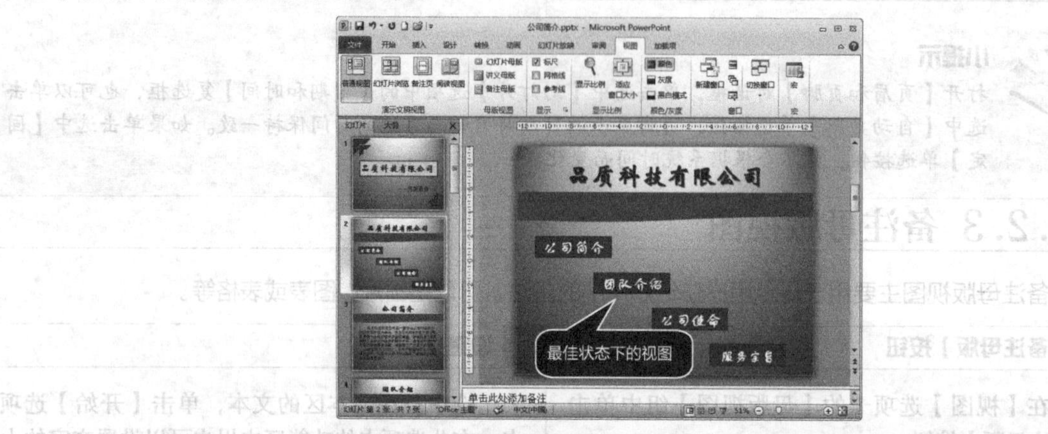

如在【显示比例】对话框的【百分比】文本框中输入“60%”，则【幻灯片】窗格中的视图显示比例也会随之改变，如下图所示。

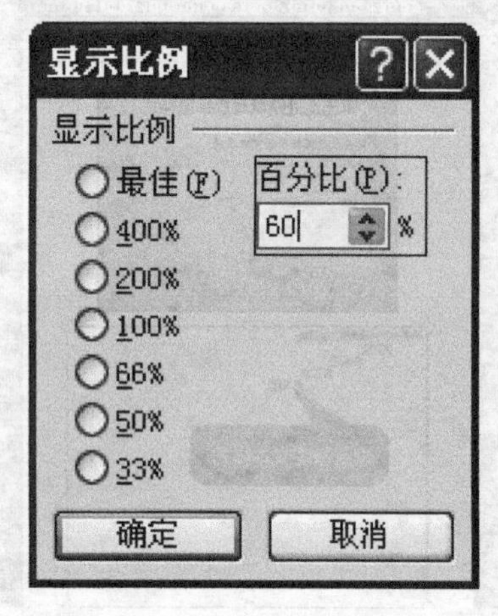

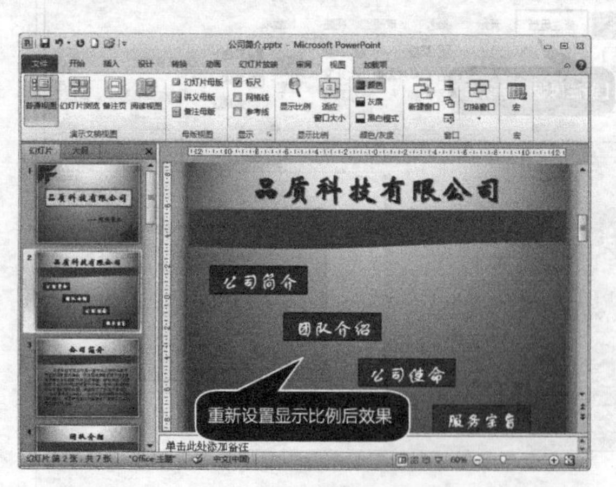

11.4 颜色模式

本节视频教学时间：4分钟

在【视图】选项卡的【颜色/灰度】组中单击相应按钮即可对视图的颜色、灰度和黑白模式进行设置。

颜色
灰度
黑白模式
颜色/灰度

11.4.1 颜色视图

在【视图】选项卡的【颜色/灰度】组中单击【颜色】按钮可对视图的颜色进行设置。演示文稿默认的颜色模式为颜色视图。

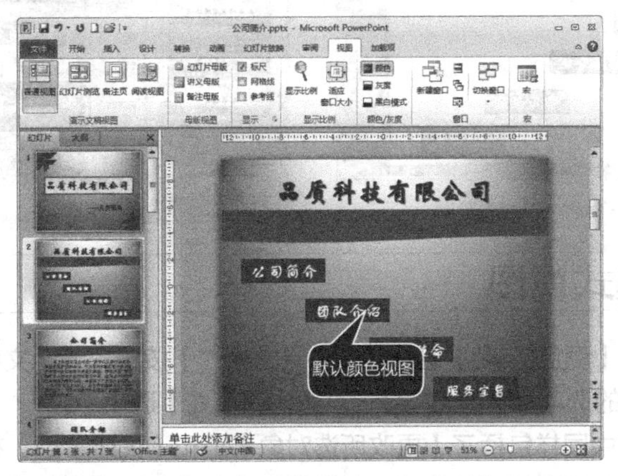

当颜色模式为【灰度】或【黑白模式】时，【颜色/灰度】组中将显示与之相对应的模式，而不再是默认的颜色视图模式，视图中也将显示为灰度或黑白模式。

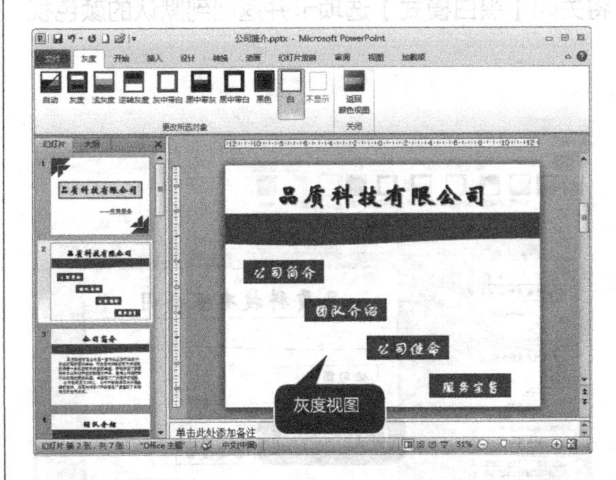

关闭使用灰度或黑白模式所产生的【灰度】或【黑白模式】选项卡后，视图将自动切换到默认的颜色视图模式。

11.4.2 灰度视图

在【视图】选项卡的【颜色/灰度】组中单击【灰度】按钮，演示文稿中的所有幻灯片将以灰度视图模式显示。功能区的选项卡中随之新增一个【灰度】选项卡。

【灰度】选项卡中包括了【更改所选对象】组和【关闭】组。在【更改所选对象】组中可以选择幻灯片所要使用的灰度的形式，包括【自动】、【灰度】、【浅灰度】、【逆转灰度】、【灰中带白】、【黑中带灰】、【黑中带白】、【黑色】、【白】和【不显示】等选项。

单击【关闭】组中的【返回颜色视图】按钮，就可以关闭【灰度】选项卡并返回到默认的颜色视图。

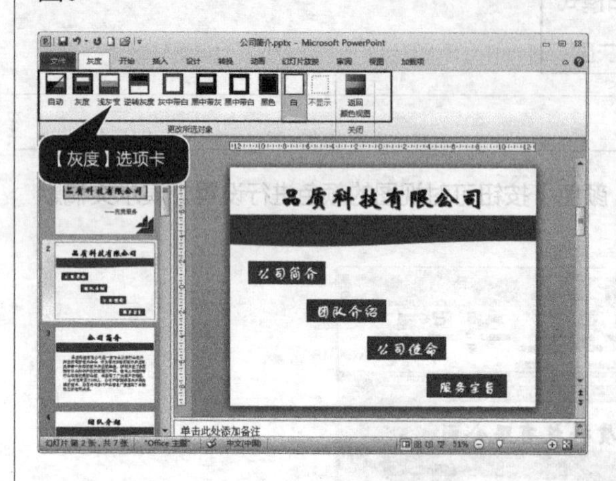

11.4.3 黑白模式视图

在【视图】选项卡的【颜色/灰度】组中单击【黑白模式】按钮，演示文稿中的所有幻灯片以黑白模式视图显示。在功能区的选项卡中随之新增一个【黑白模式】选项卡。

【黑白模式】选项卡中同样包括了【更改所选对象】组和【关闭】组。在【更改所选对象】组中可以选择幻灯片所要使用的黑白模式的形式，其选项和【灰度】选项卡的【更改所选对象】组中的选项一样。

单击【关闭】组中的【返回颜色视图】按钮，将关闭【黑白模式】选项卡并返回到默认的颜色视图。

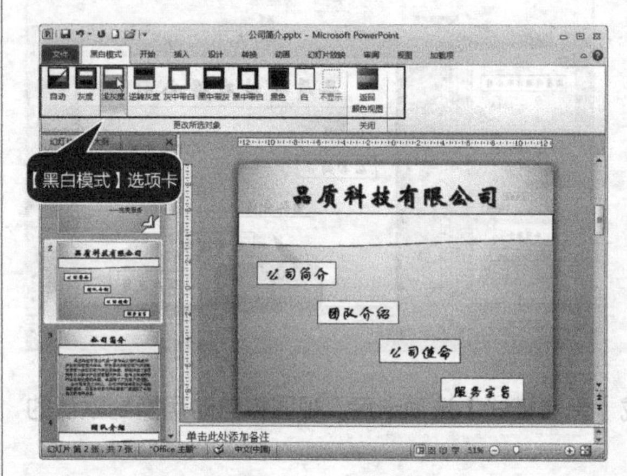

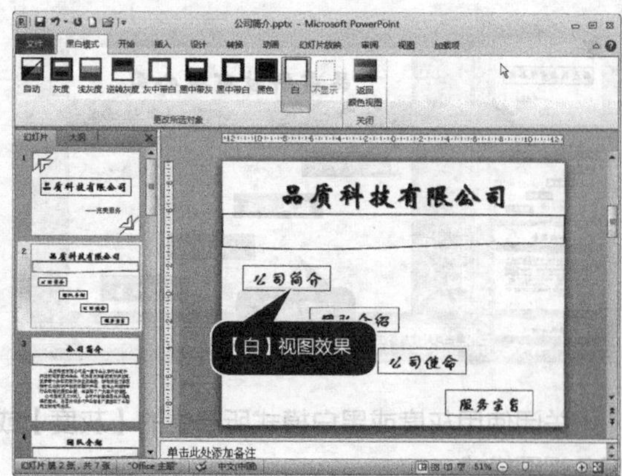

11.5 辅助工具

本节视频教学时间：6分钟

除了上面介绍的设置幻灯片视图、缩放查看和颜色模式等功能外，在【视图】选项卡的【显示】组和【窗口】组中还可以对视图中的标尺、网格线等进行设置，并对窗口进行相应的设置。

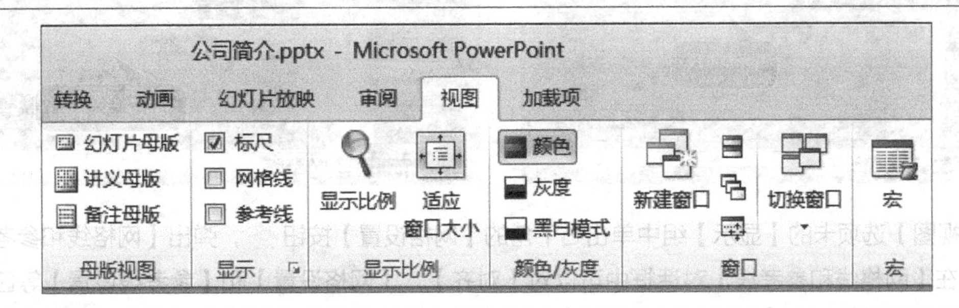

1. 标尺和网格线

在【视图】选项卡的【显示】组中单击选中【标尺】复选框，在【幻灯片】窗格视图中就会显示出标尺。

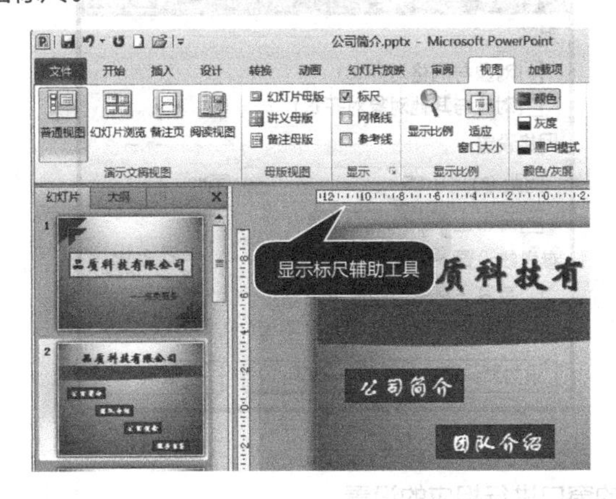

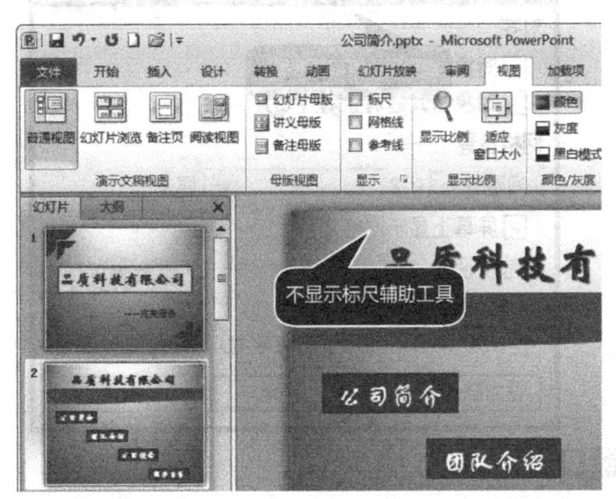

在【视图】选项卡的【显示】组中单击选中【网格线】复选框，在【幻灯片】窗格视图中就会显示出网格线。

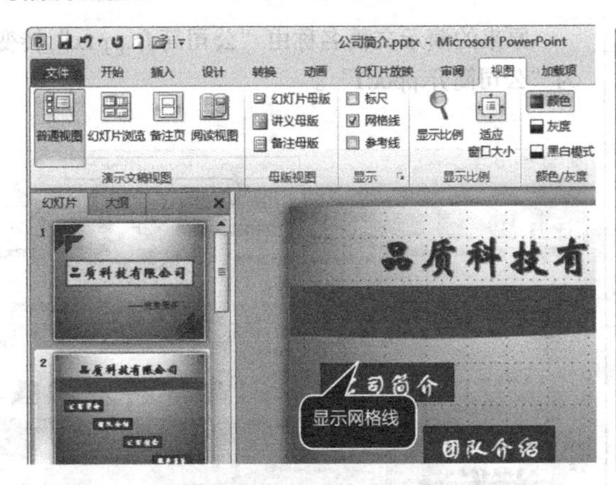

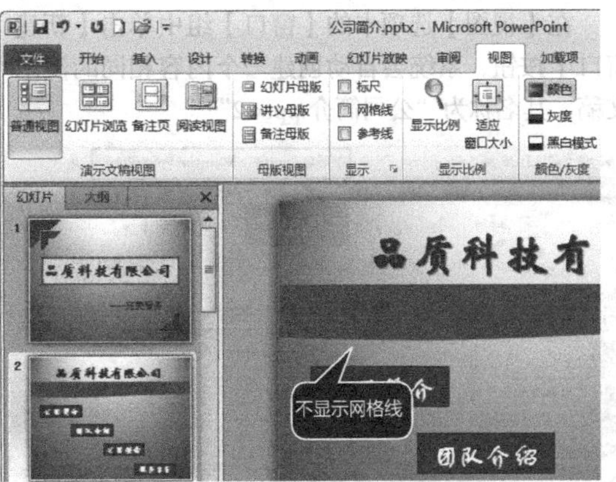

在【视图】选项卡的【显示】组中单击选中【参考线】复选框，在【幻灯片】窗格视图中会显示出参考线。

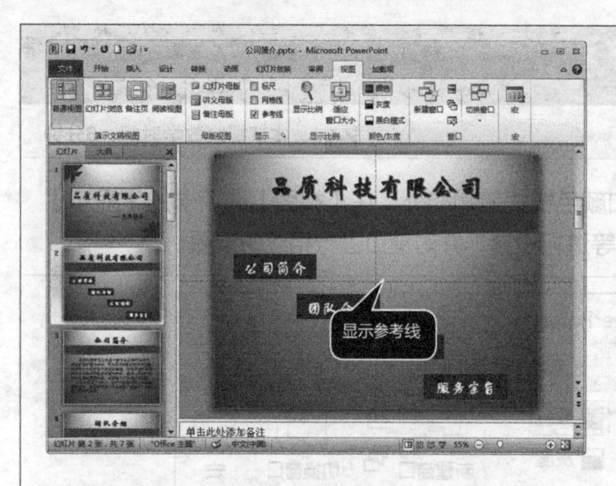

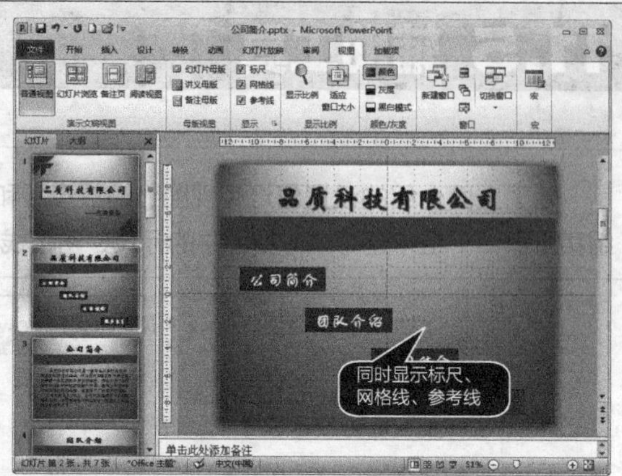

在【视图】选项卡的【显示】组中单击右下角的【网格设置】按钮，弹出【网格线和参考线】对话框。在【网格线和参考线】对话框中可以对【对齐】、【网格设置】和【参考线设置】等区域的选项进行相应设置。如在【网格线和参考线】对话框的【网格设置】区域的【间距】文本框中更改其数值为“0.25”厘米，则视图中的网格线间距也将随之更改为0.25厘米。

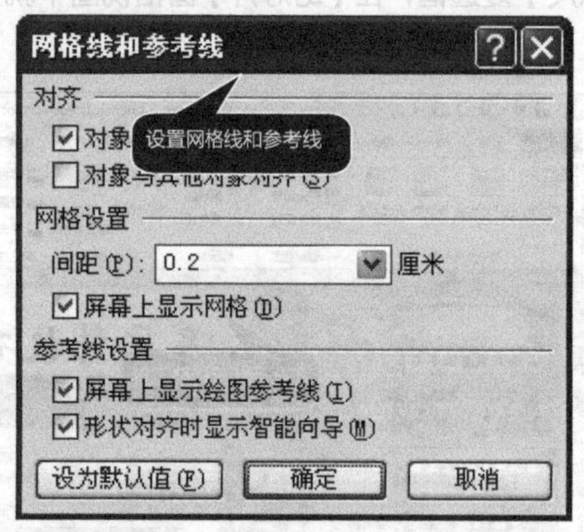

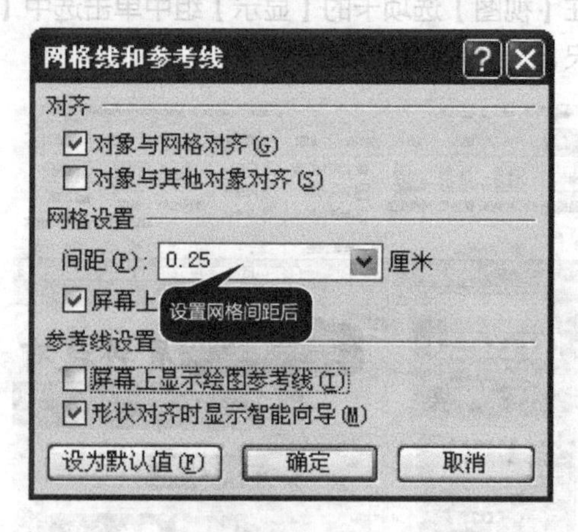

2. 窗口

在【视图】选项卡的【窗口】组中可以对打开的窗口进行相应的设置。

1 新建窗口

在【视图】选项卡的【窗口】组中单击【新建窗口】按钮，系统会自动创建一个内容相同的演示文稿，其名称为“公司简介.pptx:2”

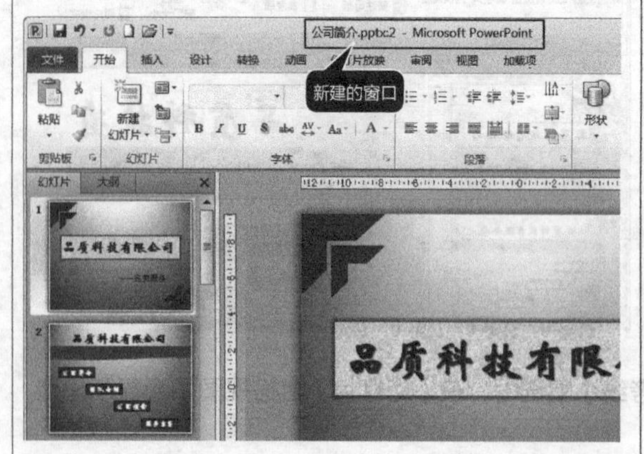

2 原演示文稿名称自动更改

原来的演示文稿名称由“公司简介.pptx”转变为“公司简介.pptx:1”。

3 重排演示文稿

在【视图】选项卡的【窗口】组中单击【全部重排】按钮，打开的所有演示文稿将会并排平铺显示在显示器桌面上。

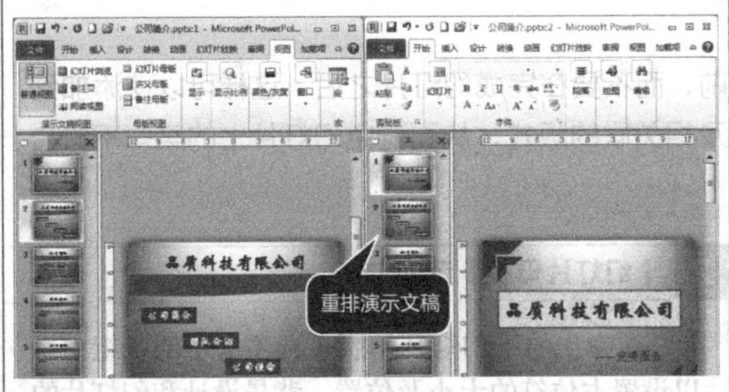

4 最大化

单击任一演示文稿标题栏右上方的【最大化】按钮 即可将该演示文稿更改为全屏显示。

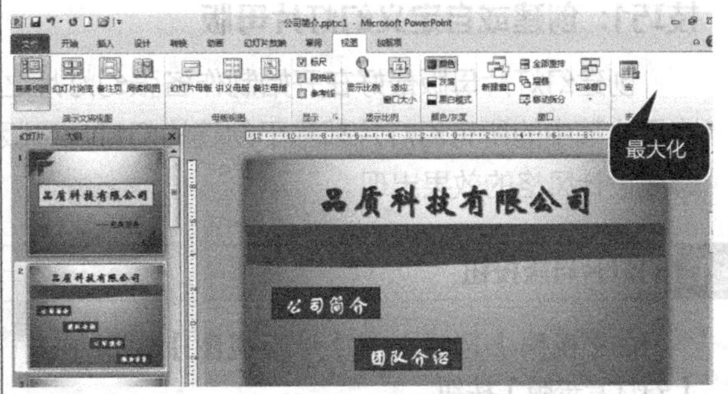

5 层叠窗口

在【视图】选项卡的【窗口】组中单击【层叠】按钮，打开的所有演示文稿将会层叠显示在显示器桌面上。

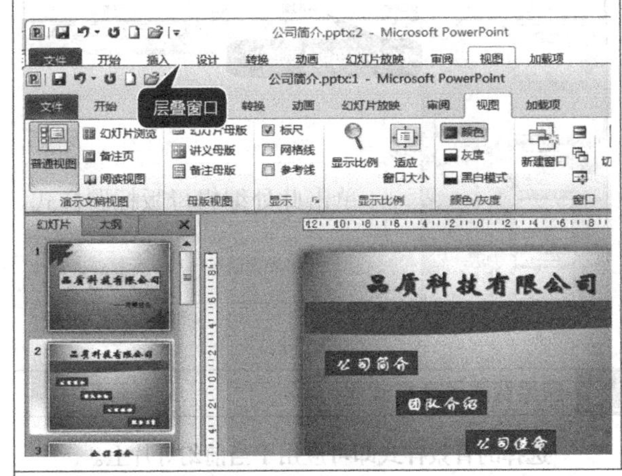

6 切换窗口

在【视图】选项卡的【窗口】组中单击【切换窗口】按钮。在弹出的下拉列表中选择要切换到的窗口，如选择下图所示的【2演示文稿4】选项，即可切换到名称为“演示文稿4”的演示文稿窗口。

举一反三

在PowerPoint 2010中，我们可以根据需要选择幻灯片的视图方式和母版。通过本章的关于“母版与视图”的学习，我们还可以简单设置统计分析报告和老房子的颜色等。

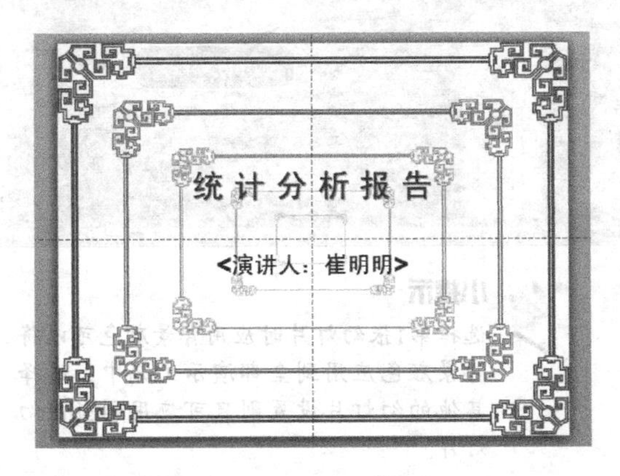

高手私房菜

技巧1：创建或自定义幻灯片母版

创建幻灯片母版最好在开始制作各张幻灯片之前，而不要在完成幻灯片之后，这样可以使添加到演示文稿中的所有幻灯片都基于创建的幻灯片母版及相关联的版式，从而避免幻灯片上的某些不符合母版设计风格的效果出现。

1 幻灯片母版按钮

在【视图】选项卡的【母版视图】组中单击【幻灯片母版】按钮。

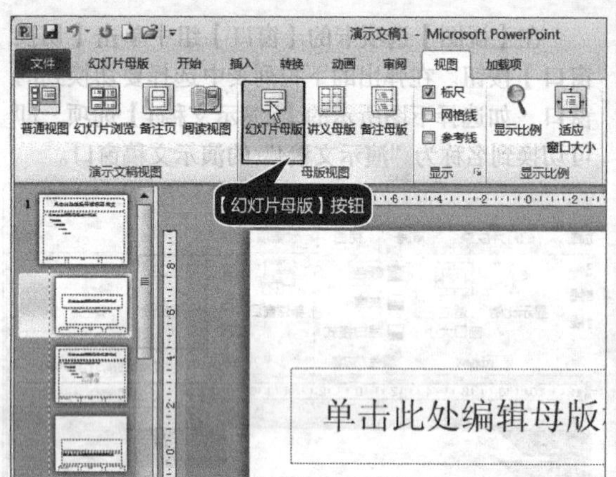

2 【幻灯片母版】选项卡

在弹出的【幻灯片母版】选项卡下的各组中可以设置占位符的大小及位置、背景设计和幻灯片的方向等。

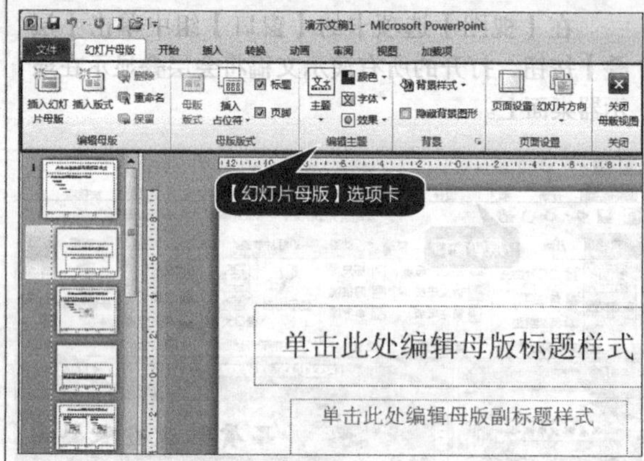

3 【背景样式】列表

在【幻灯片母版】选项卡的【背景】组中单击【背景样式】按钮，在弹出的下拉列表中选择合适的背景样式。如选择“样式6”选项。

4 应用背景颜色样式

选择的背景样式即可应用于当前幻灯片上。

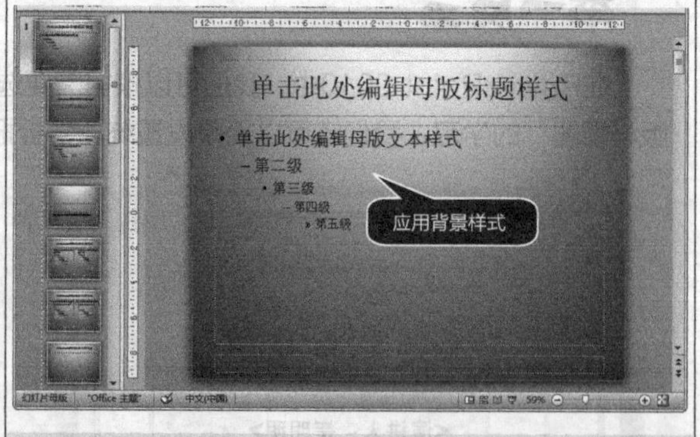

小提示

选择第1张幻灯片时应用背景颜色可以将背景颜色应用到全部演示文稿中，选择其他的幻灯片设置则只可应用到当前幻灯片。

5 设置段落样式

在【开始】选项卡的【段落】组中可对占位符中的文本进行对齐方式等设置。

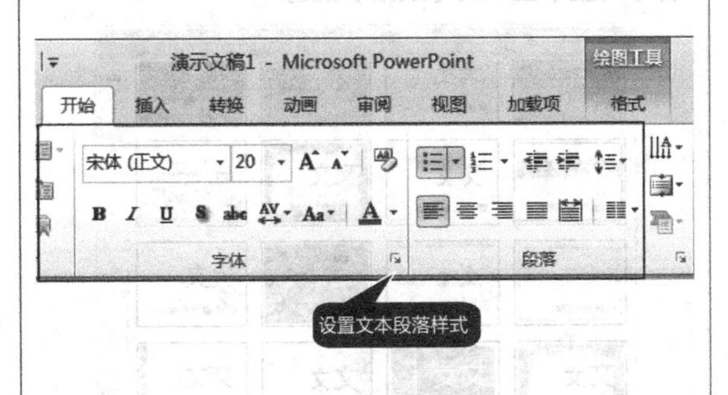

6 关闭母版视图

设置完毕，在【幻灯片母版】选项卡的【关闭】组中单击【关闭母版视图】按钮即可使空白幻灯片中的版式一致。

技巧2：对演示文稿应用一个或多个幻灯片母版

若使演示文稿包含两个或更多不同的样式或主题（如背景、颜色、字体和效果），则需要我们为每个主题分别插入一个幻灯片母版。

1 打开素材文件

打开随书光盘中的“素材\ch11\销售统计.pptx”文件。

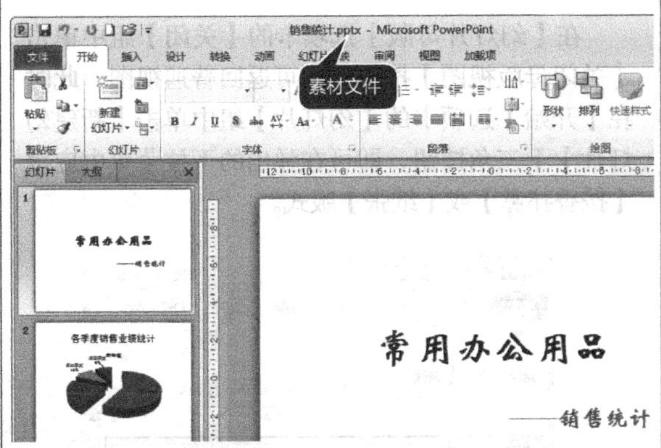

2 【幻灯片母版】按钮

在【视图】选项卡的【母版视图】组中单击【幻灯片母版】按钮，自动切换到幻灯片母版视图。

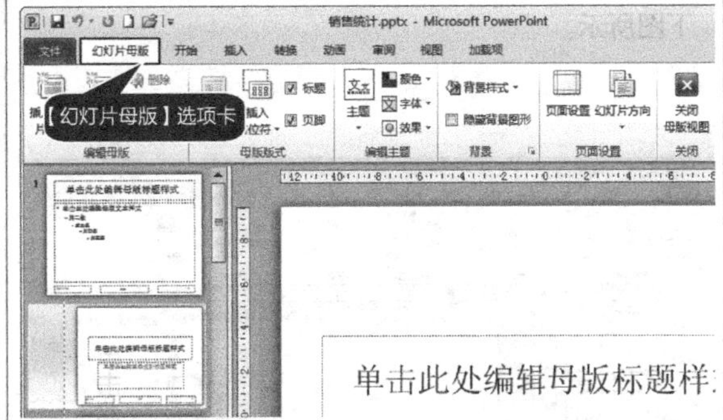

3 编辑主题

在【幻灯片母版】选项卡的【编辑主题】组中单击【主题】下三角按钮，在弹出的下拉菜单中选择【内置】区域的【按香扑鼻】主题。

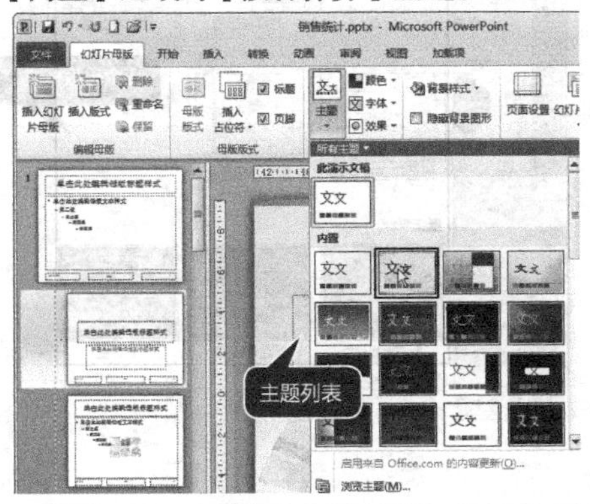

4 为演示文稿应用母版

为演示文稿应用第1个幻灯片母版后的效果如下图所示。

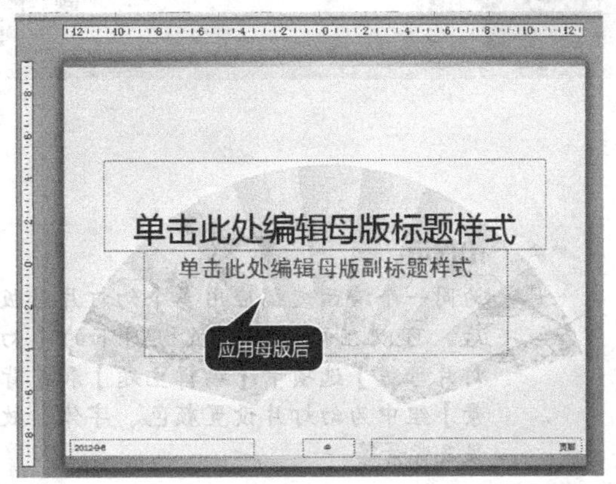

5 单击最后一张缩略图

幻灯片母版视图中，在幻灯片母版和版式缩略图任务窗格中向下滚动到版式组中的最后一张版式缩略图，并在最后一个幻灯片版式正下方单击。

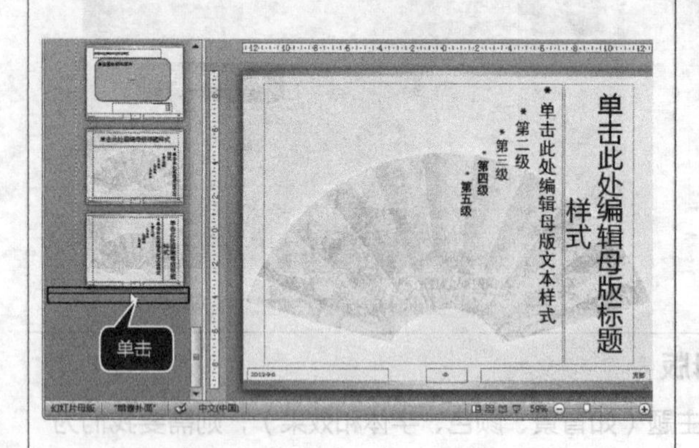

6 应用其他主题

在【幻灯片母版】选项卡的【编辑主题】组中单击【主题】下三角按钮，在弹出的下拉菜单中选择【内置】区域的【纸张】主题。

7 应用其他母版

即可为演示文稿应用第2个幻灯片母版，结果如下图所示。

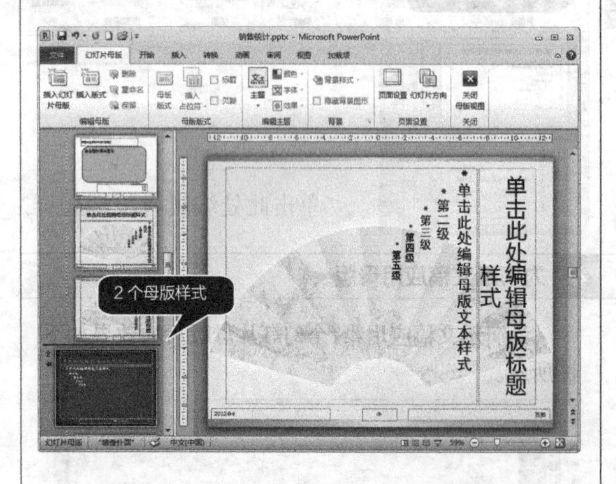

小提示

为同一个演示文稿应用多个幻灯片母版后，可以在幻灯片母版视图下的【幻灯片母版】选项卡【编辑主题】和【背景】组中为幻灯片设置颜色、字体、效果及背景等。

8 新建幻灯片

在【幻灯片母版】选项卡的【关闭】组中单击【关闭母版视图】按钮，即可返回普通视图。此时在【开始】选项卡的【幻灯片】组中单击【新建幻灯片】下三角按钮，即可在弹出的下拉菜单中应用【按香扑鼻】或【纸张】版式。

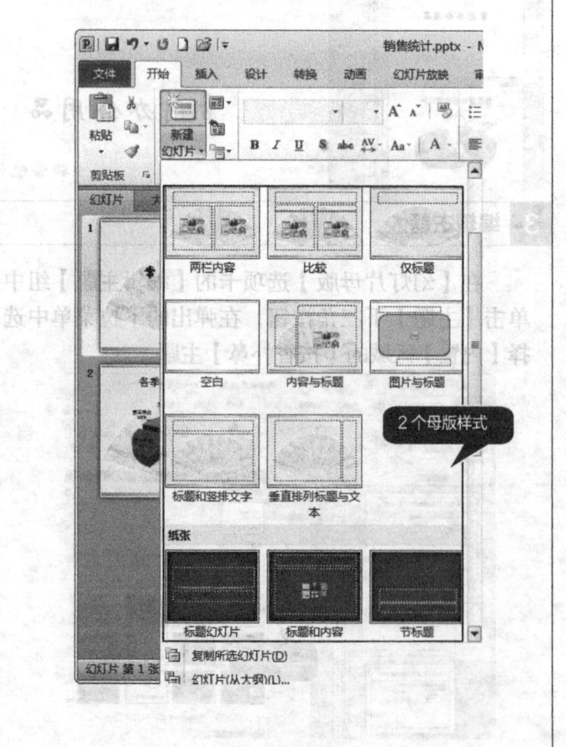

第 12 章

将内容表现在 PPT 上
——简单实用型 PPT 实战

本章视频教学时间：1 小时 26 分钟

PPT的灵魂是内容。使用PPT给观众传达信息时，我们首先要考虑内容的实用性和易读性，做到简单和实用。特别是用于演讲、会议、授课等情况的PPT，更要如此。

【学习目标】

- 通过本章的学习，对实用型 PPT 的应用有所了解。

【本章涉及知识点】

- 制作沟通技巧 PPT
- 制作公司会议 PPT
- 制作课件 PPT

12.1 制作沟通技巧PPT

本节视频教学时间：33分钟

沟通是人与人之间、群体与群体之间思想与感情的传递和反馈过程，目的在于思想达成一致和感情交流的通畅。沟通是社会交际中必不可少的技能，很多时候，沟通的成效直接影响着事业成功与否。

本例将制作一个介绍沟通技巧的演示文稿，展示提高沟通技巧的要素，如下图所示。

12.1.1 设计幻灯片母版

此演示文稿除首页和结束页外，其他所有幻灯片都要在标题处放置一个展现沟通交际的图片，为了版面美观，设置图片四角为弧形。设计该幻灯片母版的步骤如下。

1 启动PowerPoint 2010

启动PowerPoint 2010，进入PowerPoint工作界面。

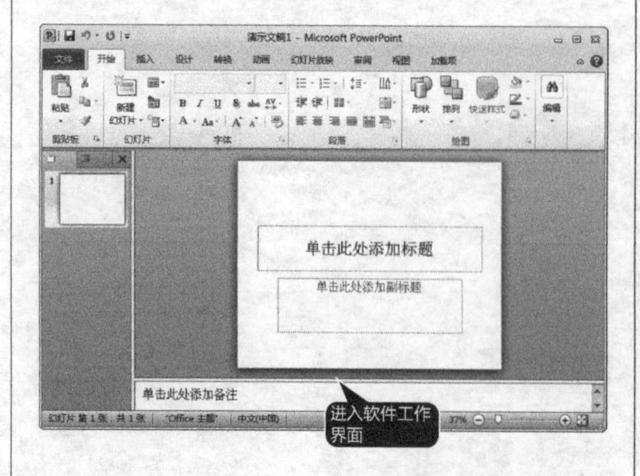

2 切换到幻灯片母版视图

在【视图】选项卡的【母版视图】中单击【幻灯片母版】按钮，切换到幻灯片母版视图，并在左侧列表中单击第1张幻灯片。

3 插入图片

在【插入】选项卡的【图像】组中单击【图片】按钮，在弹出的对话框中浏览到随书光盘中的“素材\ch12\背景1.png”文件，单击【插入】按钮。

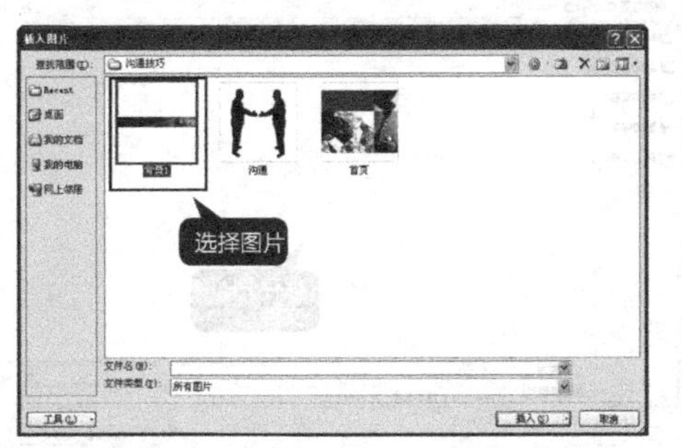

4 调整图片位置

插入图片并调整图片的位置，如下图所示。

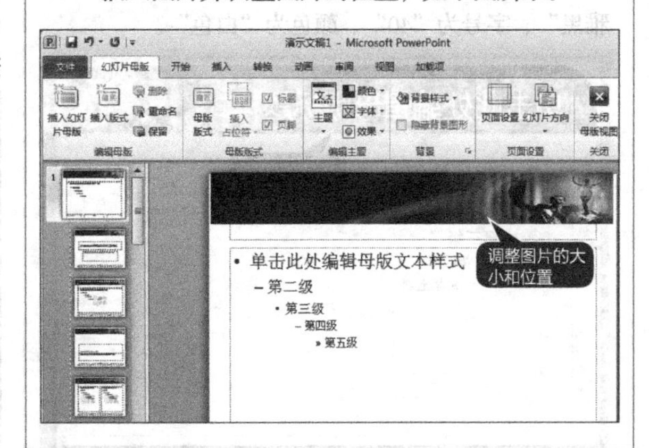

5 绘制矩形框

使用形状工具在幻灯片底部绘制1个矩形框，并填充颜色为蓝色（R：29，G：122，B:207）。

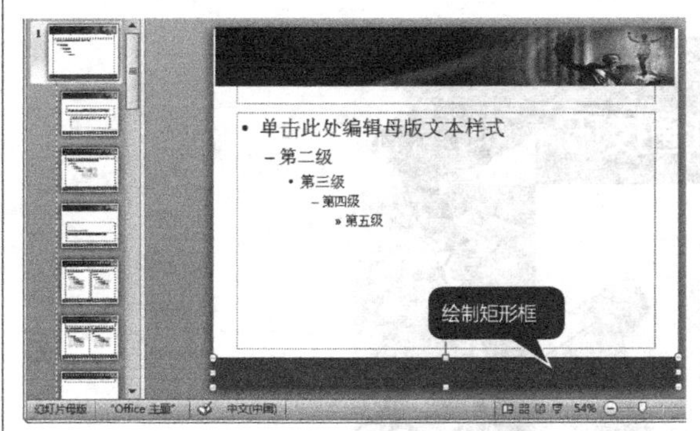

6 圆角矩形的绘制与设置

使用形状工具绘制1个圆角矩形，并拖动圆角矩形左上方的黄点，调整圆角角度。设置【形状填充】为“无填充颜色”，设置【形状轮廓】为“白色”、【粗细】为“4.5磅”。

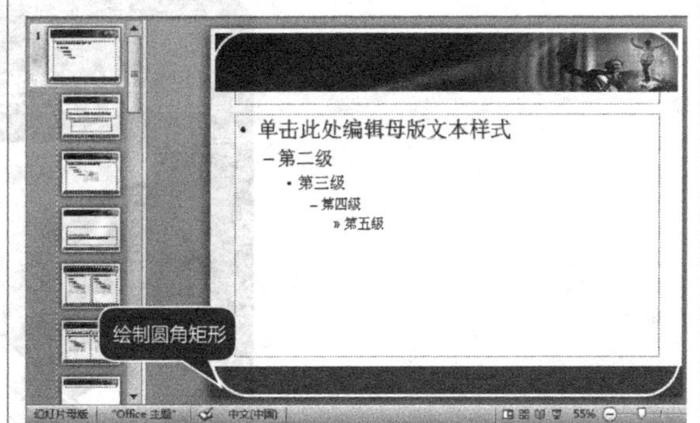

7 正方形的绘制与设置

在左上角绘制1个正方形，设置【形状填充】和【形状轮廓】为“白色”并右击，在弹出的快捷菜单中选择【编辑顶点】选项，删除右下角的顶点，并单击斜边中点向左上方拖动，调整为如下图所示的形状。

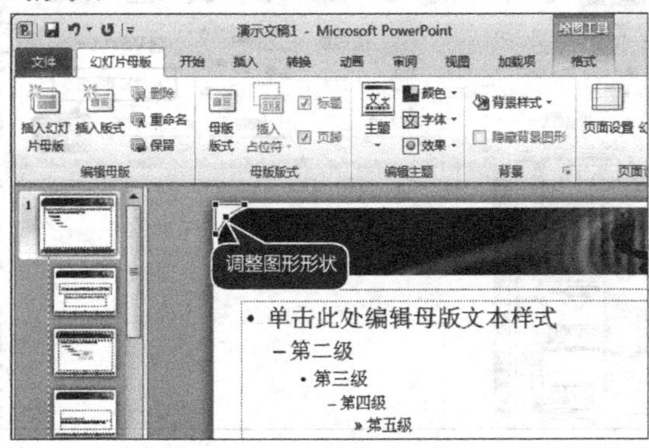

8 绘制并调整其他角的形状

按照上述操作，绘制并调整幻灯片其他角的形状。

9 设置标题框字体

将标题框置于顶层，并设置内容字体为“微软雅黑”、字号为“40”、颜色为“白色”。

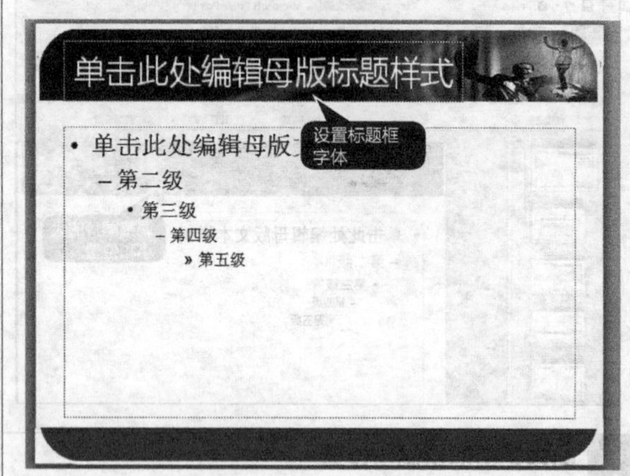

10 保存幻灯片母版

单击快速访问工具栏中的【保存】按钮，将演示文稿保存为“沟通技巧.pptx”。

12.1.2 设计首页和图文幻灯片

首页幻灯片由能够体现主题的背景图和标题组成，在设计首页幻灯片之前，首先应构思首页幻灯片的效果图。首页效果图如下图所示。

1 选择幻灯片

在幻灯片母版视图中选择左侧列表的第2张幻灯片。

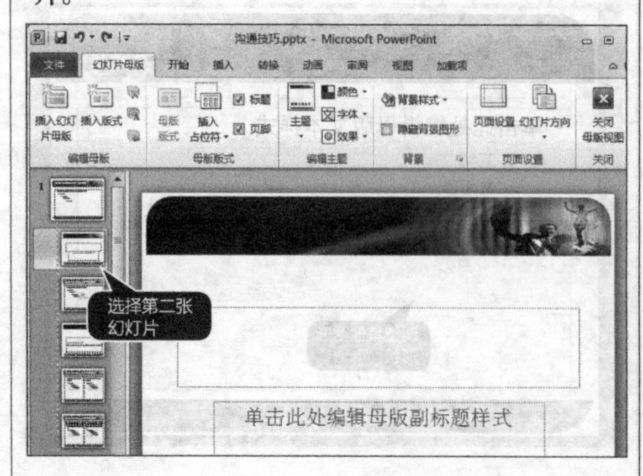

2 单击选中【隐藏背景图形】复选框

在【幻灯片母版】选项卡的【背景】组中单击选中【隐藏背景图形】复选框。

3 背景设置

单击【背景】选项组右下角的【设置背景格式】按钮，在弹出的【设置背景格式】对话框的【填充】区域中单击选中【图片或纹理填充】单选按钮，并单击【文件】按钮，在弹出的对话框中选择“素材\ch12\首页.jpg”文件。

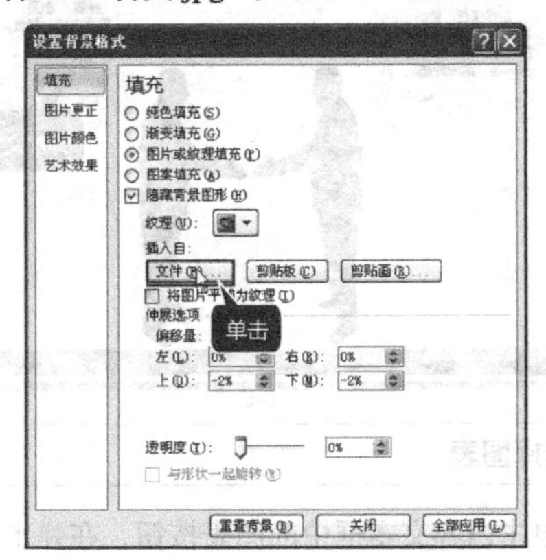

4 设置背景后的效果

设置背景后的幻灯片如下图所示。

5 正方形的绘制与设置

按照12.1.1小节的操作，绘制1个圆角矩形框，在四角绘制4个正方形，并调整形状顶点如下图所示。

6 输入文字

单击【关闭母版视图】按钮，返回普通视图，并在幻灯片中输入文字“提升你的沟通技巧”。

7 输入标题文字

新建1张【仅标题】幻灯片，并输入标题“为什么要沟通？”。

8 插入图片

在【插入】选项卡的【图像】组中单击【图片】按钮，插入“素材\ch12\沟通.png”文件，并调整图片的位置。

9 插入云形标注

使用形状工具插入两个云形标注。

10 输入文字

右击云形标注，在弹出的快捷菜单中选择【编辑文字】选项，输入如下文字。

11 输入标题

新建【标题和内容】幻灯片，输入标题“沟通有多重要？”。

12 选择图表

单击内容文本框中的图表按钮，在弹出的【插入图表】对话框中选择【分离型三维饼图】选项。

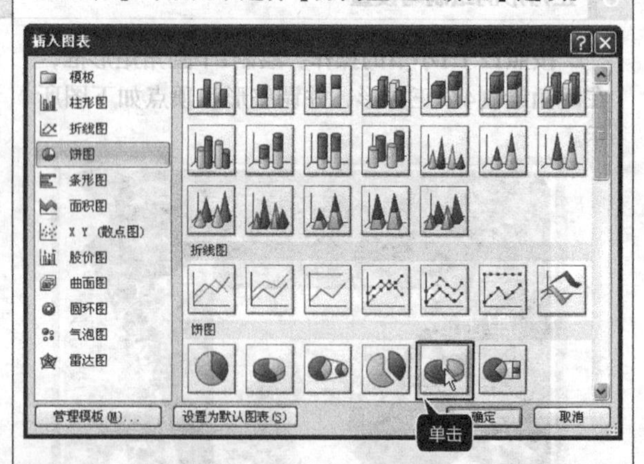

13 修改工作簿中的数据

在打开的Excel工作簿中修改数据如下。

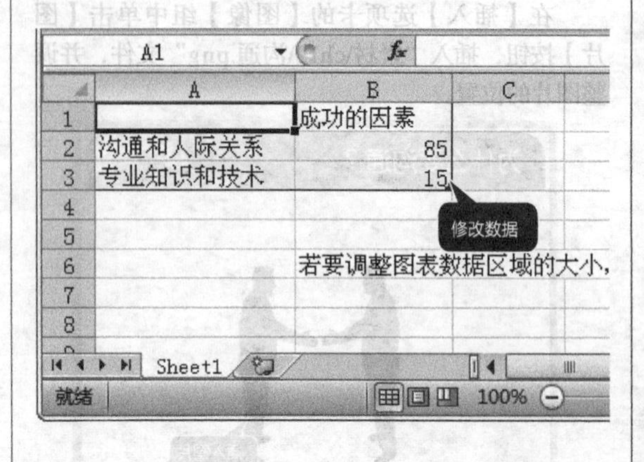

14 绘制其他角的形状

保存并关闭Excel工作簿即完成图表插入，在图表下方插入1个文本框，输入内容，并调整文字的字体、字号和颜色，如下图所示。

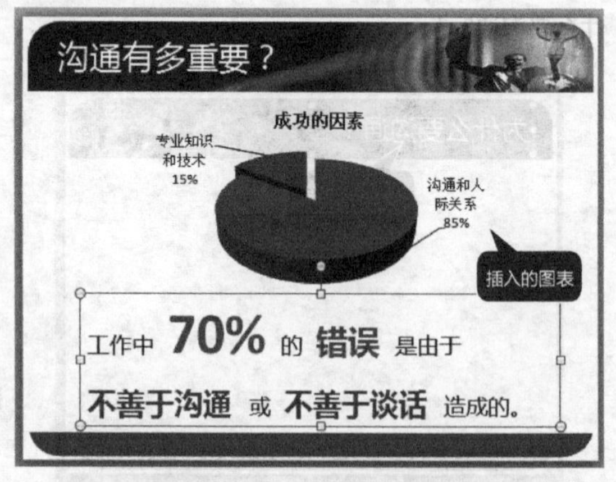

12.1.3 设计图形幻灯片

使用形状和SmartArt图形来直观地展示沟通的重要原则和实现高效沟通的步骤，构思效果图如下。

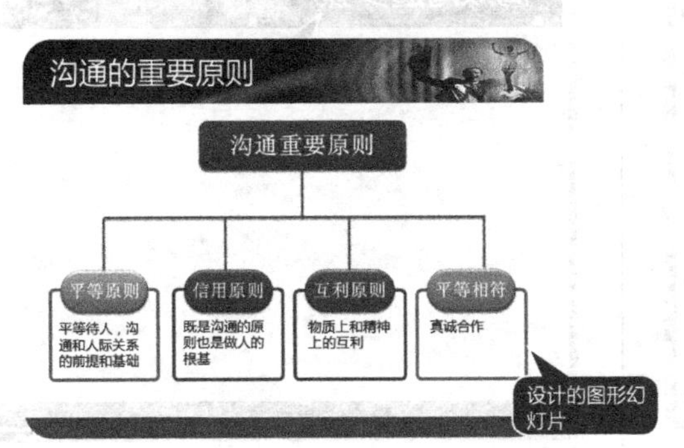

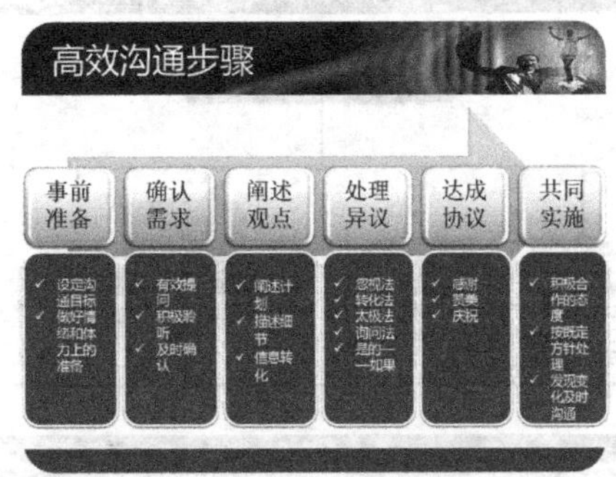

1 输入标题文字

新建1张【仅标题】幻灯片，并输入标题内容“沟通的重要原则”。

2 绘制圆角矩形

使用形状工具绘制5个圆角矩形，调整圆角矩形的圆角角度并分别应用一种形状样式。

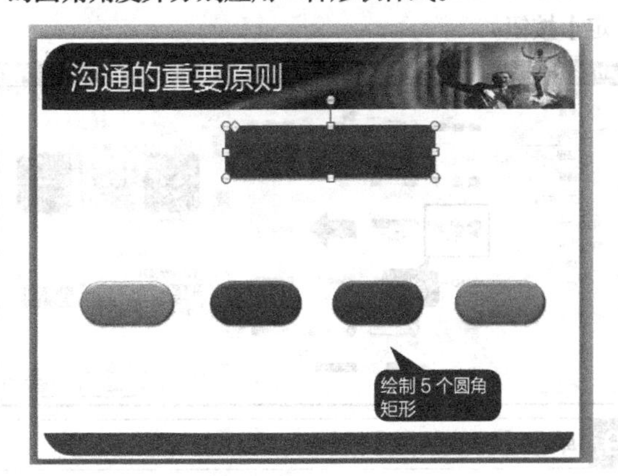

3 绘制圆角矩形

再绘制4个圆角矩形，设置【形状填充】为【无填充颜色】，分别设置【形状轮廓】为绿色、红色、蓝色和橙色。

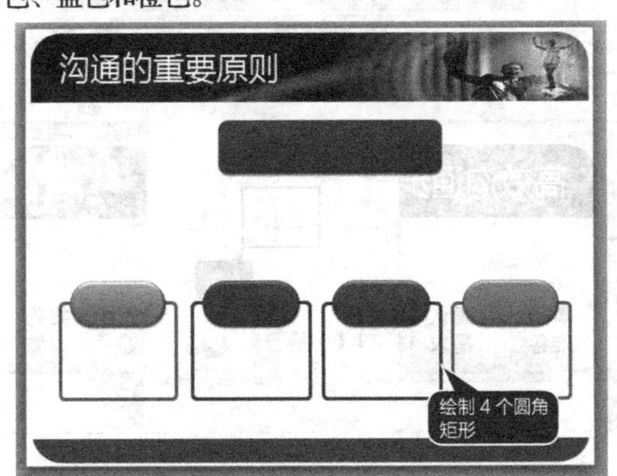

4 选择【编辑文字】选项

右击形状，在弹出的快捷菜单中选择【编辑文字】选项，输入文字，如下图所示。

5 绘制直线

绘制直线将图形连接起来。

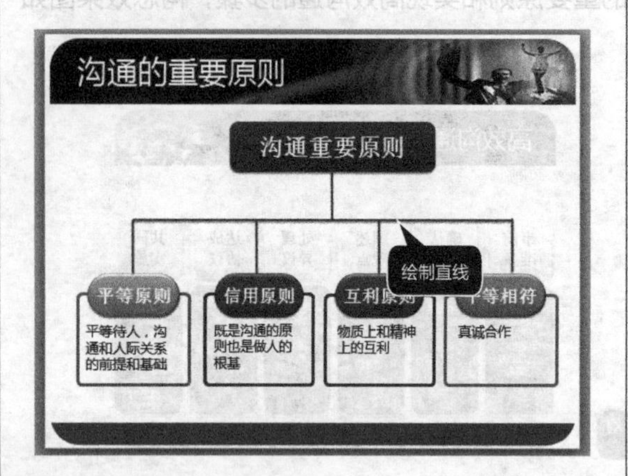

6 新建幻灯片并输入标题

新建1张【仅标题】幻灯片，并输入标题“高效沟通步骤”。

7 单击【SmartArt】按钮

在【插入】选项卡的【插图】组中单击【SmartArt】按钮，在弹出的【选择SmartArt图形】对话框中选择【连续块状流程】图形，单击【确定】按钮。

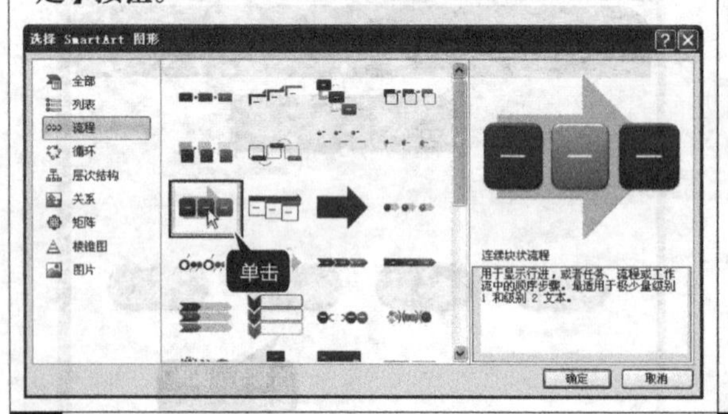

8 输入文字

在SmartArt图形中输入文字，如下图所示。

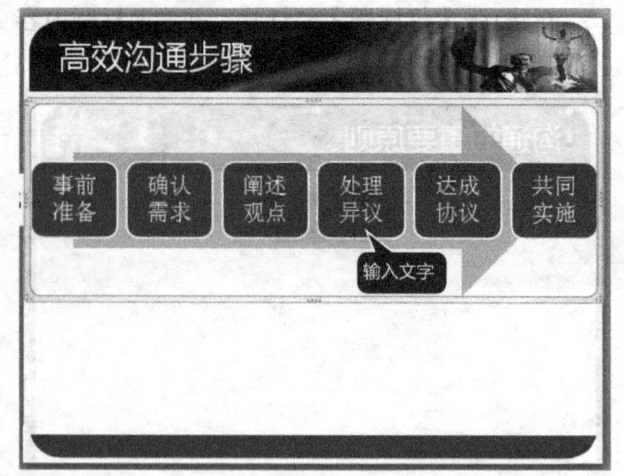

9 单击【更改颜色】按钮

选择SmartArt图形，在【设计】选项卡的【SmartArt样式】组中单击【更改颜色】按钮，在下拉列表中选择【彩色轮廓－强调文字颜色3】选项。

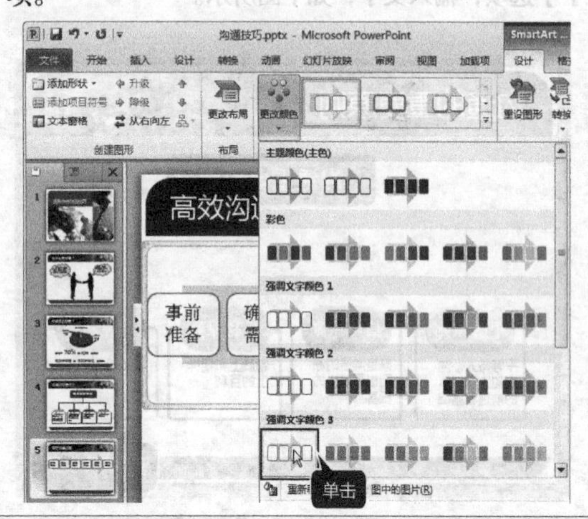

10 输入文字

单击【SmartArt样式】组中的▾按钮，在下拉列表中选择【嵌入】选项。

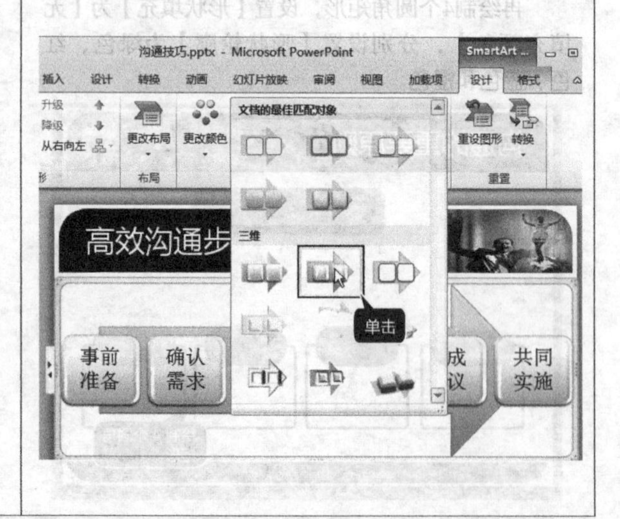

11 输入标题

在SmartArt图形下方绘制6个圆角矩形，并应用蓝色形状样式。

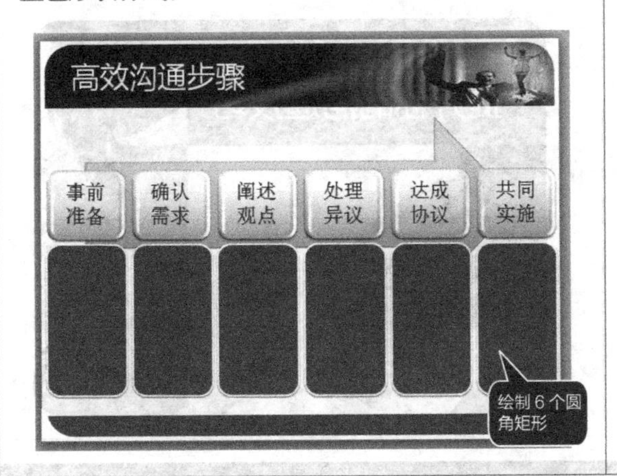

12 选择图表

在圆角矩形中输入文字，为文字添加“√”形式的项目符号，并设置字体颜色为“白色”，如下图所示。

12.1.4 设计结束幻灯片和切换效果

结束页幻灯片和首页幻灯片的背景一致，只是标题内容不同。

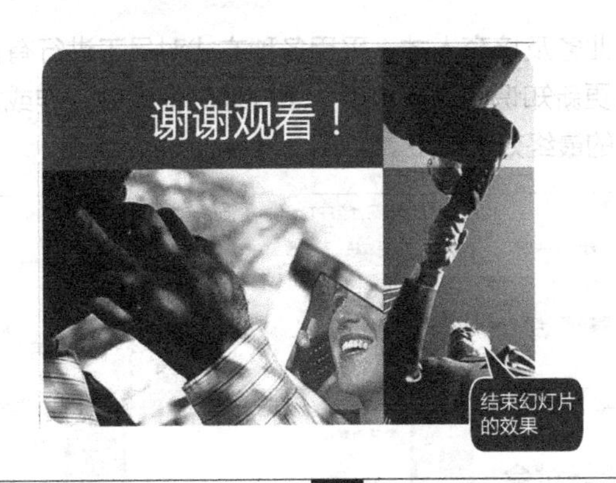

1 输入标题

新建1张【标题幻灯片】，并在标题文本框中输入“谢谢观看！”

2 应用淡出效果

选择第1张幻灯片，并在【转换】选项卡的【切换到此幻灯片】组中单击按钮，应用【淡出】效果。

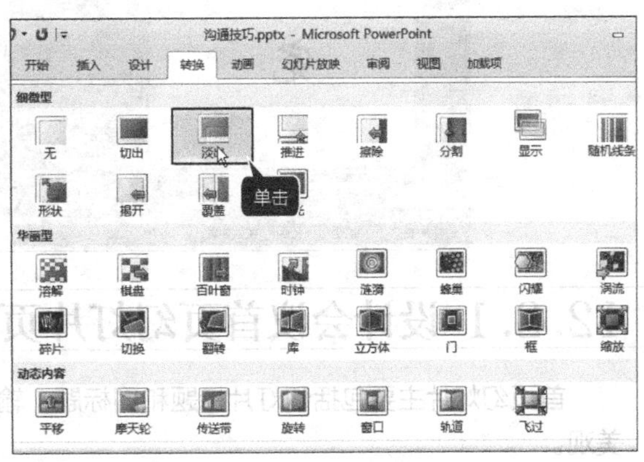

3 应用切换效果

分别为其他幻灯片应用切换效果，并单击【预览】按钮查看切换效果。

4 观看演示文稿放映

按【F5】快捷键观看演示文稿放映。

12.2 制作公司会议PPT

本节视频教学时间：42分钟

员工培训是公司为开展业务及培育人才，采用各种方式对员工进行有目的、有计划的培养和训练的管理活动，能使员工不断更新知识，开拓技能，更好地胜任现职工作或担负更高级别的职务，并提高工作效率。员工培训PPT的最终效果如下。

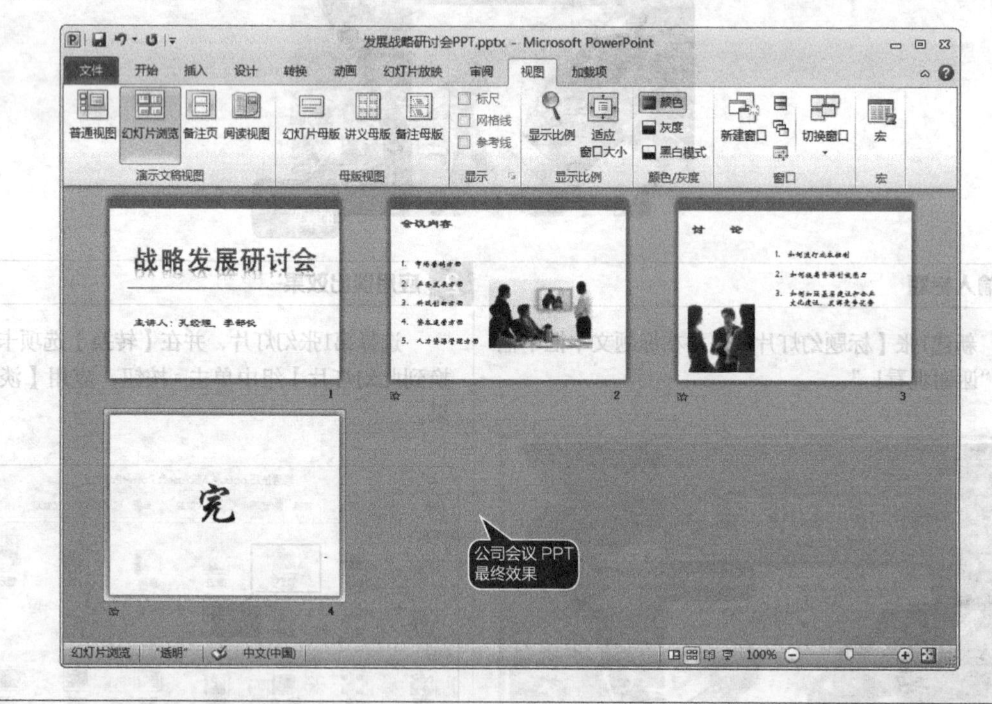

12.2.1 设计会议首页幻灯片页面

首页幻灯片主要包括幻灯片标题和副标题，输入标题文本后可对文本进行设置，使首页幻灯片更美观。

1 打开PPT

启动PowerPoint 2010应用软件，进入PowerPoint工作界面。

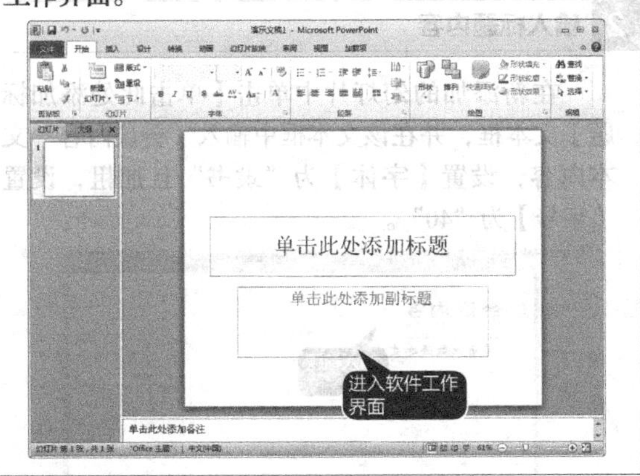

2 选择主题

在【设计】选项卡的【主题】组中单击【其他】按钮，在弹出的下拉菜单中选择【内置】区域中的【透明】选项。

3 选择艺术字

删除【单击此处添加标题】文本框，在【插入】选项卡的【文本】组中单击【艺术字】按钮，在弹出的下拉列表中选择【填充 - 褐色，强调文字颜色2，暖色粗糙棱台】选项。

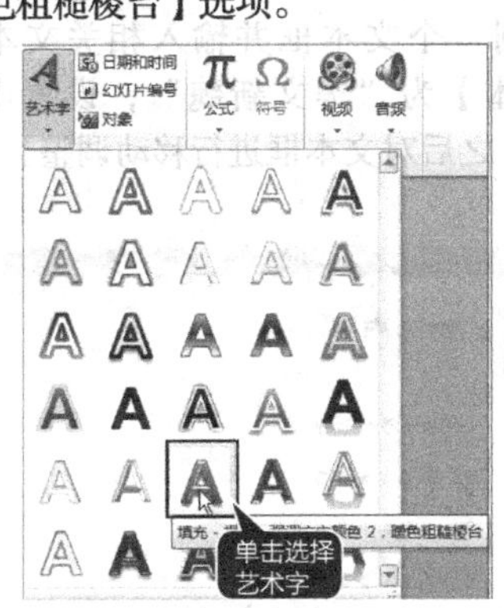

4 输入文本内容

在插入的艺术字文本框中输入“发展战略研讨会”文本内容，并设置【字号】为“80”，设置【字体】为“黑体”。

5 设置文字效果

选中艺术字，在【格式】选项卡的【艺术字样式】组中单击【文字效果】按钮，在弹出的下拉列表中选择【映像】区域下的【紧密映像，接触】选项。

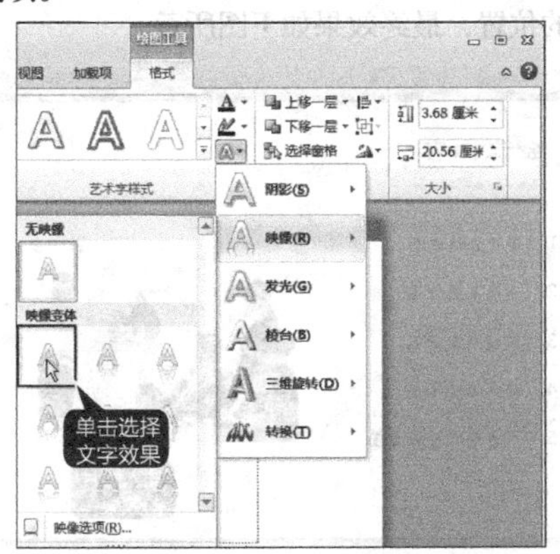

6 输入副标题

单击【单击此处添加副标题】文本框，并在该文本框中输入“主讲人：孔经理、李部长”文本内容，设置【字体】为“隶书”，设置【字号】为“35”，并拖曳文本框至合适的位置。

12.2.2 设计会议内容幻灯片页面

制作会议内容幻灯片的主要操作步骤如下。

1 新建幻灯片

在【开始】选项卡的【幻灯片】组中单击【新建幻灯片】按钮，在弹出的快捷菜单中选择【标题和内容】选项。

2 输入标题内容

在新添加的幻灯片中单击【单击此处添加标题】文本框，并在该文本框中输入“会议内容”文本内容，设置【字体】为“隶书”且加粗，设置【字号】为“40”。

3 选择【横排文本框】选项

将【单击此处添加文本】文本框删除，之后在【插入】选项卡的【文本】组中单击【文本框】按钮，在弹出的下拉菜单中选择【横排文本框】选项。

4 输入文本内容

绘制一个文本框并输入相关文本内容，设置【字体】为“华文新魏”，设置【字号】为“24”，之后对文本框进行移动调整。【字号】为“40”。

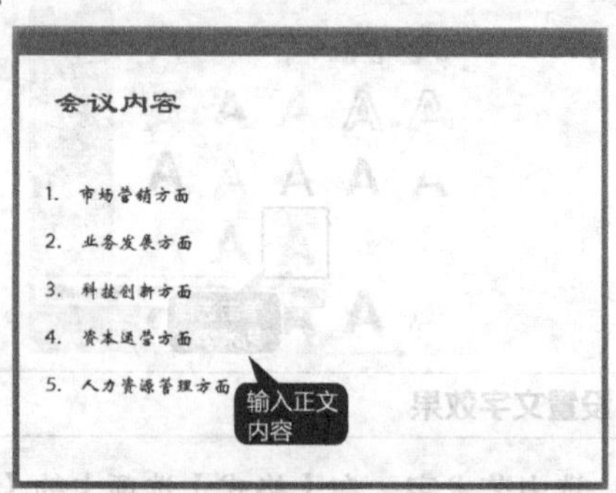

5 插入图片

在【插入】选项卡的【图像】组中单击【图片】按钮，在弹出的【插入图片】对话框中选择随书光盘中的“素材\ch12\会议.jpg”文件。

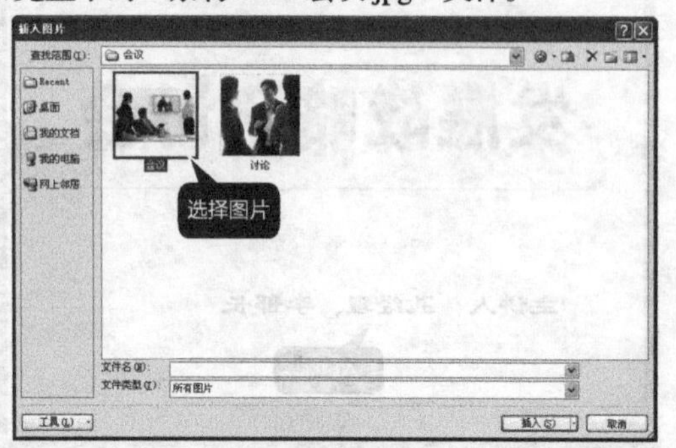

6 调整图片位置

单击【插入】按钮，将图片插入幻灯片并调整图片的位置，最终效果如下图所示。

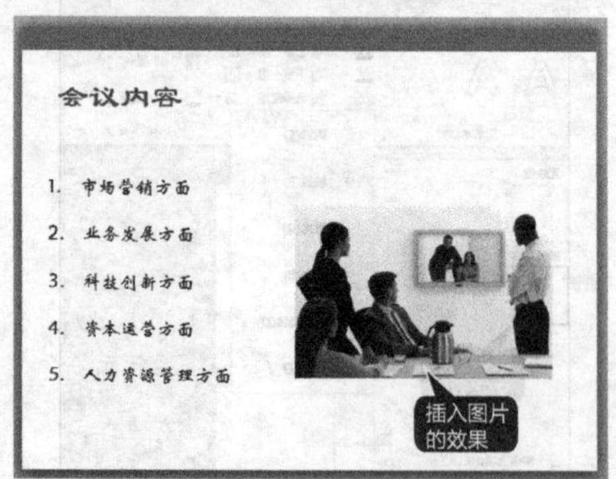

7 设置动画效果

选中文本框中的文字内容，在【动画】选项卡的【动画】组中单击【其他】按钮，在弹出的下拉列表中选择【飞入】选项为文本添加“飞入”动画效果。

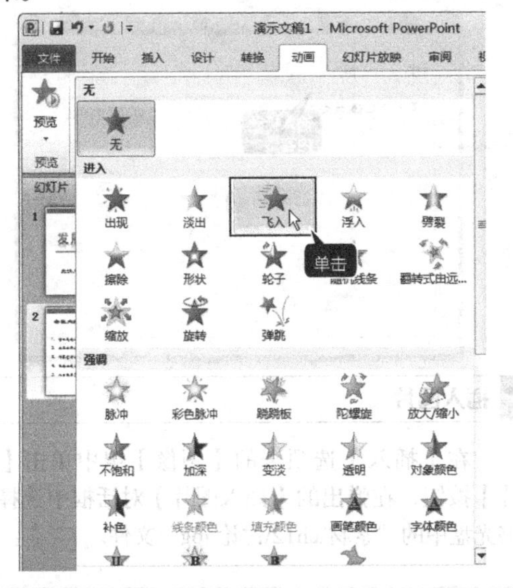

8 设置文字动画效果

在【动画】选项卡的【高级动画】组中单击【动画窗格】按钮，弹出【动画窗格】窗口。单击【动画窗格】中的动画选项右侧的下拉按钮，依次设置2～5行文字的动画效果为“从上一项之后开始”。

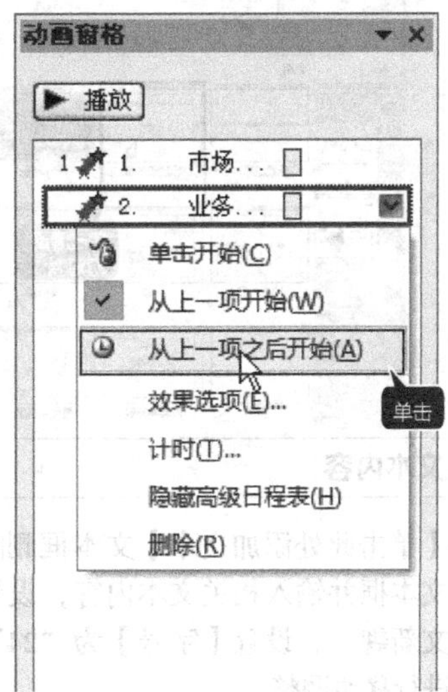

9 设置图片的动画为“淡出”

选中图片，设置图片的动画为“淡出”，在【动画窗格】窗口中设置动画效果为“从上一项之后开始”，【动画窗格】窗口的最终效果如下图所示。

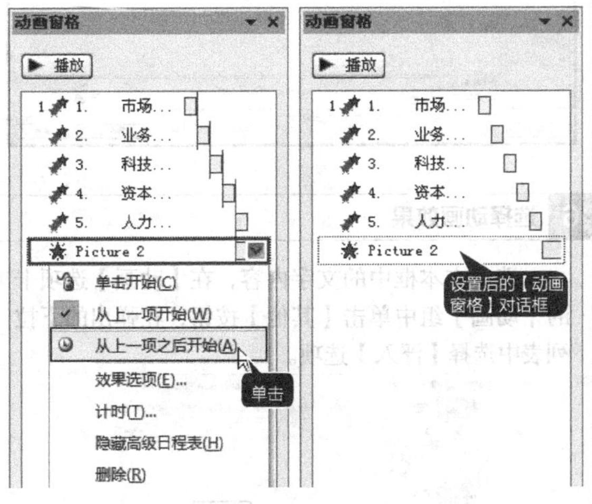

10 设置切换效果

在【转换】选项卡的【切换到此幻灯片】组中单击【其他】按钮 ，在弹出的下拉列表中选择【随机线条】选项，为本张幻灯片设置切换效果。

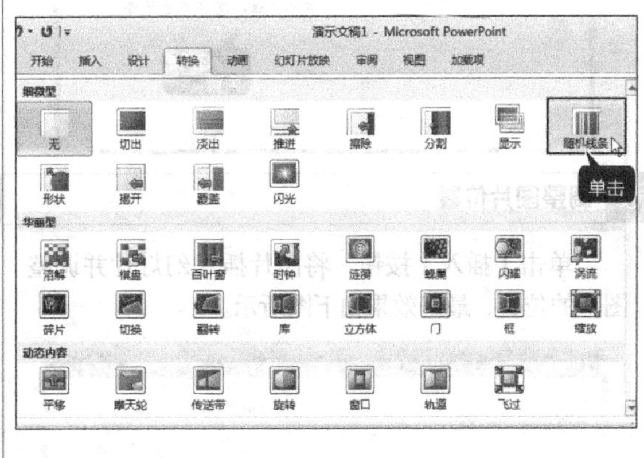

12.2.3 设计会议讨论幻灯片页面

会议讨论幻灯片主要呈现会议的主要讨论内容，一般以大纲形式展示。我们也可以在该幻灯片中插入一个图片，让幻灯片内容更饱满。

1 新建幻灯片

在【开始】选项卡的【幻灯片】组中单击【新建幻灯片】按钮，在弹出的快捷菜单中选择【标题和内容】选项。

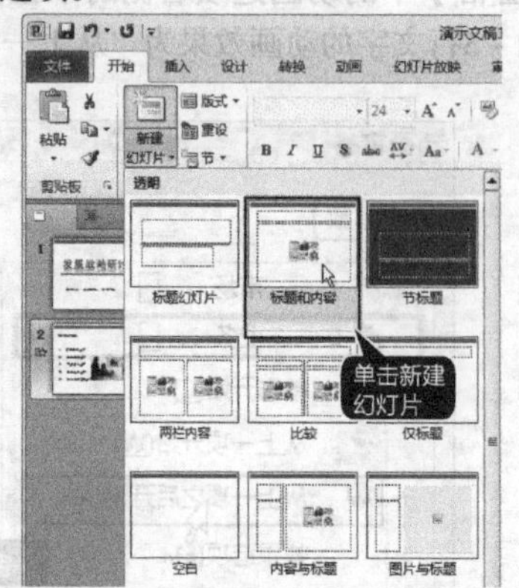

2 输入标题

在新添加的幻灯片中单击【单击此处添加标题】文本框，并在该文本框中输入“讨论”文本内容，设置【字体】为“隶书”且加粗，设置【字号】为“40”。

3 输入文本内容

将【单击此处添加文本】文本框删除，之后绘制一个文本框并输入相关文本内容，设置【字体】为“华文新魏”，设置【字号】为“24”，然后对文本框进行移动调整。

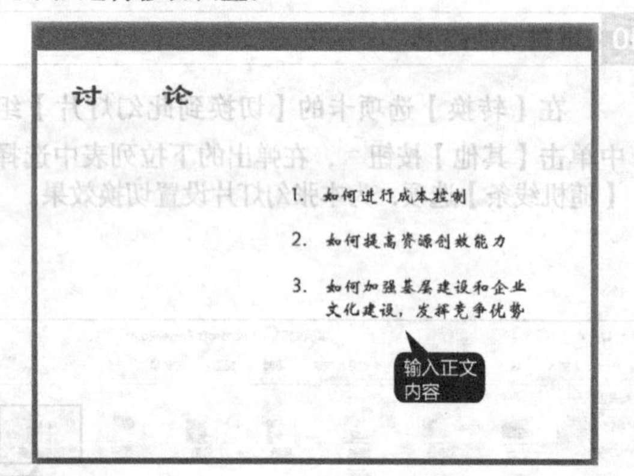

4 插入图片

在【插入】选项卡的【图像】组中单击【图片】按钮，在弹出的【插入图片】对话框中选择随书光盘中的“素材\ch12\讨论.jpg”文件。

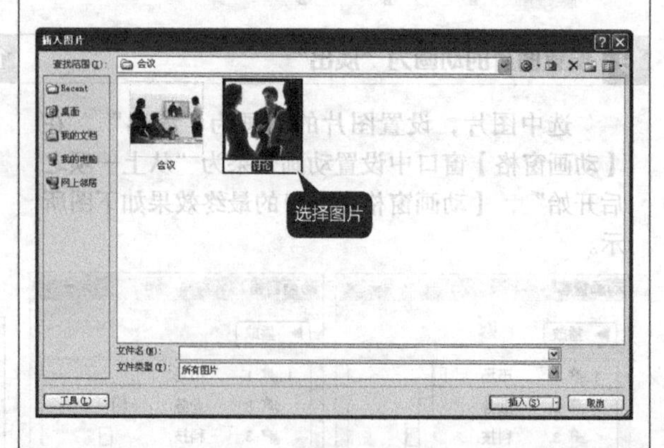

5 调整图片位置

单击【插入】按钮，将图片插入幻灯片并调整图片的位置，最终效果如下图所示。

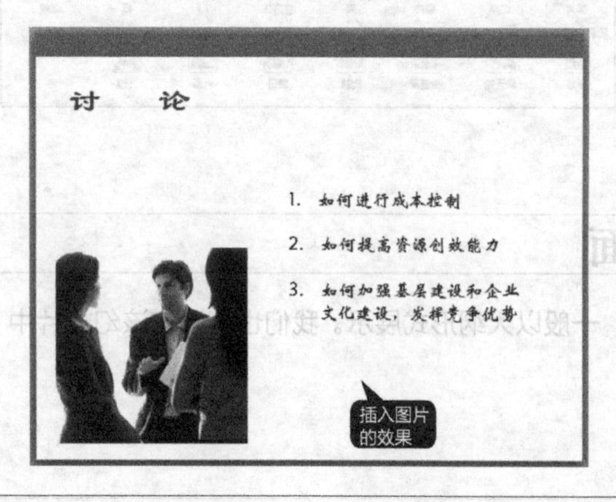

6 选择动画效果

选中文本框中的文字内容，在【动画】选项卡的【动画】组中单击【其他】按钮，在弹出的下拉列表中选择【浮入】选项。

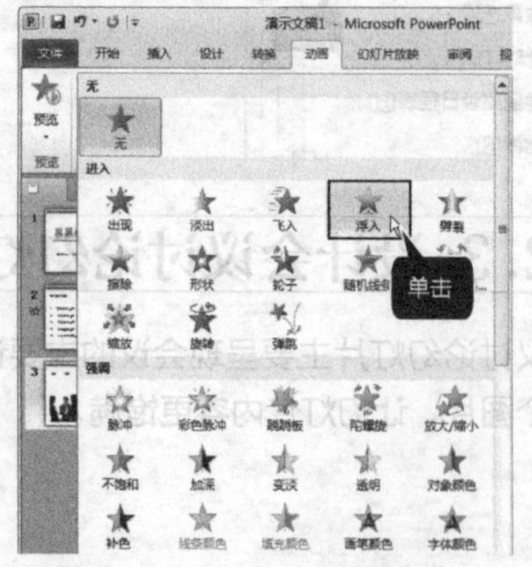

7 设置文字动画效果

在【动画】选项卡的【高级动画】组中单击【动画窗格】按钮，弹出【动画窗格】。单击【动画窗格】窗口中的动画选项右侧的下拉按钮，设置2～4行文字的动画效果为“从上一项之后开始”，最终效果如下图所示。

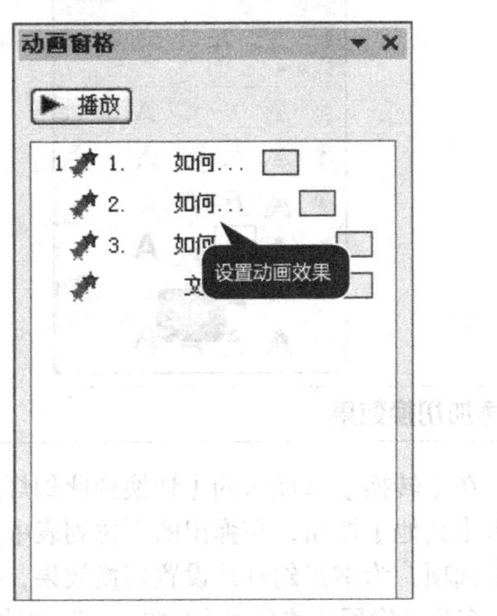

8 设置图片的动画为“淡出”

选中图片，设置图片的动画为“淡出”，在【动画窗格】窗口中设置动画效果为“从上一项之后开始”，【动画窗格】窗口的最终效果如下图所示。

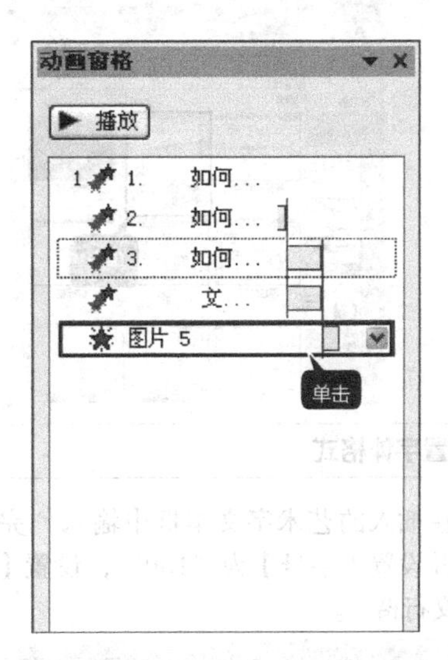

9 选择【计时】选项

选中图片，在【动画窗格】窗口中单击右边的下三角按钮，在弹出下拉列表中选择【计时】选项。

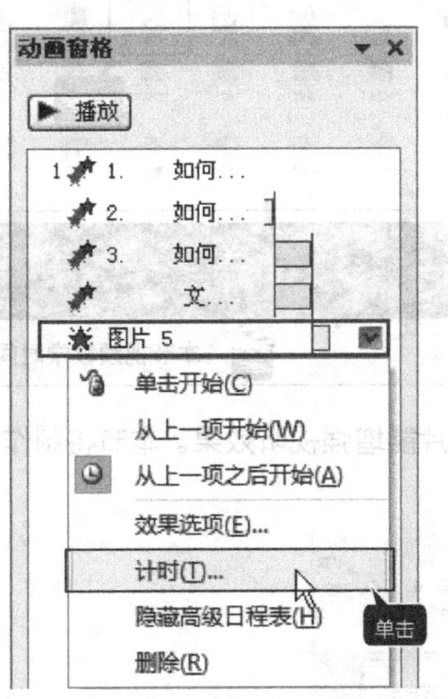

10 设置【期间】数值

在弹出【淡出】对话框，设计【期间】值为“慢速（3秒）”，单击【确定】按钮，关闭【淡出】对话框，在【转换】选项卡的【切换到此幻灯片】组中单击【其他】按钮，在弹出的下拉列表中选择【立方体】选项，为本张幻灯片设置切换效果。

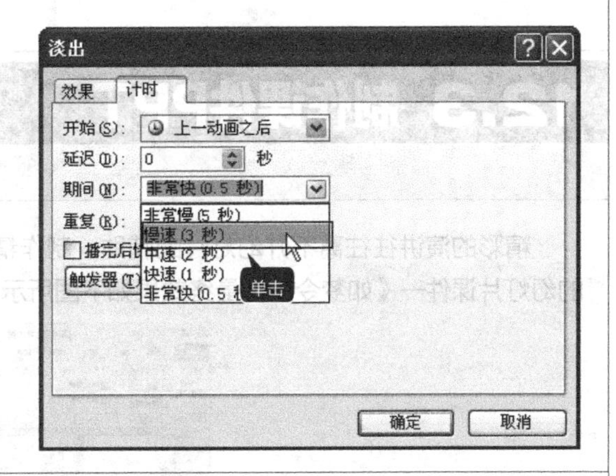

12.2.4 设计会议结束幻灯片页面

对于正式的演讲来说，结束幻灯片很重要，它可以让演示文稿显得更为完整。设计会议结束幻灯片页面的步骤如下。

1 新建幻灯片

在【开始】选项卡的【幻灯片】组中单击【新建幻灯片】按钮，在弹出的快捷菜单中选择【空白】选项。

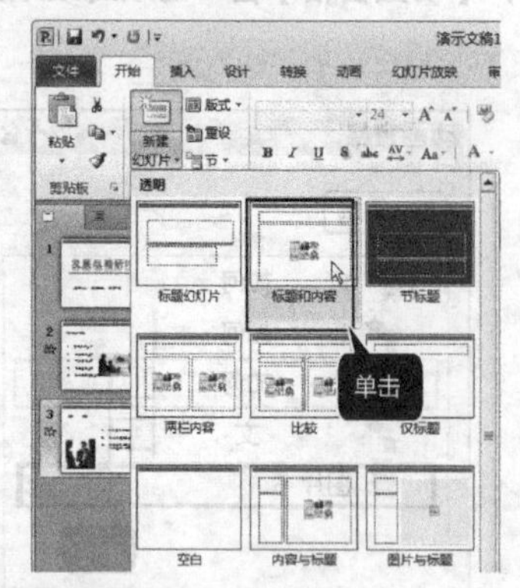

2 选择艺术字效果

删除新插入幻灯片页面中的所有文本框，在【插入】选项卡的【文本】组中单击【艺术字】按钮，在弹出的下拉列表中选择【渐变填充－黑色，轮廓－白色，外部阴影】选项。

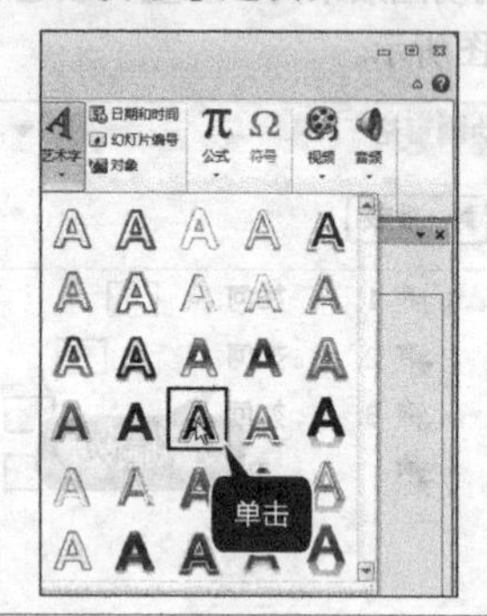

3 设置字体格式

在插入的艺术字文本框中输入“完”文本内容，并设置【字号】为“150”，设置【字体】为“华文行楷”。

4 添加切换效果

在【转换】选项卡的【切换到此幻灯片】组中单击【其他】按钮，在弹出的下拉列表中选择【涟漪】选项，为本张幻灯片设置切换效果，并将幻灯片保存为“发展战略研讨会PPT.pptx”文件。

12.3 制作课件PPT

本节视频教学时间：11分钟

精彩的演讲往往离不开幻灯片的辅助，制作精美的幻灯片能增强视听效果。本节将制作一个精彩的幻灯片课件—《如梦令》，最终效果如下图所示。

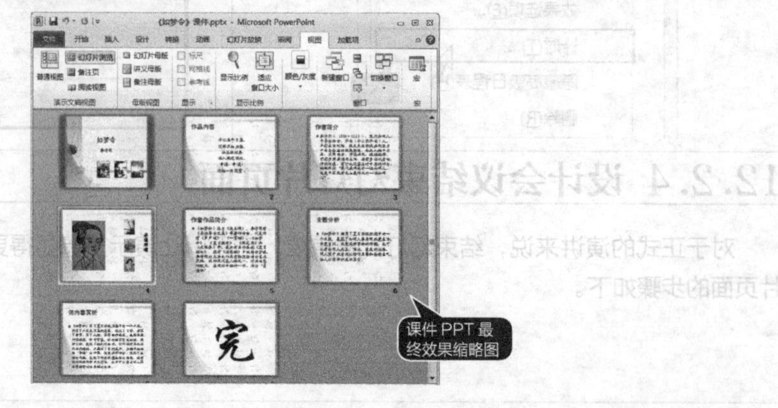

1 打开随书光盘中的课件

打开随书光盘中的“素材\ch12\《如梦令》课件.pptx”文件。

2 标题的输入与设置

选择第1张幻灯片，单击【单击此处添加标题】文本框，添加标题内容为“如梦令”文本内容，并设置【字体】为“黑体（标题）”，设置字号为“48”，并进行居中显示。之后单击【单击此处添加副标题】文本框，添加标题内容为“李清照”文本内容，并设置【字体】为“楷体_GB2313”，设置字号为“32”。最终效果如下图所示。

3 输入作品内容

选择第2张幻灯片，单击【单击此处添加标题】文本框，添加标题内容为“作品内容”文本内容，并设置【字体】为“黑体（标题）”，设置字号为“44”，并设置文本左对齐。然后单击【单击此处添加文本】文本框，将随书光盘中的“素材\ch12\作品内容.txt”文件中的内容粘贴进来，并设置字体为“楷体_GB2313”，设置字号为“32”，并进行文本居中对齐显示。最终效果如下图所示。

作品内容

常记溪亭日暮，
沉醉不知归路。
兴尽晚回舟，
误入藕花深处。
争渡，争渡，
惊起一滩鸥鹭。

作品内容的输入与设置

4 输入作者简介

选择第3张幻灯片，单击【单击此处添加标题】文本框，添加标题内容为“作者简介”文本内容，并设置【字体】为“黑体（标题）”，设置字号为“44”，并进行文本左对齐显示。然后单击【单击此处添加文本】文本框，将随书光盘中的“素材\ch12\作者简介.txt”文件中的内容粘贴进来，并设置字体为“楷体_GB2313”，设置字号为“32”。最终效果如下图所示。

作者简介

- 李清照（1084－1155），宋代女词人，号易安居士，济南（今山东济南）人。早期生活优裕，跟丈夫赵明诚共同致力于书画金石的搜集整理。金兵入据中原后，流离南方，明诚病死，境遇孤苦。前期多写其悠闲生活，后期多悲叹身世，情调伤感，有时也流露出对中原的怀念。她被称为“宋代最伟大的一位女词人，也是中国文学史上最伟大的一位女词人”。

作者简介的输入与设置

5 插入图片

选择第4张幻灯片，在【插入】选项卡的【图像】组中单击【图片】按钮，在弹出的【插入图片】对话框中选择光盘中的“素材\ch12\李清照1.JPG”文件，然后单击【插入】按钮插入该图片。

6 插入其他图片

按照步骤5的方法，插入随书光盘中的“素材\ch12\李清照2.JPG、李清照3.JPG和李清照4.JPG”文件，并对插入的所有图片进行拖曳排放。

7 输入作者作品简介内容

选择第5张幻灯片，单击【单击此处添加标题】文本框，添加标题内容为“作者作品简介”，并设置字体为“黑体（标题）”，字号为“44”，并设置文本左对齐。然后单击【单击此处添加文本】文本框，将随书光盘中的“素材\ch12\作者作品简介.txt”文件中的内容粘贴进来，并设置字体为“楷体_GB2313”，字号为“32”。

作者作品简介

- 《如梦令》选自《漱玉词》。李清照有《易安居士文集》等著作传世。代表作有《声声慢》、《一剪梅》、《如梦令》、《夏日绝句》、《醉花阴》和《武陵春》等。最为有名的要数《夏日绝句》，还有《渔家傲》中婉转的梦境。李清照的文学创作具有鲜明独特的艺术风格，婉约派代表人物之一，对后世影响较大，在词坛中独树一帜，称为“易安体”。

作者作品简介内容的输入与设置

8 输入主题分析内容

选择第6张幻灯片，单击【单击此处添加标题】文本框，添加标题内容为“主题分析”文本内容，并设置字体为“黑体（标题）”，设置字号为“44”，并设置文本左对齐。然后单击【单击此处添加文本】文本框，将随书光盘中的“素材\ch12\主题分析.txt”文件中的内容粘贴进来，并设置字体为“楷体_GB2313”，字号为“32”。

主题分析

- 《如梦令》描写了夏日游饮归途中的一个片段，表现了女词人李清照热爱生活、热爱自然、热爱美好事物的情操，也可以看出词人天真、活泼、豪爽的性格。词人赋予大自然以诗情画意和勃勃生气，给人以清新的美的享受。

9 输入词内容欣赏内容

选择第7张幻灯片，单击【单击此处添加标题】文本框，添加标题内容为“词内容赏析”文本内容，并设置字体为“黑体（标题）”，设置字号为“44”，并设置文本左对齐。然后单击【单击此处添加文本】文本框，将随书光盘中的“素材\ch12\词内容赏析.txt”文件中的内容粘贴进来，并设置字体为“楷体_GB2313”，设置字号为“28”。最终效果如下图所示。

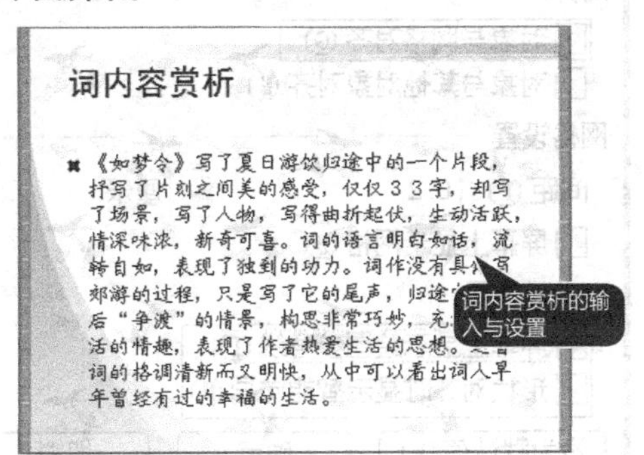

10 输入“完”字

选择第8张幻灯片，单击【单击此处添加文本】文本框，输入一个“完”字，并设置字体为“华文行楷”，设置字号为“400”，并设置文本框中的文字中部对齐。最终效果如下图所示。

举一反三

通过本章的学习，我们了解到在幻灯片的制作过程中，丰富的内容才是王道。掌握了这点，我们才能制作出符合大众需求的幻灯片。在制作教学课件及学术报告等演示文稿时，引人入胜、言之有物的内容才是幻灯片成功的关键。

高手私房菜

技巧1：快速对齐图形等对象

在PowerPoint中我们可以通过参考线快速对齐页面中的图像、图形等元素，从而使得版面更为整齐美观。

1 插入图片

新建一个演示文稿后，插入3张图片。

2 【网格线和参考线】对话框

在【视图】选项卡的【显示】组中单击右下角的【网格设置】按钮，在弹出的【网格线和参考线】对话框中单击选中【对齐】区域的【对象与网格对齐】复选框和【参考线设置】区域的【屏幕上显示绘图参考线】复选框，并单击【确定】按钮。

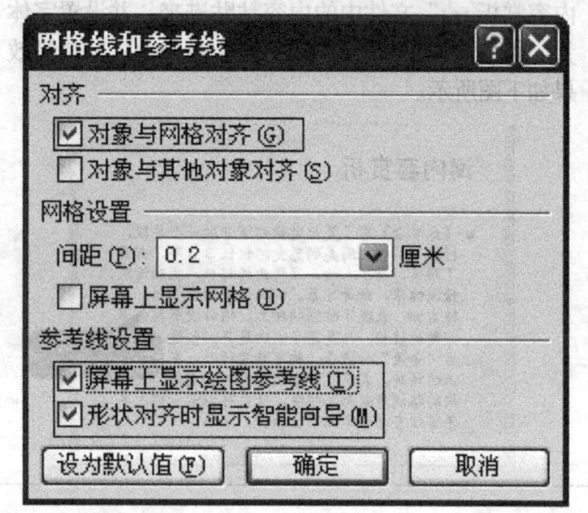

3 显示十字参考线

在【视图】选项卡的【显示】组中单击选中【参考线】复选框，【幻灯片】窗格视图中就会显示出十字参考线。

4 拖动图像

选中【幻灯片】窗格中的图像，并拖动至十字参考线附近。此时，选中的图像会被自动吸附到参考线的位置。

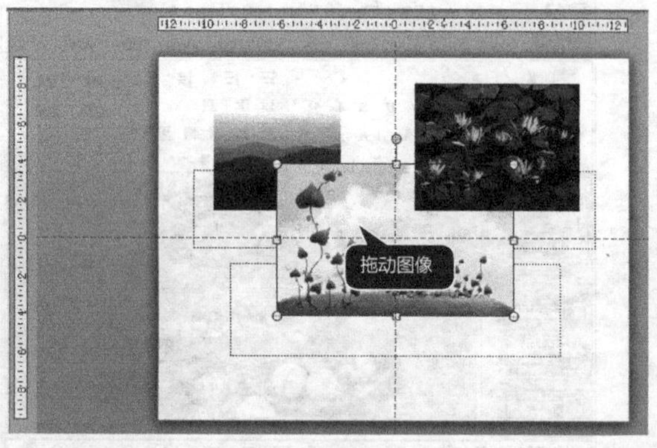

技巧2：让PPT一目了然的方法

堆积较多的文字往往影响PPT的观赏效果，下面介绍使PPT简洁明了的技巧。

(1) 无论标题还是内容，字要少、要简洁。

(2) 突出关键，提炼要点。

(3) 把繁杂内容以多张幻灯片来呈现，或重复利用图表、备注等形式。

(4) 统一标题、字体、字号、配色方案及模板风格等。

(5) 少用特效。

第 13 章

让别人快速明白你的意图
——报告型 PPT 实战

本章视频教学时间：2 小时 4 分钟

烦琐的数据容易使观众产生疲倦感，我们可以通过各种图表和图形将这些数据以最直观的形式展示给观众，让观众迅速明白数据间的关联及更深层含义，从而为抉择提供依据。

【学习目标】

- 通过本章的学习，可以对报告型 PPT 的应用有所了解。

【本章涉及知识点】

- 食品营养报告 PPT
- 服装市场研究报告 PPT
- 营销会议报告 PPT

13.1 食品营养报告PPT

本节视频教学时间：46分钟

食品的营养取决于其各种营养素的含量，本PPT通过图形、文字、表格及图表直观、形象地展示了食品营养的相关知识。最终PPT的效果如下图所示。

13.1.1 设计幻灯片母版

除首页和结束页幻灯片，其他幻灯片均使用含有食品图片的标题框和渐变色背景，因而可在母版中统一设计。

1 启动PowerPoint 2010

启动PowerPoint 2010，进入PowerPoint工作界面。

2 切换到幻灯片母版视图

在【视图】选项卡的【母版视图】中单击【幻灯片母版】按钮，切换到幻灯片母版视图，并在左侧列表中单击第1张幻灯片。

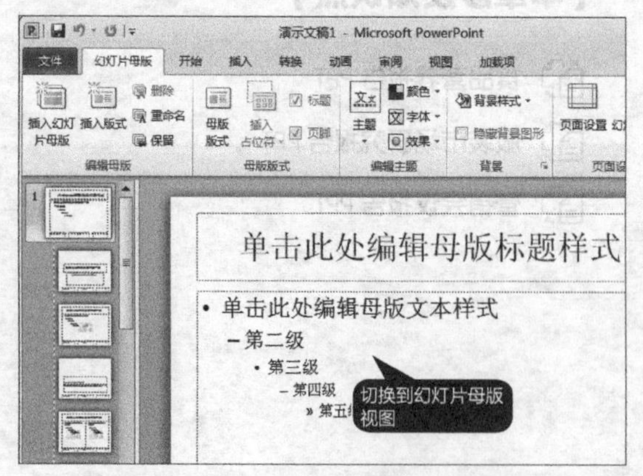

3 选择【沉稳】选项

在【幻灯片母版】选项卡的【编辑主题】组中单击【颜色】按钮，在弹出的下拉列表中选择【沉稳】选项。

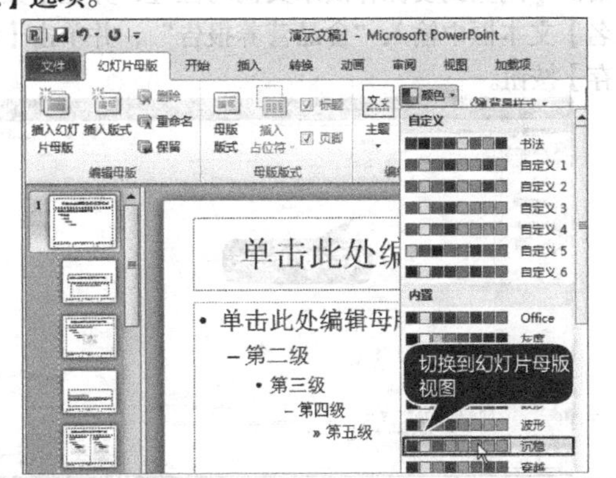

4 调出【设置背景格式】对话框

在【幻灯片母版】选项卡的【背景】组中单击右侧按钮，弹出【设置背景格式】对话框。

5 设置填充

设置填充为【渐变填充】样式，设置【类型】为“射线”，【方向】为“中心辐射”，选择【颜色】为“茶色”。

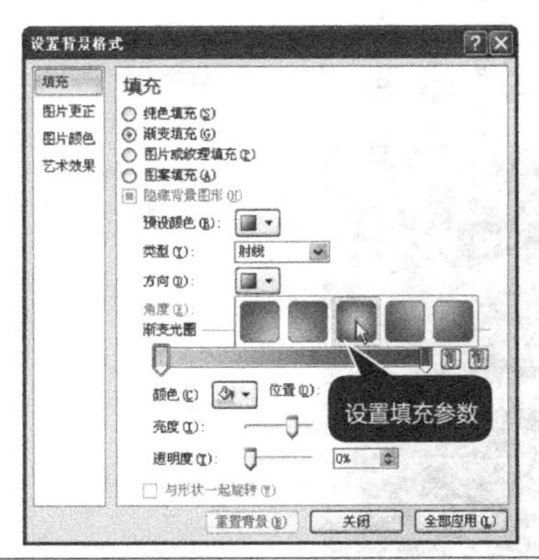

6 应用母版样式

单击对话框中的【关闭】按钮，母版中所有的幻灯片即应用此样式。

7 矩形框的绘制与设置

绘制一个矩形框，宽度和幻灯片的宽度一致，并设置【形状填充】的【主题颜色】为“橄榄色，文字2，淡色80%”，设置【形状轮廓】为“无轮廓”。调整标题文本框的大小和位置，并设置文本框内文字的字体为“微软雅黑”，字号为“32”。

8 绘制其他角的形状

在【插入】选项卡的【图像】组中单击【图片】按钮，在弹出的【插入图片】对话框中浏览到“素材\ch13\食品营养报告”文件夹，选择“图片1.png”、“图片2.png”和“图片3.png”，单击【插入】按钮，将图片插入到母版中。

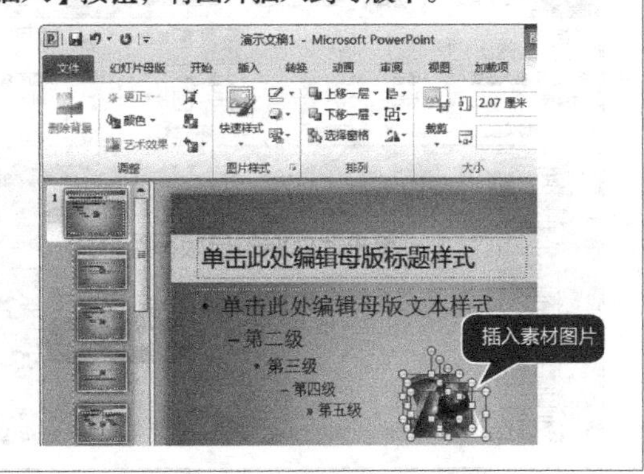

9 设置标题框字体

调整图片的位置，如下图所示进行排列。

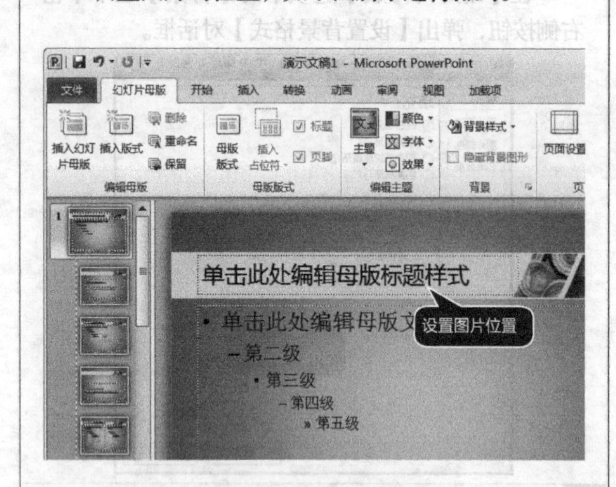

10 保存幻灯片母版

单击【关闭母版视图】按钮，再单击快速访问工具栏中的【保存】按钮，在弹出的【另存为】对话框中浏览到要保存演示文稿的位置，并在【文件名】文本框中输入"食品营养报告"，并单击【保存】按钮。

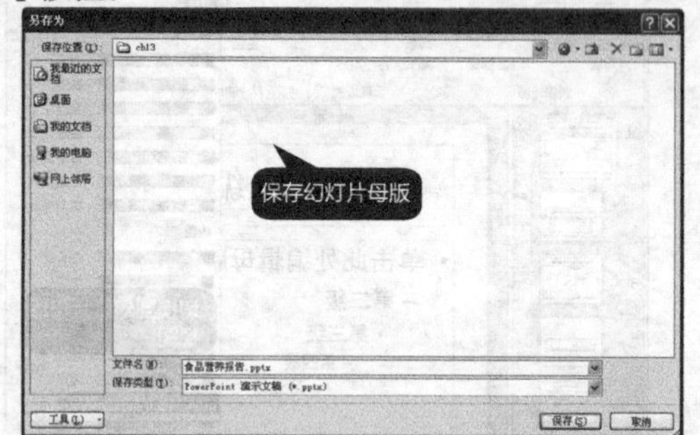

13.1.2 设计首页效果

首页幻灯片是幻灯片的门面，直接影响幻灯片的整体效果，所以在制作首页前一定要设计好各种元素。下面是本节要设计的首页幻灯片的效果图。

1 切换到母版视图

在【视图】选项卡的【母版视图】组中单击【幻灯片母版】按钮，切换到母版视图。

2 单击选中【隐藏背景图形】复选框

在左侧列表中选择第2张幻灯片，单击选中【背景】组中的【隐藏背景图形】复选框，从而隐藏母版中添加的图形。

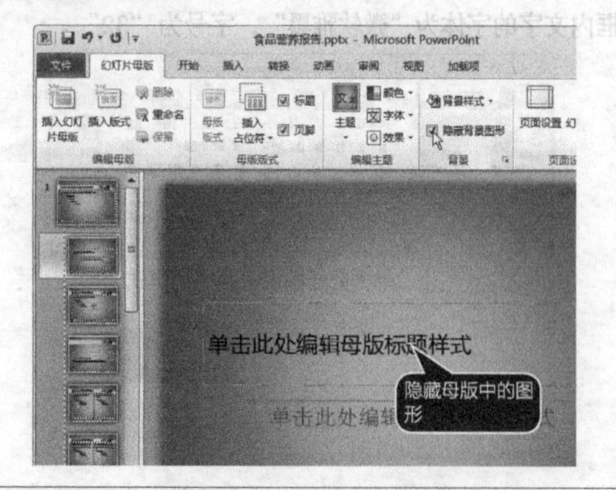

3 背景设置

在右侧的幻灯片上单击鼠标右键，在弹出的快捷菜单中选择【设置背景格式】选项，在弹出对话框的【填充】区域中单击选中【图片或纹理填充】单按项，并单击【文件】按钮。

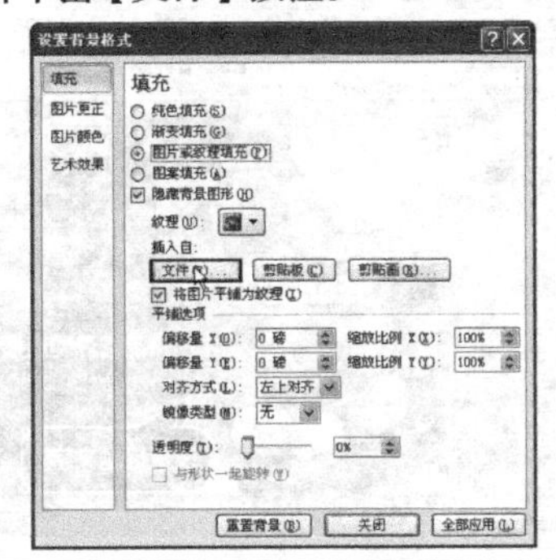

4 选择插入图片

在弹出的【插入图片】对话框中浏览到“素材\ch13\食品营养报告”文件夹，选择“背景.jpg”文件，单击【插入】按钮。

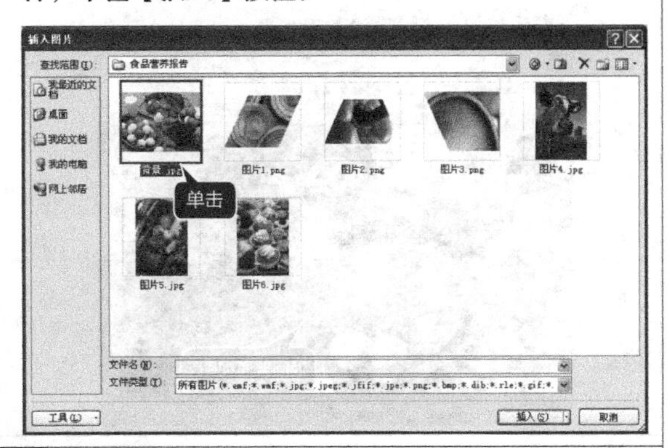

5 返回母版视图

单击【设置背景格式】对话框中的【关闭】按钮，返回母版视图，插入的图片就会成为幻灯片的背景。

6 插入图片文件

在【插入】选项卡的【图像】组中单击【图片】按钮，再次插入“素材\ch13\食品营养报告\背景.jpg”文件。

7 裁剪图片

选中插入的图片，选择【图片工具】➤【格式】选项卡，单击【大小】组中的【裁剪】按钮，裁剪图片。

8 设置图片艺术效果

选择裁剪后的图片，单击【调整】选项卡中的【艺术效果】按钮，在弹出的列表中选择【艺术效果】选项，设置【艺术效果】为“虚化”，设置【辐射】为“36”，单击【关闭】按钮。

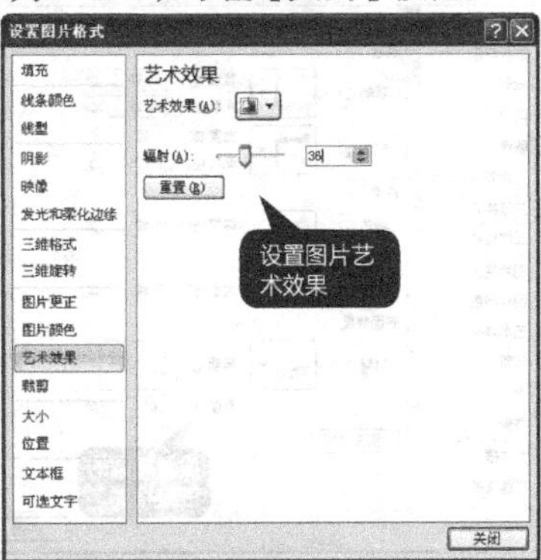

9 返回普通视图

单击【幻灯片母版】选项卡中的【关闭母版视图】按钮，返回普通视图，设置的首页如下图所示。

10 设置标题

在幻灯片上输入标题“食品与营养”和副标题“——中国食品营养调查报告”，并设置字体、颜色、字号和艺术字样式，最终效果如下图所示。

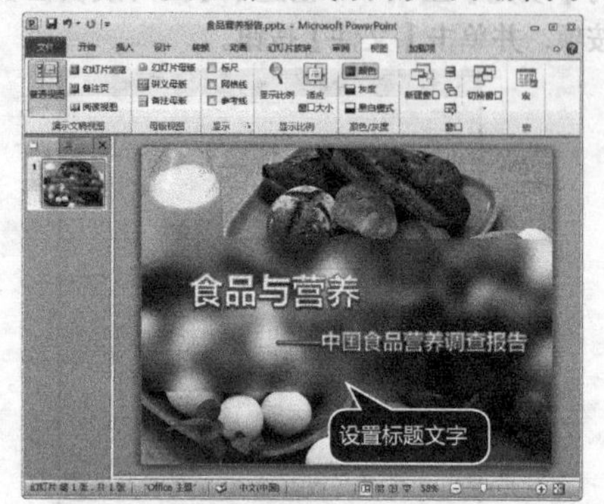

13.1.3 设计食品分类幻灯片

在介绍食品时自然要对食品分类进行介绍。

1 输入标题

新建一张幻灯片，在标题文本框中输入“食品来源分类”，并删除下方的文本框。

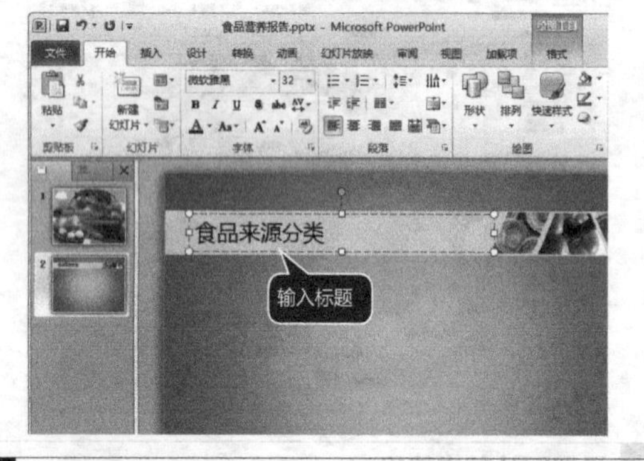

2 应用【形状样式】

在幻灯片上使用形状工具绘制一个椭圆，并应用【形状样式】组中的玫瑰红样式。

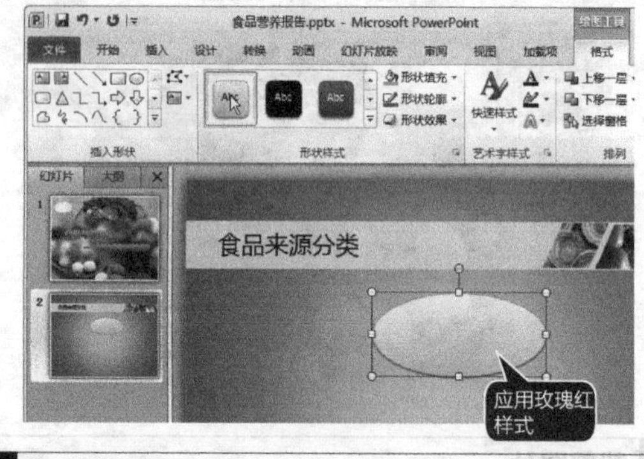

3 设置形状格式

在椭圆的上方再绘制一个椭圆，应用【形状样式】区域中的绿色样式，再设置椭圆的三维格式参数。

4 绘制箭头

设置椭圆后，使用形状工具绘制一个左方向箭头，并填充为红色渐变色。

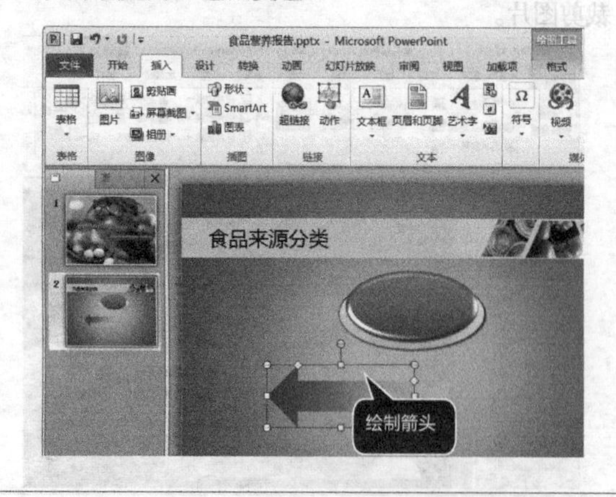

5 编辑箭头

选择箭头并单击鼠标右键，在弹出的快捷菜单中选择【编辑顶点】选项，箭头周围会出现7个小黑点，选择右下角的黑点并单击鼠标右键，在弹出的快捷菜单中选择【删除顶点】选项。

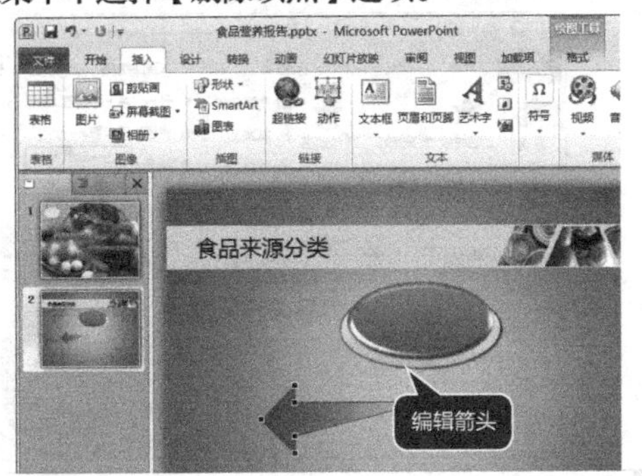

6 调整箭头后的效果

此时在箭头周围出现8个控制点，拖动控制点调整箭头形状，调整后如下图所示。

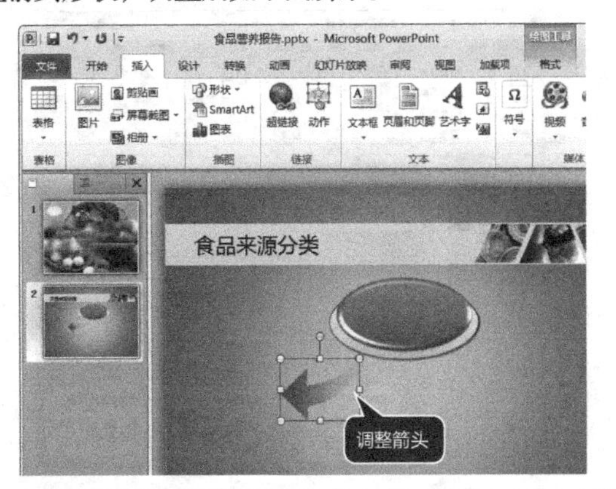

7 绘制其他箭头

按照上面的操作步骤，绘制下方向箭头和右方向箭头。

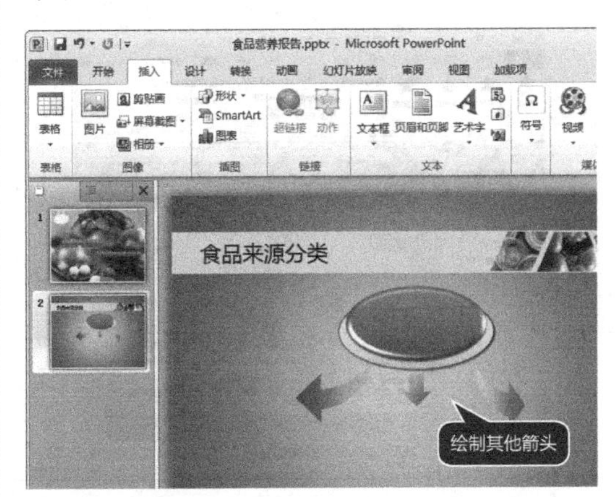

8 输入图片

在【插入】选项卡的【图像】组中单击【图片】按钮，插入"素材\ch13\食品营养报告"文件夹中的"图片4.jpg"、"图片5.jpg"和"图片6.jpg"，调整大小并排列为如下所示。

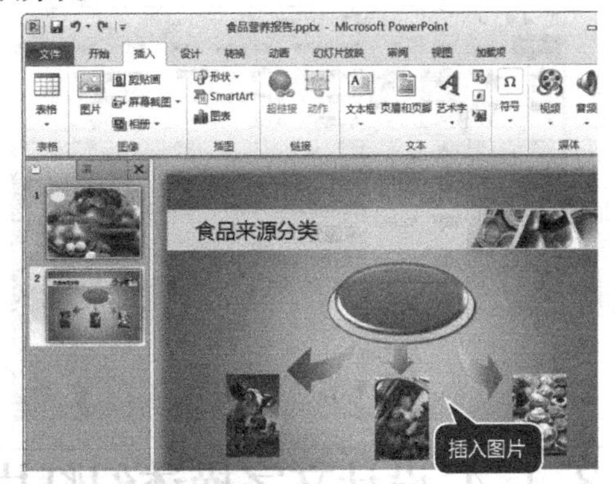

9 绘制矩形并输入文字

绘制3个圆角矩形，并设置【形状填充】为"白色"、【形状轮廓】为"浅绿"，然后在形状上单击鼠标右键，选择【编辑文字】选项，输入相应的文字。

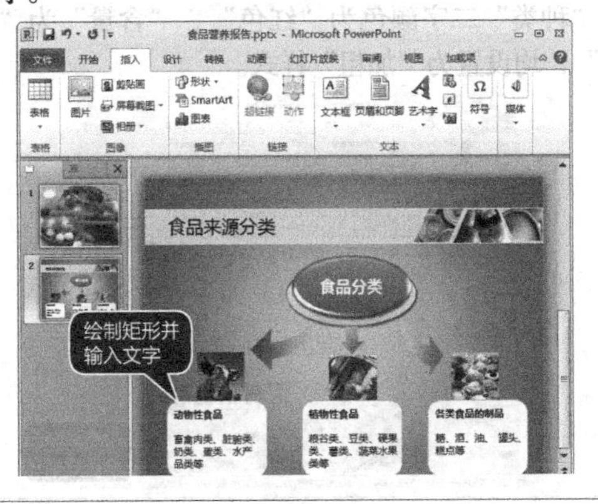

10 将两个椭圆形状组合

按住【Ctrl】键选择【食品分类】的两个椭圆形状并单击鼠标右键，在弹出的快捷菜单中选择【组合】➤【组合】选项，将图形组合在一起。

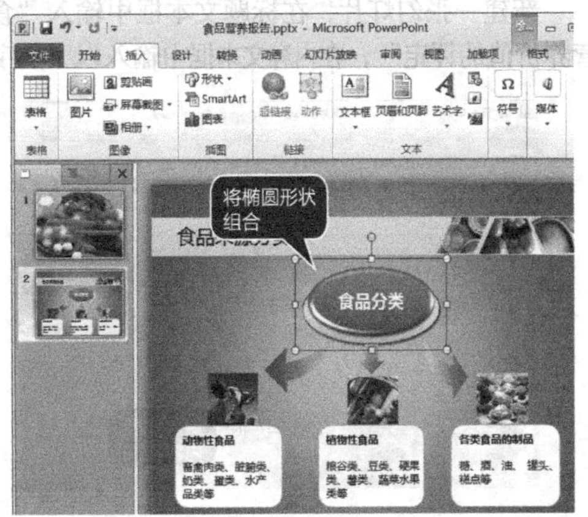

11 组合其他元素

使用同样的方法，将3个箭头组合在一起，将3张图片和3个圆角矩形组合在一起。

12 设置【食品分类】的动画样式

选择【食品分类】组合，在【动画】选项卡的【动画】组中单击【动画样式】按钮，在下拉列表中选择【淡出】选项，并在【计时】组的【开始】下拉列表中选择【与上一动画同时】选项。

13 设置【箭头组合】的动画样式

选择【箭头组合】图形，在【动画样式】下拉列表中选择【擦除】效果，单击【效果选项】按钮，选择【自顶部】选项，并在【计时】组的【开始】下拉列表中选择【上一动画之后】选项。

14 应用淡出效果

选择下方的组合，应用【擦除】动画效果，设置方法和箭头动画一致即可。

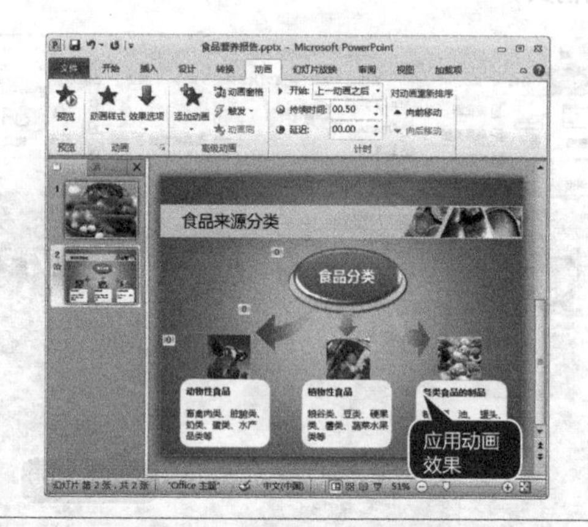

13.1.4 设计文字描述幻灯片

设计“食物营养价值的评定”和“评价食物营养价值指标”幻灯片的步骤如下。

1 输入文本内容

新建一张幻灯片，在标题文本框中输入“食物营养价值的评定”，在内容文本框中输入以下文字。

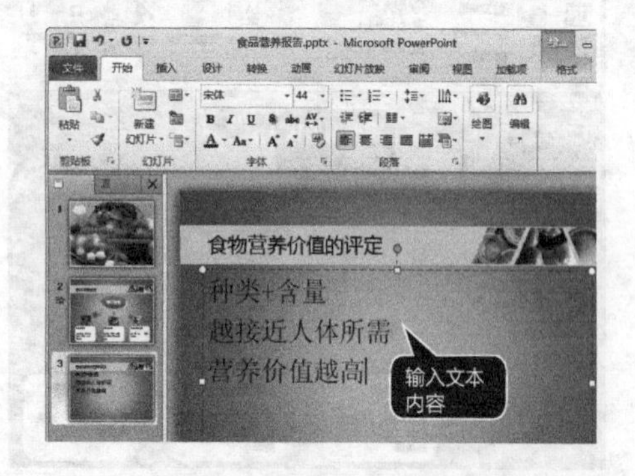

2 设置字体

设置字体为“微软雅黑”、字号为“52”,并设置“种类”二字颜色为“红色”、“含量”为“蓝色”，均设置为“加粗”样式。

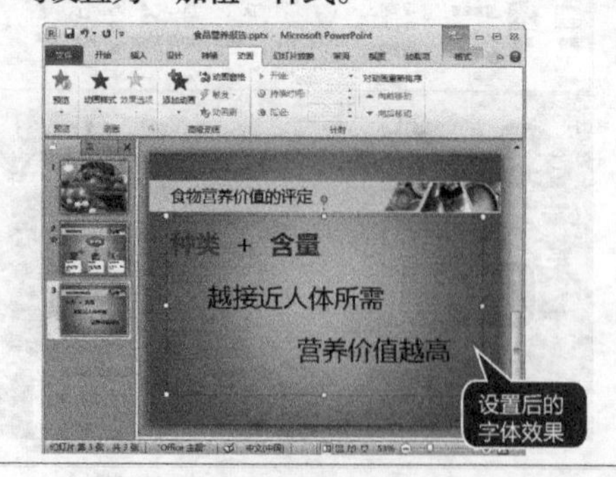

3 设置“种类+含量”动画样式

为“种类+含量”应用【劈裂】动画效果，设置【效果选项】为“中央向左右展开”，设置【开始】模式为“与上一动画同时”。为“越接近人体所需”应用【淡出】动画效果，设置【开始】模式为“上一动画之后”。为“营养价值越高”应用【缩放】动画效果，设置【效果选项】为“对象中心”，设置【开始】模式为“上一动画之后”。效果如下图所示。

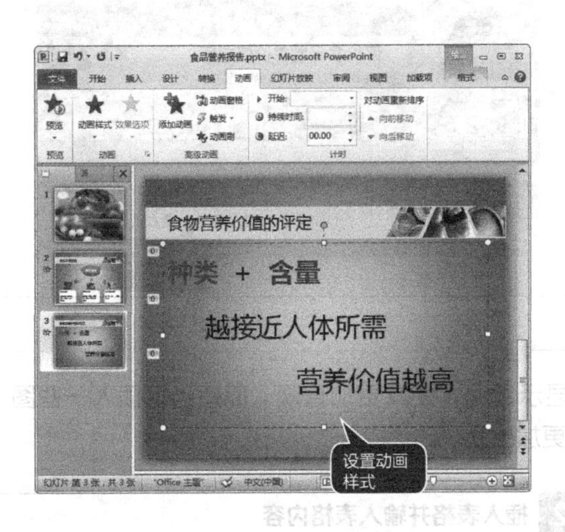

4 设置“营养价值更高”动画样式

选中“营养价值更高”，在【动画】选项卡的【高级动画】组中单击【添加动画】按钮，在下拉列表中选择【强调】区域的【跷跷板】选项，并设置【开始】模式为“上一动画之后”。

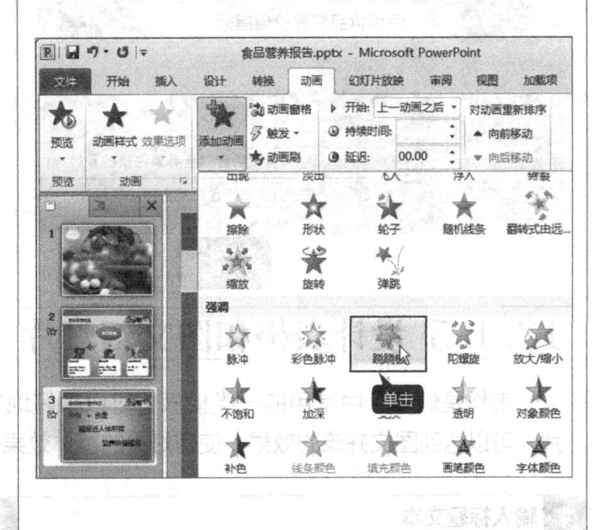

5 新建幻灯片并输入标题

新建一张幻灯片，在标题文本框中输入“评价食品营养价值指标”。

6 设置字体

在内容文本框中输入以下内容，并设置“食物营养质量指数”字体为“微软雅黑”，字号为“54”，颜色为“红色”。

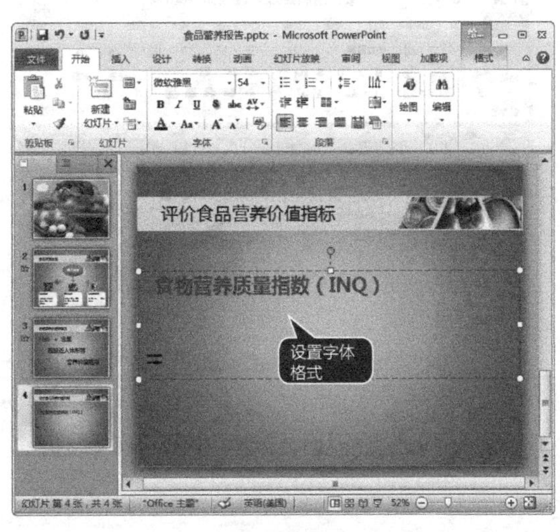

7 输入文本内容

添加两个文本框和一条直线，输入以下内容。

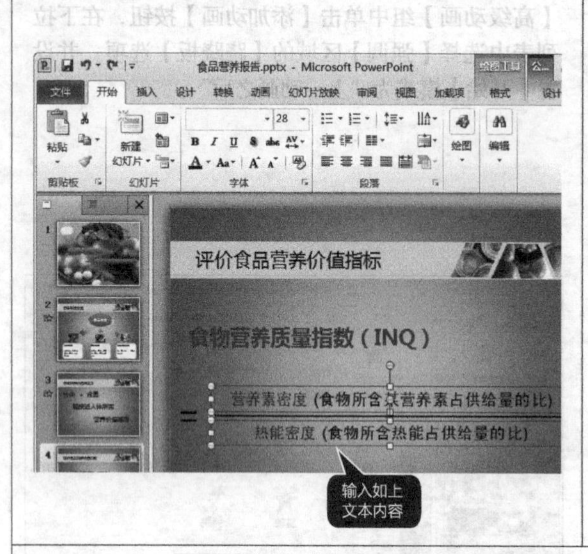

8 添加动画效果

为“食物营养质量指标”和“=”应用【淡出】动画效果，为横线和上下的文本框应用【擦除】动画效果，并设置【效果选项】为“自左侧”。设置所有动画的【开始】模式为“上一动画之后”。

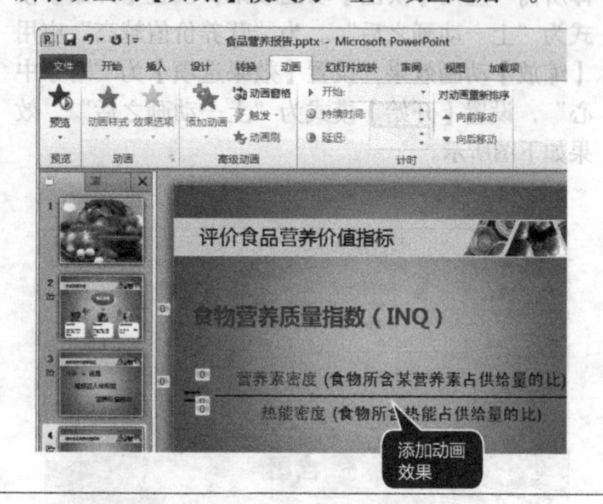

13.1.5 设计表格和图文幻灯片

表格是幻灯片中常用的一类模板，可以很好地显示数据，使其更加直观。而适当地插入一些图片，可以达到图文并茂的效果，使幻灯片的整体效果更加出众。

1 输入标题文本

新建一张【仅标题】幻灯片，在标题文本框中输入“几种食物中营养素的INQ值”。

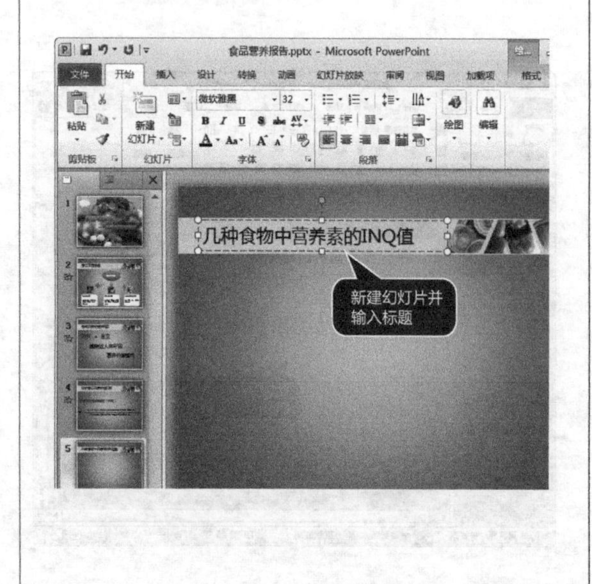

2 插入表格并输入表格内容

在【插入】选项卡的【表格】组中单击【表格】按钮，在下拉列表中选择【插入表格】选项，在弹出的对话框中输入【列数】为“6”，【行数】为“8”，单击【确定】按钮插入表格，并在表格中输入内容。

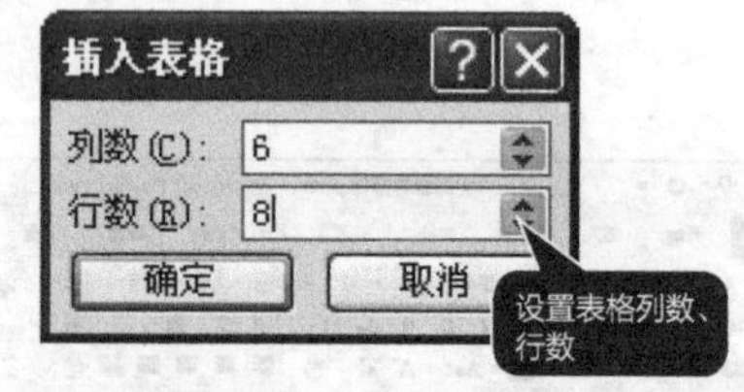

3 设置表格样式

选择表格，选择【表格工具】➤【设计】选项卡，应用一种【表格样式】组中的样式，对表格进行美化。然后选择第3、5和7行，并填充底纹为“天蓝色”。

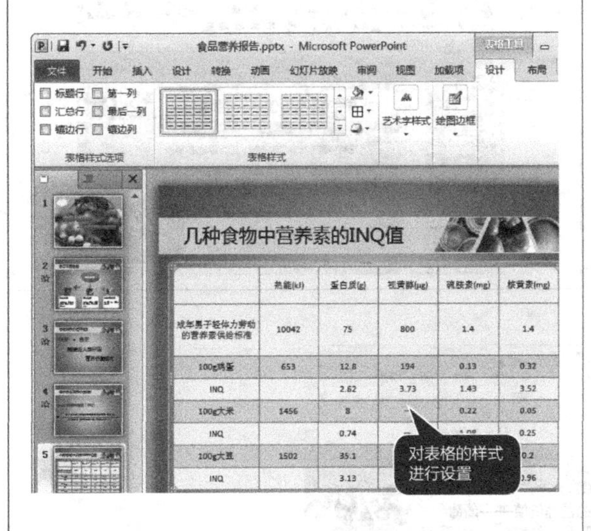

4 标注表中数值

使用形状工具绘制一个椭圆并设置【形状轮廓】为“红色”，设置【形状填充】为“无填充颜色”。使用椭圆标注出表格中食物营养素含量较高的数值。

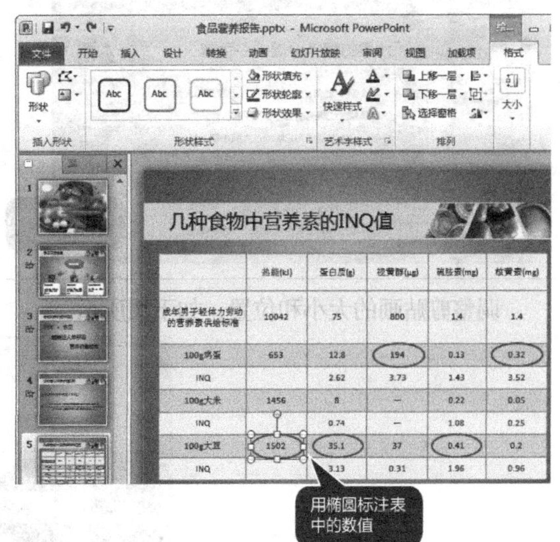

5 设置标题文字

新建一张幻灯片，输入标题“水果的营养价值——香蕉”和所示内容，设置字体为“微软雅黑”，设置标题的字号为“32”、内容的字号为“20”，如下图所示。

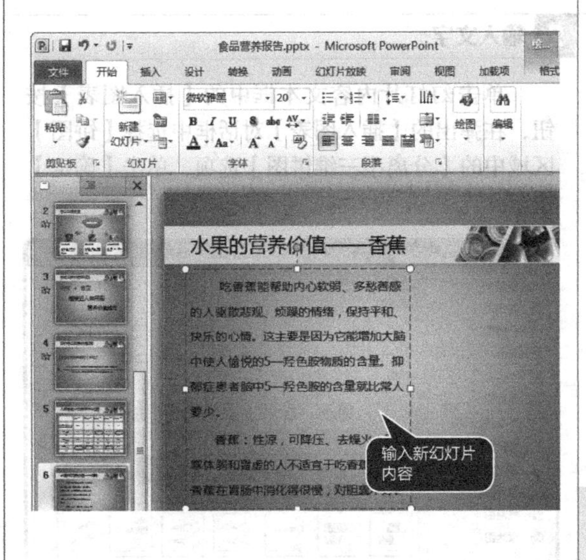

6 插入剪贴画

在【插入】选项卡的【图像】组中单击【剪贴画】按钮，在右侧【剪贴画】窗格的【搜索文字】文本框中输入“香蕉”，单击选中【包括Office.com内容】复选框，单击【搜索】按钮，在下方的列表中找到合适的剪贴画，单击此剪贴画右边的下拉按钮，选择【插入】选项，将其插入幻灯片中。

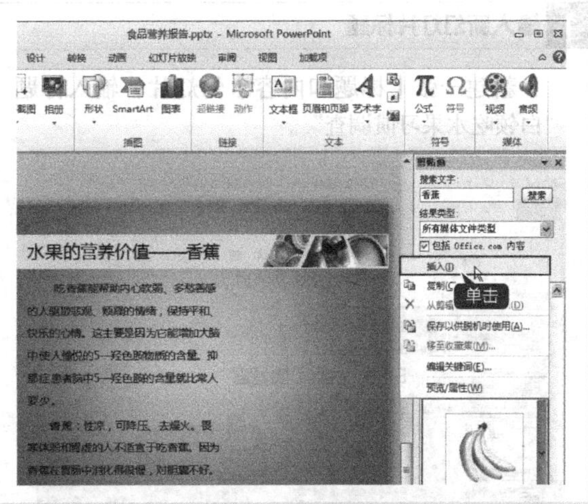

小提示

在搜索Office.com中的剪贴画时，计算机应能连接到互联网。

7 调整图片

调整图片的大小和位置，效果如下图所示。

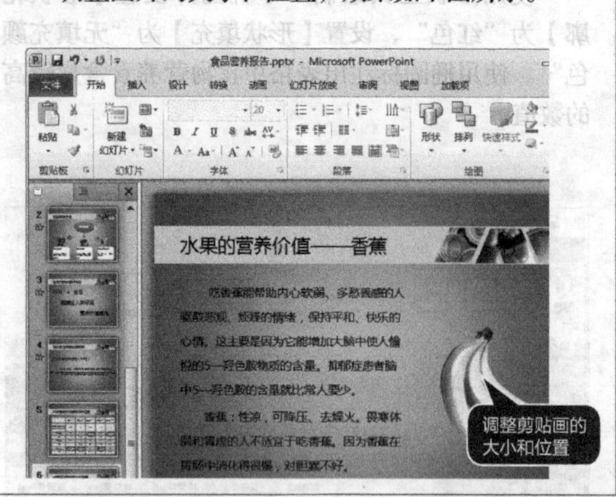

8 文本的输入与设置

新建一张幻灯片，输入标题和内容如下，并按照第5张幻灯片样式设置字体和字号，然后插入“葡萄”剪贴画。

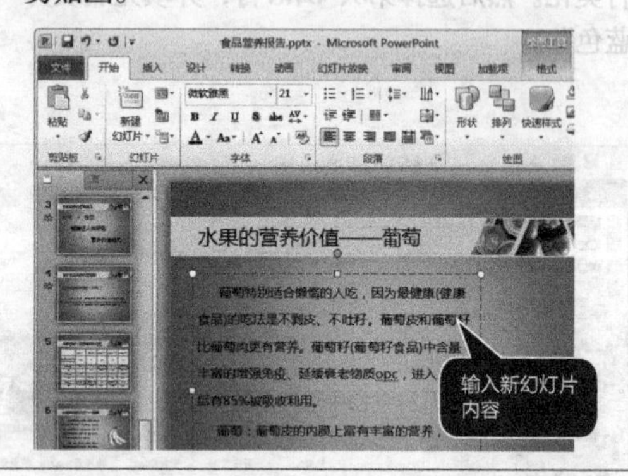

调整剪贴画的大小和位置，如下图所示。

13.1.6 设计图表和结束幻灯片

图表幻灯片可以让数据更加直观地展示出来，下面介绍设计图表和结束幻灯片的步骤。

1 输入新幻灯片标题

新建一张【标题和内容】幻灯片，输入标题“白领吃水果习惯调查”。

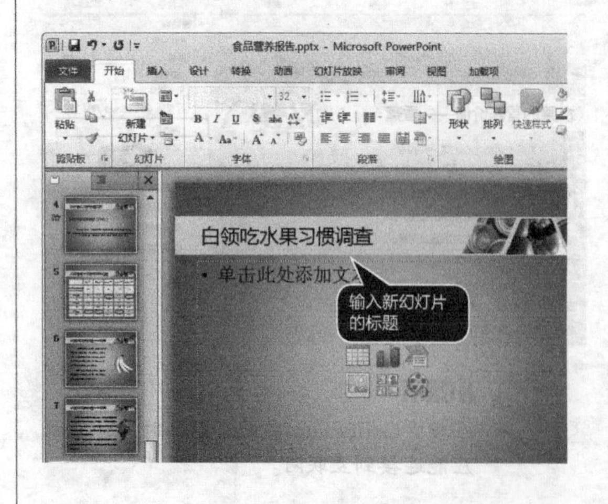

2 输入文字

单击幻灯片内容文本框中的【插入图表】按钮，在弹出的【插入图表】对话框中选择【饼图】区域中的【分离型三维饼图】选项，单击【确定】按钮。

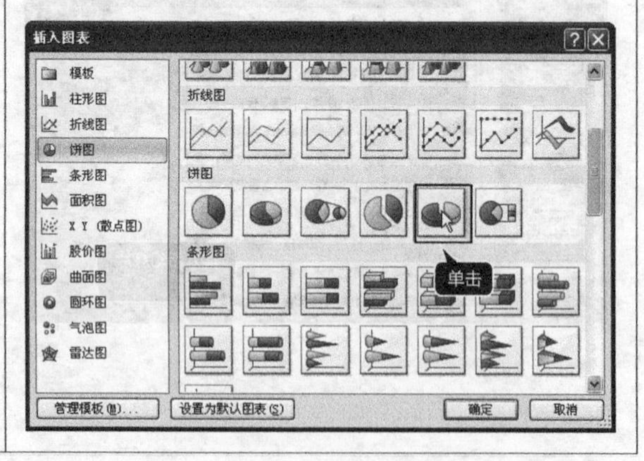

3 在工作簿中输入数值

在弹出的Excel工作簿中输入以下内容。

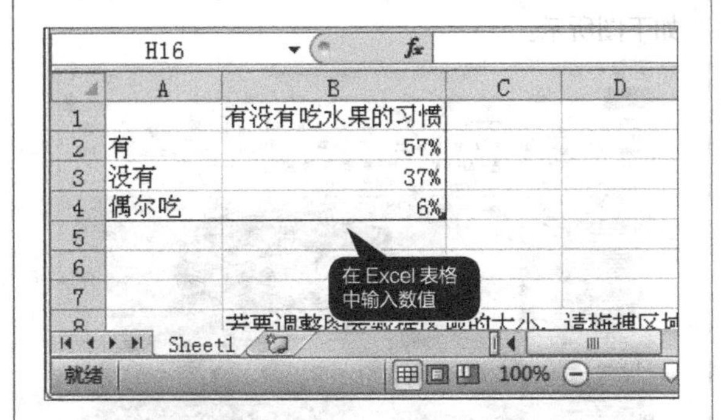

4 保存并关闭工作簿

保存并关闭Excel工作簿，幻灯片中的图表即可根据输入的数据变化，如下图所示。

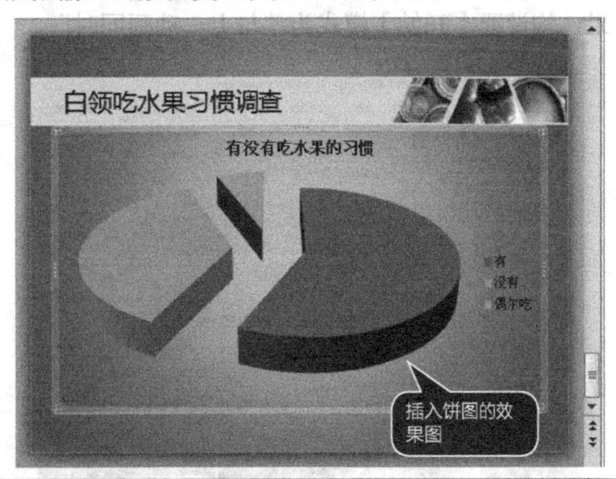

5 选择图表样式

选择图表，在【图表工具】➤【设计】选项卡中单击【图表布局】区域中的【快速布局】按钮，在列表中选择【布局6】选项，并在【图表样式】区域的【快速样式】列表中应用一种图表样式。

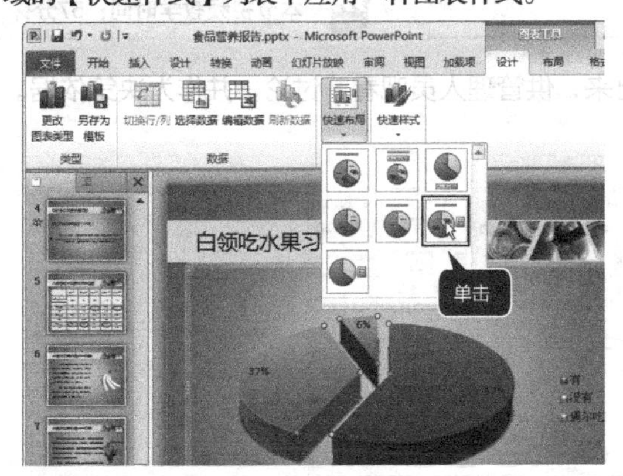

6 输入新幻灯片的标题

新建【标题和内容】幻灯片，输入标题“白领吃水果习惯调查”。

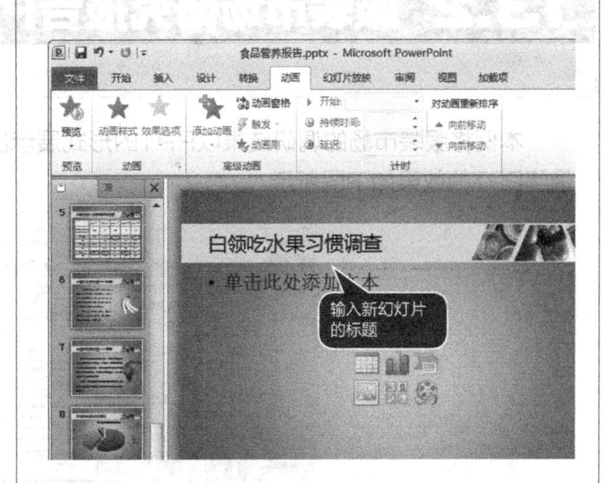

7 在工作簿输入数值

插入图表，设置Excel工作簿中的数据如下。

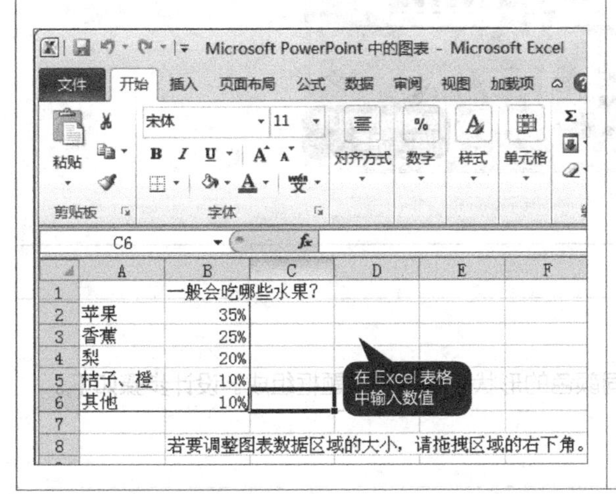

8 设置图表布局和样式

保存并关闭Excel工作簿，然后设置图表的布局和样式，最终效果如下图所示。

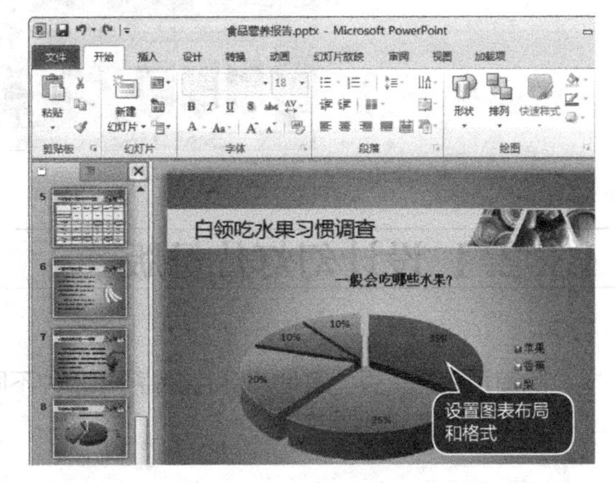

9 设置图表动画效果

为第8张幻灯片中的图表应用【轮子】动画效果，为第9张幻灯片中的图表应用【形状】动画效果，均设置【开始】模式为“与上一动画同时”。

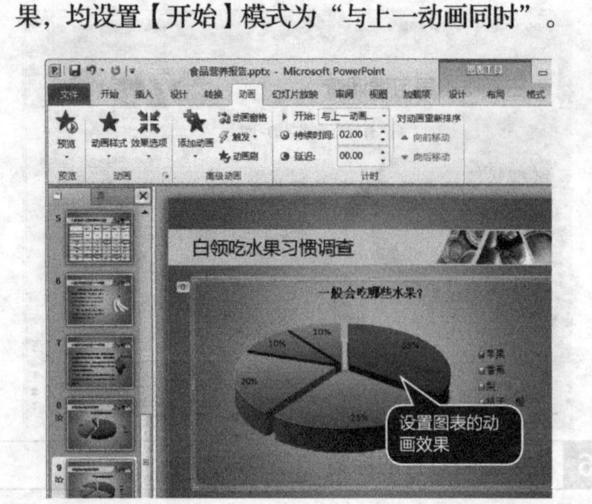

10 输入标题内容

新建【标题】幻灯片，输入“谢谢观看！”，设置一种艺术字格式，并应用【淡出】动画效果，如下图所示。

13.2 服装市场研究报告PPT

本节视频教学时间：57分钟

本例将服装市场的调研结果以PPT的形式展示出来，供管理人员观看、讨论，并作为决策依据。最终PPT的效果如下图所示。

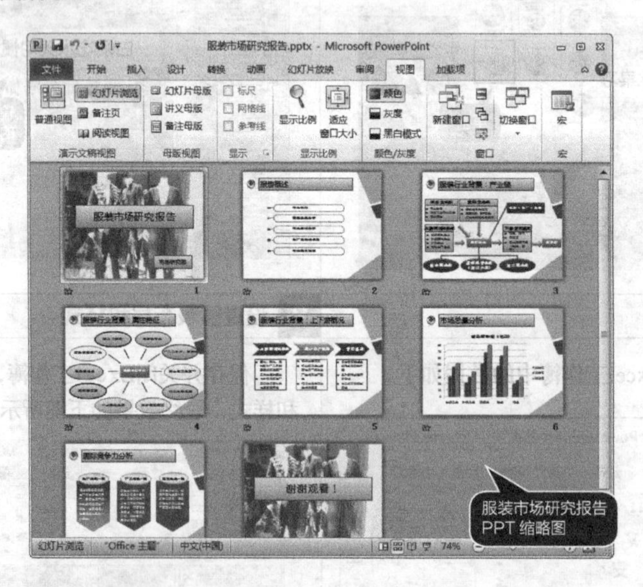

13.2.1 设计幻灯片母版

除首页和结束页，其他幻灯片的背景由3种不同颜色的形状和动态的标题框组成。设计步骤如下。

1 启动PowerPoint 2010

启动PowerPoint 2010，进入PowerPoint工作界面。

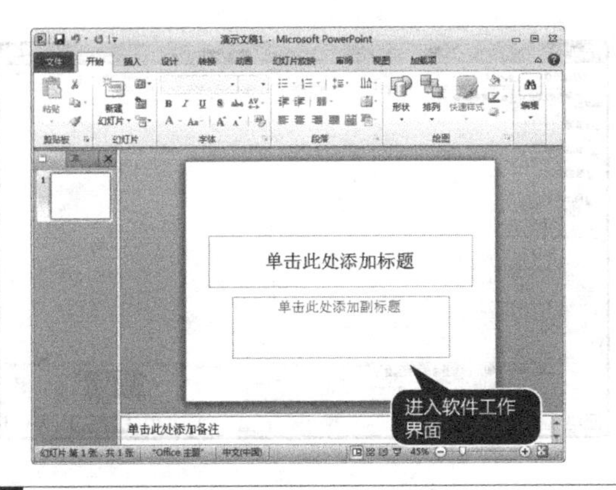

2 切换到幻灯片母版视图

在【视图】选项卡的【母版视图】组中单击【幻灯片母版】按钮，切换到幻灯片母版视图，并在左侧列表中单击第1张幻灯片。

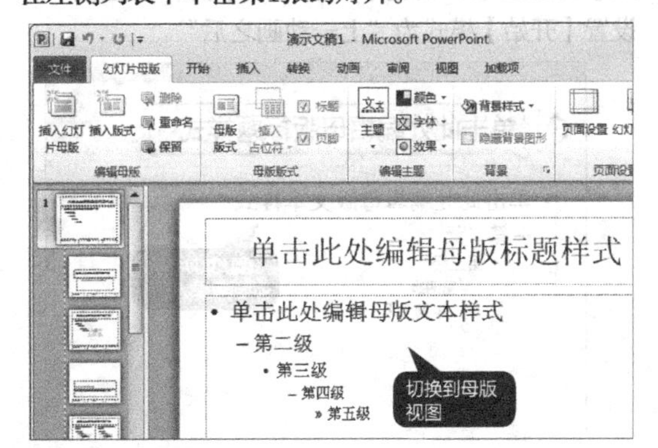

3 编辑矩形框

绘制1个矩形框并单击鼠标右键，在弹出的快捷菜单中选择【编辑顶点】选项，调整下方的两个顶点，最终效果如图所示。

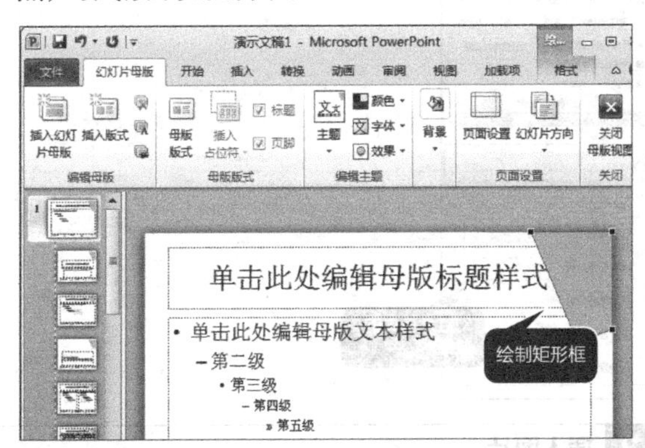

4 调整其他图形

按照此方法绘制并调整另外两个图形。

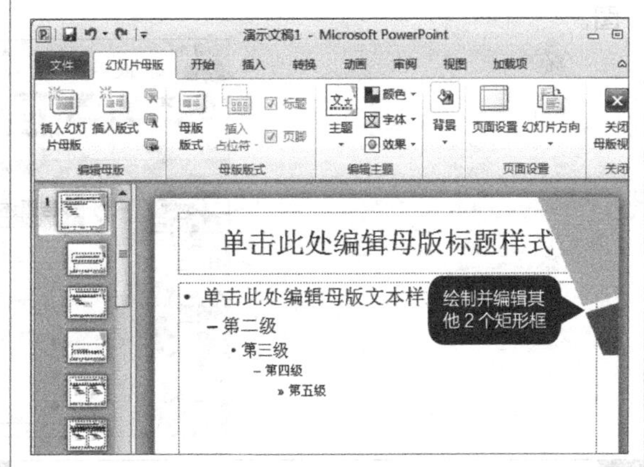

5 插入图片

在【插入】选项卡的【图像】组中单击【图片】按钮，在弹出的【插入图片】对话框中浏览到“素材\ch13\服装市场研究报告”文件夹，选择“图标.png”，单击【插入】按钮将“图标”插入幻灯片中。

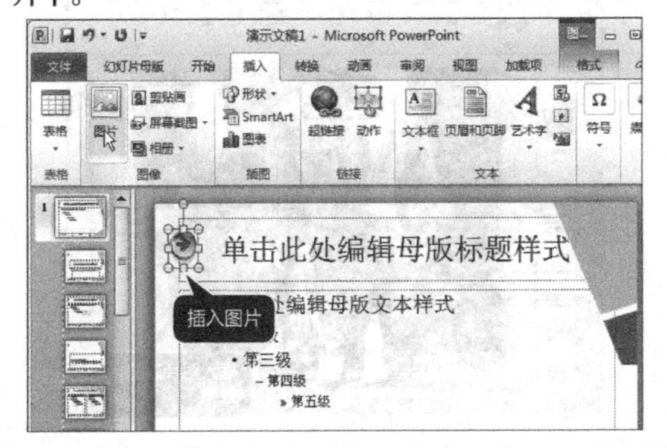

6 设置标题文字

选择标题框，设置【形状填充】为灰白渐变色填充并添加阴影效果。设置文字字体为“微软雅黑”、字号为“36”。

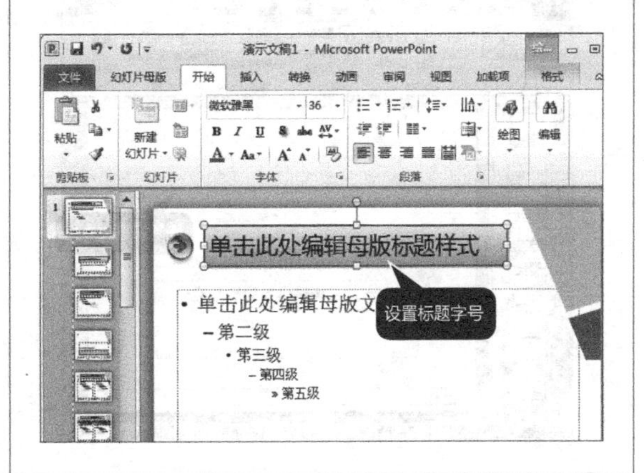

7 设置动画效果

为图标应用【淡出】动画效果，设置【开始】模式为“与上一动画同时”；为标题框应用【擦除】动画效果，设置【效果选项】为“自左侧”，设置【开始】模式为“上一动画之后”。

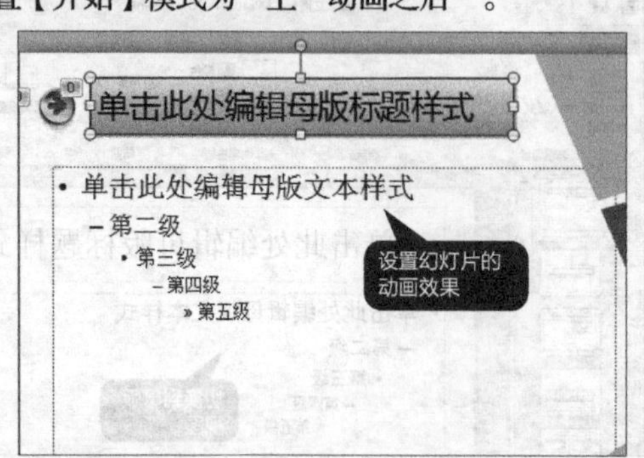

8 保存母版

单击快速访问工具栏中的【保存】按钮，将演示文稿保存为“服装市场研究报告.pptx”。

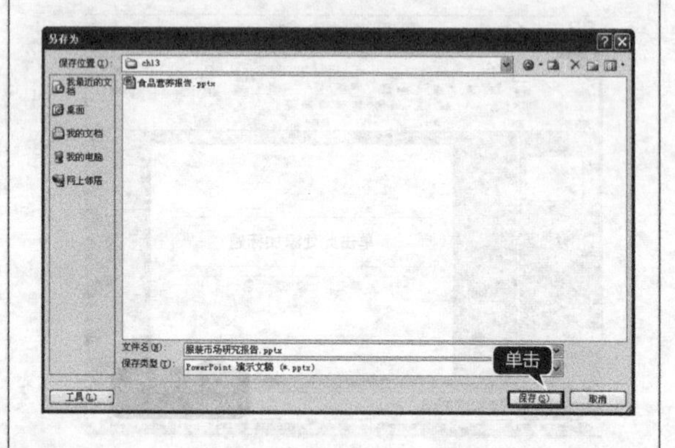

13.2.2 设计首页和报告概述幻灯片

幻灯片的首页可以反映幻灯片的主题，插入的图片要尽量与主题相近。下面是幻灯片首页效果图。

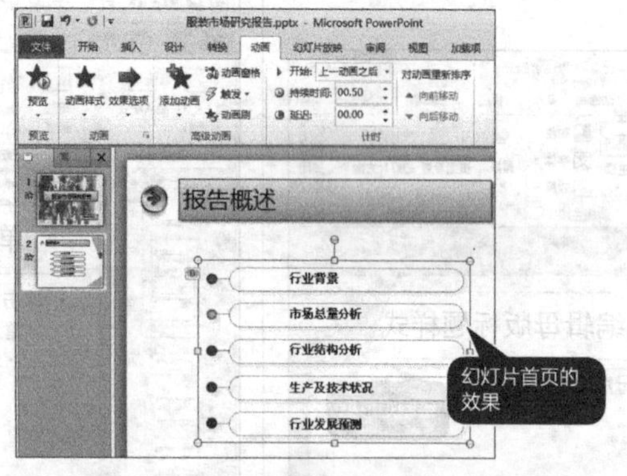

1 单击选中【隐藏背景图形】复选框

幻灯片母版视图中，在左侧列表中选中第2张幻灯片，单击选中【背景】组中的【隐藏背景图形】复选框，并删除标题文本框。

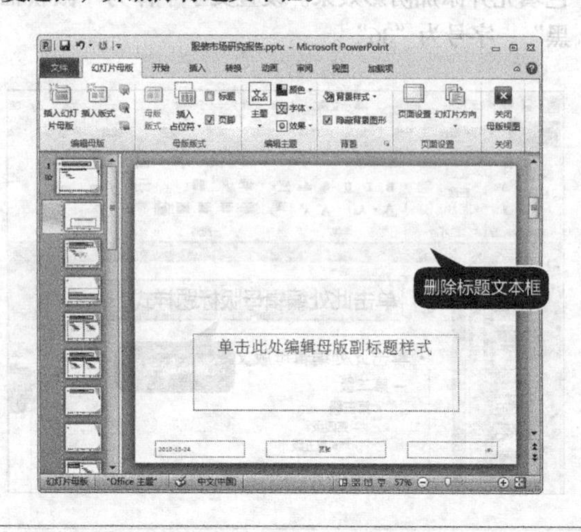

2 插入图片

在【插入】选项卡的【图像】组中单击【图片】按钮，在弹出的【插入图片】对话框中浏览到“素材\ch13\服装市场研究报告”文件夹，选择“背景.jpg”，单击【插入】按钮。

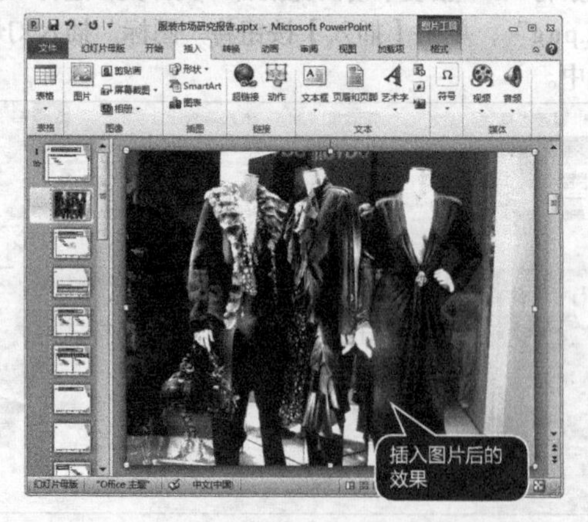

3 为图片添加艺术效果

为图片选择一种艺术效果，如下图所示。

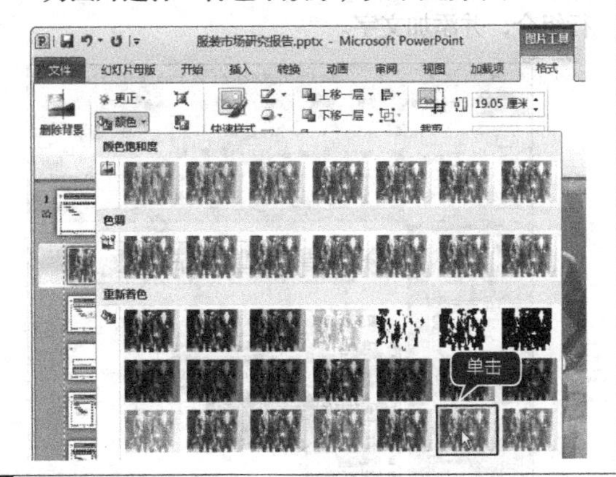

4 添加标题文字

返回普通视图，添加主、副标题，设置为如下效果。

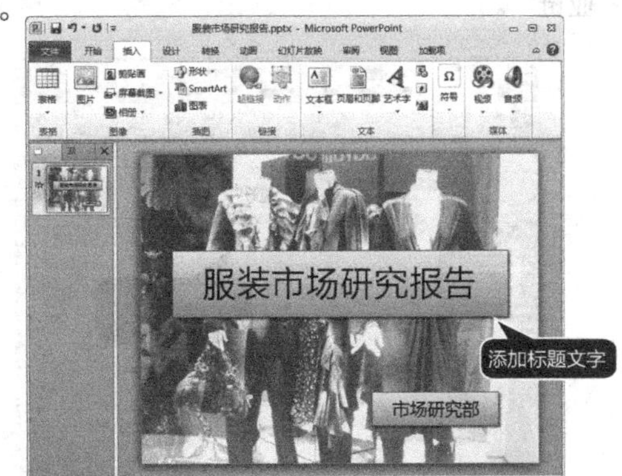

5 输入标题

新建1张幻灯片，输入标题“报告概述”。

6 绘制图形

使用形状工具绘制一个圆、一条直线和一个圆角矩形，并设置样式如下图所示。

7 绘制其他图形

按照前述的操作绘制其他图形，并在图形上添加文字。

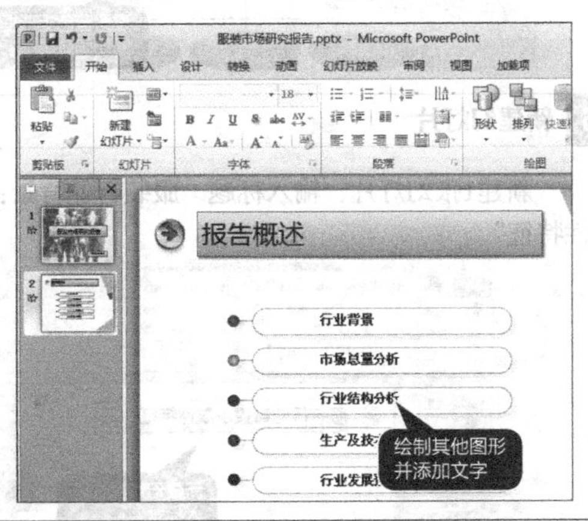

8 应用动画效果

组合所绘制的图形和文字，并应用【擦除】动画效果，设置【效果选项】为“自左侧”，设置【开始】模式为“上一动画之后”。

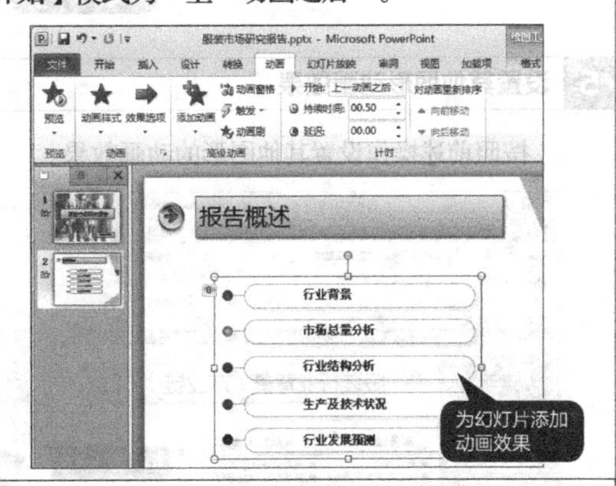

13.2.3 设计服装行业背景幻灯片

设计产业链幻灯片、属性特征幻灯片、上下游概况幻灯片等行业背景幻灯片的步骤如下。

1 新建幻灯片

新建1张幻灯片，输入标题“服装行业背景：产业链”。

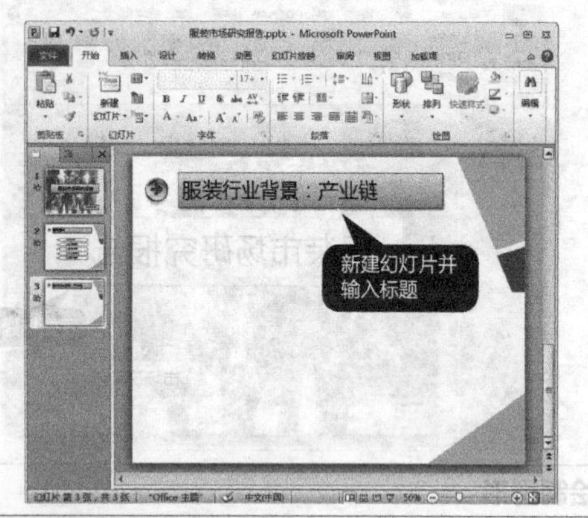

2 绘制矩形框

使用矩形工具绘制6个矩形框，按照下图所示进行组合，并添加文字。

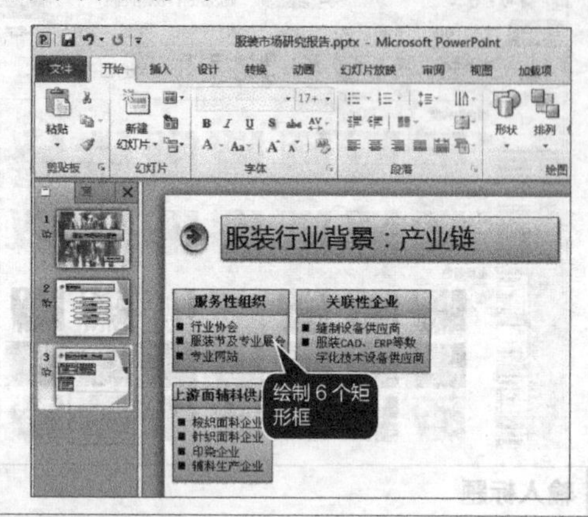

3 绘制箭头和流向图形

按照下图绘制箭头和产业链的流向图形。

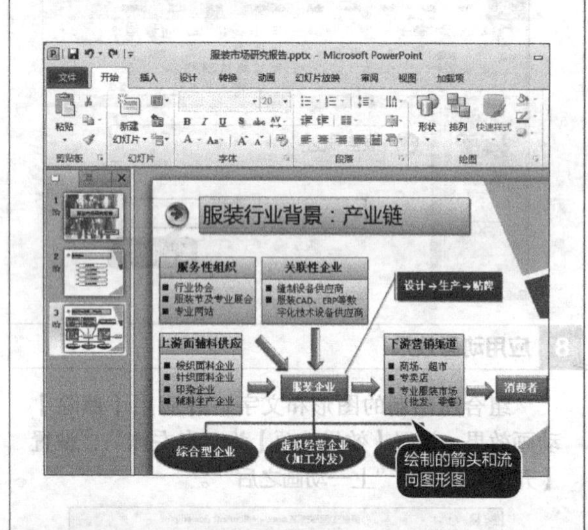

4 设置动画效果

同时选中左上方的3个蓝色矩形框，并应用【淡出】动画效果，设置【开始】模式为“上一动画之后”。为左侧的3个箭头应用【擦除】动画效果，设置【效果选项】为“自顶部”，设置【开始】模式为“上一动画之后”。

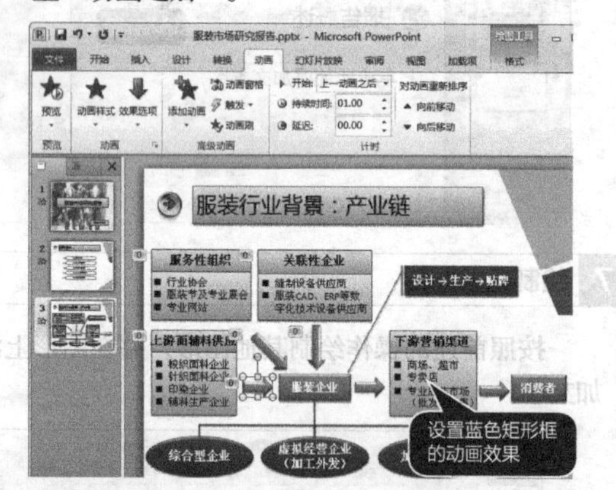

5 设置其他图形动画效果

按照前述操作设置其他图形的动画效果。

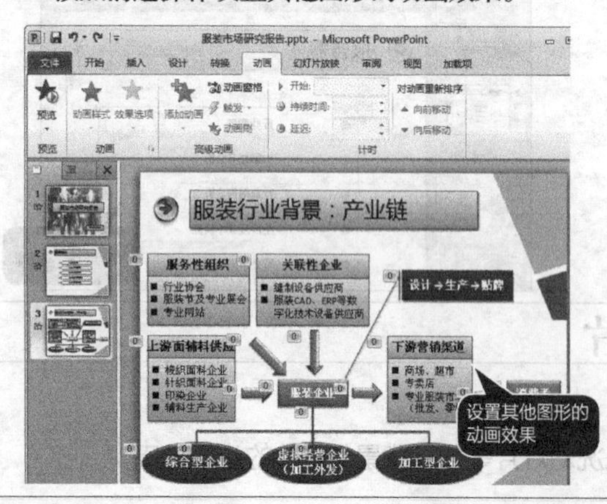

6 新建幻灯片

新建1张幻灯片，输入标题“服装行业背景：属性特征”。

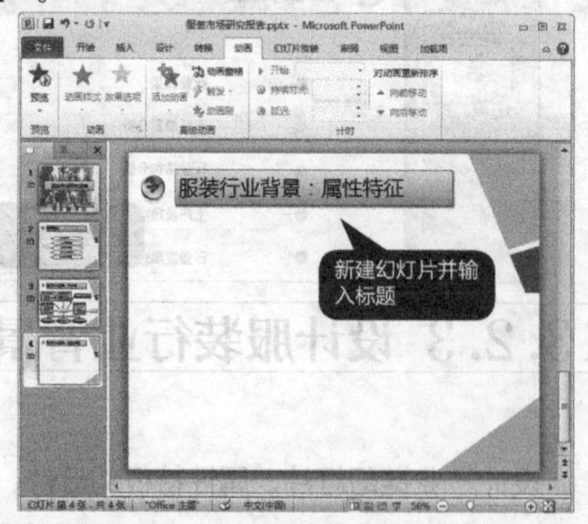

7 绘制矩形框

在幻灯片中绘制1个矩形框，应用橄榄色的形状样式，并输入文字“我国服装行业”。

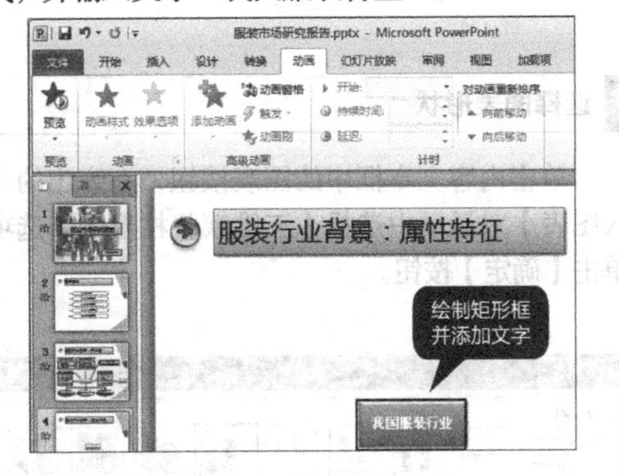

8 绘制椭圆形状

在矩形框周围绘制10个椭圆形状，填充不同的颜色，并输入文字。并在矩形框与椭圆之间绘制10条短直线。

9 设置动画效果

选中所有直线，应用【缩放】动画效果，设置【效果选项】为“幻灯片中心”。选中所有椭圆，应用【淡出】动画效果，设置【开始】模式为“上一动画之后”。

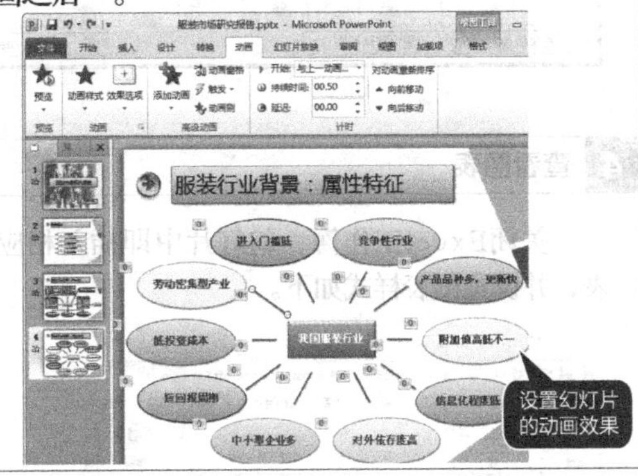

10 输入标题并绘制图形

新建1张幻灯片，输入标题“服装行业背景：上下游概况”。在幻灯片中绘制3个燕尾形形状并分别应用蓝、绿、红形状样式，如下图所示。

11 绘制矩形框并输入文字

在各个燕尾形图形的下方绘制1个矩形框，设置【形状轮廓】的颜色和燕尾形图形的颜色一致，并在图形上输入文字。

12 设置动画效果

选中左侧燕尾图形，应用【擦除】动画效果，设置【效果选项】为“自左侧”，设置【开始】为“上一动画之后”。选中左侧的矩形框，应用【擦除】动画效果，设置【效果选项】为“自顶部”，设置【开始】为“与上一动画同时”。依此则为其余图形应用动画效果。

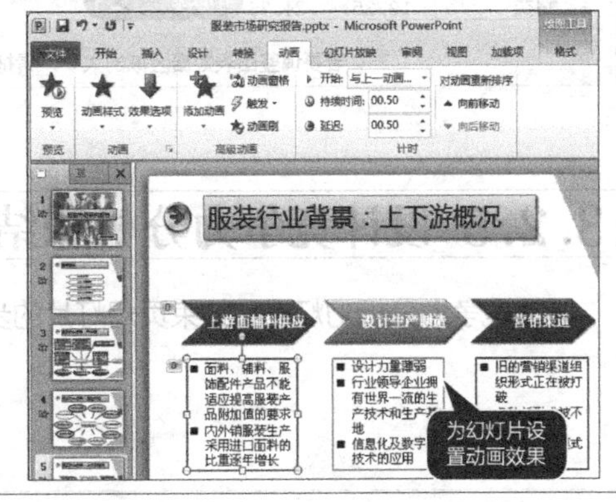

13.2.4 设计市场总量分析幻灯片

设计市场总量分析幻灯片，通过图表可以清晰直观地反应每年的商品销量额，这对于未来的发展具有重要的指导意义。下面制作市场总量分析幻灯片。

1 新建幻灯片

新建1张幻灯片，输入标题“市场总量分析”。

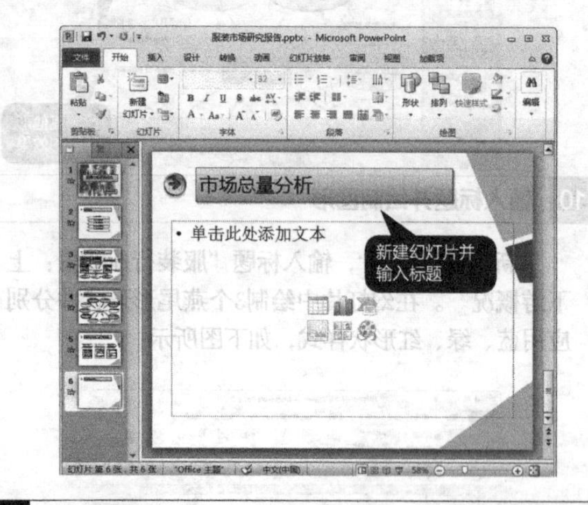

2 选择图表形状

单击内容文本框中的图表按钮，在弹出的【插入图表】对话框中选择【三维簇状柱形图】选项，单击【确定】按钮。

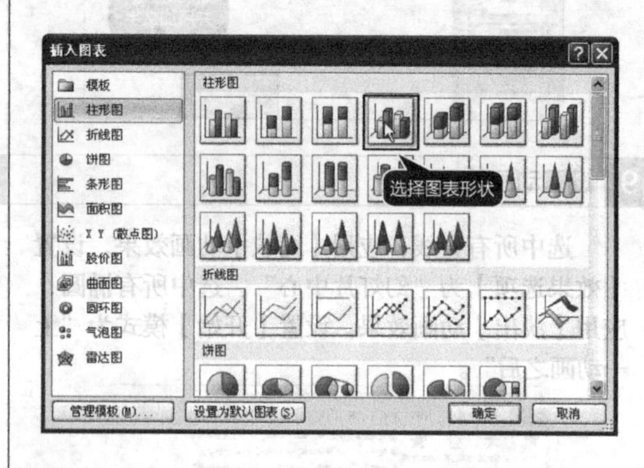

3 修改数据

在打开的Excel工作簿中修改数据，如下图所示。

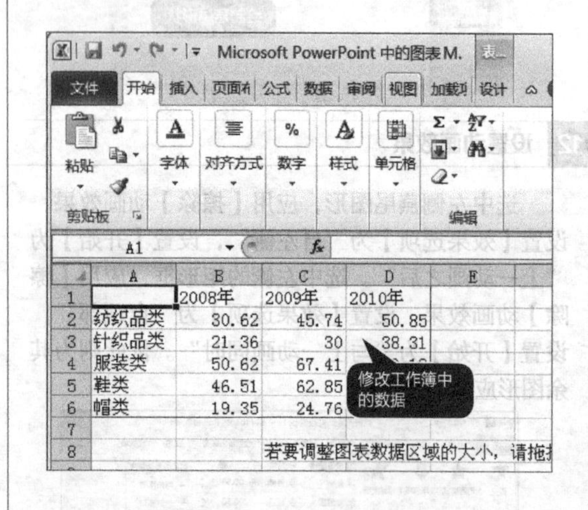

	A	B	C	D
1		2008年	2009年	2010年
2	纺织品类	30.62	45.74	50.85
3	针织品类	21.36	30	38.31
4	服装类	50.62	67.41	
5	鞋类	46.51	62.85	
6	帽类	19.35	24.76	

4 查看图表

关闭Excel工作簿，幻灯片中即插入相应的图表，并设置图表样式如下。

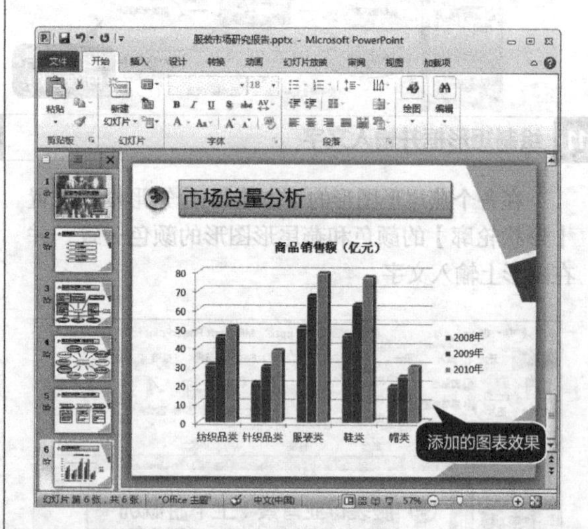

13.2.5 设计竞争力分析和结束页幻灯片

设计竞争力分析幻灯片和结束页幻灯片的步骤如下。

1 新建幻灯片并添加标题

新建1张幻灯片，输入标题“国际竞争力分析”。

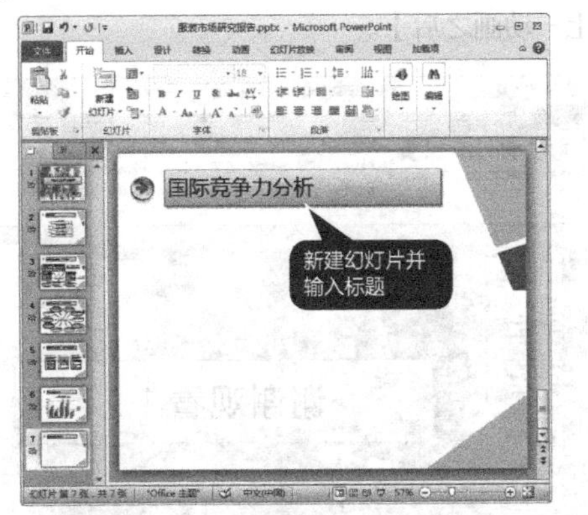

2 绘制图形

使用形状工具绘制1个椭圆和1个五边形，设置形状样式和填充颜色，如下图所示。

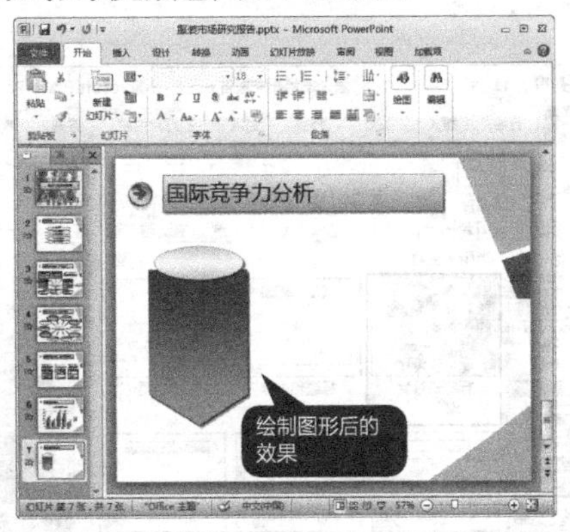

3 绘制其他图形

按照同样的方法，绘制其他椭圆和五边形，并分别应用一种形状样式。

4 输入文字文本

在各个形状上输入文字内容，如下图所示。

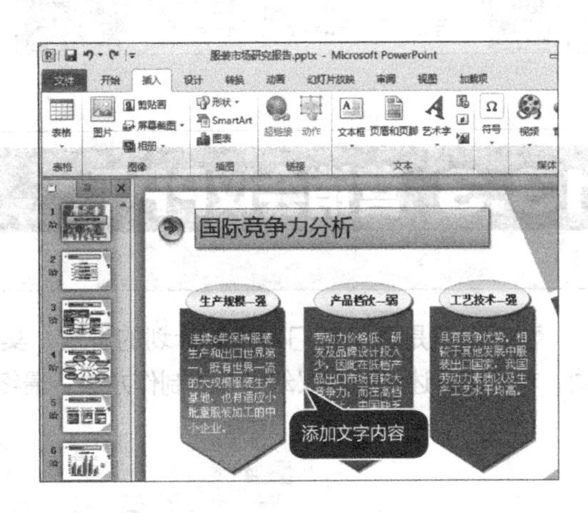

5 为椭圆形状添加动画效果

组合上面的3个椭圆，并应用【劈裂】动画效果，设置【效果选项】为“中央向上下展开”，设置【开始】为“上一动画之后”。

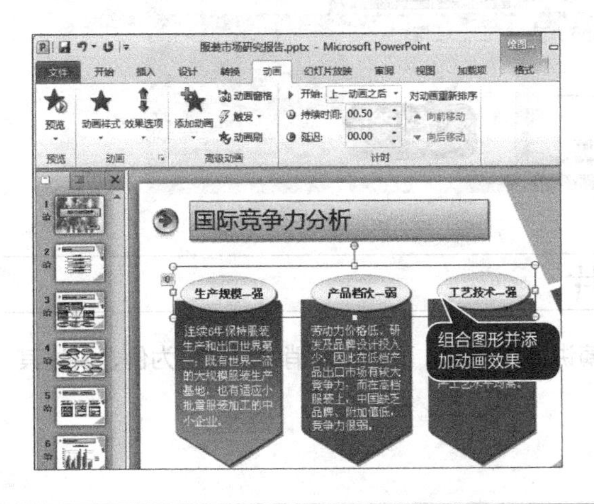

6 为五边形体添加动画效果

组合下面的3个五边形，并应用【擦除】动画效果，设置【效果选项】为“自顶部”，设置【开始】为“上一动画之后”。

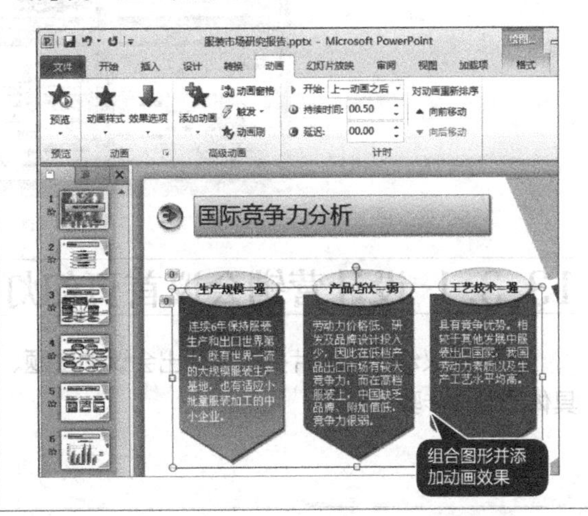

7 新建幻灯片

新建幻灯片，主题选择为【标题幻灯片】。

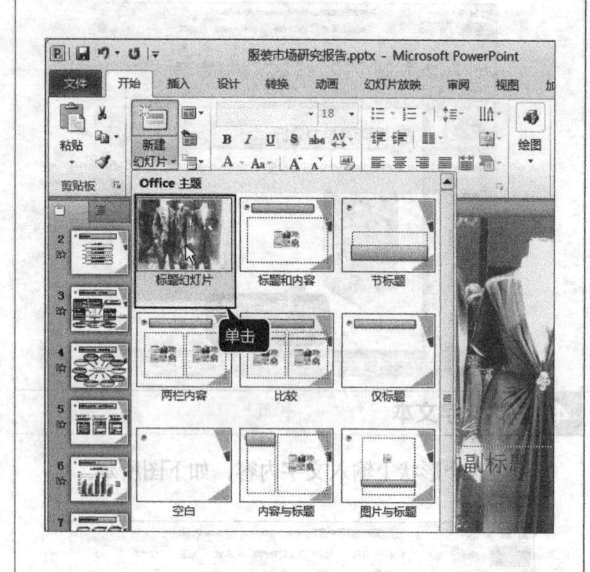

8 输入并设置结束语

插入1个文本框，输入“谢谢观看！”，并为标题应用【淡出】动画效果，设置【开始】模式为【上一动画之后】。

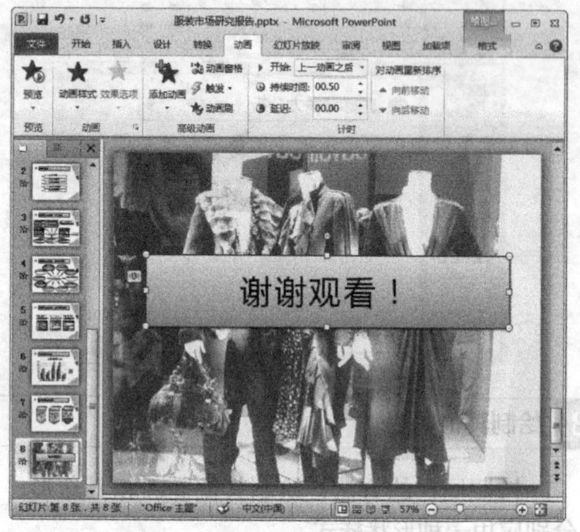

至此，服装市场研究报告PPT设计完成，读者可按【F5】键进行观看。

13.3 营销会议PPT

本节视频教学时间：21分钟

营销会议是营销部门对营销计划的设定、实施以及后期服务等一系列问题进行讨论和安排的活动。本节将讲述营销会议幻灯片的制作方法，最终效果如下图所示。

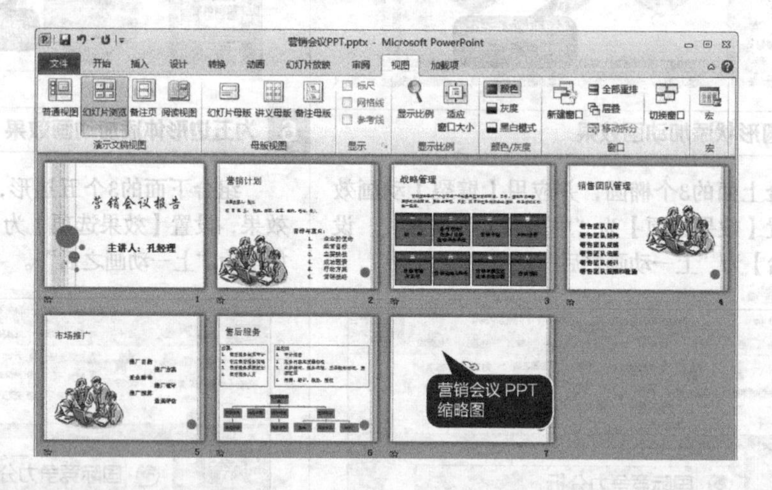

13.3.1 设计营销会议首页幻灯片

营销会议幻灯片的片头主要列出会议的主题、演讲人等信息。下面以营销会议报告为例，讲述其具体的制作步骤。

1 启动PowerPoint 2010

启动PowerPoint 2010应用软件，进入PowerPoint工作界面。

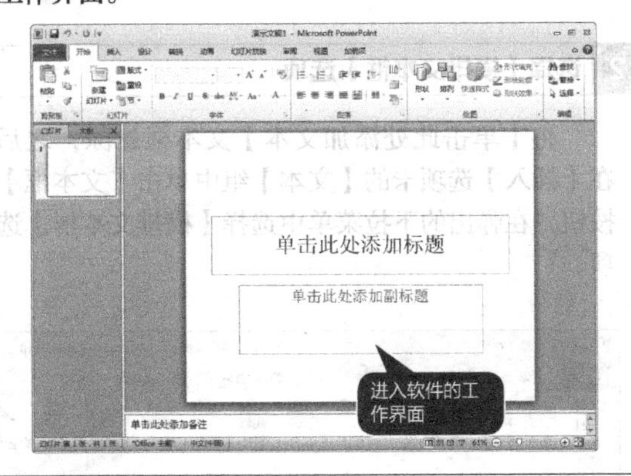

2 选择【凸显】选项

在【设计】选项卡的【主题】组中单击【其他】按钮，在弹出的下拉菜单中选择【内置】区域中的【凸显】选项。

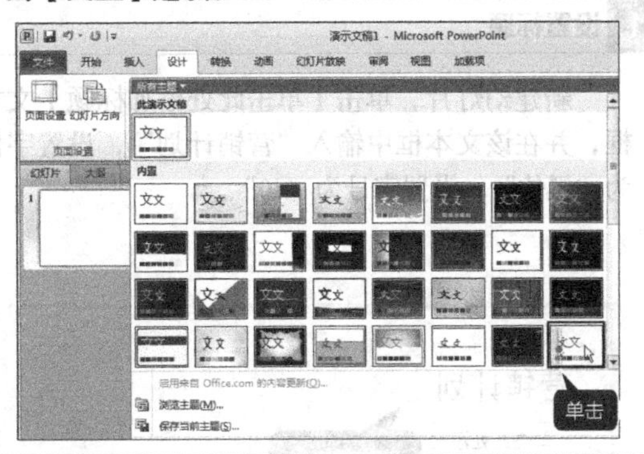

3 选择艺术字

删除【单击此处添加标题】文本框，在【插入】选项卡的【文本】组中单击【艺术字】按钮，在弹出的下拉列表中选择【渐变填充 – 红色，强调文本颜色3，轮廓 – 文本2】选项。

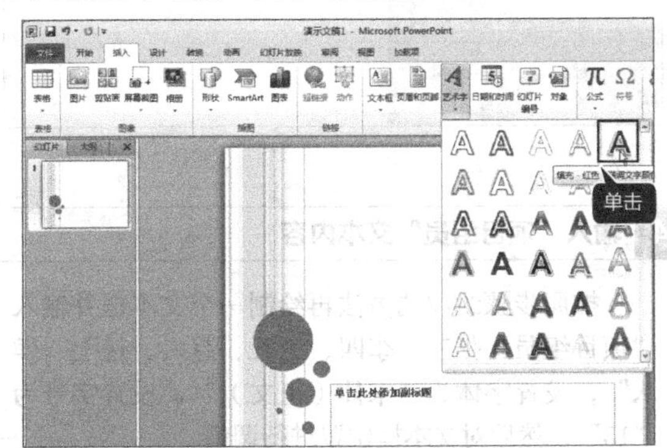

4 设置字体

在插入的艺术字文本框中输入“营销会议报告”文本内容，设置字号为“70”，设置字体为“华文行楷”。

5 设置字体形状效果

选中艺术字，在【格式】选项卡的【形状样式】组中单击【形状效果】按钮，在弹出的下拉列表中选择【映像】区域的【半映像，接触】选项。

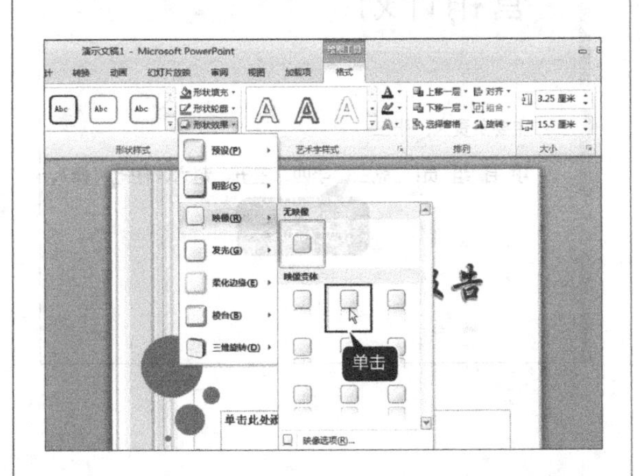

6 添加副标题及切换效果

单击【单击此处添加副标题】文本框，在该文本框中输入“主讲人：孔经理”，设置字体为“黑体”，设置字号为“44”，并拖曳文本框至合适的位置。然后为本张幻灯片设置【窗口】切换效果。

13.3.2 设计营销计划幻灯片

设计营销计划幻灯片的步骤如下。

1 设置标题

新建幻灯片，单击【单击此处添加标题】文本框，并在该文本框中输入“营销计划”，设置字体为“黑体”，设置字号为“40”。

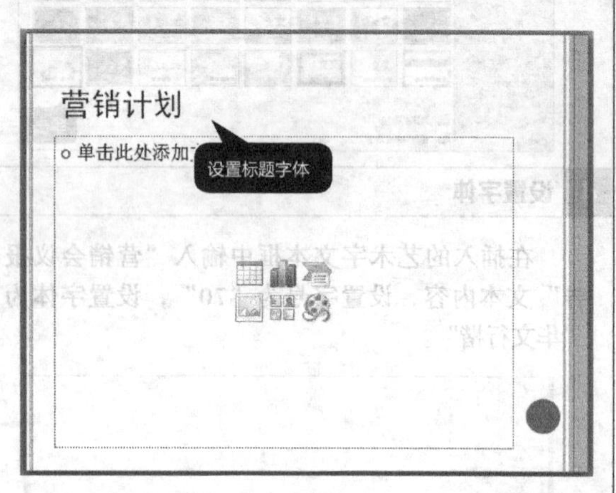

2 选择【横排文本框】选项

将【单击此处添加文本】文本框删除，之后在【插入】选项卡的【文本】组中单击【文本框】按钮，在弹出的下拉菜单中选择【横排文本框】选项。

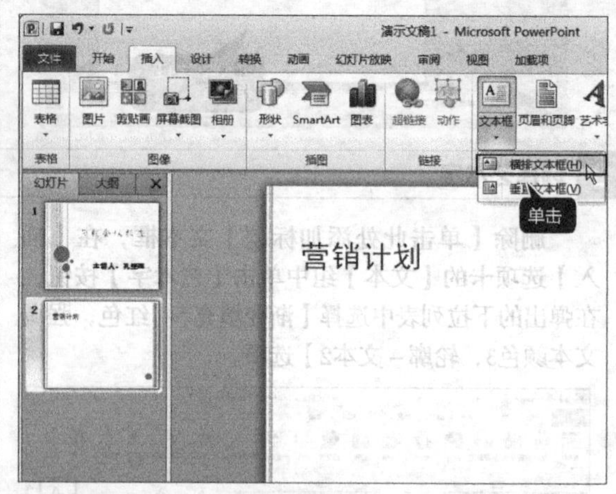

3 输入“负责人”文本内容

绘制一个文本框并输入“主要负责人：张三”，设置字体为“宋体（正文）”，设置字号为“18”，然后对文本框位置进行调整。

4 输入“项目组员”文本内容

按照步骤2～3的方法再绘制一个文本框并输入“项目组员：张三、李四、王五、赵六、任七、侯八”，设置字体为“宋体（正文）”，设置字号为“18”，然后对文本框位置进行调整。

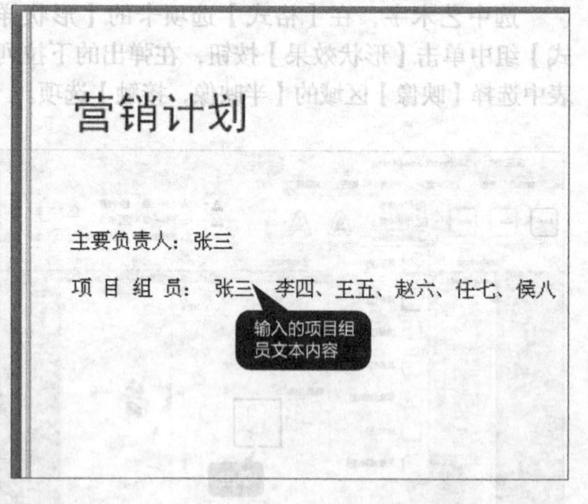

5 输入正文内容

按照步骤2~3的方法再绘制一个文本框并输入相关文本内容，设置字体为“宋体（正文）”，设置字号为“28”，然后对文本框进行移动调整，同时对文本的内容格式进行调整，最终效果如下图所示。

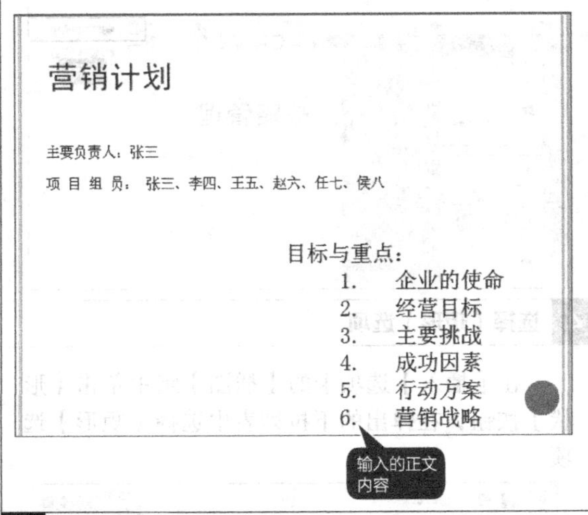

6 插入图片

在【插入】选项卡的【图像】组中单击【图片】按钮，在弹出的【插入图片】对话框中选择随书光盘中的“素材\ch13\开会.jpg”文件。

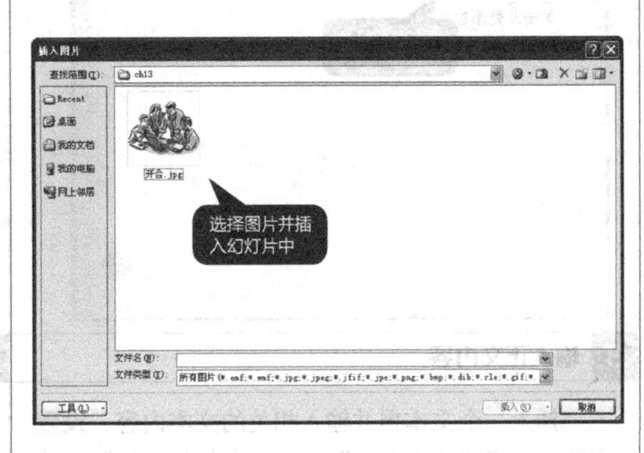

7 调整图片

单击【插入】按钮，将图片插入幻灯片并调整图片的位置，最终效果如下图所示。

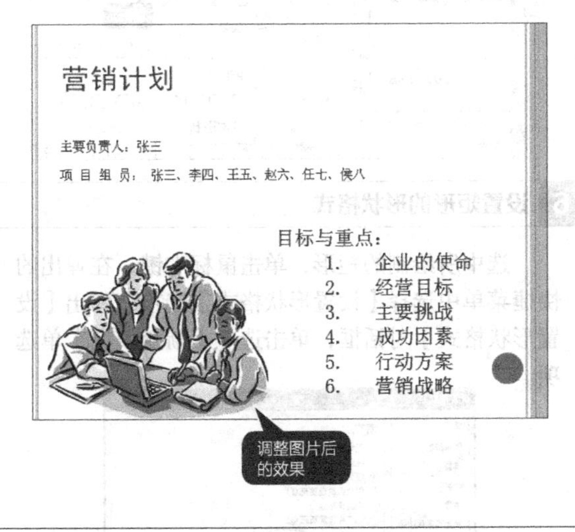

8 设置切换效果

在【转换】选项卡的【切换到此幻灯片】组中单击【其他】按钮，在弹出的下拉列表中选择【百叶窗】选项作为本张幻灯片的切换效果。

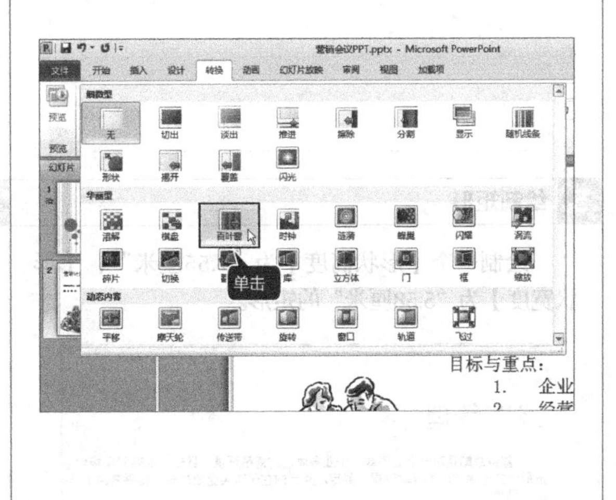

13.3.3 设计战略管理幻灯片

设计战略管理幻灯片页面的步骤如下。

1 添加标题

新建幻灯片，单击【单击此处添加标题】文本框，输入“战略管理”，设置字体为“黑体”，字号为“40”。

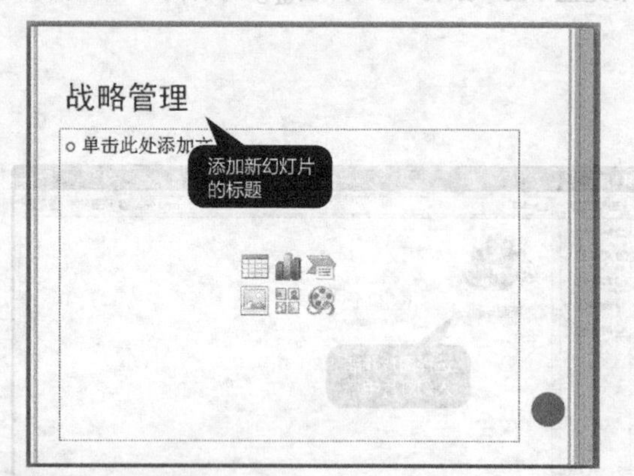

2 选择【横排文本框】选项

将【单击此处添加文本】文本框删除，之后在【插入】选项卡的【文本】组中单击【文本框】按钮，在下拉菜单中选择【横排文本框】选项。

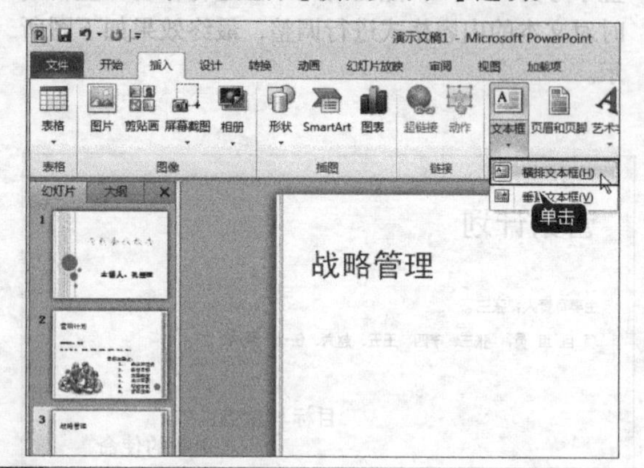

3 输入正文内容

插入一个文本框并输入相关的文本内容，设置字体为“宋体（正文）”，设置字号为“18”，然后对文本框进行调整。

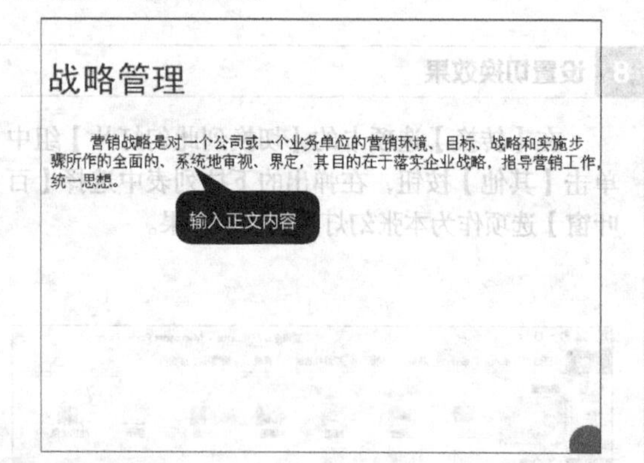

4 选择【矩形】选项

在【插入】选项卡的【插图】组中单击【形状】按钮，在弹出的下拉列表中选择【矩形】选项。

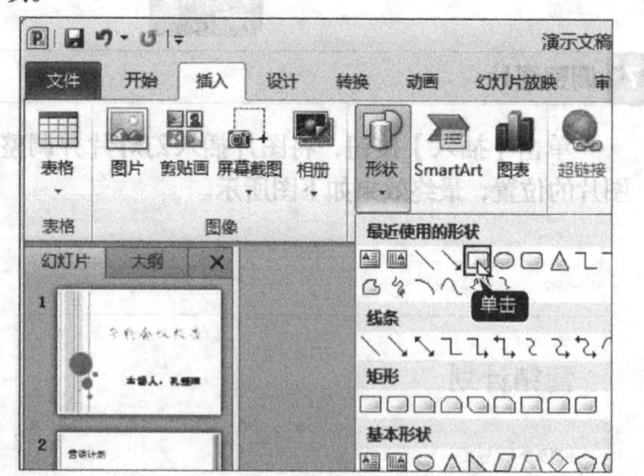

5 绘制矩形

绘制一个【形状高度】为“1.55厘米”，【形状宽度】为“5.58厘米”的矩形。

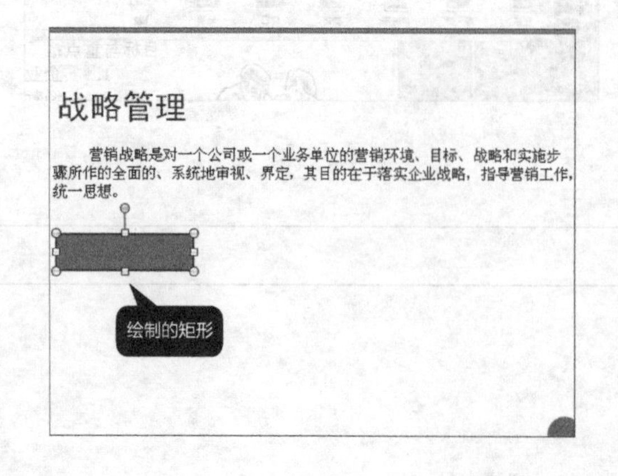

6 设置矩形的形状格式

选中所绘制的矩形，单击鼠标右键，在弹出的快捷菜单中选择【设置形状格式】选项，弹出【设置形状格式】对话框，单击选中【渐变填充】单选项。

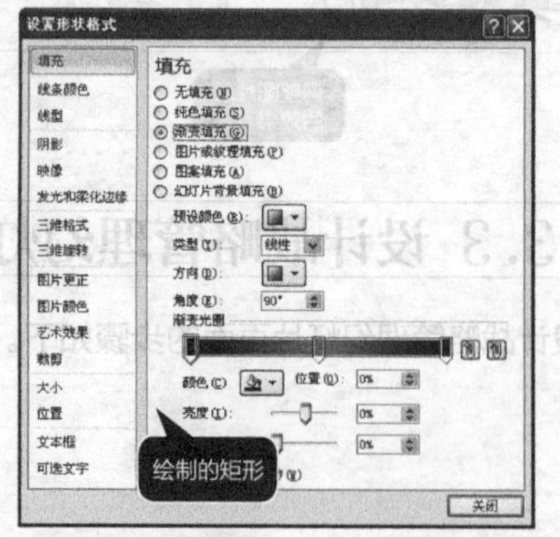

7 输入"一"文本内容

单击【关闭】按钮，返回幻灯片对设计窗口，在矩形中输入"一"，设置字体为"宋体（正文）"，设置字号为"20"。

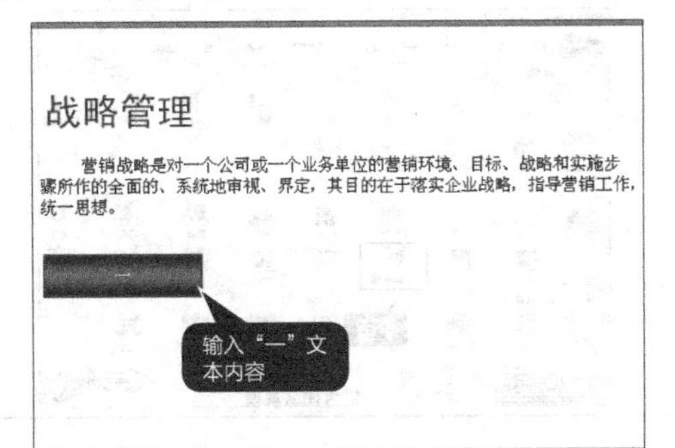

8 绘制其他矩形

按照步骤4～7的方法，绘制出如下图所示的矩形，并对所绘制的矩形进行位置调整。

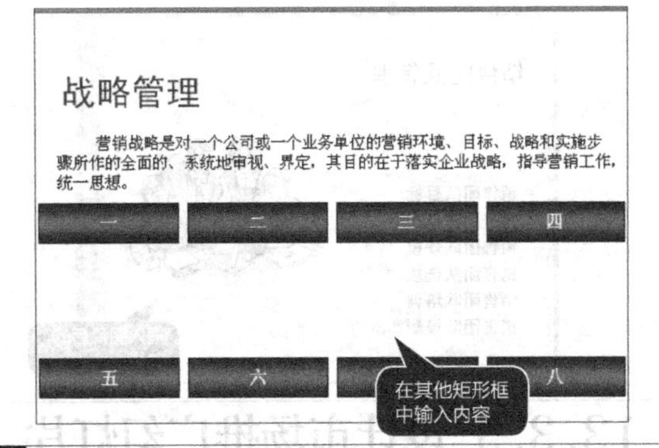

9 输入正文内容

绘制一个文本框并输入相关文本内容，设置字体为"宋体（正文）"，设置字号为"18"，然后对文本框进行移动调整。

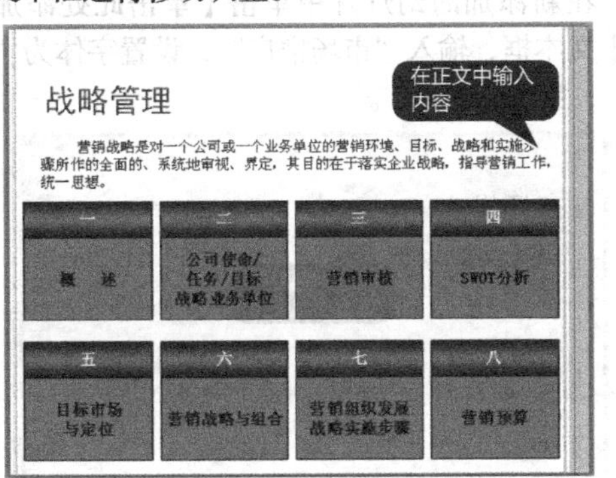

10 选择【矩形】选项

在【插入】选项卡的【插图】组中单击【形状】按钮，在弹出的下拉列表中选择【矩形】选项。

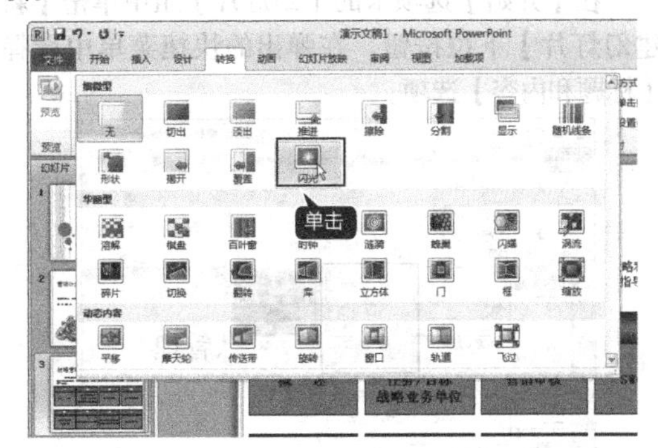

13.3.4 设计团队管理幻灯片

设计团队管理幻灯片的步骤如下。

1 设置标题

新建一张幻灯片，单击【单击此处添加标题】文本框，在该文本框中输入"销售团队管理"，设置字体为"黑体"，设置字号为"40"。

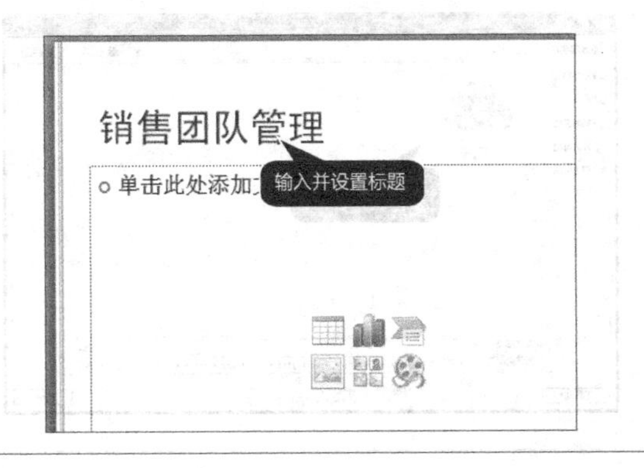

2 输入正文内容

将【单击此处添加文本】文本框删除，选择【横排文本框】选项，绘制一个文本框并输入相关文本内容，设置字体为"宋体（正文）"且加粗，字号为"28"，并对文本位置进行调整。

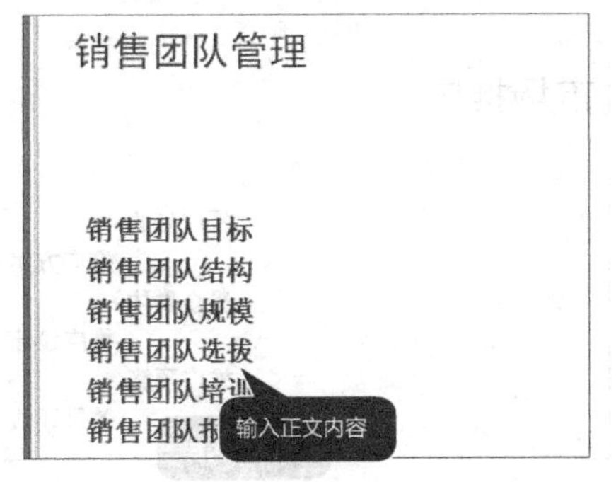

3 插入图片

选择随书光盘中的“素材\ch13\开会.jpg”文件，插入幻灯片，调整图片的位置。

4 设置切换效果

在【转换】选项卡的【切换到此幻灯片】组中单击【其他】按钮，在弹出的下拉列表中选择【翻转】选项后为本张幻灯片的切换效果。

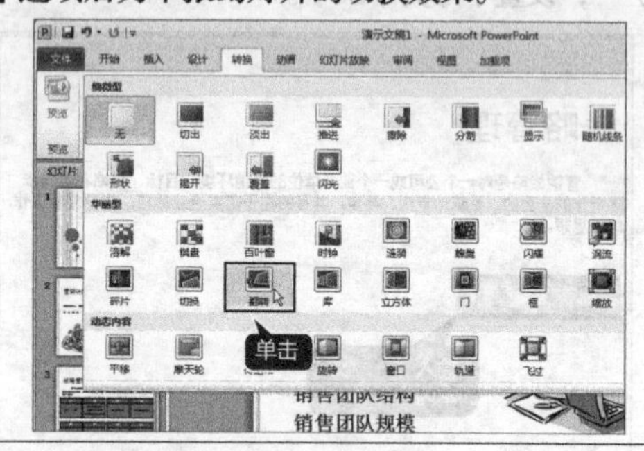

13.3.5 设计市场推广幻灯片

设计市场推广幻灯片的步骤如下。

1 新建幻灯片

在【开始】选项卡的【幻灯片】组中单击【新建幻灯片】下拉按钮，在弹出的快捷菜单中选择【标题和内容】选项。

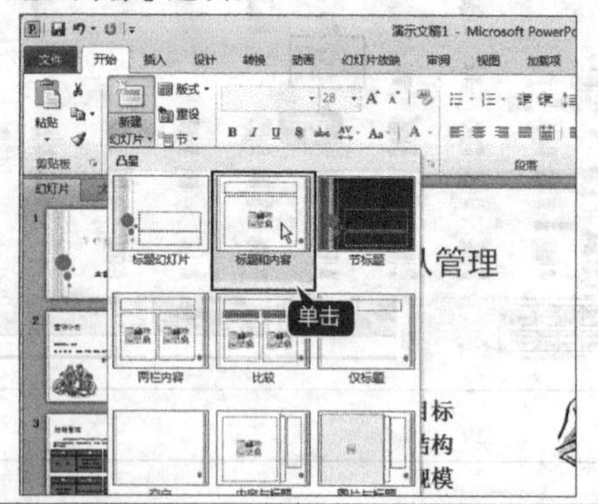

2 设置标题

在新添加的幻灯片中单击【单击此处添加标题】文本框，输入“市场推广”，设置字体为“黑体”，字号为“40”。

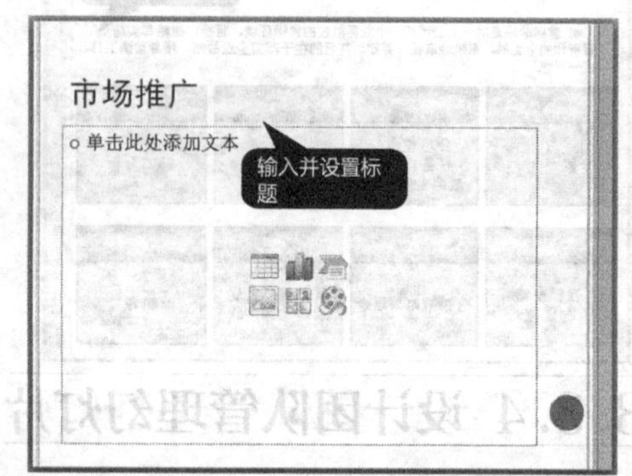

3 输入正文内容

将【单击此处添加文本】文本框删除，选择【横排文本框】选项，绘制一个文本框并输入相关的文本内容，设置字体为“宋体（正文）”且加粗，字号为“24”，然后对文本框进行调整，并调整文本格式。

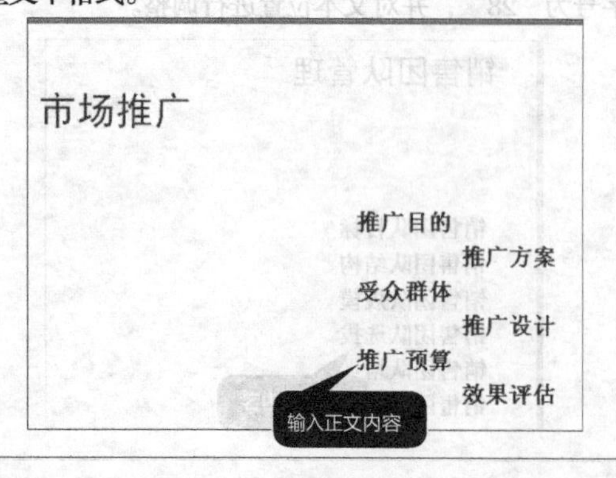

4 插入图片

在【插入】选项卡的【图像】组中单击【图片】按钮，在弹出的【插入图片】对话框中选择随书光盘中的“素材\ch13\开会.jpg”文件。

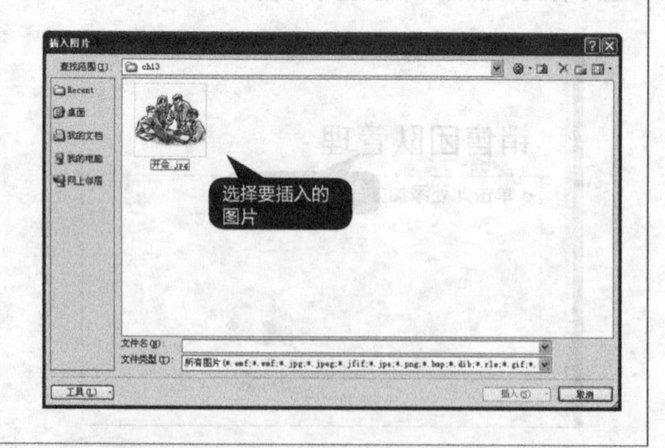

5 调整图片位置

单击【插入】按钮，将图片插入幻灯片并调整图片位置，最终效果如下图所示。

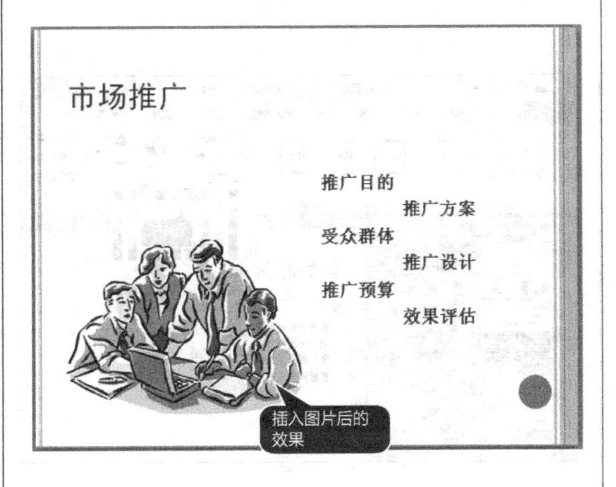

6 添加切换效果

在【转换】选项卡的【切换到此幻灯片】组中单击【其他】按钮，在弹出的下拉列表中选择【涟漪】，为本张幻灯片设置切换效果。

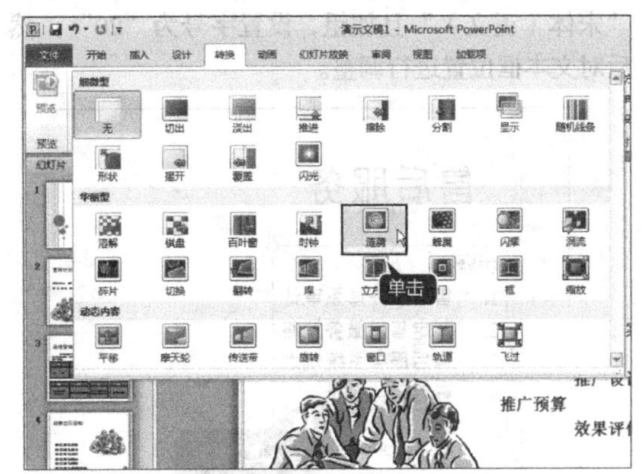

13.3.6 设计售后服务幻灯片

设计售后服务幻灯片的步骤如下。

1 新建幻灯片

在【开始】选项卡的【幻灯片】组中单击【新建幻灯片】按钮，在弹出的快捷菜单中选择【标题和内容】选项。

2 输入标题

在新添加的幻灯片中单击【单击此处添加标题】文本框，并在该文本框中输入“售后服务”，设置字体为“黑体”，设置字号为“40”。

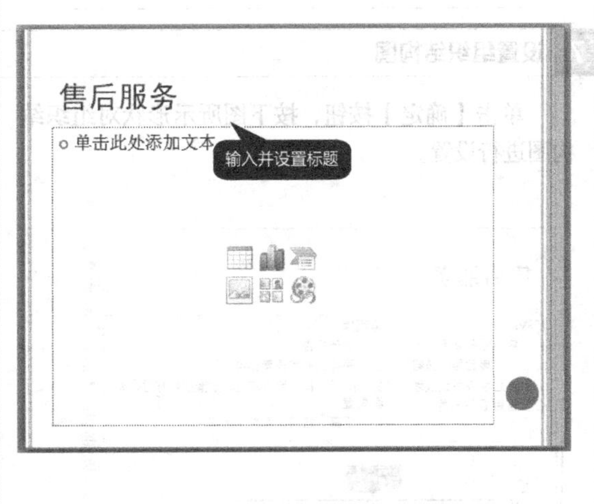

3 输入正文内容

将【单击此处添加文本】文本框删除，在【插入】选项卡的【文本】组中单击【文本框】按钮，在弹出的下拉菜单中选择【横排文本框】选项，绘制一个文本框并输入相关文本内容，设置字体为“宋体（正文）”且加粗，设置字号为“20”，然后对文本框位置进行调整。

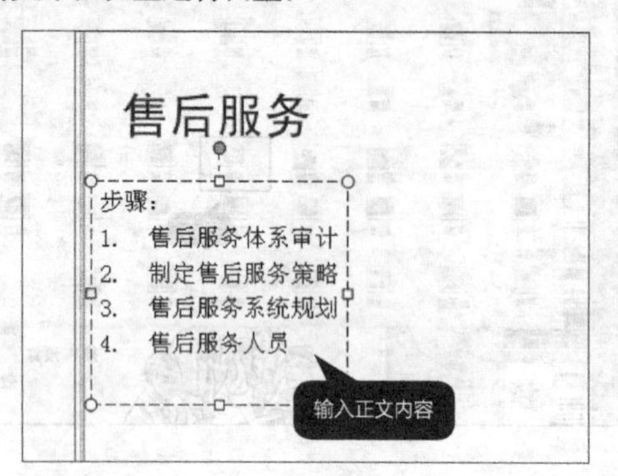

4 为文本框添加颜色

选中文本框，在【格式】选项卡的【形状样式】组中单击【形状轮廓】按钮，在弹出的下拉菜单中选择【橙色】选项。

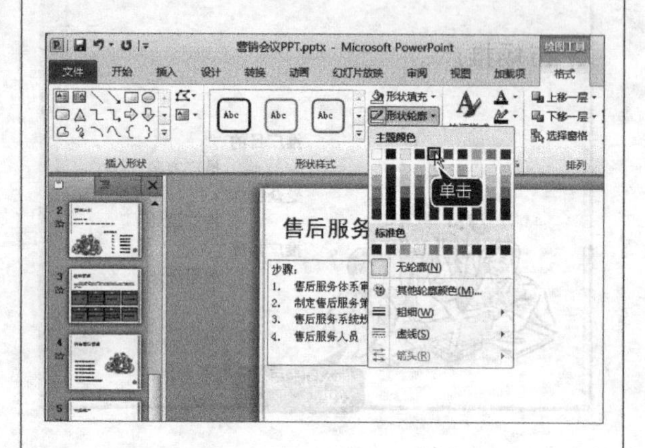

5 输入其他内容

按照步骤3～4的方法再绘制一个文本框，输入相关的内容后对文本内容和文本框位置进行调整，最终效果如下图所示。

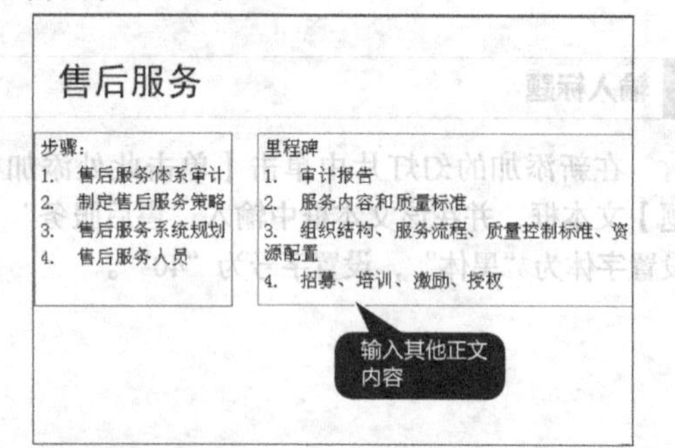

6 选择组织结构

在【插入】选项卡的【插图】组中单击【SmartArt】按钮，在弹出的【选择SmartArt图形】对话框中选择【层次结构】区域中的【组织结构】选项。

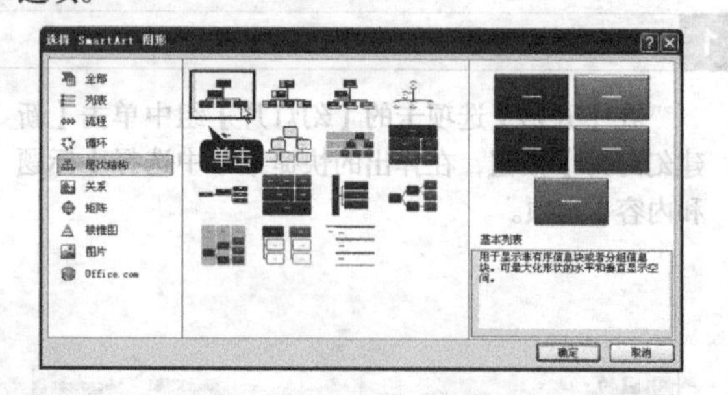

7 设置组织结构图

单击【确定】按钮，按下图所示形状对组织结构图进行设置。

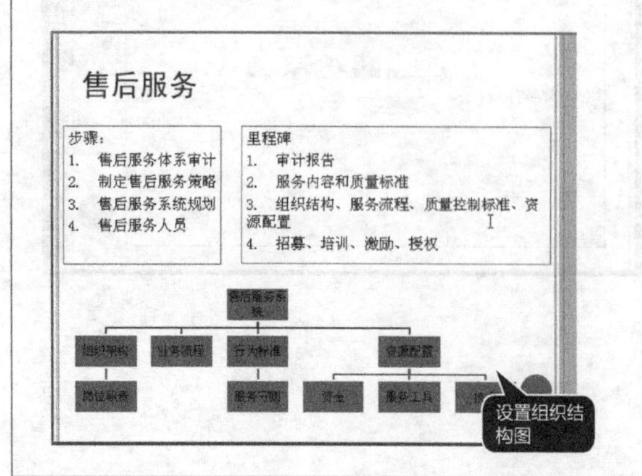

8 设置切换效果

在【转换】选项卡的【切换到此幻灯片】组中单击【其他】按钮，在弹出的下拉列表中选择【门】选项作为本张幻灯片切换效果。

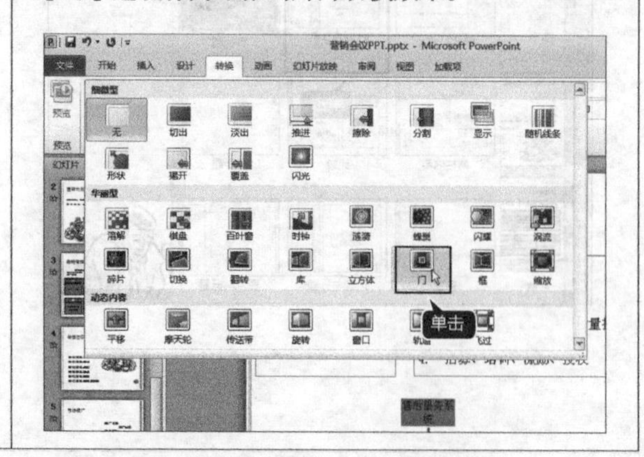

13.3.7 设计结束幻灯片

设计营销会议结束幻灯片的步骤如下。

1 选择【空白】选项

在【开始】选项卡的【幻灯片】组中单击【新建幻灯片】下拉按钮，在弹出的快捷菜单中选择【空白】选项。

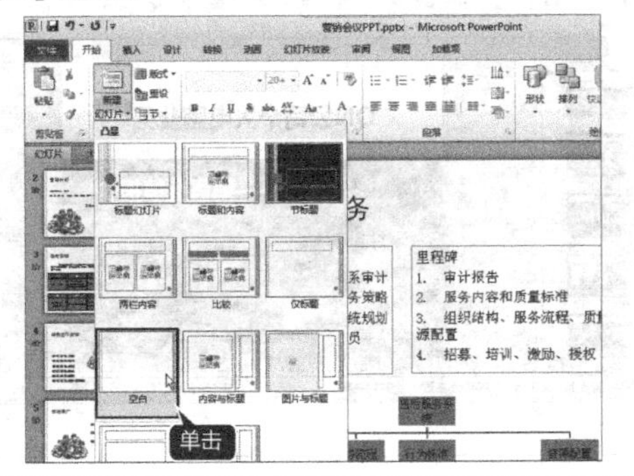

2 选择艺术字

在【插入】选项卡的【文本】组中单击【艺术字】按钮，在弹出的下拉列表中选择【填充 – 白色，轮廓 – 强调文本颜色1】选项。

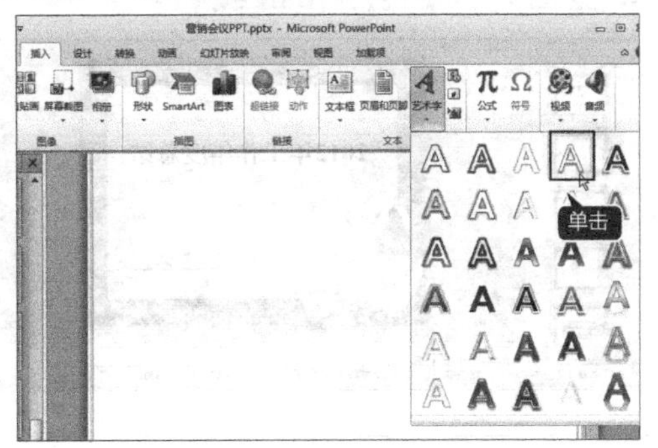

3 设置字体格式

在插入的艺术字文本框中输入“完”，并设置字号为“150”，设置字体为“华文行楷”，最终效果如下图所示。

4 对字进行动画设置

选中艺术字，在【动画】选项卡的【动画】组中单击【淡出】按钮，完成对艺术字的动画设置。

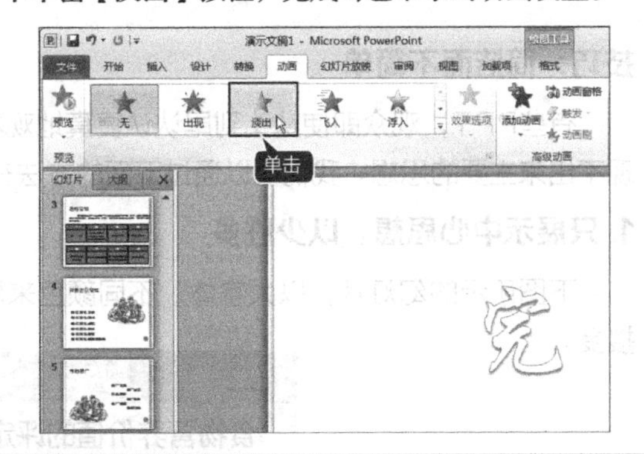

5 输入时间内容

在【插入】选项卡的【文本】组中单击【文本框】按钮，在弹出的下拉菜单中选择【横排文本框】选项，绘制一个文本框并输入相关文本内容。设置字体为“宋体（正文）”且加粗，设置字号为“18”，然后对文本框位置进行调整。

6 添加切换效果

在【转换】选项卡的【切换到此幻灯片】组中单击【其他】按钮，在弹出的下拉列表中选择【擦除】作为本张幻灯片的切换效果。将制作好的幻灯片保存为“营销会议PPT.pptx”文件。

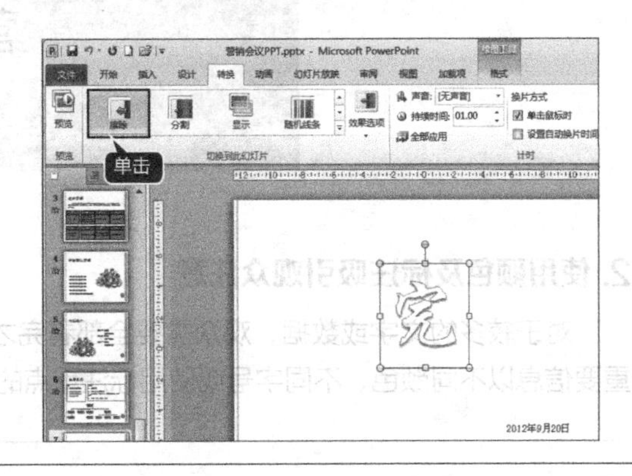

举一反三

报告型PPT主要是通过图标和图形将繁杂的数据直观地展现给观众，让观众快速明白各数据之间的关联。此类PPT主要包括各种年度工作总结类PPT、业务分析类PPT、销售业绩类PPT等。

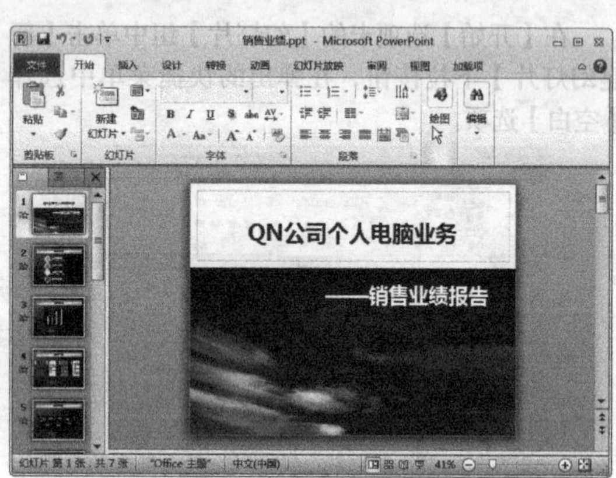

高手私房菜

技巧：简洁而不简单

有些PPT，观众即使从头到尾认认真真地观看，也难以抓住重点，因为PPT的文字内容太多，体现不出来主要的思想。我们可以通过下面的方法在PPT中突出重点内容。

1. 只展示中心思想，以少胜多

下图所示的幻灯片，以大字体、不同颜色来展示所要表达的中心思想，这比长篇大论更容易使人接受。

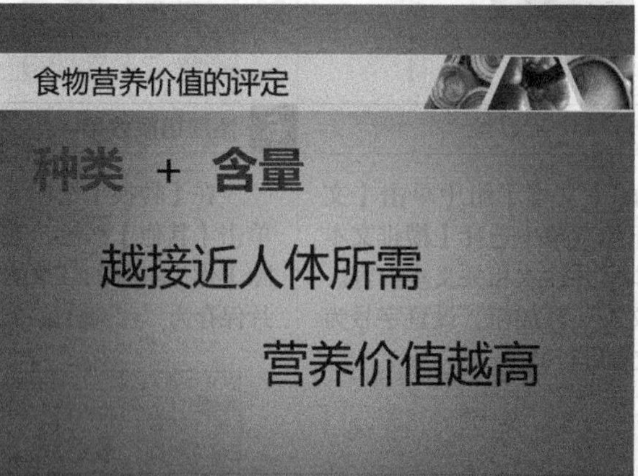

2. 使用颜色及标注吸引观众注意

对于较多的文字或数据，观众需要全部看完才能了解基本情况。在制作PPT时，我们不妨将这些重要信息以不同颜色、不同字号或使用标注重点的方法突出出来，从而一目了然。

第 14 章

吸引别人的眼球
——展示型 PPT 实战

本章视频教学时间：2 小时 2 分钟

PPT是传达信息的载体，同时也是展示个性的平台。PPT中，创意可以通过内容或图示来展示，心情可以通过配色来表达。发挥创意，我们都可以做出令人惊叹的绚丽型PPT。

【学习目标】

- 通过本章的学习，可以对展示型 PPT 的应用有所了解。

【本章涉及知识点】

- 设计书法文化 PPT
- 设计艺术欣赏 PPT
- 设计个人简历 PPT

14.1 设计书法文化PPT

本节视频教学时间：1小时

书法是我国特有的传统文化，展示了我国悠久的文化内涵。品读各个时期的书法作品，犹如在历史的长廊中游弋。本例将通过幻灯片来展示中国的书法文化。

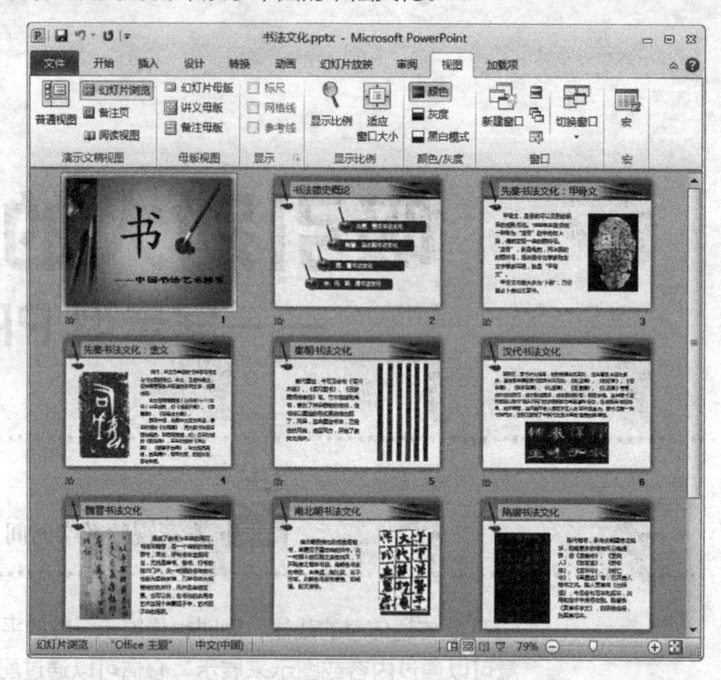

14.1.1 设计幻灯片母版

除首页和结束页外，其他幻灯片均使用一幅书法作品作为背景，并配以具有动画效果的标题栏。这些内容可以在母版中统一设计，步骤如下。

1 启动PowerPoint 2010

启动PowerPoint 2010，进入PowerPoint工作界面。

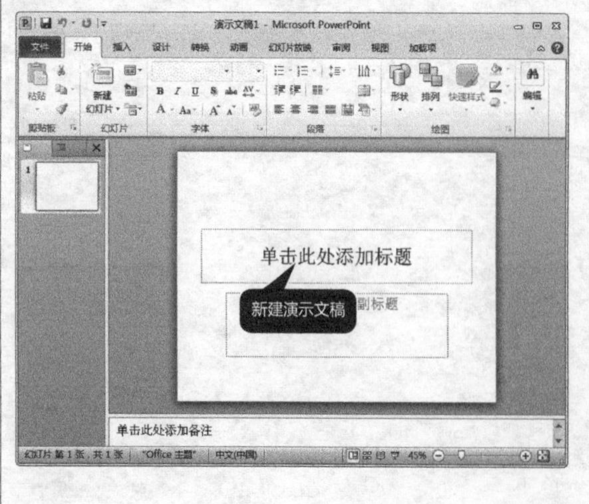

2 切换到幻灯片母版视图

在【视图】选项卡的【母版视图】中单击【幻灯片母版】按钮，切换到幻灯片母版视图，在左侧列表中单击第1张幻灯片。

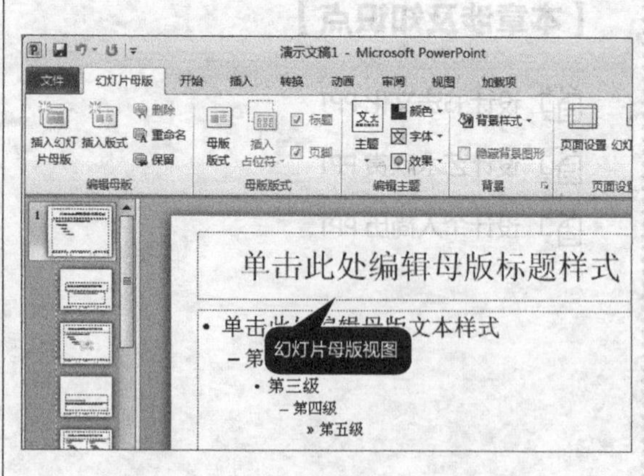

3 绘制矩形框

使用形状工具绘制一个矩形框，设置【纯色填充】为【茶色】（R：154，G：145，B：128），设置【透明度】为“10%”。

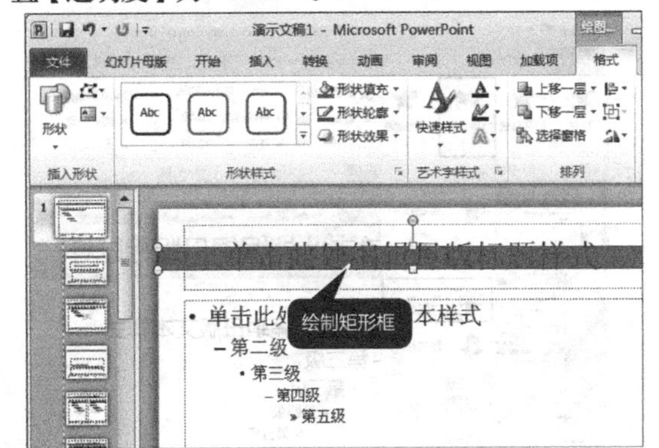

4 调整图片位置

在矩形框上方再绘制两个矩形框，如下图所示。

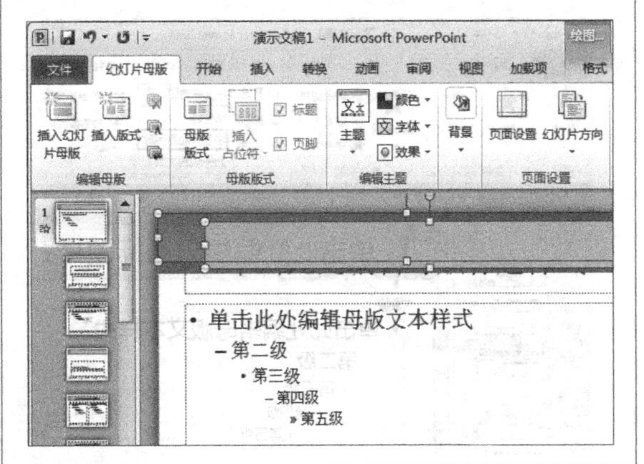

5 插入图片

在【插入】选项卡的【图像】组中单击【图片】按钮，在随书光盘“素材\ch14\书法文化”文件夹，选择“背景1.png”、“背景2png”、“笔.png”和“墨1.png”图片，单击【插入】按钮。

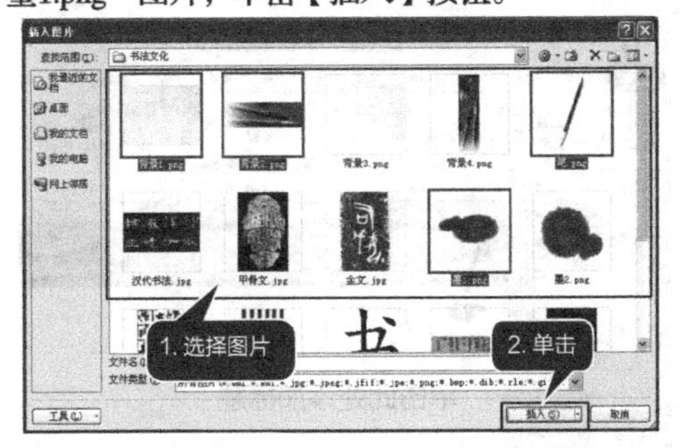

6 设置图片

调整各个图片的位置，并将“背景1”置于底层，水平旋转“笔”的方向，最终效果如下图所示。

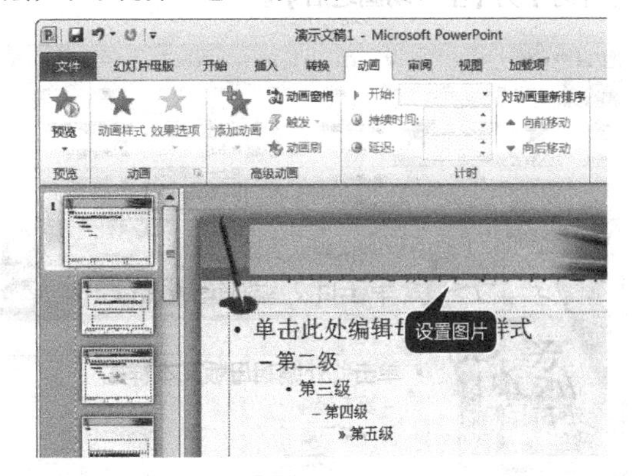

7 设置文本样式

将标题文本框至于顶层，设置标题字体为“微软雅黑”，字号为“40”。

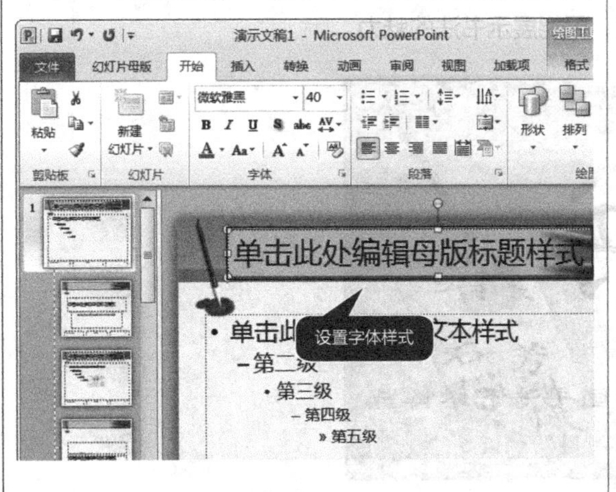

8 添加动画

选择“笔”，在【动画】选项卡的【动画】组的【动画样式】下拉列表中选中【擦除】选项，单击【效果选项】选项，在下拉列表中选择【自顶部】选项，在【计时】组的【开始】下拉列表中选择【与上一动画同时】选项。

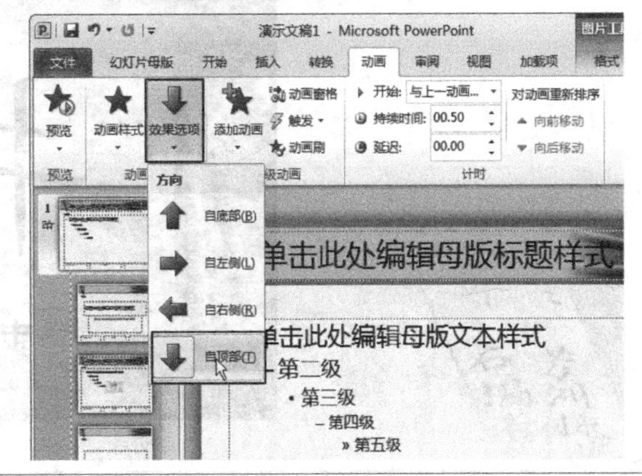

9 设置图片动画效果

选择“墨1”图片，添加【淡出】动画效果，设置【计时】为“与上一动画同时”。

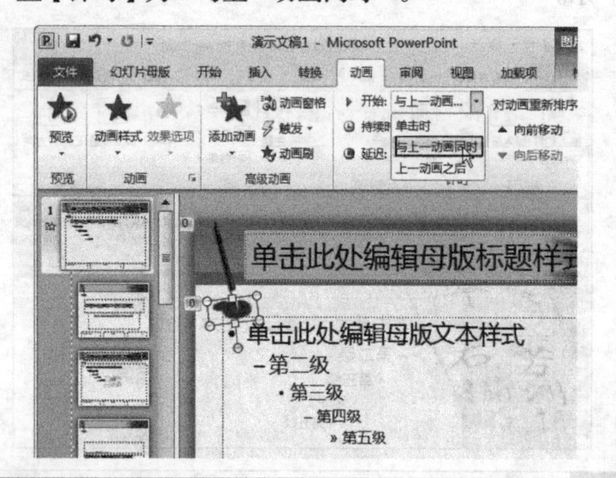

10 设置矩形框动画效果

选择标题后面的矩形框，添加【擦除】动画效果，设置【效果选项】为“自右侧”，设置【计时】为“与上一动画同时”。

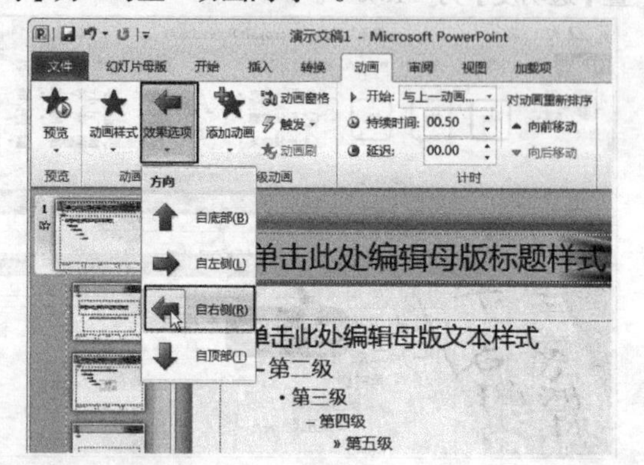

11 设置标题动画效果

选择标题文字，添加【淡出】动画效果，设置【计时】为【上一动画之后】。

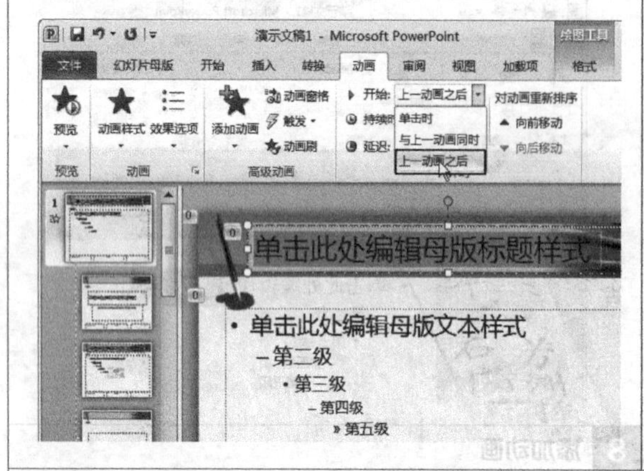

12 返回普通视图

单击【幻灯片母版】选项卡的【关闭母版视图】按钮，返回普通视图。然后单击快速访问工具栏中的【保存】按钮，保存为“书法文化.pptx”文件。

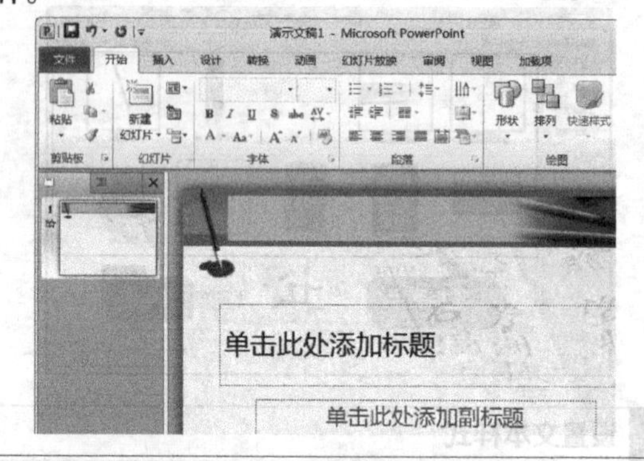

14.1.2 设计首页效果

首页通过配色来展示出书法古香古色的韵味，并配以笔墨纸砚的图片来呼应PPT的主题。中间一个“书”字，拆字并应用动画后如同一笔一划写成，更能展示书法的魅力。

1 背景设置

单击【视图】➤【母版视图】➤【幻灯片母版】按钮，切换到母版视图，单击左侧列表中的第二张幻灯片，并将该幻灯片上的图片和图形隐藏。

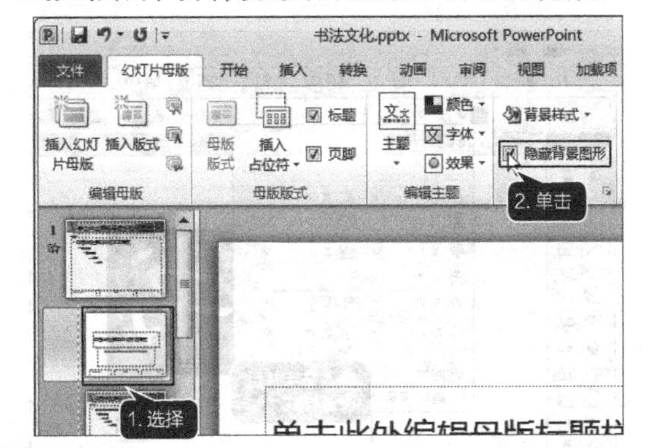

2 【插入图片】对话框

在【插入】选项卡的【图像】组中单击【图片】按钮，在弹出的对话框中选择“素材\ch14\书法文化”文件夹中的“背景3.png”、“背景4.png”、“笔.png”和“墨2.png”文件，单击【插入】按钮。

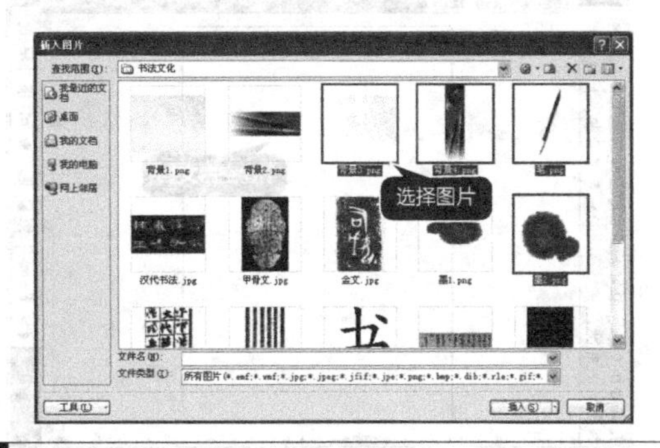

3 调整图片

调整图片的大小、位置和叠放顺序。

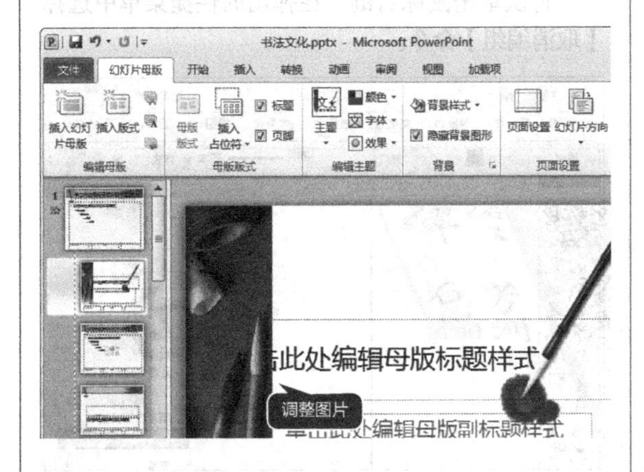

4 【设置背景格式】对话框

单击【幻灯片母版】➤【背景】➤【背景样式】按钮，在下拉列表中选择【设置背景格式】选项，在弹出的【设置背景格式】对话框中设置如下。

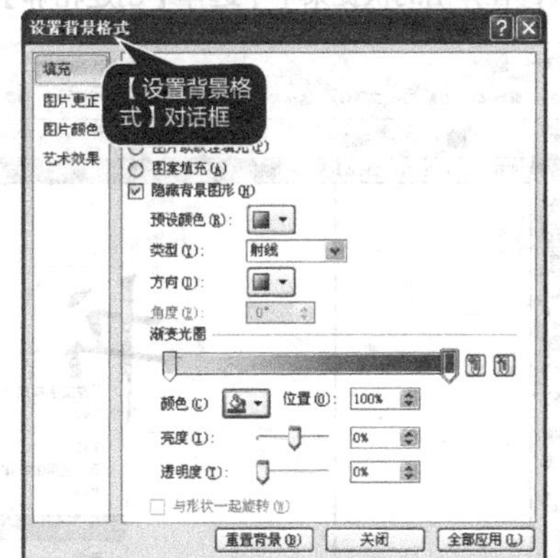

5 切换到普通视图模式

单击【关闭母版视图】按钮，切换到普通视图模式。

6 【新建文档】对话框

启动Adobe Illustrator CS4，选择【文件】➤【新建】命令，打开【新建文档】对话框。

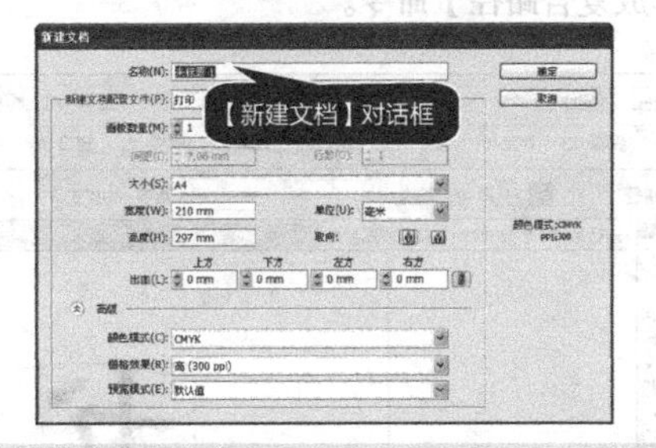

小提示

要在首页实现“书”字的书写动画，需要先在矢量图制作软件中将“书”字拆开，然后插入幻灯片中，再应用动画，这需要用到Adobe Illustrator CS4。

7 新建一个空白文档

单击【确定】按钮，新建一个空白文档。

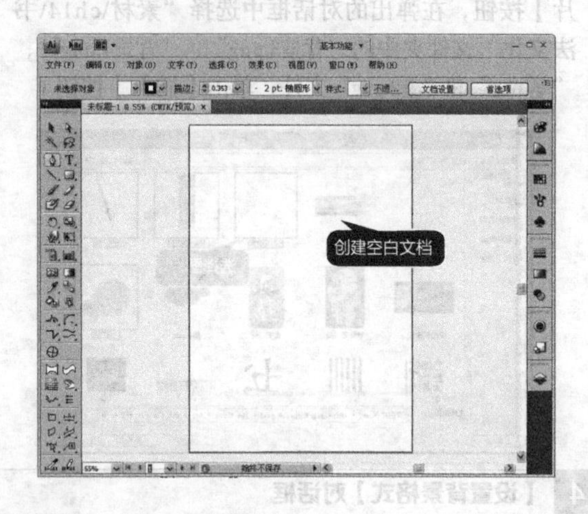

8 设置字体

单击左侧工具箱中的【文字工具】T，在绘图区输入“书”字，在属性栏中设置字体为“楷体_GB2312”，设置字号为“200pt”。

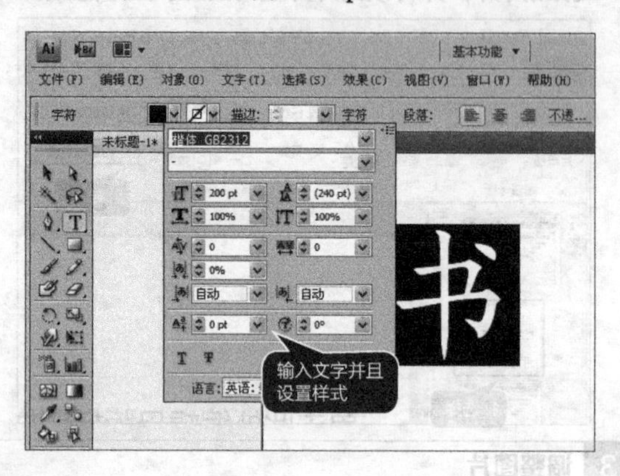

9 选择【创建轮廓】命令

单击工具箱中的【选择工具】，右击“书”，在弹出的快捷菜单中选择【创建轮廓】命令。

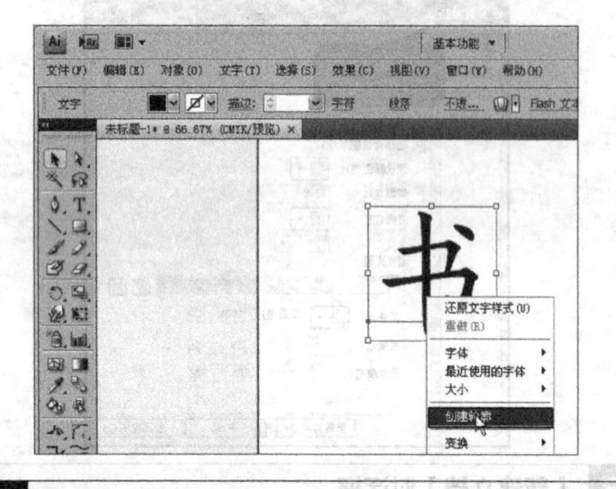

10 选择【取消编组】命令

再次单击鼠标右键，在弹出的快捷菜单中选择【取消编组】命令。

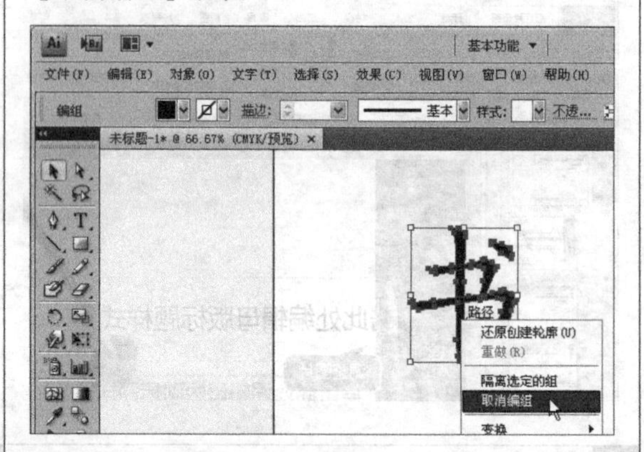

11 选择【释放复合路径】命令

再次单击鼠标右键，在弹出的快捷菜单中选择【释放复合路径】命令。

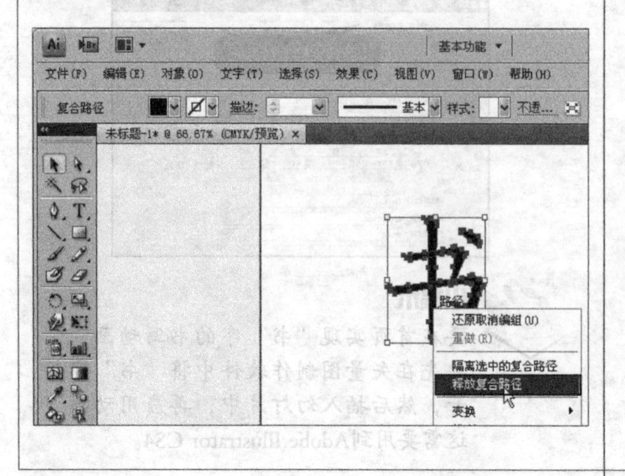

12 选择【导出】命令

选择【文件】➤【导出】命令。

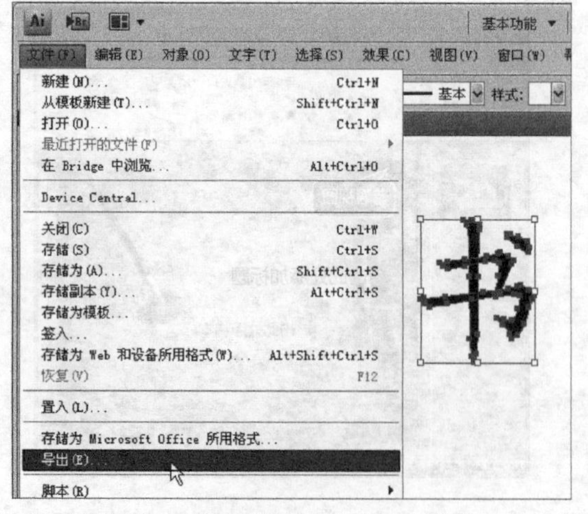

13 导出图片

弹出【导出】对话框，浏览到“素材\ch14\书法文化”文件夹，选择【保存类型】为“增强型图元文件”，在【文件名】文本框中输入“书”，单击【保存】按钮。

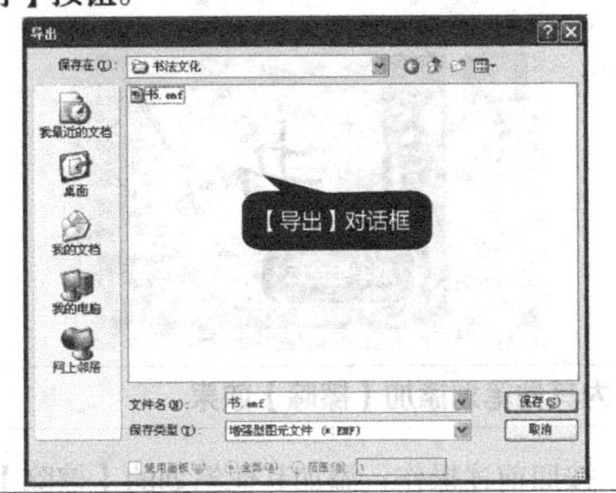

14 保存图像

保存后的图像如图所示。

15 切换到母版视图

在【视图】选项卡的【母版视图】组中单击【幻灯片母版】按钮，切换到母版视图，并单击左侧第二张幻灯片。

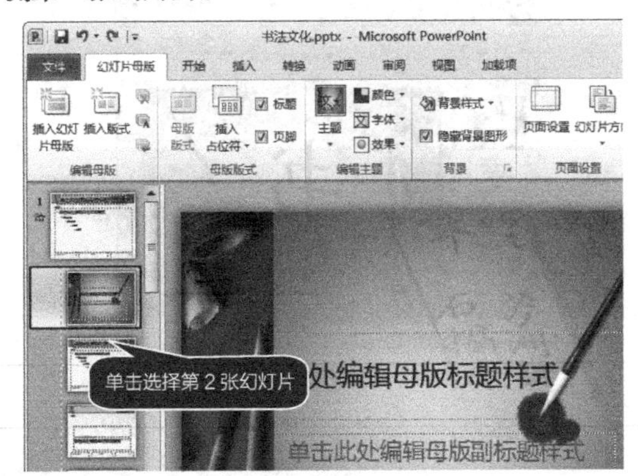

16 设置动画效果

选择幻灯片左侧的图片，添加【擦除】动画效果，设置【效果选项】为“自顶部”，设置【计时】组中的【开始】模式为“与上一动画同时”。

17 为“笔”和“墨”添加动画效果

分别为“笔”和“墨”添加【擦除】和【淡出】动画效果，设置【计时】组中的【开始】模式为“上一动画之后”，其中【擦除】动画的【效果选项】为“自顶部”。

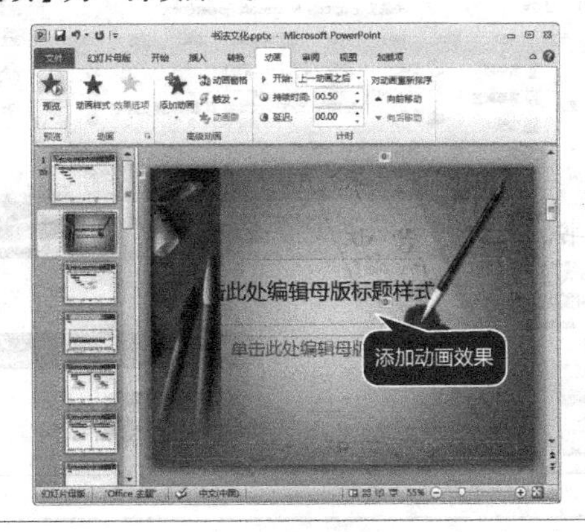

18 插入图片

单击【幻灯片母版】选项卡中的【关闭母版视图】按钮，返回普通视图。删除标题文本框并在【插入】选项卡的【图像】组中单击【图片】按钮，插入前面保存的“书.emf”文件。

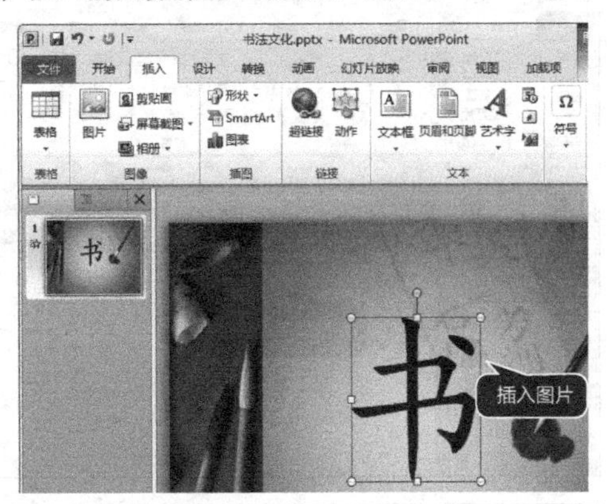

19 选择【取消组合】命令

在"书"字上单击鼠标右键，选择【取消组合】命令，弹出如下对话框。

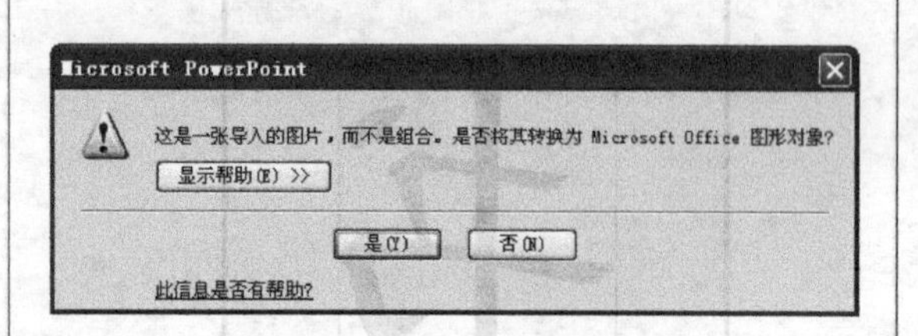

20 再次选择【取消组合】命令

单击【是】按钮，再次右击"书"，选择【取消组合】命令，即可将"书"按笔画拆为4部分。

21 为第一笔划添加【擦除】效果

为第一笔划添加【擦除】效果，设置【效果选项】为"自左侧"，设置【计时】组中【开始】模式为"上一动画之后"。

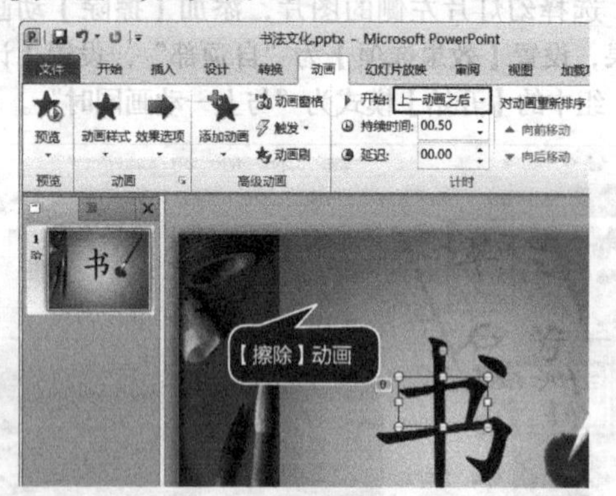

22 为其他笔划添加【擦除】效果

按照前述操作，添加其他笔划的【擦除】动画效果，【效果选项】分别为笔划书写的方向，设置【开始】模式均为"上一动画之后"。然后添加副标题"——中国书法艺术博览"，并应用【淡出】的动画效果设置，【开始】模式为"上一动画之后"。

14.1.3 设计概论幻灯片

设计书法简史概论幻灯片的步骤如下。

1 输入标题

新建一张幻灯片，在标题文本框中输入"书法简史概论"，删除下方的内容文本框。

2 绘制圆角矩形框

使用形状工具绘制一个圆角矩形框，设置【形状填充】颜色为"棕色"。

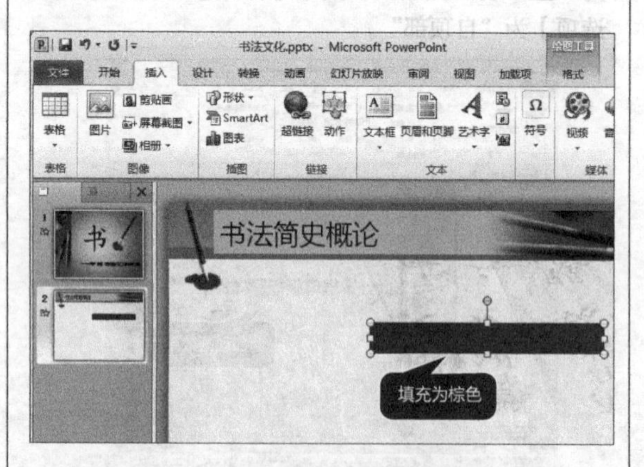

3 绘制圆形

按住【Shift】键绘制一个圆形，设置形状填充为“红色”，再设置三维效果，如图所示。

4 插入图片

单击【插入】➤【图像】➤【图片】按钮，添加“素材\ch14\书法文化”文件夹中的“笔.png”和“墨1.png”，并调整大小、位置和旋转方向。

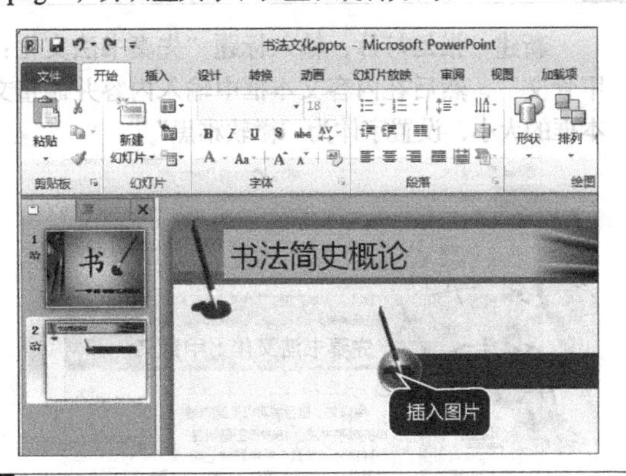

5 为“笔”添加动画效果

选择“笔”，添加【擦除】动画效果，设置【效果选项】为“自顶部”，设置【开始】模式为“上一动画之后”。选择“墨1”，添加【淡出】动画效果，设置【开始】模式为“上一动画之后”。

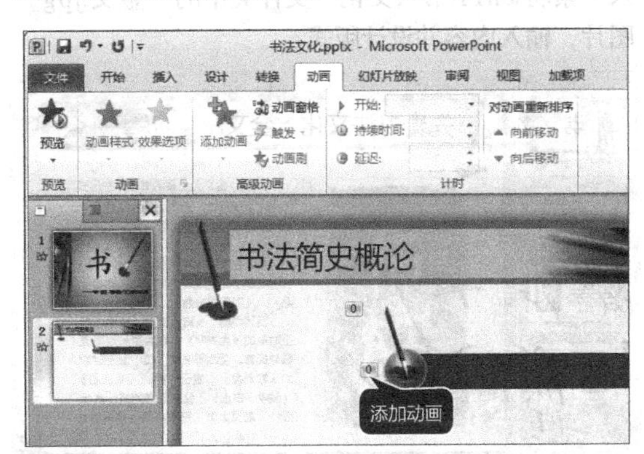

6 组合圆形和圆角矩形

组合圆形和圆角矩形并设置【擦除】动画效果，设置【效果选项】为“自左侧”，设置【开始】模式为“上一动画之后”。

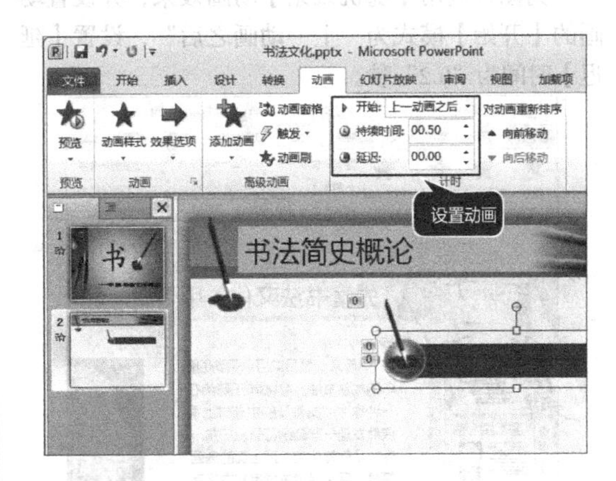

7 复制图形

复制上面步骤中插入的图形，粘贴三次，并调整图形的位置，如下图所示。

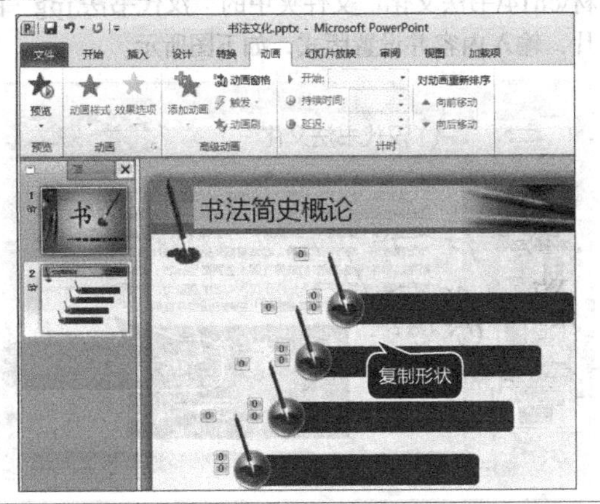

8 设置矩形框并输入文字

调整颜色的【形状填充】分别为“绿色”、“蓝色”和“紫色”，然后选中圆角矩形框并单击鼠标右键，选择【编辑文字】命令，输入以下文字。

14.1.4 设计图文展示幻灯片

设计各个时期书法特征幻灯片的步骤如下。

1 新建幻灯片

新建一张幻灯片，输入标题“先秦书法文化：甲骨文”，然后在内容文本框中输入内容并调整文本框的大小，设置字体为“微软雅黑”。

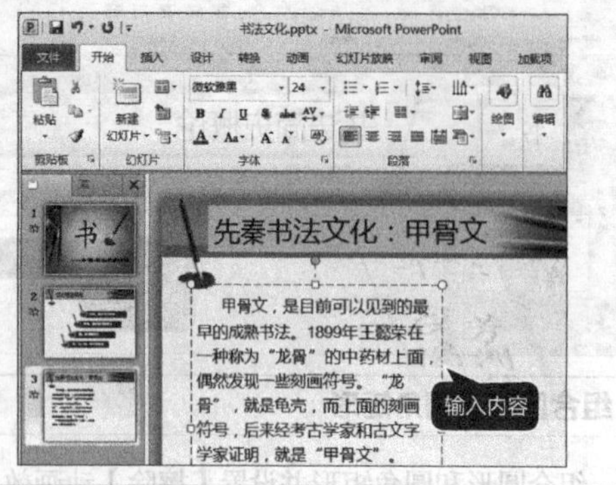

2 插入图片

在【插入】选项卡的【图像】组中单击【图片】按钮，插入“素材\ch14\书法文化”文件夹中的“甲骨文.jpg”图片，并调整图片的大小和位置。

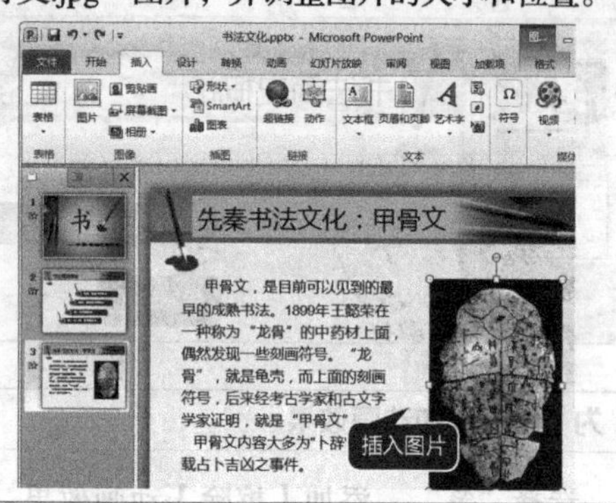

3 为图片应用动画

为图片应用【随机线条】动画效果，并设置动画的【开始】模式为“上一动画之后”，设置【延迟】时间为“0.2”秒。

4 设计“先秦书法文化：金文”幻灯片

新建一张幻灯片“先秦书法文化：金文”，插入“素材\ch14\书法文化”文件夹中的“金文.jpg”图片，输入内容并设计版式。

5 设计“秦朝书法文化”幻灯片

新建一张幻灯片“秦朝书法文化”，插入“素材\ch14\书法文化”文件夹中的“秦朝书法.jpg”图片，输入内容并设置版式，如下图所示。

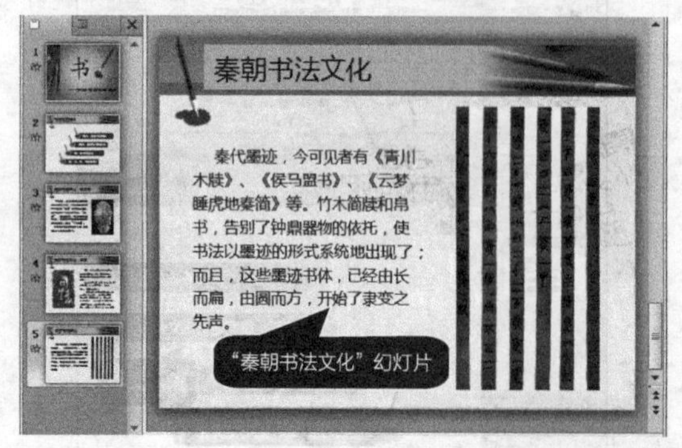

6 设计“汉代书法文化”幻灯片

新建一张幻灯片“汉代书法文化”，插入“素材\ch14\书法文化”文件夹中的“汉代书法.jpg”图片，输入内容并设置版式，如下图所示。

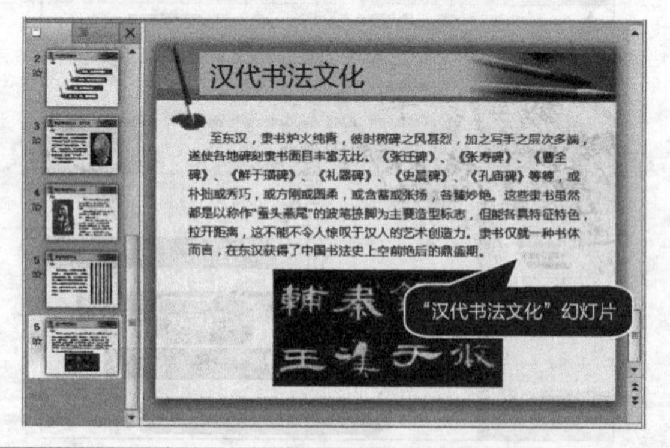

7 设计“魏晋书法文化”

新建一张幻灯片“魏晋书法文化”，插入“素材\ch14\书法文化”文件夹中的“魏晋书法.jpg”图片，输入内容并设计版式。

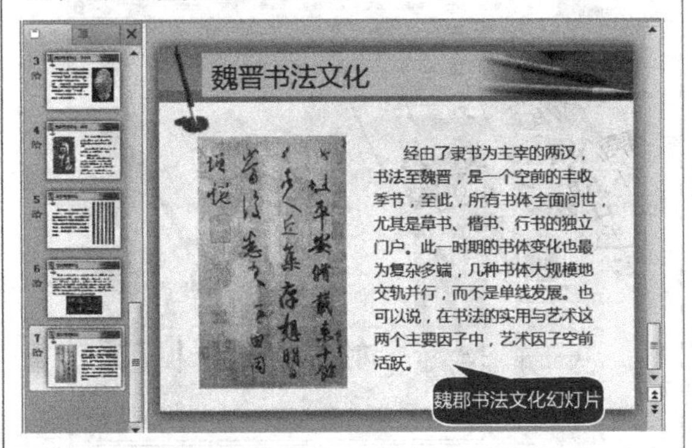

8 设计“南北朝书法文化”

新建一张幻灯片“南北朝书法文化”，插入“素材\ch14\书法文化\”文件夹中的“南北朝书法.jpg”图片，输入内容并设计版式。

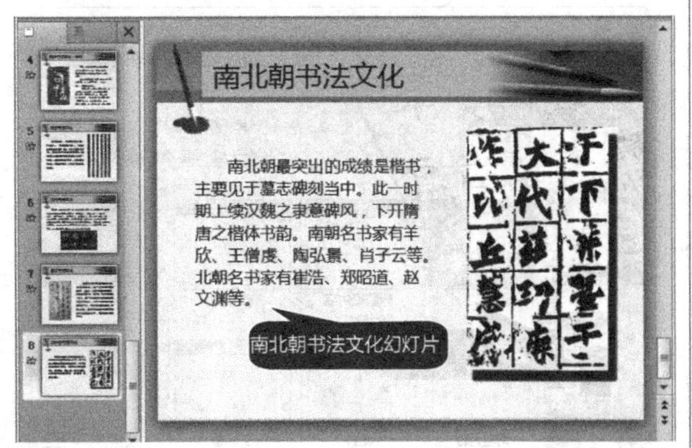

9 设计“隋唐书法文化”

新建一张幻灯片“隋唐书法文化”，插入“素材\ch14\书法文化”文件夹中的“隋唐书法.jpg”图片，输入内容并设计版式。

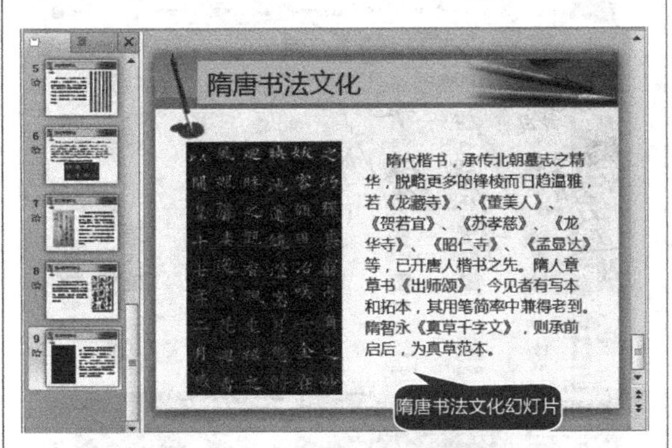

10 设计“名家作品欣赏”

设计两张“名家作品欣赏”幻灯片，并分别插入“素材\ch14\书法文化”文件夹中的“王羲之.jpg”和“苏轼.jpg”图片，并添加作品名称和作者名字。

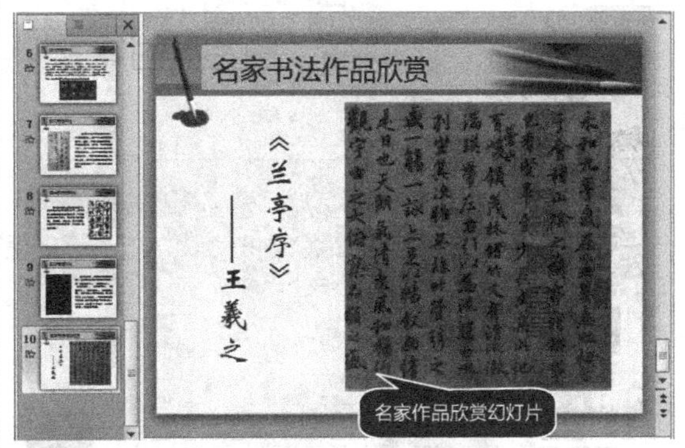

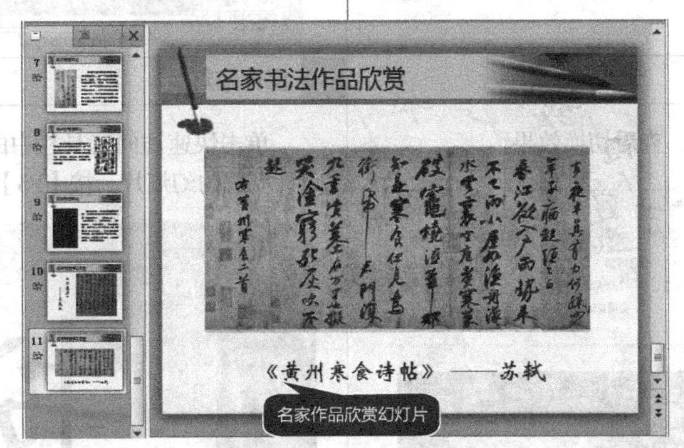

14.1.5 设计结束幻灯片与切换效果

设计结束页幻灯片并为幻灯片应用切换效果的操作步骤如下。

1 新建幻灯片

在【开始】选项卡的【幻灯片】组中单击【新建幻灯片】按钮，在下拉列表中选择【标题幻灯片】选项。

2 标题的输入与设置

在标题文本框中输入“谢谢观看！”，设置字体为“隶书”、字号为“88”、颜色为“黑色”。

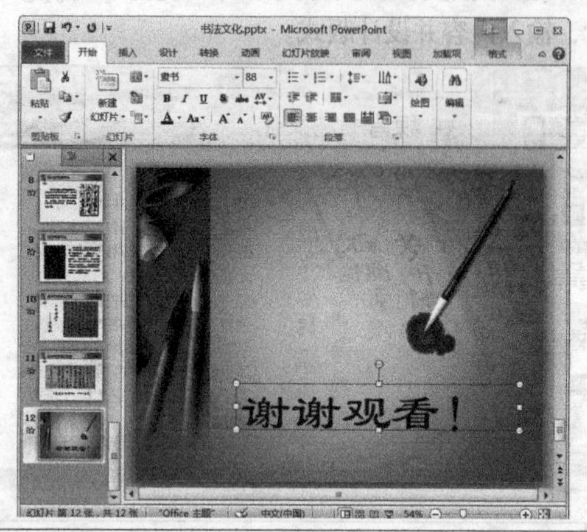

3 添加动画效果

为文字应用【淡出】动画效果，设置【开始】模式为“上一动画之后”。

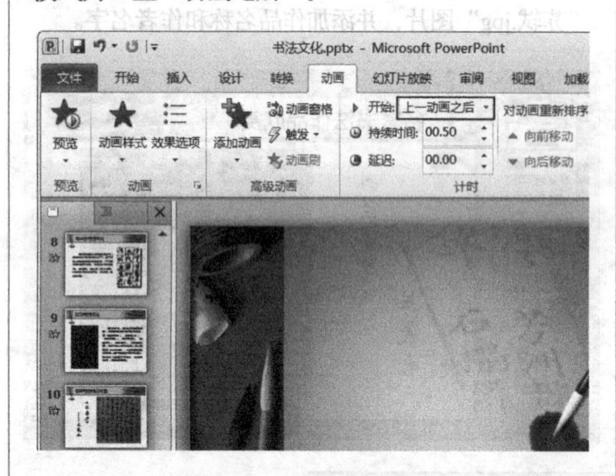

4 添加切换方案

分别选择各张幻灯片，应用【转换】选项卡【切换到此幻灯片】组中【切换方案】列表中的方案。

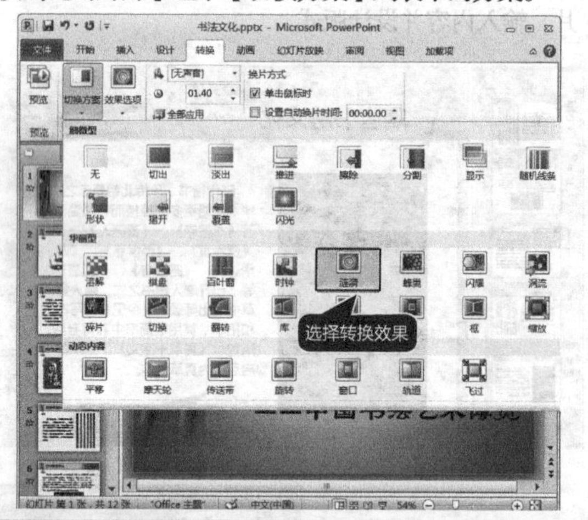

5 查看切换效果

单击【预览】按钮，查看切换效果。

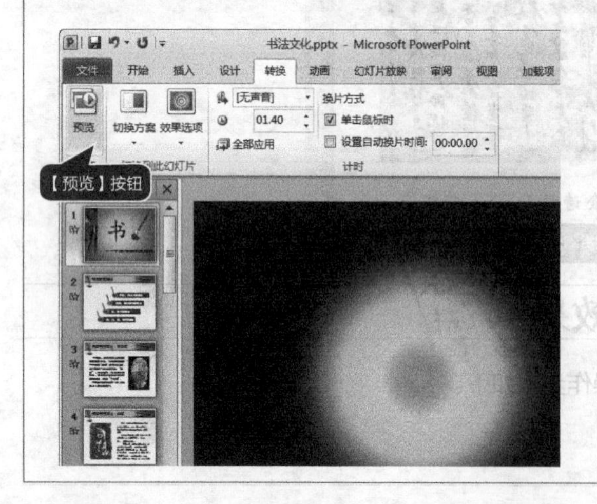

6 保存幻灯片

单击快速访问工具栏中的【保存】按钮，保存设计完成的幻灯片。按【F5】键观看放映效果。

14.2 设计艺术欣赏PPT

本节视频教学时间：24分钟

艺术欣赏是人们通过感官接触艺术品而产生审美愉悦过程，是人们以艺术形象为对象，通过艺术作品而获得的精神层面的满足过程。中国历史悠久，孕育了众多艺术瑰宝，为我们带来了不同的体验、理解及想象。本例通过幻灯片展示我国艺术品。

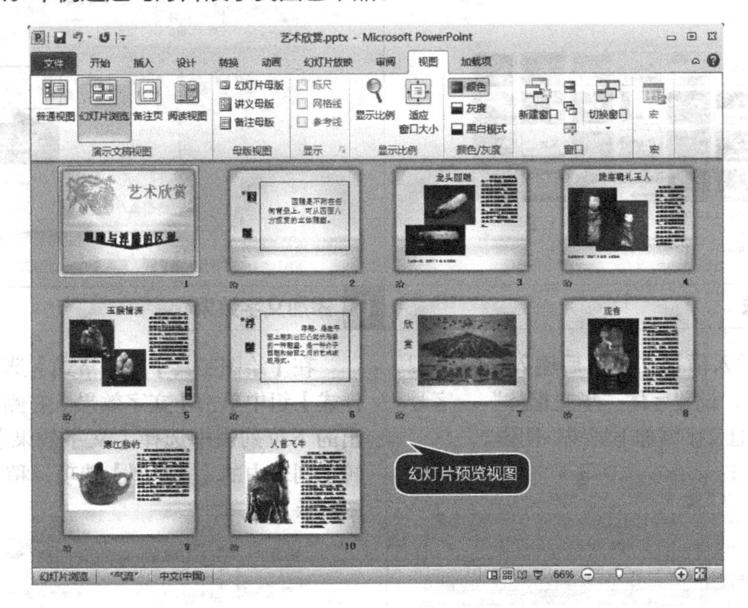

14.2.1 设计首页幻灯片

艺术欣赏幻灯片的首页设计应从表头入手，片头包括主标题和副标题，标题文字可进行艺术设计，这样更容易抓住人的眼球。

1 新建演示文稿

在电脑资源管理器中，单击鼠标右键，在弹出的快捷菜单中选择【新建】➤【Microsoft PowerPoint 演示文稿】选项，并将文件名称修改为“艺术鉴赏.pptx”。

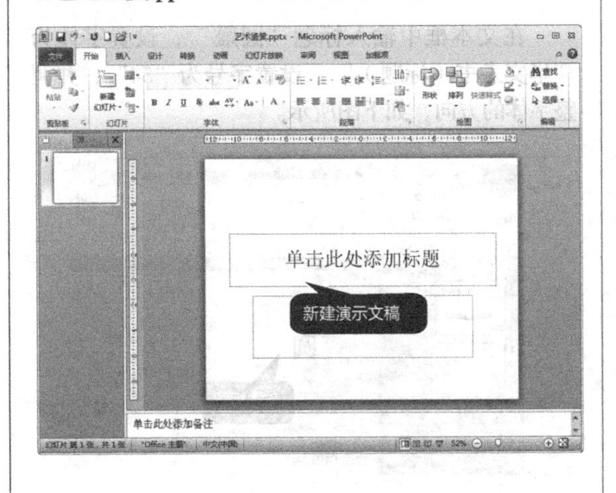

2 设置首页幻灯片背景

在【幻灯片】选项中的第1张幻灯片缩略图上单击鼠标右键，在弹出的快捷菜单中选择【设置背景格式】选项，弹出【设置背景格式】对话框，单击【文件】按钮选中并插入图片后，关闭该对话框。

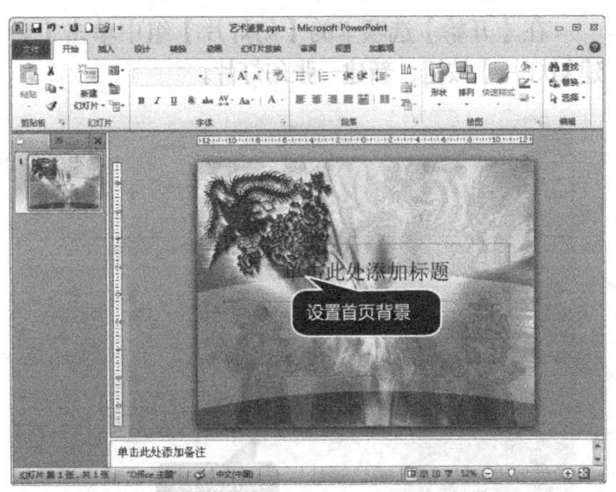

3 应用主题

在【设计】选项卡的【主题】组中单击【其他】按钮，弹出主题列表，在其中选择一种，单击即可将其应用到当前幻灯片中。

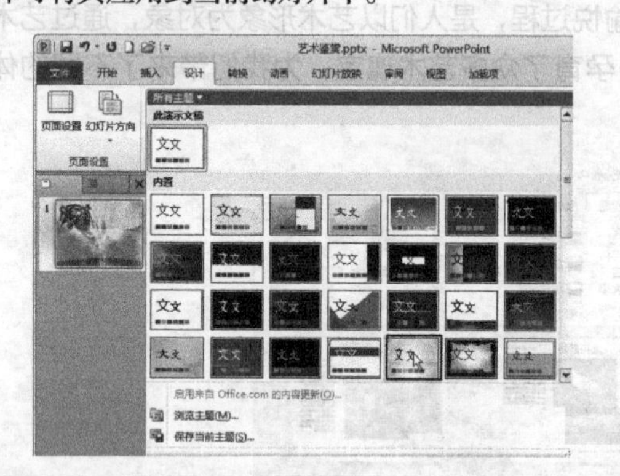

4 使用艺术字输入“艺术欣赏”

删除首页幻灯片中的文本占位符，然后在【插入】选项卡的【文本】选项组中单击【艺术字】选项，在弹出的列表中选择一种，然后输入“艺术欣赏”，更改艺术字字体、大小和位置。

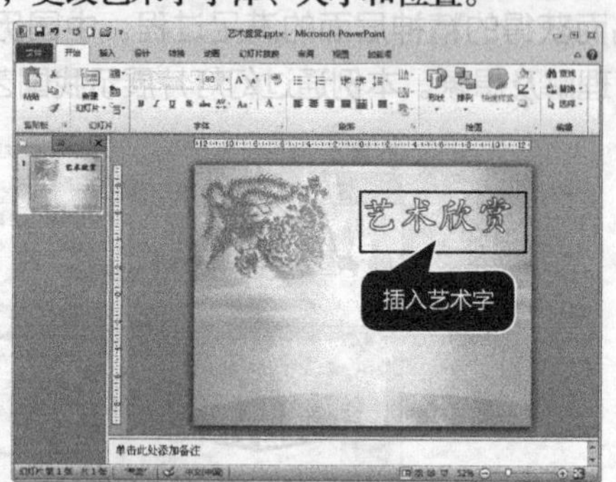

5 输入幻灯片标题

在幻灯片中插入横排文本框后输入文本“圆雕与浮雕的区别”，设置字体“华文楷体”、字号“80”，加粗，并且文字添加下划线、阴影。

6 添加文字效果

在【绘图工具】➤【格式】选项卡的【艺术字样式】组中单击【文字效果】右侧下拉按钮，在弹出的下拉列表中选择【文字效果】选项中的【旋转】列表中的【正V型】选项，稍作调整后效果如图所示。

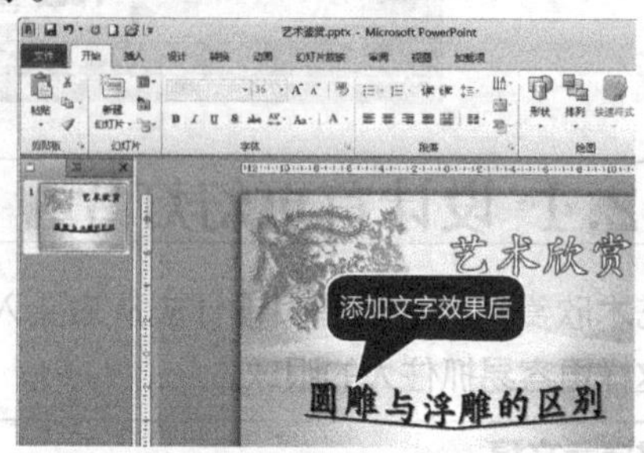

14.2.2 设计圆雕概论幻灯片

制作好幻灯片首页后，接下来要设计圆雕概论的幻灯片，具体步骤如下。

1 新建幻灯片

在【开始】选项卡的【幻灯片】组中单击【新建幻灯片】按钮，新建一张幻灯片。

2 输入标题

在文本框中输入标题“圆雕”，设置字体为“华文隶书（标题）”，设置字号为“54”，并调整字体的方向，如下图所示。

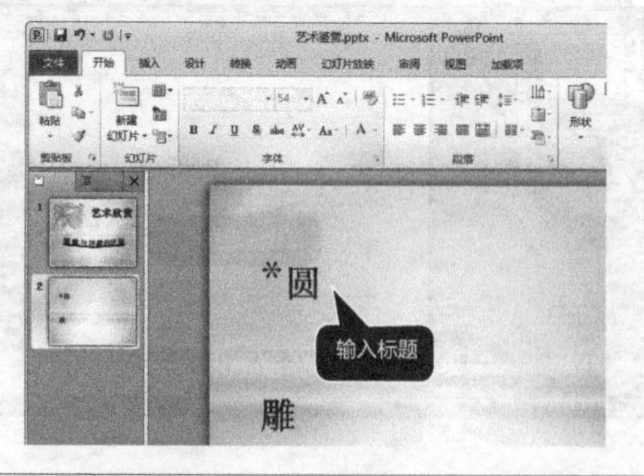

3 设置字体效果

选中标题字体，单击【格式】➤【艺术字样式】➤【文字效果】➤【映像】选项，在弹出的快捷菜单中选择【紧密映像，接触】效果。

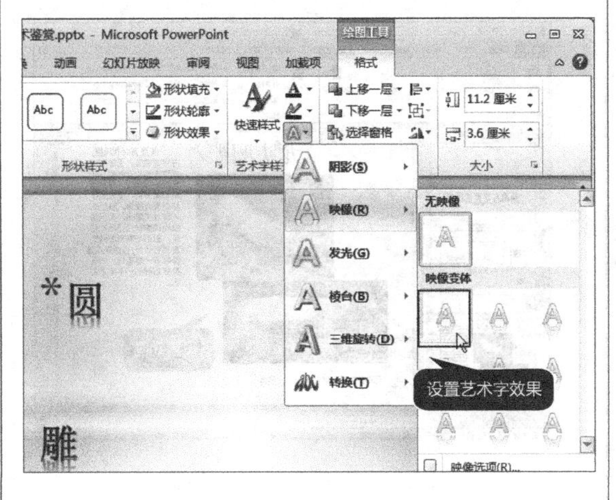

4 输入正文内容

单击文本框，将随书光盘中的“素材\ch14\艺术欣赏\文字.txt”文件中关于圆雕概述的文字粘贴进来，设置字体为“华文隶书”，字号为“40”，然后使用绘制一个矩形并设置为“无填充”，并调整位置如下图所示。

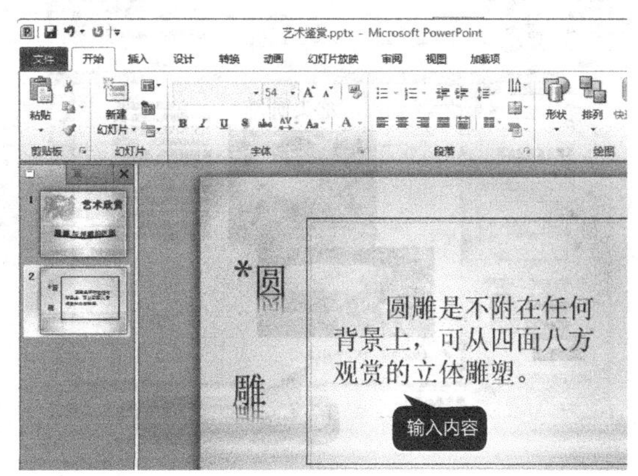

14.2.3 设计圆雕展示幻灯片

设计圆雕展示品幻灯片时应突出对圆雕艺术品的介绍，要通过文字和图片的穿插，直观地展示艺术品。

1 新建“龙头圆雕”幻灯片

新建一张幻灯片，输入标题“龙头圆雕”，设置字体为“华文隶书”，字号为“48”。然后选中文本框，将随书光盘中的“素材\ch14\艺术欣赏\文字.txt”文件中关于龙头圆雕的叙述文字粘贴进来，设置字体为“宋体”，字号为“18”，如下图所示。

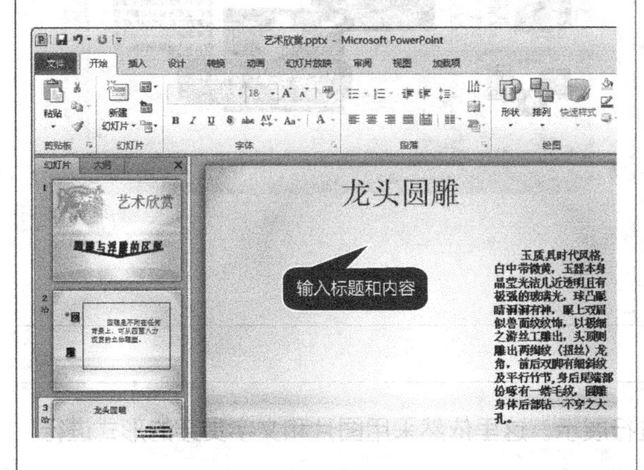

2 插入图片

在【插入】选项卡的【图像】组中单击【图片】按钮，插入“素材\ch14\艺术欣赏”文件夹中的“龙头圆雕01.jpg”和“龙头圆雕02.jpg”图片，并调整图片的大小和位置。

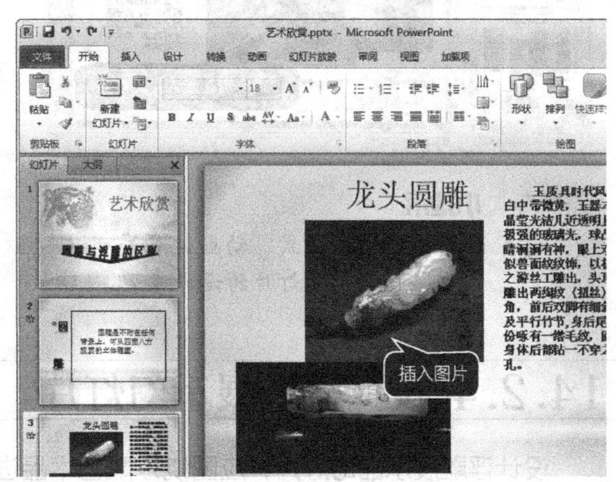

3 输入作品的年代和规格

在图片的左下方添加作品的年代，输入“【战国中期、晚期】长 6.8厘米 ”文本内容，设置字体为“宋体”，字号为“18”，颜色为“蓝色”。

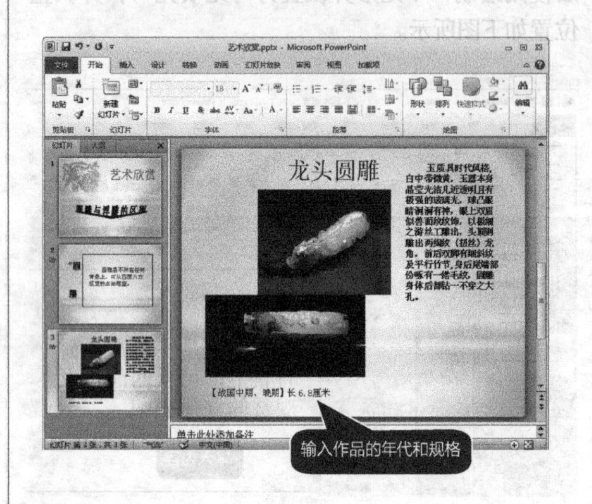

4 设置动画效果

在【动画】选项卡的【动画】组中单击【其他】按钮，在弹出的下拉列表中，为文字添加动画效果，并设置动画的【开始】模式为“上一动画之后”。

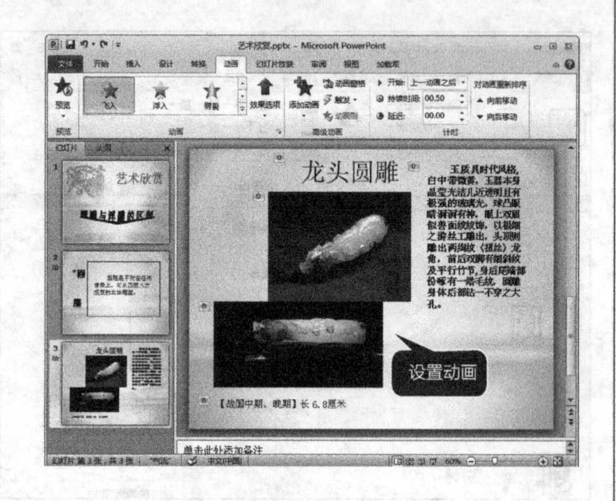

5 设计“跪座辑礼玉人”幻灯片

新建一张幻灯片“跪座辑礼玉人”，插入“素材\ch14\艺术欣赏”文件夹中的“跪座辑礼玉人01.jpg”和“跪座辑礼玉人02.jpg”图片，输入内容并设置版式，如下图所示。

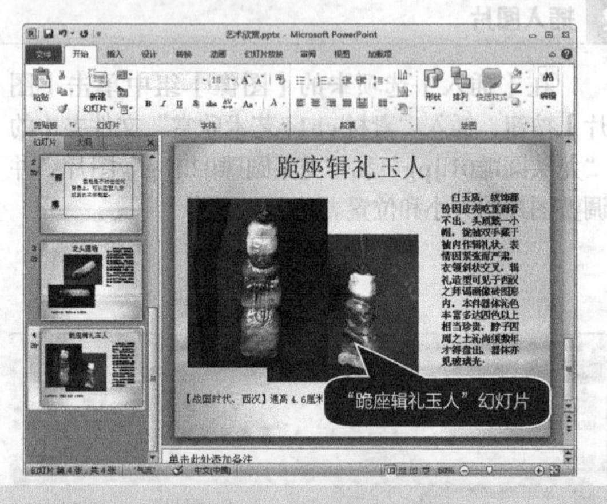

小提示

内容的设计、版式、动画效果等可以参照“龙头圆玉”幻灯片的设计步骤。

6 设计“玉猴情深”幻灯片

新建一张幻灯片“玉猴情深”，插入“素材\ch14\艺术欣赏”文件夹中的“玉猴情深01.jpg”和“玉猴情深02.jpg”图片，输入内容并设置版式，如下图所示。

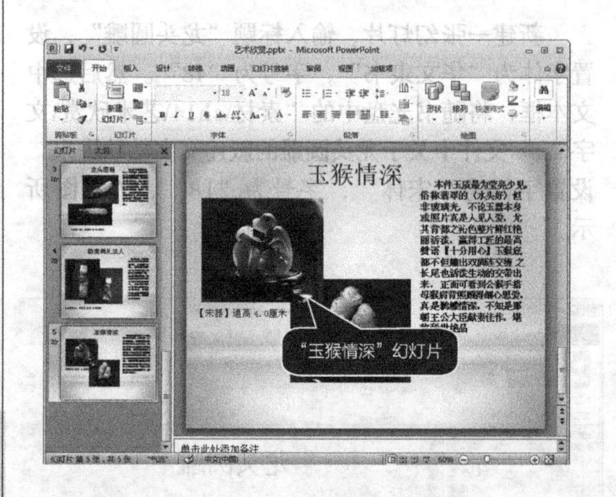

14.2.4 设计浮雕展示幻灯片

设计浮雕展示品幻灯片，应围绕浮雕艺术品进行展示。这里依然采用图片和文字贯穿的形式进行设计。

1 设计“浮雕”幻灯片

新建一张幻灯片，输入标题“浮雕”，设置字体为“华文隶书”，设置字号为“54”，设置标题的位置和艺术效果如下图所示。

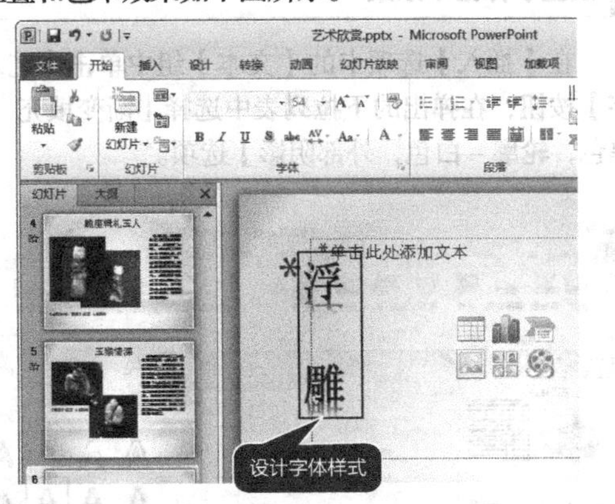

2 输入正文内容

输入正文内容，如“浮雕概论”幻灯片进行设置，效果如下。

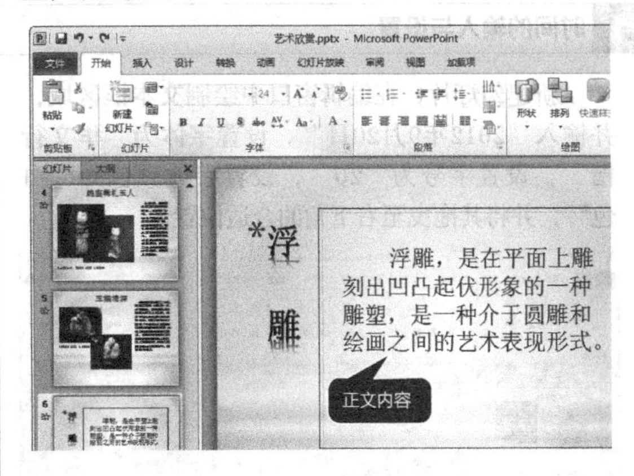

3 设计“欣赏”幻灯片

新建幻灯片“欣赏”，输入并设置标题后，插入“素材\ch14\艺术欣赏”文件夹中的“欣赏.jpg”，输入内容并设置版式如下图所示。

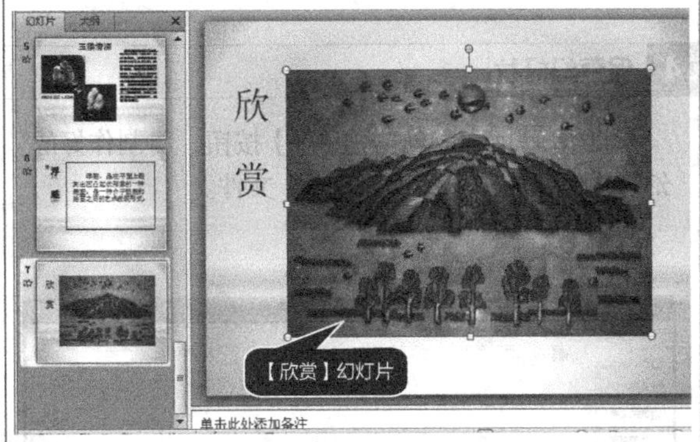

4 设计“观音”幻灯片

新建幻灯片“欣赏”，输入并设置标题后，插入“素材\ch14\艺术欣赏”文件夹中的“欣赏.jpg”，如下图所示。

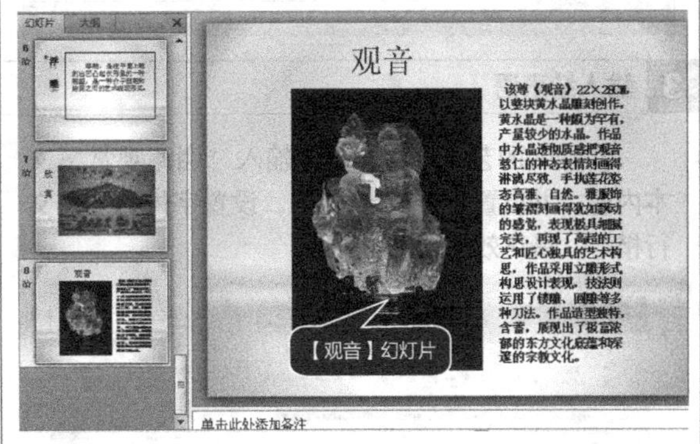

5 设计“寒江独钓”幻灯片

新建幻灯片“欣赏”，输入并设置标题后，插入“素材\ch14\艺术欣赏”文件夹中的“寒江独钓.jpg”，输入内容并设置版式如下图所示。

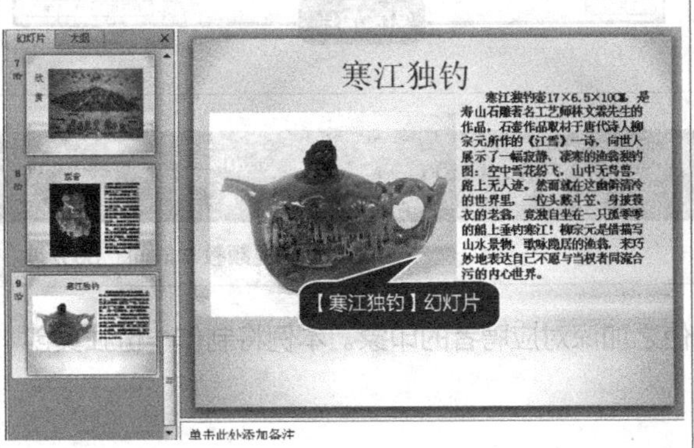

6 设计“人首飞牛”幻灯片

新建幻灯片“人首飞牛”，输入并设置标题后，插入“素材\ch14\艺术欣赏”文件夹中的“人首飞牛.jpg”，如下图所示。

14.2.5 设计结束幻灯片

展示幻灯片设计完毕后，最后进行结束幻灯片页面的制作。

1 时间的输入与设置

新建幻灯片，在编辑窗口中绘制文本框区域，并输入“2012年9月20日”，设置字体为“华文行楷”，设置字号为“20”，设置字体颜色为“白色”，并将其拖曳至右下角的合适位置。

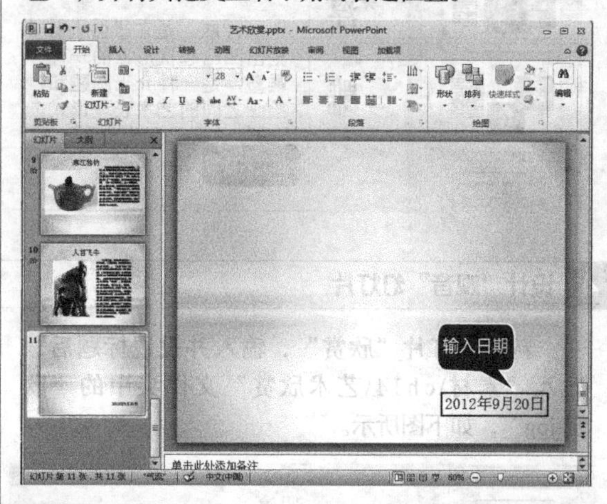

2 设置字体艺术效果

在【插入】选项卡的【文本】组中单击【艺术字】按钮，在弹出的下拉列表中选择【渐变填充 - 黑色，轮廓 - 白色，外部阴影】选项。

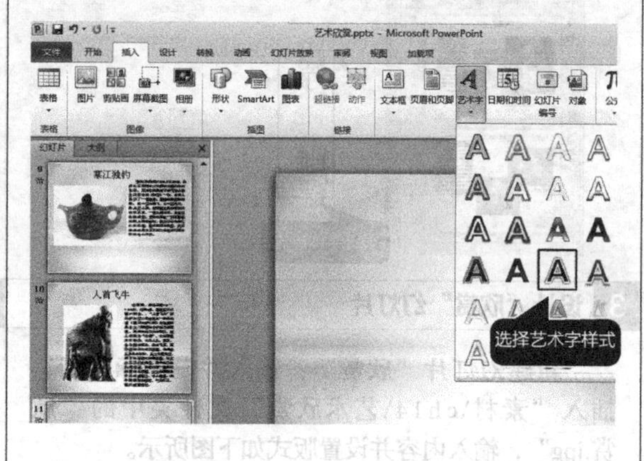

3 输入结束语

在插入的艺术字文本框中输入“谢谢观赏”文本内容，并设置字号为“100”，设置字体为“华文行楷”，最终效果如下图所示。

4 保存幻灯片

设置完毕后，单击【保存】按钮，将制作好的幻灯片保存为“艺术欣赏.pptx”文件。

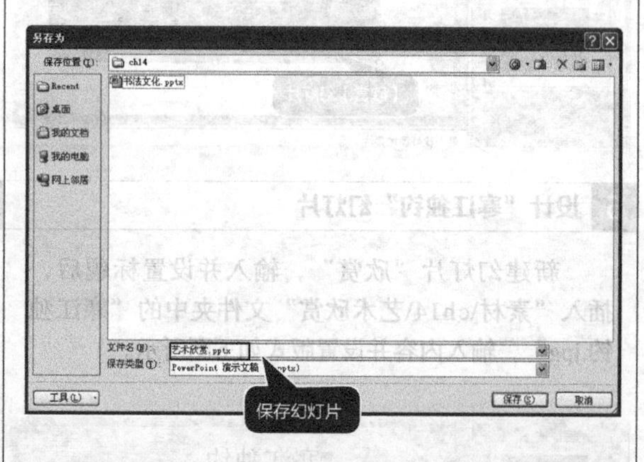

14.3 设计个人简历PPT

本节视频教学时间：38分钟

独特的个人简历往往能吸引招聘人员的注意，使之加深对应聘者的印象。本例将制作一份独具创意的个人简历PPT。

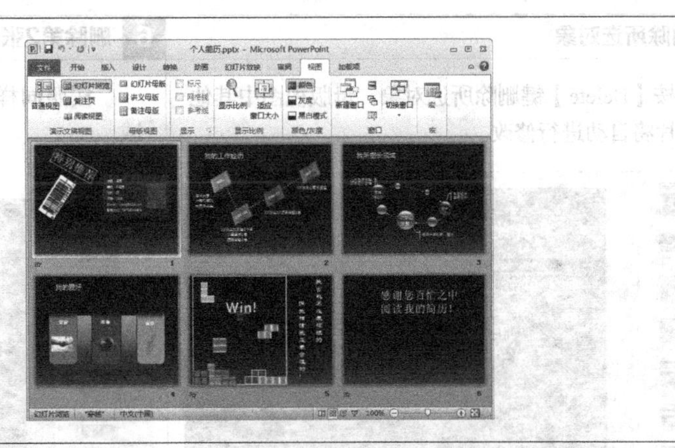

14.3.1 设计简历模板和母版

本PPT采用修改后的PowerPoint 2010内置主题，使用黑色渐变色作为背景以衬托和突出显示幻灯片的内容。

1 启动PowerPoint 2010

启动PowerPoint 2010，进入PowerPoint工作界面。

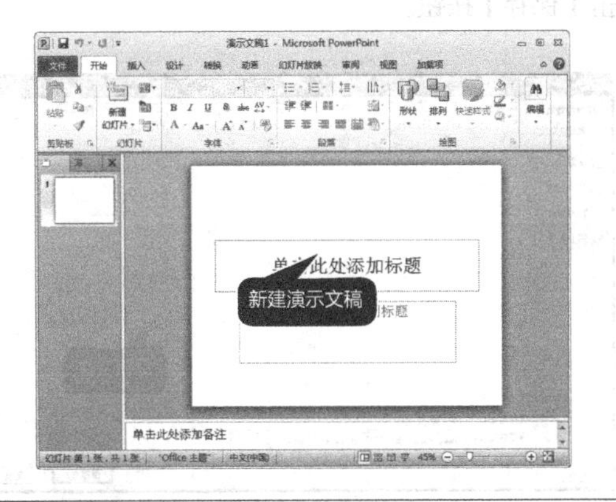

2 选择主题

在【设计】选项卡的【主题】组中单击【其他】按钮，在弹出的下拉菜单中选择【内置】区域中的【穿越】选项。

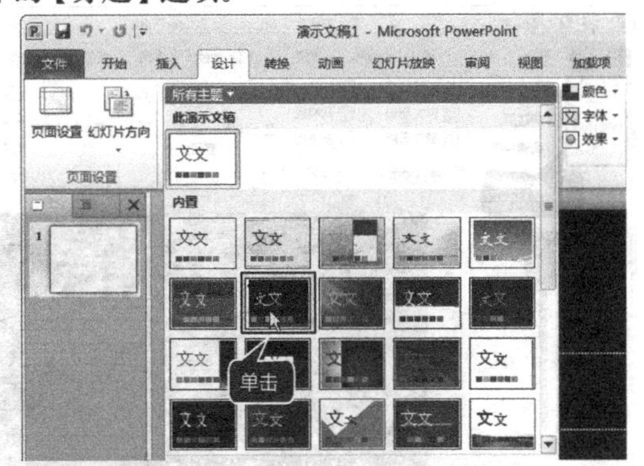

3 单击第1张幻灯片

在【视图】选项卡的【母版视图】组中单击【幻灯片母版】按钮，切换到幻灯片母版视图，并在左侧列表中单击第1张幻灯片。

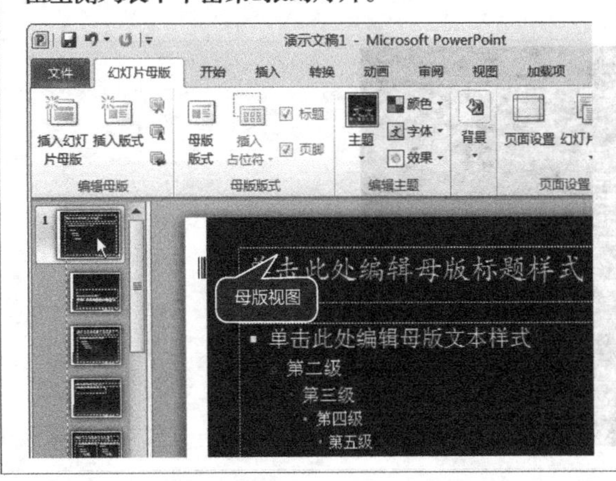

4 选择左边区域

使用鼠标单击并拖选右侧幻灯片的左边白色区域，松开鼠标左键后白色区域以及上方的各种元素即被选中。

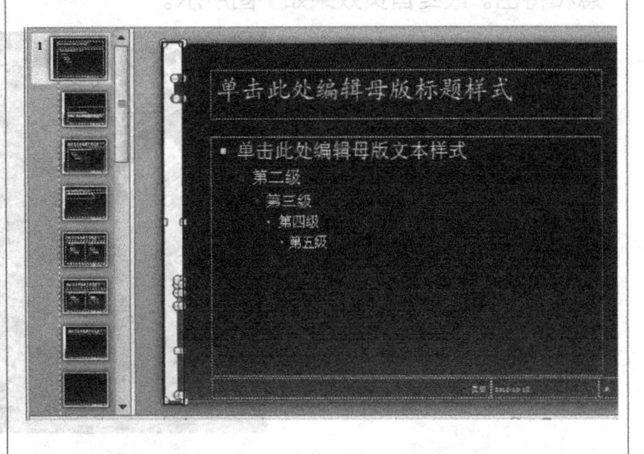

5 删除所选对象

按【Delete】键删除所选对象，母版视图中其他幻灯片将自动进行修改。

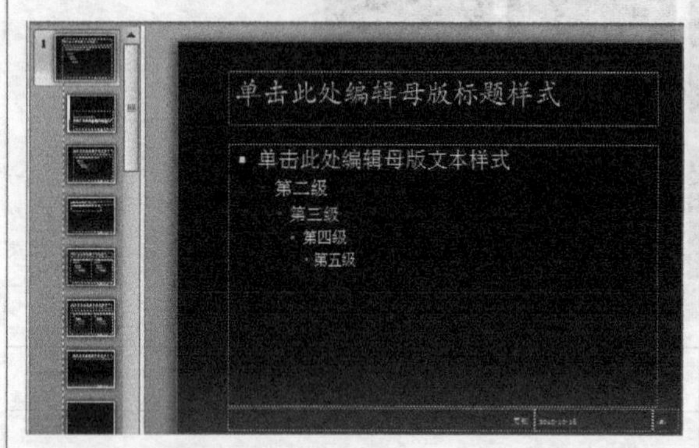

6 删除第2张幻灯片的白色区域

按照同样方法删除第2张幻灯片左侧的白色区域。

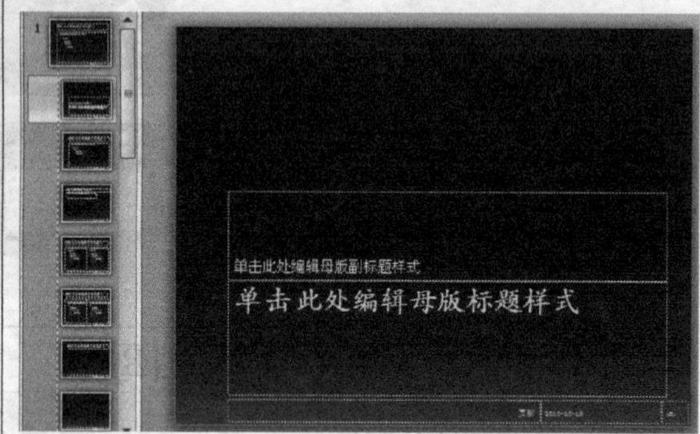

7 切换到普通视图

在【幻灯片母版】选项卡的【关闭】组中单击【关闭母版视图】按钮，或单击【视图】选项卡【演示文稿视图】组中的【普通视图】按钮，退出母版视图，切换到普通视图。

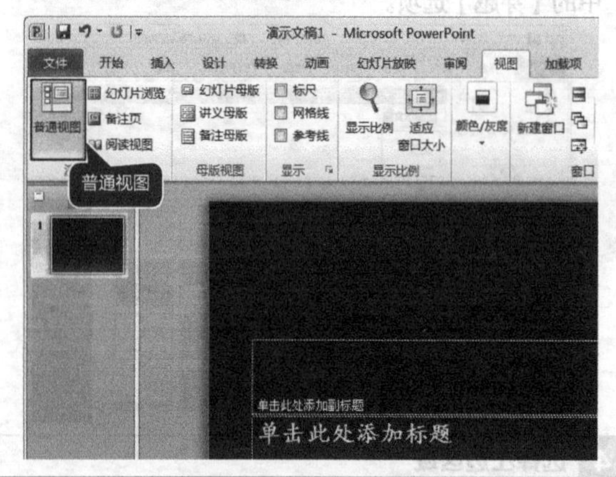

8 保存幻灯片

单击快速工具栏中的【保存】按钮，在弹出的【另存为】对话框中浏览到要保存演示文稿的位置，在【文件名】文本框中输入“个人简历”，单击【保存】按钮。

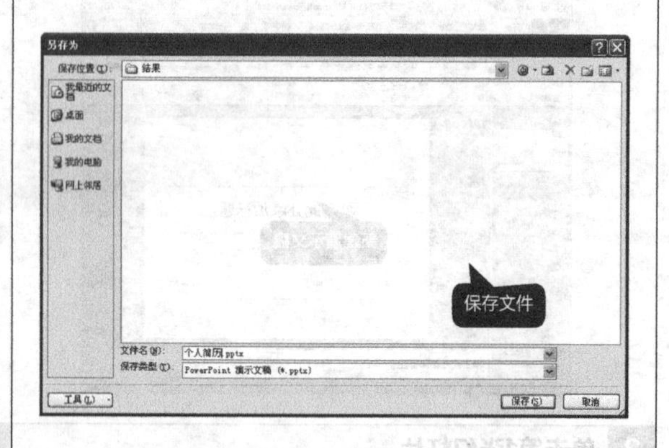

14.3.2 设计首页效果

将个人简历制作成PPT形式，目的就是为了与其他简历相区别，所以，首页更要体现出独特的创意和特色。最终首页效果如下图所示。

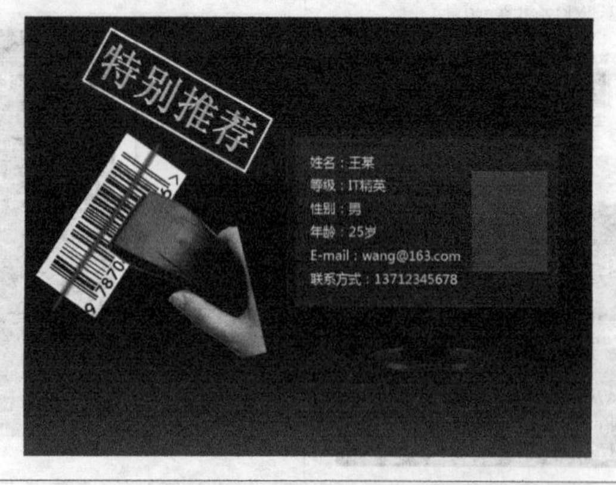

首页创意：使用条形码扫描仪扫描条形码，然后在计算机屏幕中显示个人的详细资料。通过动画的形式展示个人资料，使阅读简历的人对该资料的印象更深刻。

1 删除标题框

在【视图】选项卡的【母版视图】组中单击【幻灯片母版】按钮，切换到幻灯片母版视图，在左侧列表中单击第1张幻灯片，删除幻灯片的标题框。

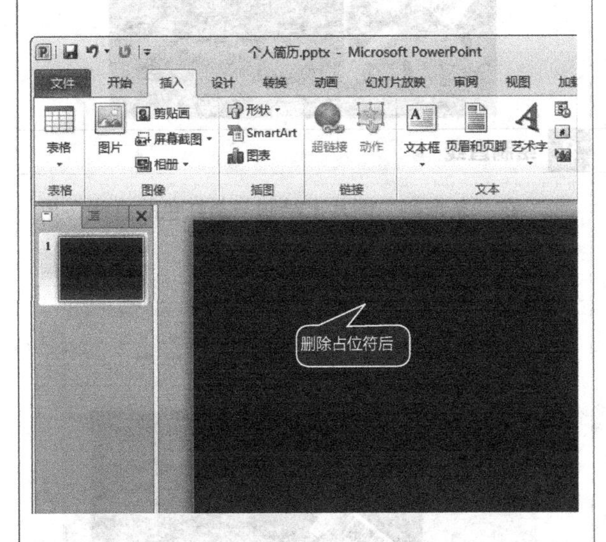

2 插入图片

在【插入】选项卡的【图像】组中单击【图片】按钮，在弹出的【插入图片】对话框中浏览到"素材\ch14\个人简历"文件夹，按住【Ctrl】键选择"扫描仪.gif"、"条形码.jpg"、"显示器.png"和"照片.jpg"，然后单击【插入】按钮。

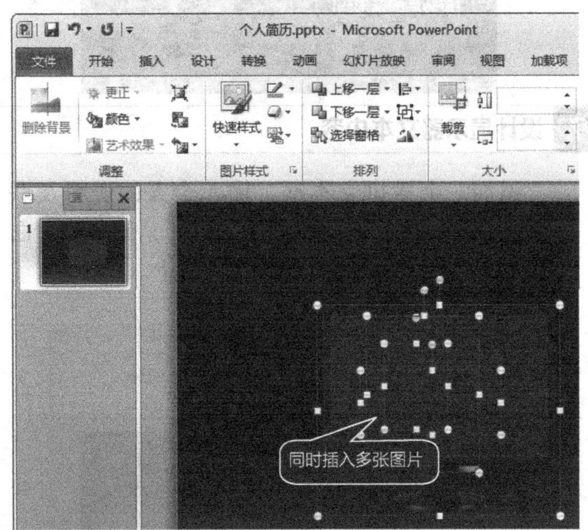

3 设置图片

选择"照片"图片并单击鼠标右键，在弹出的快捷菜单中选择【置于顶层】➤【置于顶层】命令，将"照片"图片移至最上层，同样设置"扫描仪"图片也置于顶层。

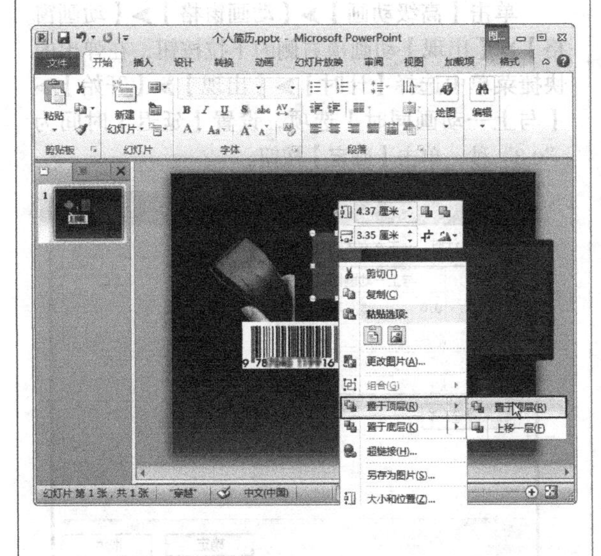

4 调整图片大小和位置

按照下图所示调整各个图片的大小和位置。

5 旋转“条形码”图片

选择“条形码”图片，将鼠标指针移至上方的绿色小圆点处，单击并拖动，逆时针方向旋转“条形码”图片，如图所示。

6 文字的输入与设置

插入一个横排文本框，输入“特别推荐”，设置字体和边框的样式，如图所示。

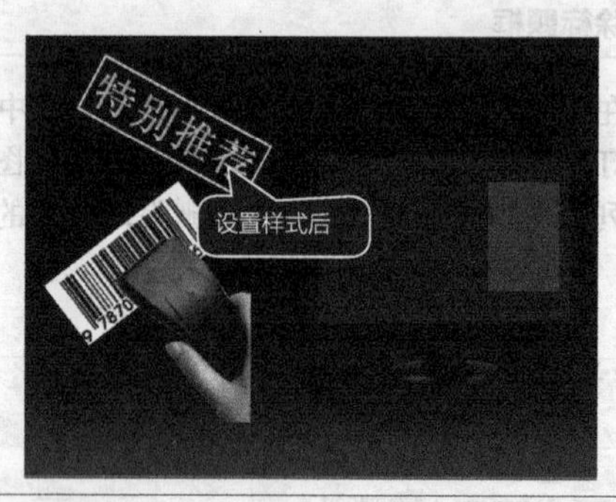

7 设计显示器文本内容

添加一个横排文本框，输入个人的资料及联系方式，并设置字体为“微软雅黑”，颜色为“白色”，并将其移至“显示器”图片之上。

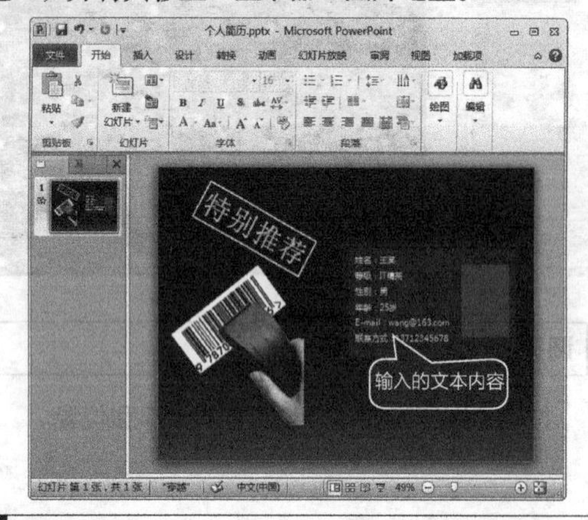

8 绘制直线

在“条形码”图片上绘制一条红色的直线，用以表示扫描仪扫描条形码时的红外线。

9 选择动画

设置“特别推荐”弹出效果。选择“特别推荐”文本框，在【动画】选项卡的【高级动画】组中单击【添加动画】按钮，在下拉列表中选择【出现】选项。

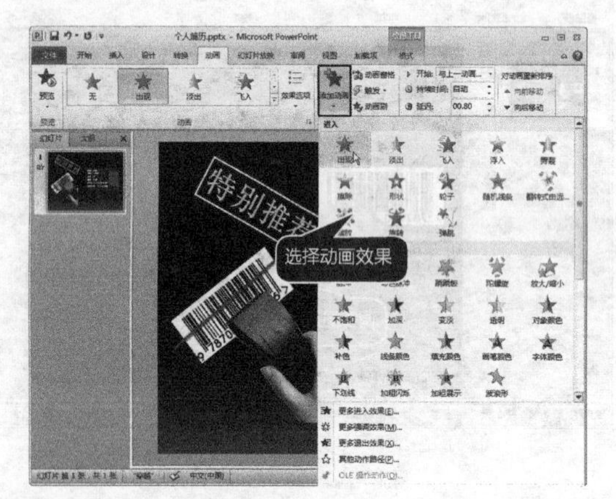

10 设置动画属性

单击【高级动画】➤【动画窗格】➤【动画窗格】➤【出现】动画项右侧的下拉按钮，在弹出的快捷菜单中选择【计时】➤【出现】➤【开始】➤【与上一动画同时】选项，设置【延迟】时间为“0.8”秒，单击【确定】按钮。

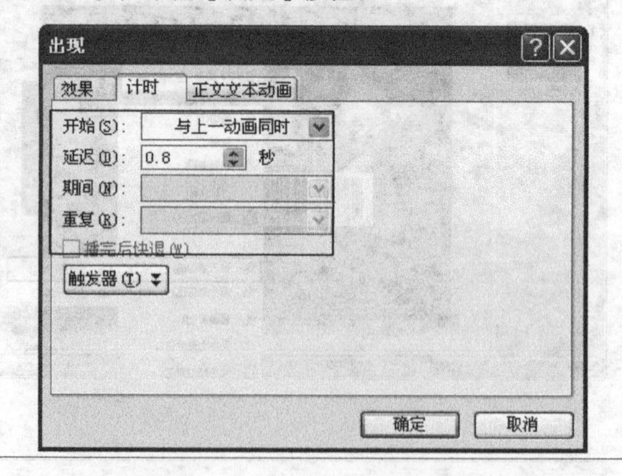

11 添加动作路径

设计扫描仪移动的动作。将“扫描仪”移至幻灯片的外部。选择【添加动画】按钮，在弹出的下拉列表中选择【其他动作路径】命令，在弹出的【添加动作路径】对话框中选择【直线和曲线】类别中的“向左”。

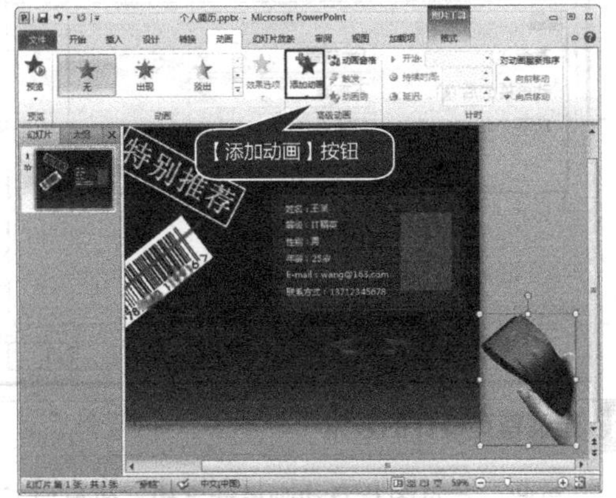

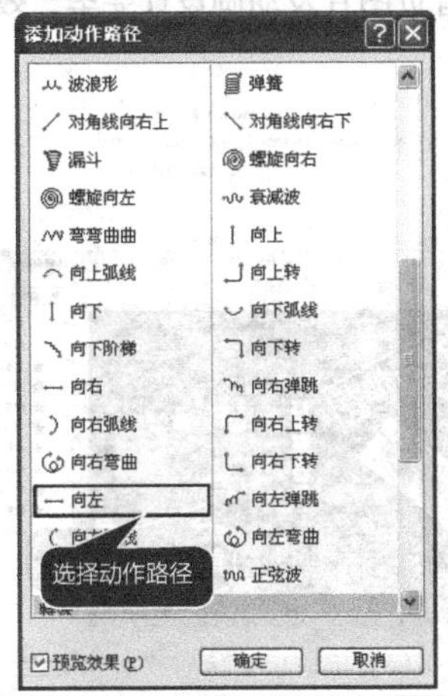

12 设置扫描仪动画属性

在“扫描仪”图片左侧会出现一条路径线，单击并拖动红色端处的小圆点，移至条形码附近，并设置扫描仪移动的动画属性如下。

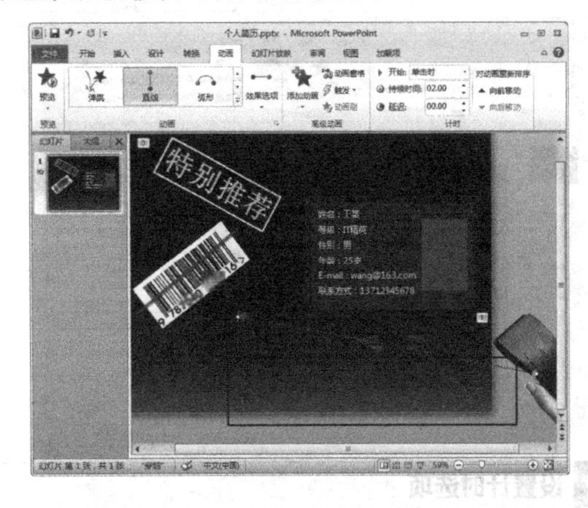

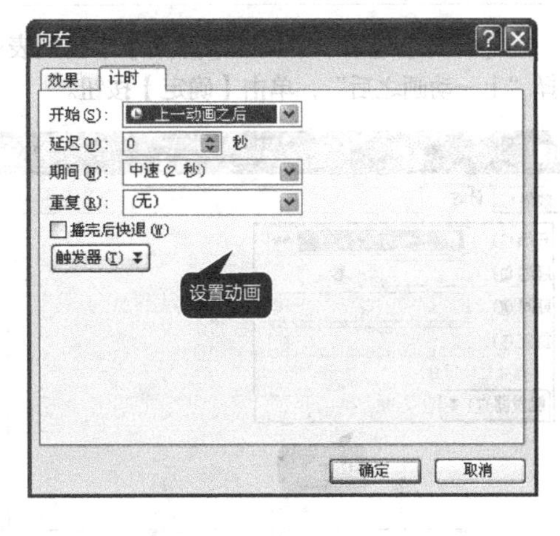

13 设置扫描时红外线出现效果

选择条形码上方的红线，添加【出现】动画效果，并设置动画属性为“从上一项之后开始”。

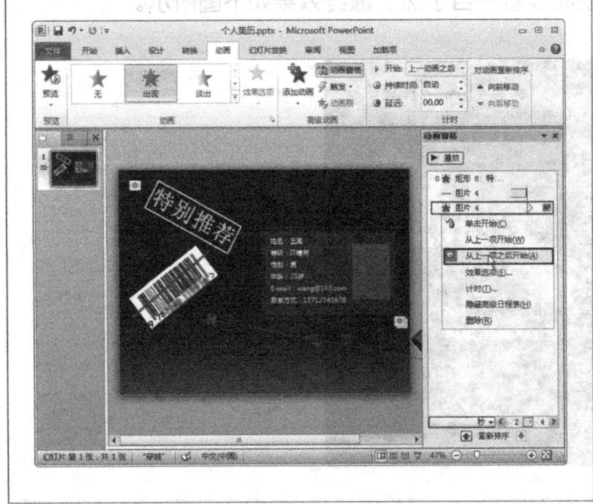

14 设置照片显示效果

选择照片，添加【擦除】动画效果，单击【效果选项】按钮，在下拉列表中选择【自顶部】选项，并在【动画窗格】窗口中设置【开始】形式为“从上一项之后开始”。

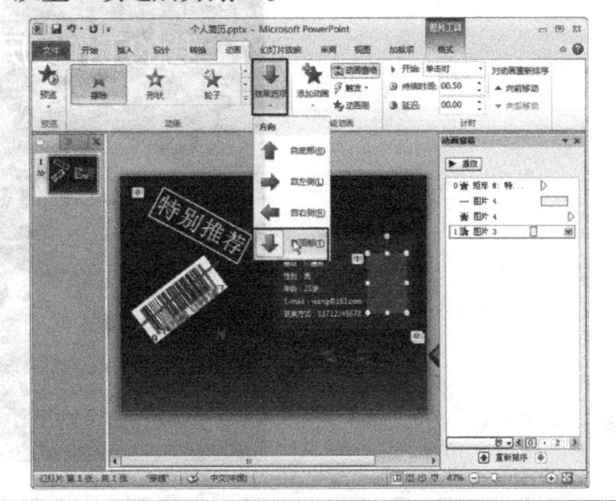

15 设置个人资料逐字显现效果

选中个人资料中的所有文字，添加【出现】动画效果。在动画窗格中选择这些动画并单击鼠标右键，在弹出的快捷菜单中选择【效果选项】命令。

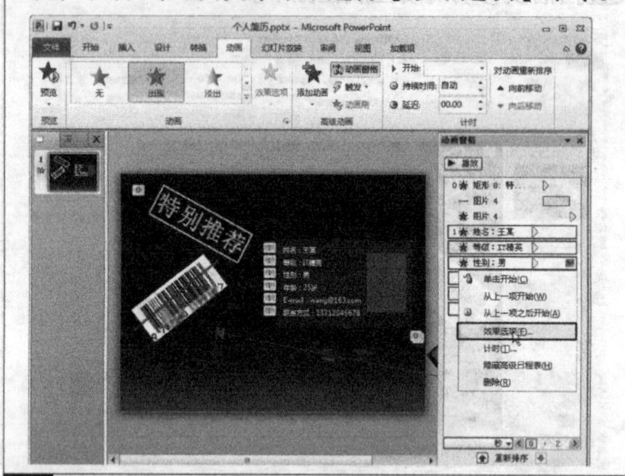

16 设置动画效果

在【效果】选项卡中，在【动画文本】下拉列表中选择【按字母】选项，并设置【字母之间延迟秒数】为“0.1”。

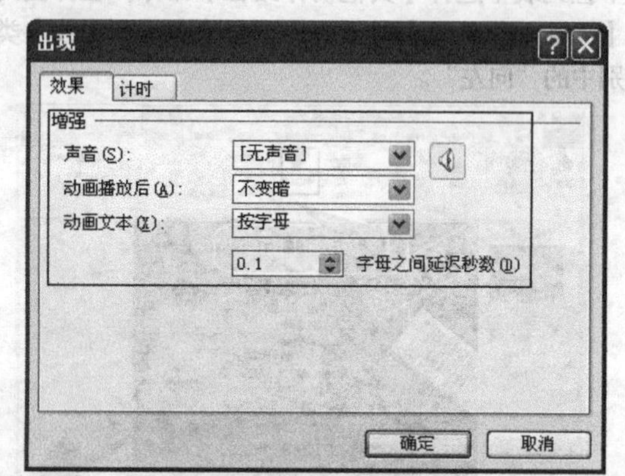

17 设置计时选项

在【计时】选项卡中，在【开始】下拉列表中选择“上一动画之后”，单击【确定】按钮。

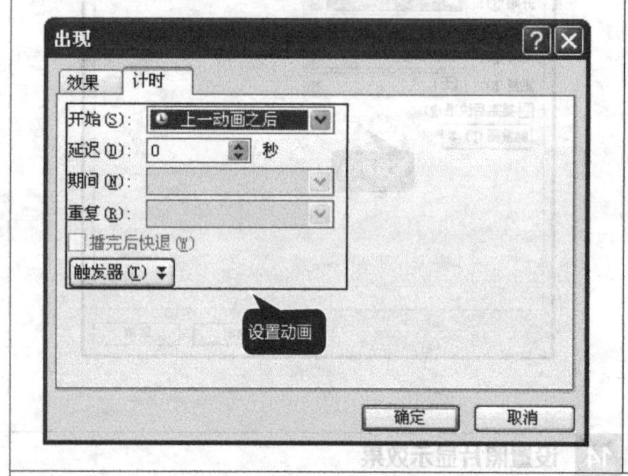

18 查看首页设计的效果

至此，首页图片及动画设计完毕，效果如下图所示。

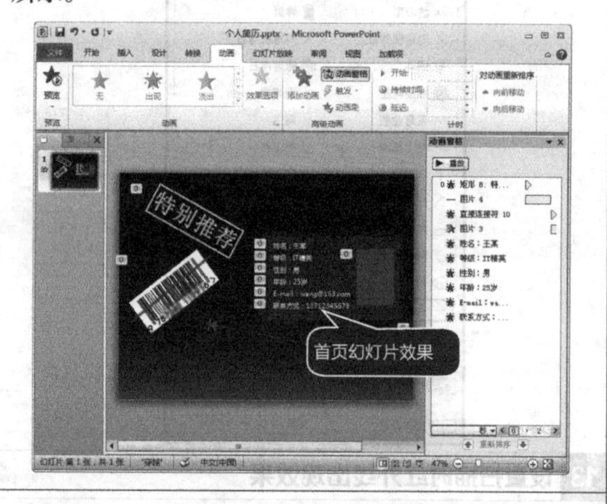

14.3.3 设计工作经历幻灯片

工作经历可以通过流程图形的形式直观展示，使阅读者一目了然。最终效果如下图所示。

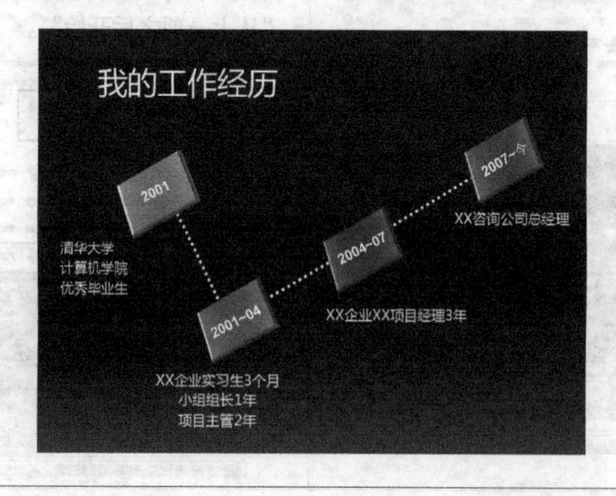

1 输入标题

在【开始】选项卡的【幻灯片】组中单击【新建幻灯片】按钮，新建一张幻灯片，输入标题“我的工作经历”，设置字体为“微软雅黑”，颜色为“白色”，并删除下方的内容文本框。

2 设置填充样式

使用形状工具绘制4个矩形，按下图设置渐变填充样式。

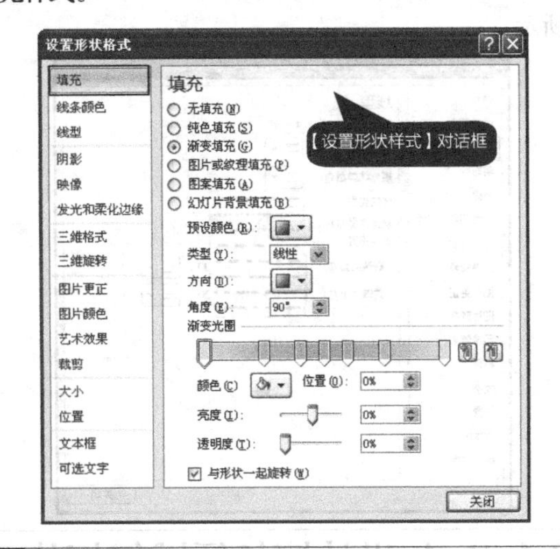

3 设置三维格式

为4个矩形设置三维格式，如下图所示。

4 设置三维旋转样式

为4个矩形设置三维旋转样式，如下图所示。

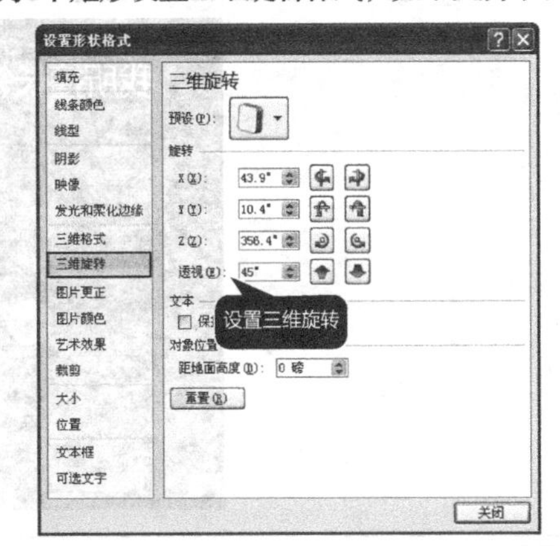

5 调整大小和位置

调整4个形状的大小和位置，如下图所示。

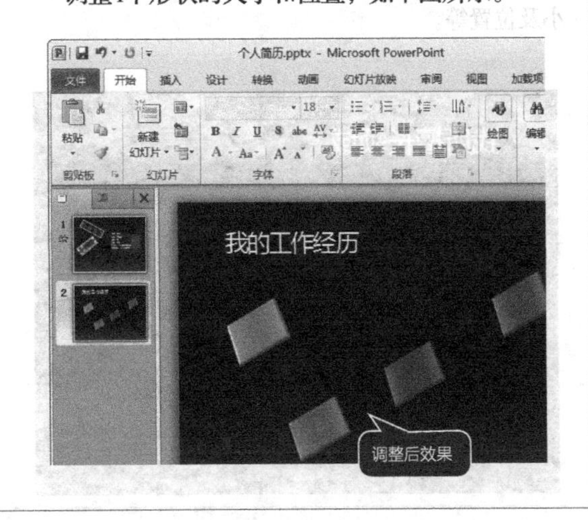

6 输入文本内容

在形状上添加文本框，分别输入“2001”、“2001~2004”、“2004~2007”和“2007至今”，并旋转文本框，使其与形状的方向一致。

7 设置线型

在形状之间绘制直线，设置线型的宽度为“4.5磅”，短划线类型为第2种样式。设置如下图所示。

8 输入说明文字

在4个形状的下方分别添加4个文本框，输入工作经历的说明文字，如下图所示。

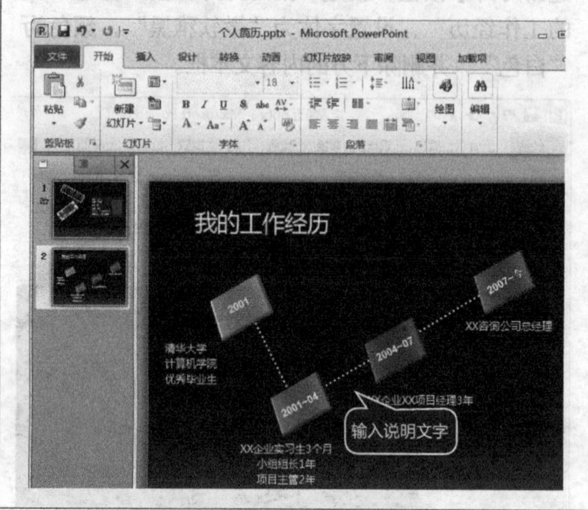

14.3.4 设计擅长领域幻灯片

以图形突出所擅长的领域并予以具体说明。最终效果如下。

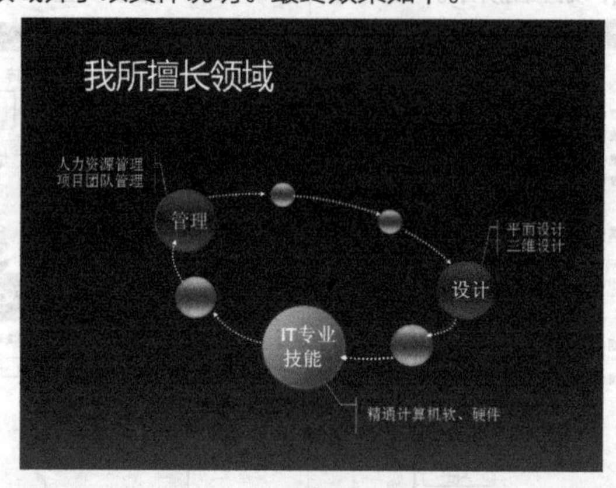

1 输入并设置字体

新建一张幻灯片，输入标题“我所擅长领域”，设置字体为“微软雅黑”，颜色为“白色”，删除下方的内容文本框。

2 绘制圆形

绘制7个小圆形，设置各个圆形的填充颜色、大小及位置等。

3 绘制圆弧

在其中两个圆形之间绘制一条弧形线，设置线条颜色为“白色”、线型宽度为“2磅”，设置线的末端为箭头形状。

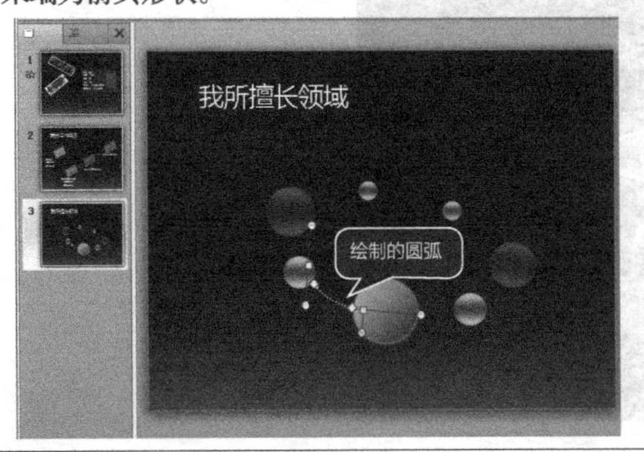

4 绘制其他圆弧

按照同样的方法添加其他线条。

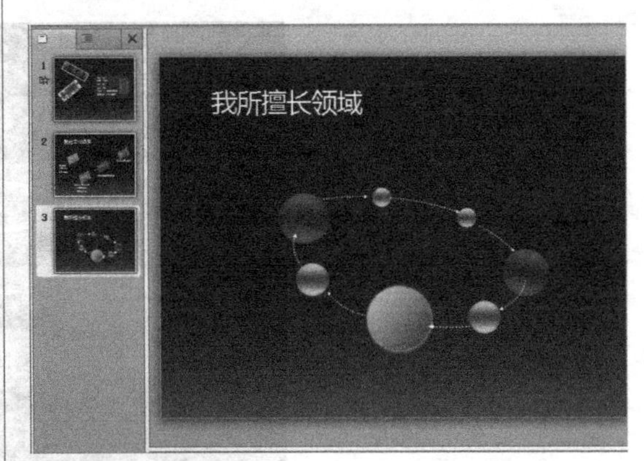

5 输入文本内容

分别在3个大圆形上单击鼠标右键，选择【编辑文字】命令，分别输入“IT专业技能”、“设计”和“管理”等文字。

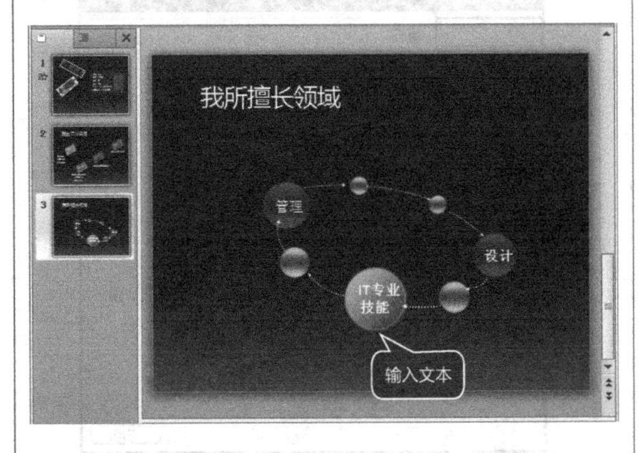

6 绘制形状

在【插入】选项卡的【插图】组中单击【形状】按钮，在下拉列表中选择【标注】区域中的【线型标注2（带强调线）】选项，并在幻灯片中绘制形状。

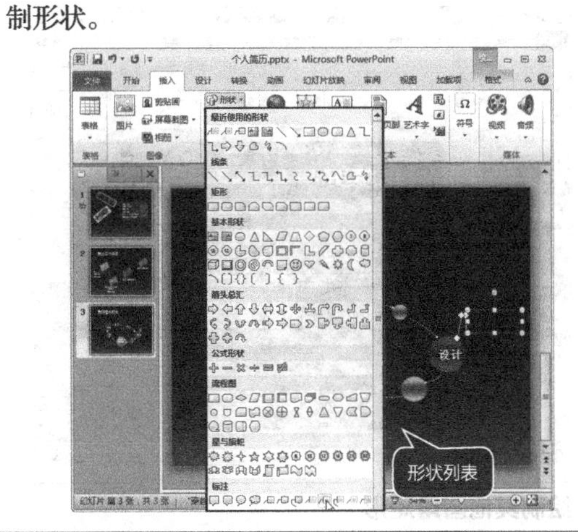

7 添加标注内容

设置标注图形的【形状填充】为“无填充颜色”，设置【形状轮廓】颜色为“白色”，并输入描述文字。

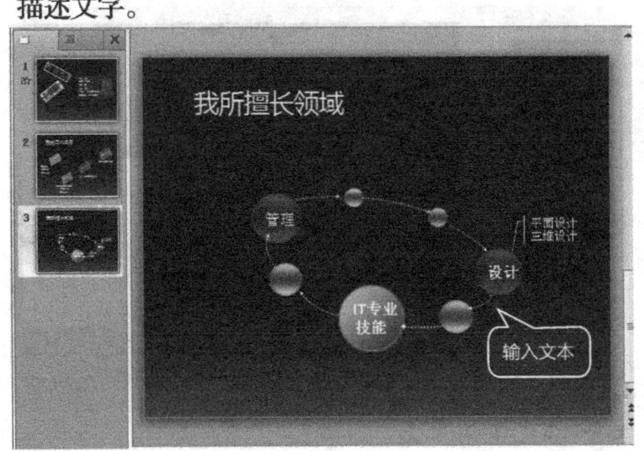

8 添加其他标注和文字

按照同样方法添加其他标注和文字。

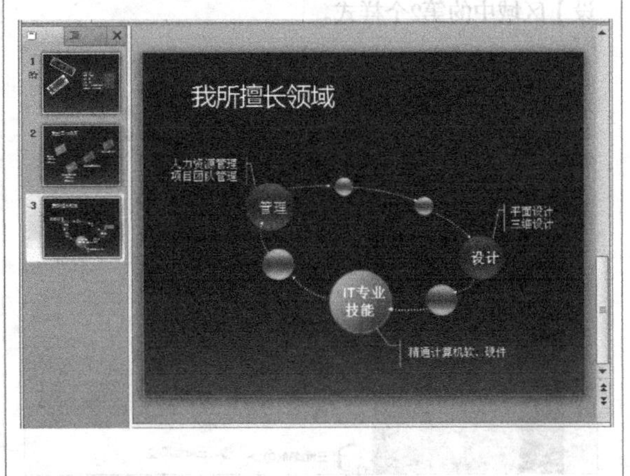

14.3.5 设计个人爱好幻灯片

"我的爱好"幻灯片通过不同颜色的形状及图片展示个人爱好。最终效果如下。

1 输入标题

新建一张幻灯片，输入标题"我的爱好"，设置字体为"微软雅黑"，颜色为"白色"，删除下方的内容文本框。

2 绘制圆角矩形框

使用形状工具绘制一个圆角矩形框，并设置渐变填充。

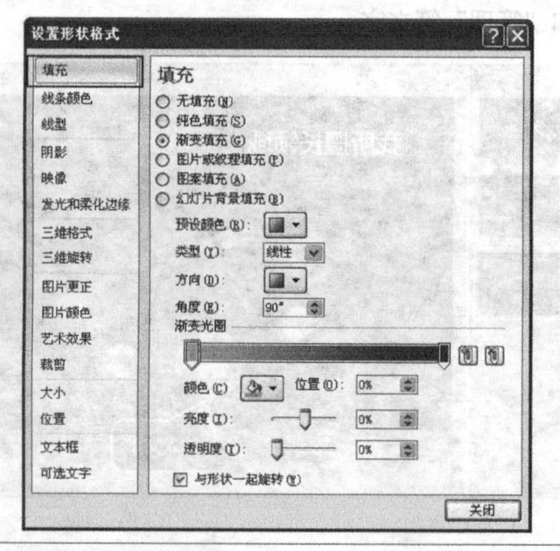

3 绘制其他圆角矩形

再绘制一个圆角矩形，设置【形状填充】为"橙色"，并在【形状效果】下拉列表中选择【预设】区域中的第2个样式。

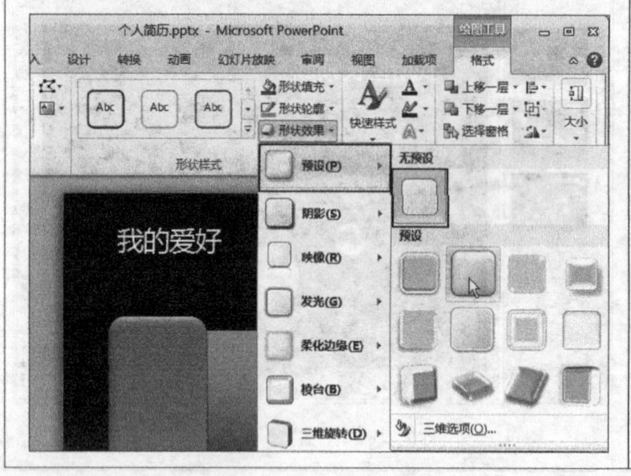

4 绘制并填充圆角矩形

按照上面的操作，绘制另外两个圆角矩形，分别填充为【红色】和【绿色】，并设置样式。

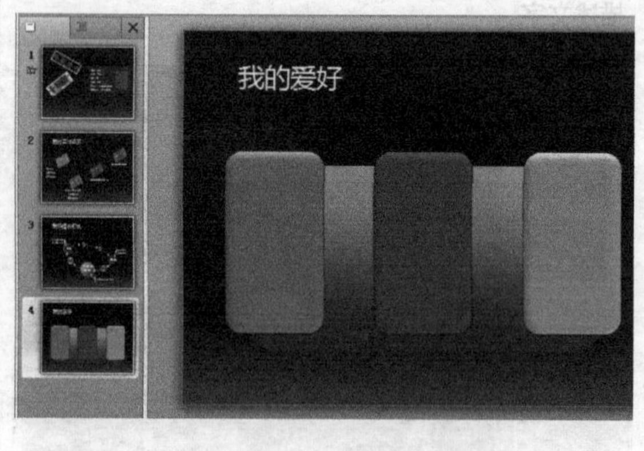

5 绘制椭圆

在左侧的圆角矩形上方绘制一个椭圆，并在【形状样式】组中的快速样式列表中选择【强烈效果–黑色，深色1】选项，最终效果如图所示。

6 复制椭圆

选择上一步绘制的椭圆，按【Ctrl+C】组合键复制，并按【Ctrl+V】组合键粘贴两次。移动其位置至另两个圆角矩形上方。

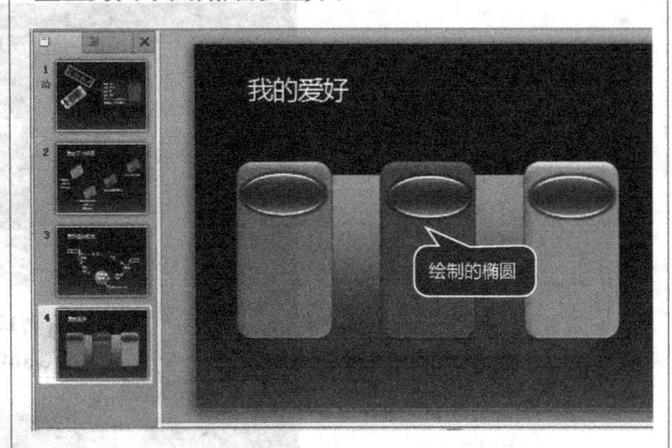

7 设置文字格式

在左侧的椭圆上单击鼠标右键，在弹出的快捷菜单中选择【编辑文字】命令，在文本框中输入“交际”文本，设置字体为“宋体（正文）”，并设置字号为“20”。

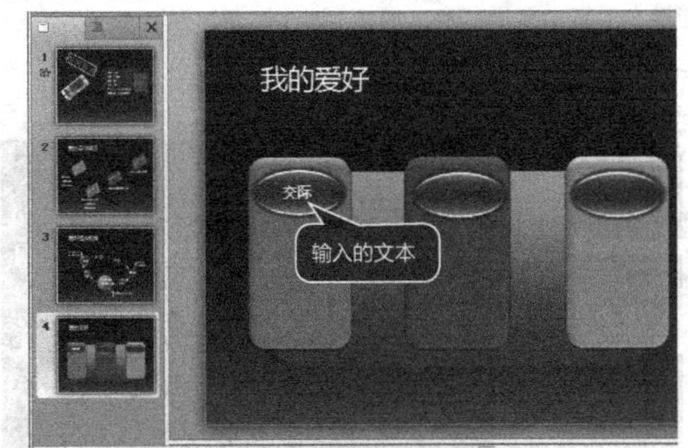

8 输入并设置其他文字

同样，在另外两个椭圆形中分别输入“运动”和“音乐”。

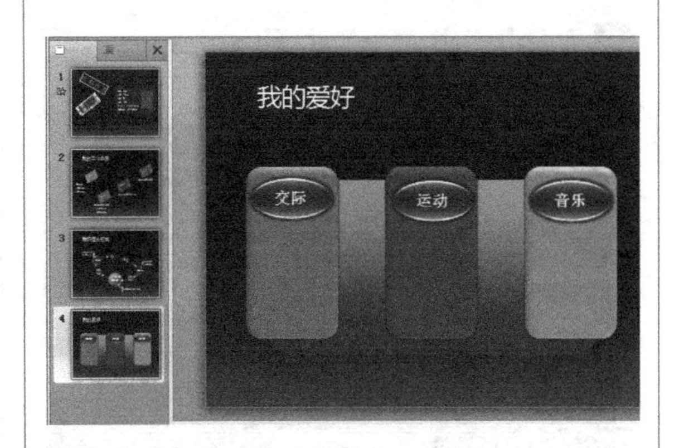

9 插入图片

在【插入】选项卡的【图像】组中单击【图片】按钮，在弹出的【插入图片】对话框中浏览到“素材\ch14\个人简历”文件夹，按住【Ctrl】键依次选择“交际.jpg”、“运动.png”和“音乐.png”图片，单击【插入】按钮。

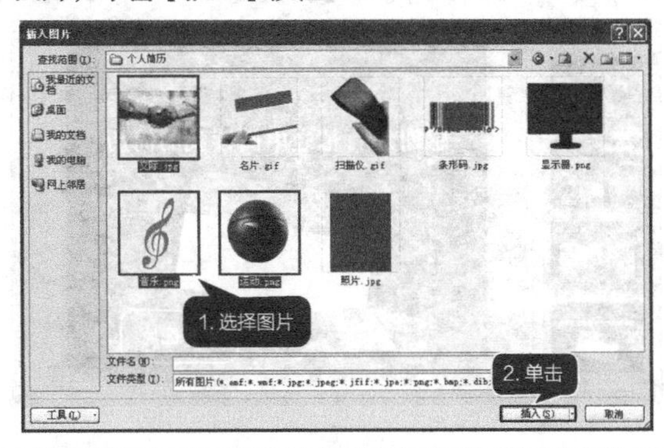

10 调整图片大小和位置

调整图片的大小和位置，最终效果如下图所示。

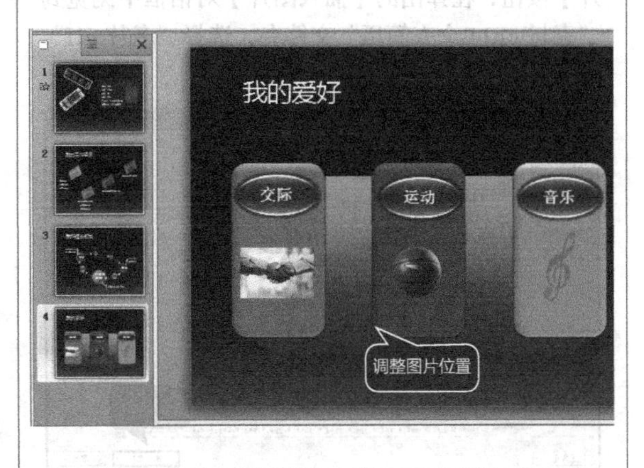

14.3.6 设计结束页幻灯片

为了更加方便招聘方联系到我们，在结束页我们可以加入递名片的动画效果，展示联系方式。最终效果及设计步骤如下。

1 新建幻灯片

新建一张幻灯片，删除内容文本框。

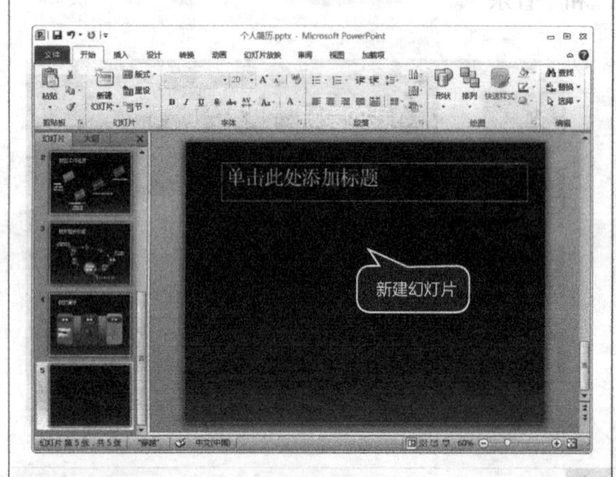

2 标题的输入与设置

在标题文本框中输入“感谢您百忙之中阅读我的简历！”，设置字体为“华文楷体”、颜色为“白色”、设置字号为“44”。

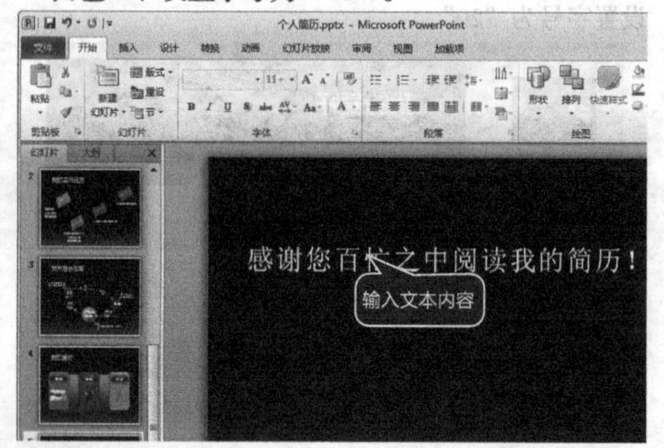

3 选择图片

在【插入】选项卡的【图像】组中单击【图片】按钮，在弹出的【插入图片】对话框中浏览到“素材\ch14\个人简历”文件夹，选择“名片.gif”图片。

4 插入图片

单击【插入】按钮，将图片插入幻灯片中。

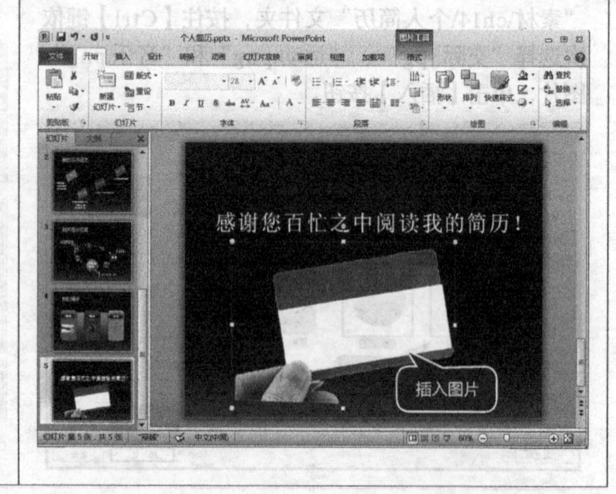

5 姓名的输入与设置

绘制一个横排文本框，输入“王某”，设置字体为“微软雅黑”、颜色为“白色”、字号为“28”，旋转文本框，使之与名片的方向一致。

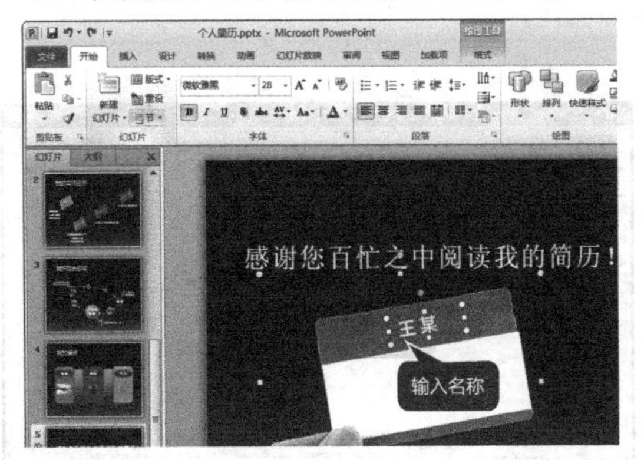

6 联系方式的输入与设置

按照步骤5的方法，输入联系方式，并设置字体为颜色为“黑色”、字号为“24”。

7 组合图形

按住【Ctrl】键依次选中“名片”图片和两个文本框并单击鼠标右键，在弹出的快捷菜单中选择【组合】中的【组合】命令。

8 移动图形位置

选中组合后的图形，将其拖至幻灯片外左下方。

9 添加动画

选择组合图形，在【动画】选项卡的【高级动画】组中单击【添加动画】按钮，在下拉列表中选择【其他动作路径】选项，在弹出的【添加动作路径】对话框中选择【对角线向右上】选项，单击【确定】按钮。

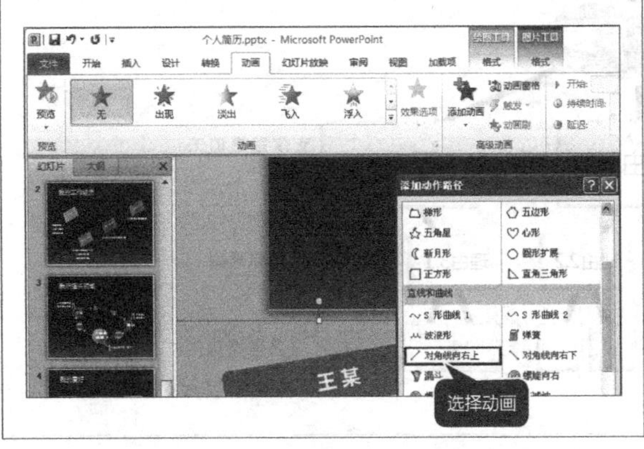

10 绘制动画路径

在幻灯片中出现一条路径线，单击并拖动红色端至幻灯片中合适位置处，如下图所示。

11 设置动画属性

选中组合图形，在【动画】选项卡的【动画】选项组单击右侧按钮，在弹出的【对角线向右上】对话框中选择【计时】选项卡，并设置如下图所示。单击【确定】按钮，完成幻灯片动画的设置。

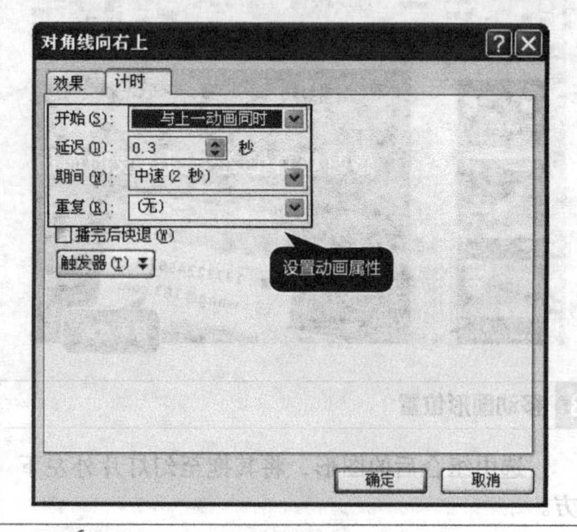

12 保存文档

单击快速工具栏中的【保存】按钮，在弹出的【另存为】对话框中浏览到保存演示文稿的位置，单击【保存】按钮。

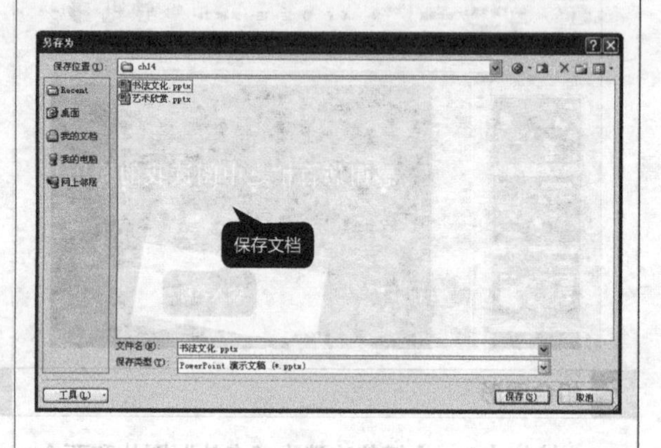

高手私房菜

技巧：巧妙体现你的PPT逻辑内容

如果我们的逻辑混乱，就不可能制作出条理清晰的PPT，观众看PPT时也会一头雾水，所以PPT的内容逻辑性非常重要。

制作PPT前梳理PPT观点时，我们可以尝试用金字塔原理来创建思维导图。

“金字塔原理”是1973年由麦肯锡国际管理咨询公司的咨询顾问巴巴拉明托（Barbara Minto）提出的，旨在阐述写作过程的组织原理，提倡按照读者的阅读习惯改善写作。由于主要思想总是通过概括次要思想得来的，文章中所有思想的理想组织结构也就必定是一个金字塔结构，即由一个总的思想统领多组思想。在这种金字塔结构中，思想之间的联系方式可以是纵向的（即任何一个层次的思想都是对其下面一个层次思想的总结），也可以是横向的（即多个思想因共同组成一个逻辑推断式，而被并列组织在一起）。

金字塔原理图如下所示。按照此方法，我们就很容易理清我们的思路了。

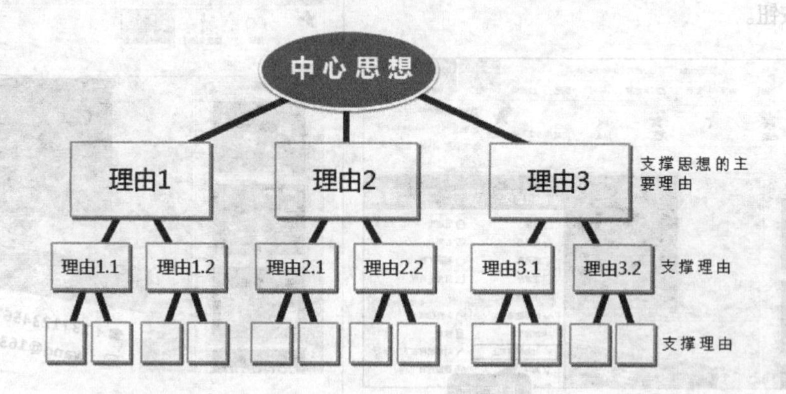

第 15 章

玩的就是设计

——快速设计 PPT 中元素的秘籍

本章视频教学时间：26 分钟

除了内容，PPT令人最直观感知的是模板，合适的模板可以有效烘托内容。模板是由背景及其他一些元素组成，不要以为这些都是设计人员的事情，学会了本章所讲述的这些工具，你也一样可以进行设计。

【学习目标】

- 通过本章的学习，学会 PPT 设计中常用的工具。

【本章涉及知识点】

- 制作水晶按钮或形状
- 制作 Flash 图表
- 使用 Photoshop 抠图

15.1 制作水晶按钮或形状

本节视频教学时间：9分钟

PowerPoint 2010的形状工具功能比较强大，通过轮廓、填充、阴影、三维格式、三维旋转等参数的综合设置，我们可以设计出各式各样的按钮或形状效果。但是，对于PPT设计的新手来说，设置过程比较烦琐，因而在此推荐一个快速制作水晶按钮的工具——Crystal Button，下图就是通过此软件快速制作完成的。

1 安装并启动Crystal Button 2.1

安装并启动Crystal Button 2.1，启动后的界面如下图所示。左侧是工具栏，右侧是软件提供的模板，中间是水晶按钮的效果预览区域。

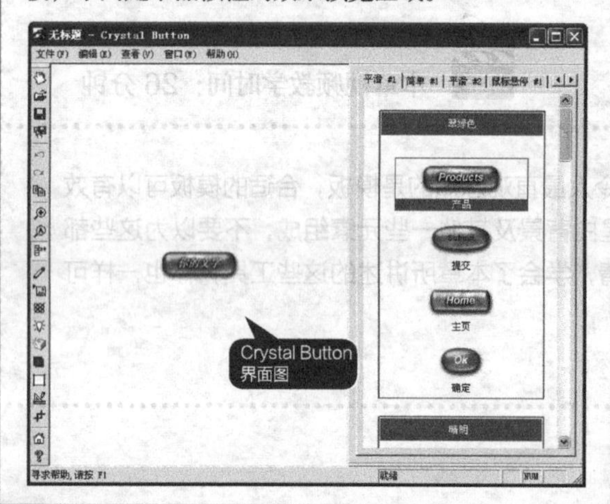

2 选择1种模板

在右侧的列表中选择1种模板。

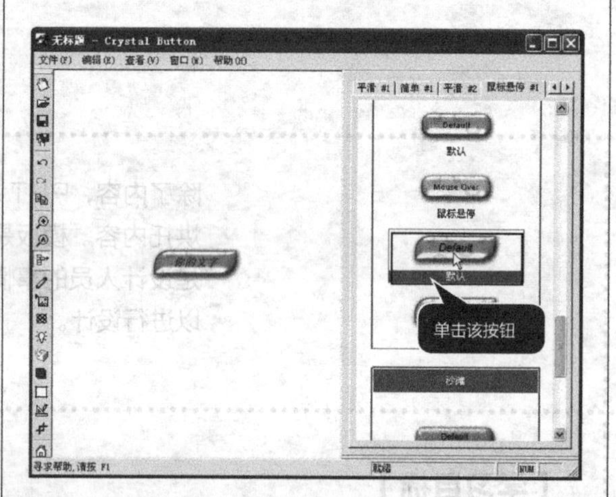

3 更改按钮上显示的文字

单击左侧工具栏中的【文字选项】按钮，在弹出的对话框中设置文字的内容、颜色、字体、字型和大小，如下图所示。

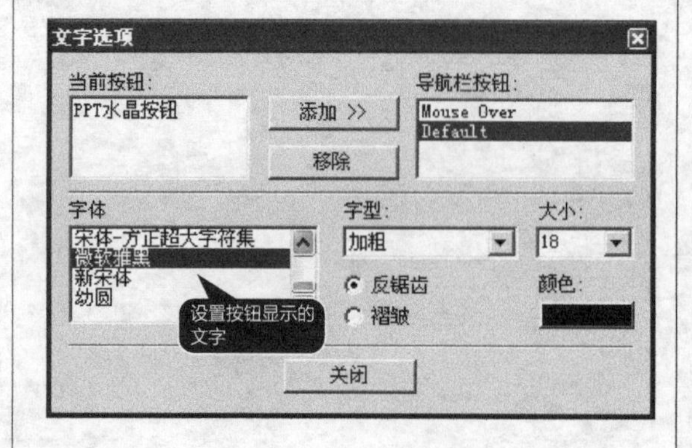

4 设置按钮的大小

单击左侧工具栏中的【图像选项】按钮，在弹出的对话框中撤消选中【自动调整大小】复选框，输入宽度和高度，设置按钮的背景、文字的对齐类型和文字边距后，单击【关闭】按钮。

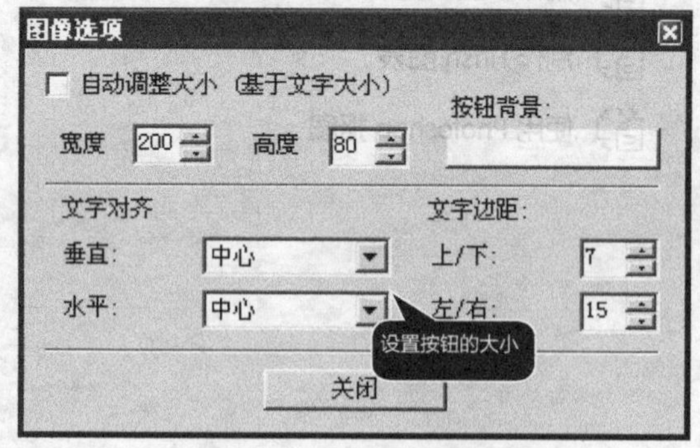

5 设置按钮的纹理

单击左侧工具栏中的【纹理选项】按钮，在弹出的对话框中的【艺术风格】选项卡中选择一种纹理，并设置杂色类型和不透明度，单击【关闭】按钮。

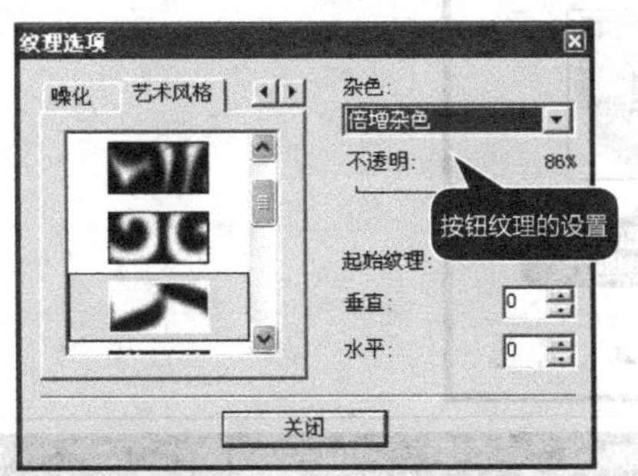

6 设置按钮的光照效果

单击左侧工具栏中的【灯光选项】按钮，在弹出的对话框中设置灯光的颜色、位置及内部灯光的颜色等，单击【关闭】按钮。

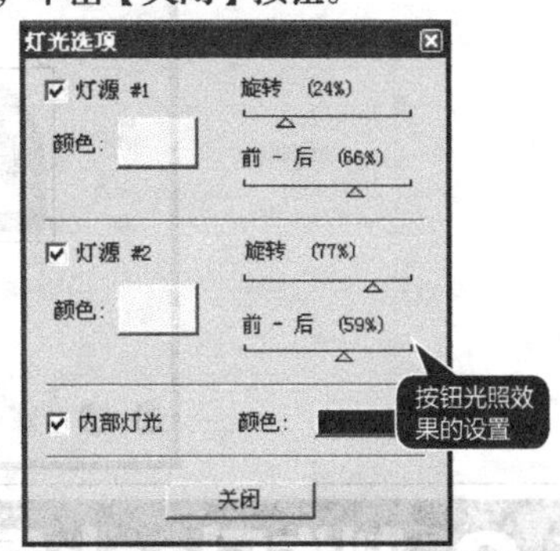

7 设置按钮的材质效果

单击左侧工具栏中的【材质选项】按钮，在弹出的对话框中设置材质的类型等，若选择【自定义】选项，还可以设置反射颜色、透明度等。设置完成后单击【关闭】按钮。

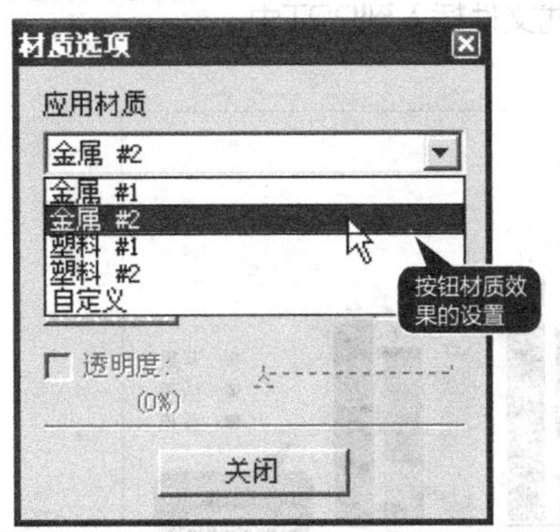

8 设置按钮的边框效果

单击左侧工具栏中的【边框选项】按钮，在弹出的对话框中设置边框、形状及宽度等，然后单击【关闭】按钮。

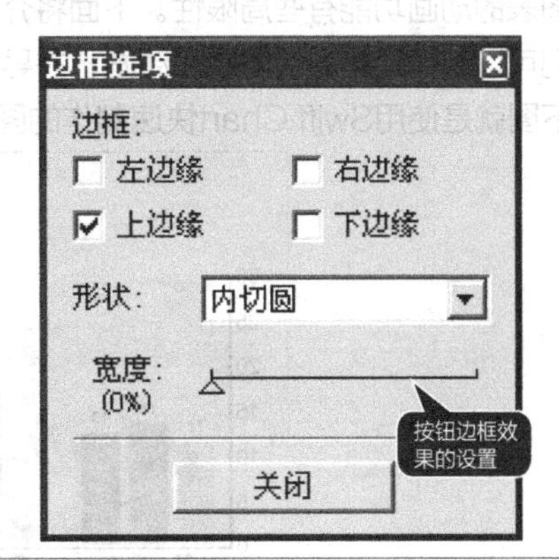

9 设置按钮的形状效果

单击左侧工具栏中的【形状选项】按钮，在弹出的对话框中选择一种形状，然后设置水平翻转、垂直翻转和锐化度，设置完成后单击【关闭】按钮。

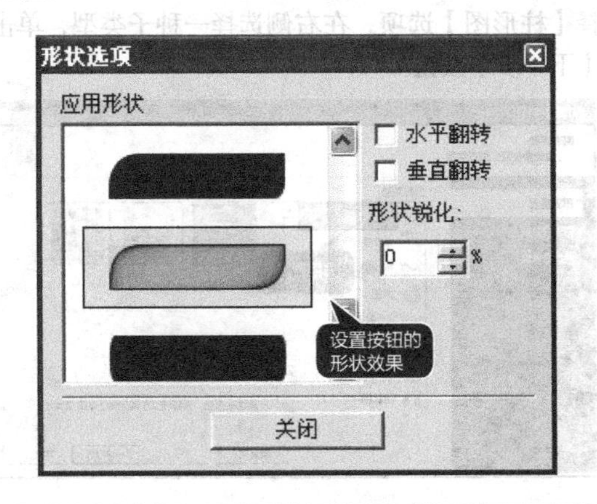

10 设置按钮的变形效果

单击左侧工具栏中的【变形选项】按钮，在弹出的对话框中选择一种变形方式，若选择【自定义】选项，还可以设置水平挤压深度和垂直挤压深度等。设置完成后单击【关闭】按钮。

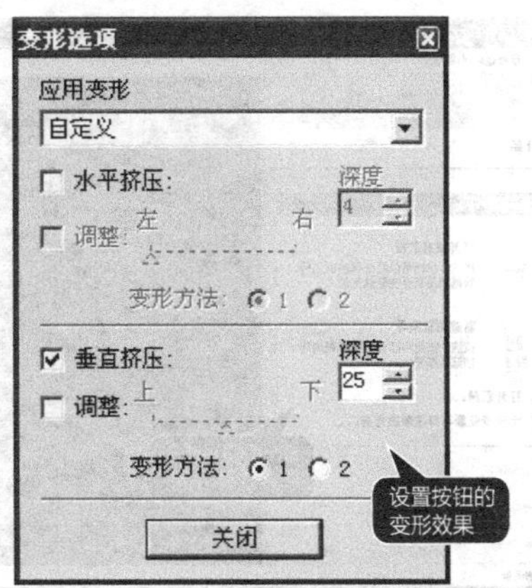

设置完成后，选择【文件】➤【导出按钮图像】选项，可将按钮保存为gif格式的文件，如图所示。

15.2 制作Flash图表

本节视频教学时间：6分钟

PowerPoint 2010中的图表工具能根据数据生成各式各样的图表，并应用样式来美化图表。但是，图表的动画功能有些局限性。下面将介绍一种更强大的图表制作工具——Swiff Chart，通过此工具我们可以制作出华丽的图表和动画，并导出为SWF格式文件插入到PPT中。

下图就是使用Swiff Chart快速制作的图表。

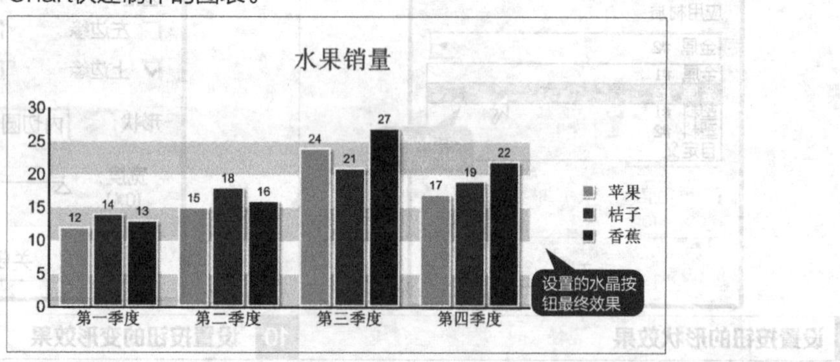

1 安装并启动Swiff Chart 3 Pro

安装并启动Swiff Chart 3 Pro，软件界面如图所示。

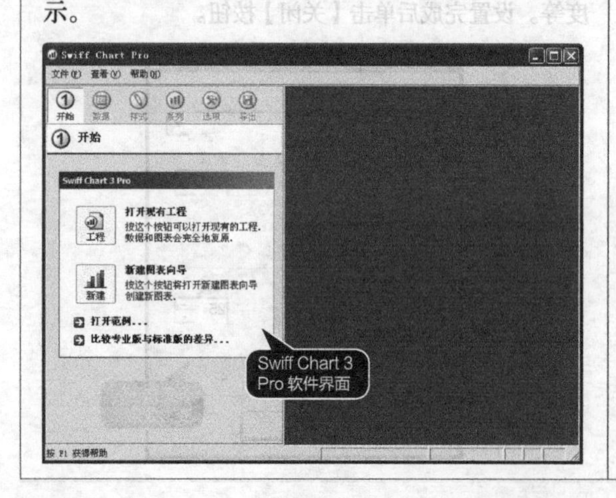

2 选择图表类型

单击【新建图表向导】链接，弹出【新建图表向导-图表类型】对话框，在【图表类型】列表中选择【柱形图】选项，在右侧选择一种子类型，单击【下一步】按钮。

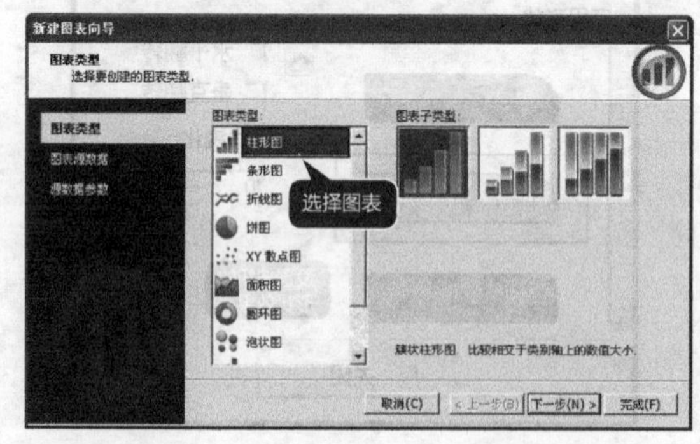

3 选择【手动输入数据】

弹出【新建图表向导-图表源数据】对话框，单击选中【手动输入数据】单选项，单击【下一步】按钮。

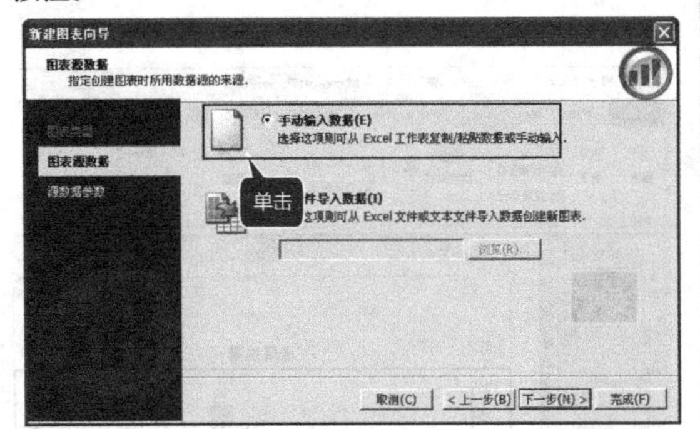

4 输入数据

弹出【新建图表向导-手动输入数据】对话框，在表格中输入数据，单击【完成】按钮。

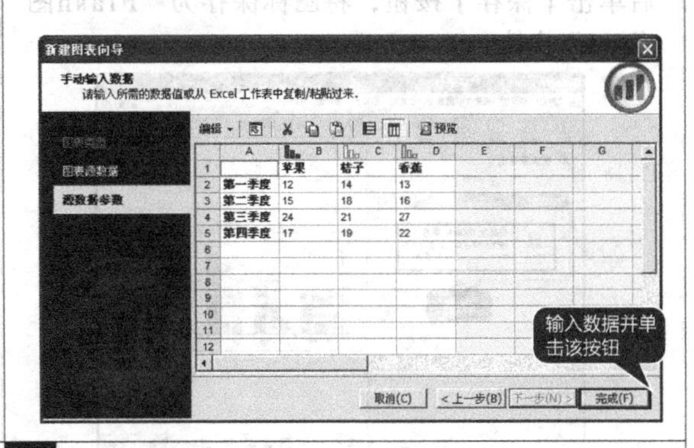

5 选择【样式】按钮

生成1个图表，单击工具栏中的【样式】按钮，在【图表样式】列表中选择一种样式。

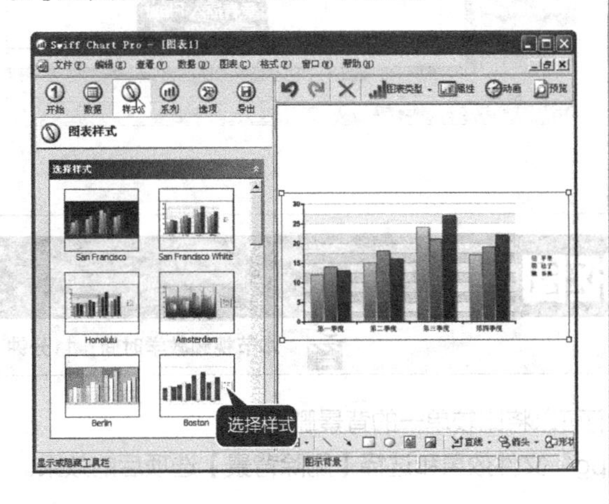

6 单击【系列】按钮

单击工具栏中的【系列】按钮可设置图表的数据系列和数据标签，如选择图表中的柱形图，并在左侧单击选中【显示数据标签】复选框，即可在柱形的上方显示数据标签。

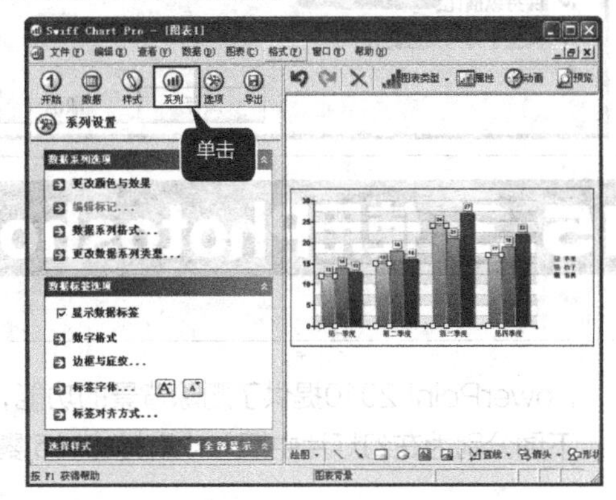

7 单击【选项】按钮

单击工具栏中的【选项】按钮，可在左侧列表中更改图表的类型、动画效果、大小及图表的样式参数，如图例、标题、坐标轴、网格线和背景等。

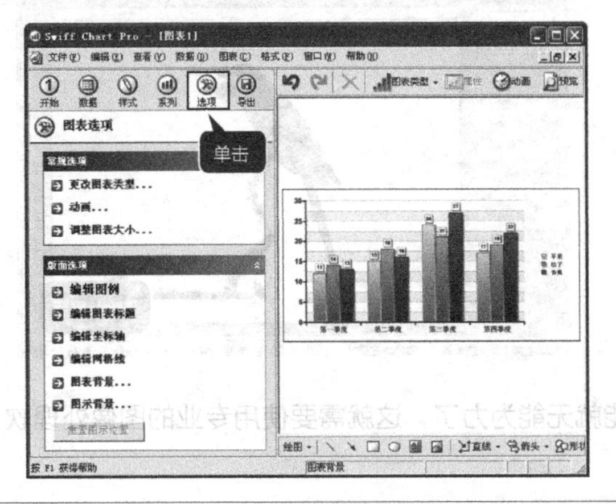

8 输入“水果销量”

在左侧列表中单击【编辑图表标题】链接，打开【图表选项】对话框，在【图表标题】文本框中输入“水果销量”，单击【确定】按钮。

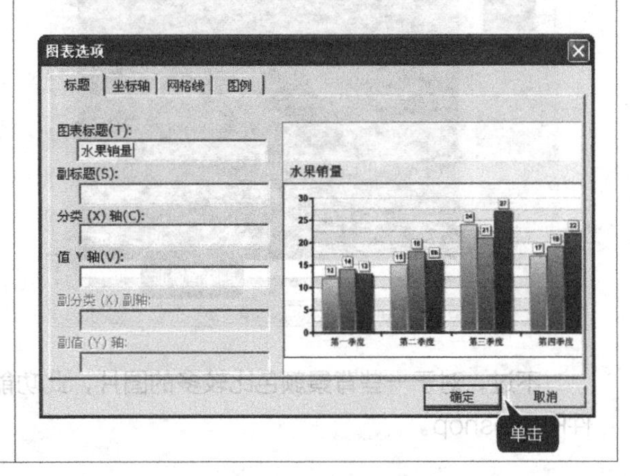

9 导出Flash

单击工具栏中的【导出】按钮，在左侧单击【导出为Flash影片】链接，设置影片大小等参数后单击【保存】按钮，将图标保存为“Flash图表.swf”文件。

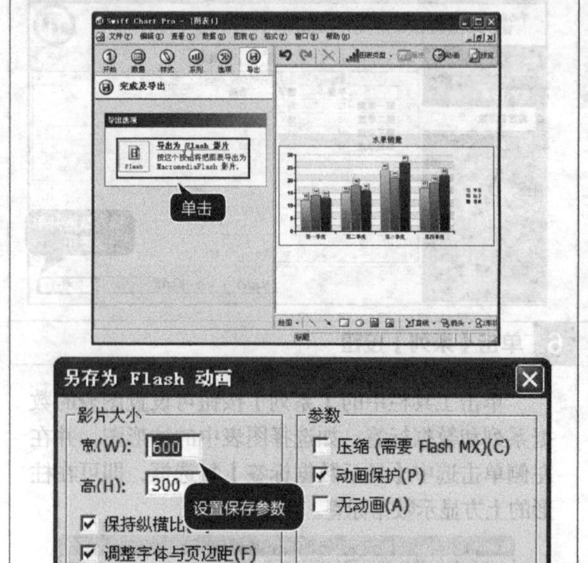

10 将图表插入视频中

在PowerPoint 2010中的【插入】选项卡的【媒体】组中单击【视频】按钮，将图表插入幻灯片中，如下图所示。

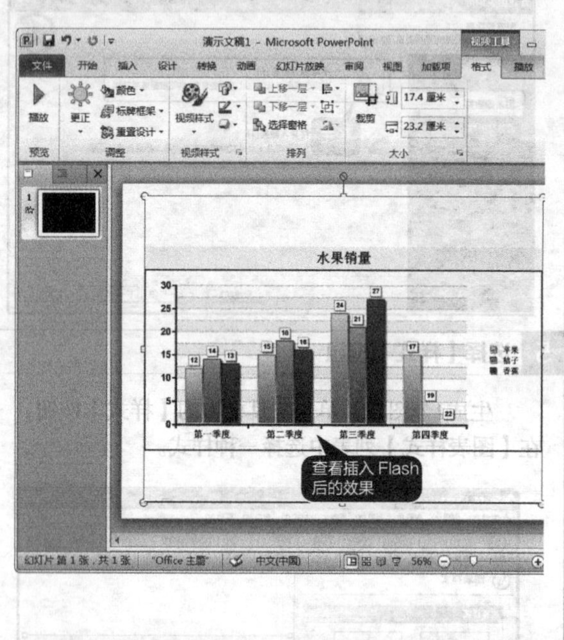

15.3 使用Photoshop抠图

本节视频教学时间：11分钟

PowerPoint 2010提供了删除背景的功能，我们可以将比较单一的背景删除。

下图分别为在幻灯片中插入“素材\ch15\鹦鹉.jpg”文件效果和选择【删除背景】选项后的效果。

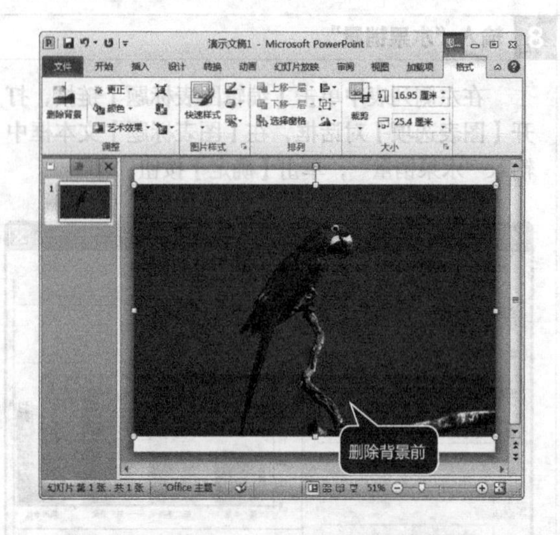

不过，对于一些背景颜色比较多的图片，此功能就无能为力了，这就需要使用专业的图像处理软件Photoshop。

1 打开Photoshop

安装并启动Photoshop CS5中文版，选择【文件】➤【打开】命令，打开“素材\ch15\鸽子.jpg”图片。

2 裁剪图片

在工具箱中选择【裁剪工具】，在图片上单击并拖动圈出如下图所示的区域，按【Enter】键即可。

3 选取要抠图的区域

单击工具箱中的【磁性套索工具】，在鸽子的边缘单击并沿着鸽子的轮廓拖动一周，完成后双击，即可创建出鸽子这部分图像。

4 新建图片

选择【文件】➤【新建】选项，在弹出的【新建】对话框中设置如下图所示，单击【确定】按钮。

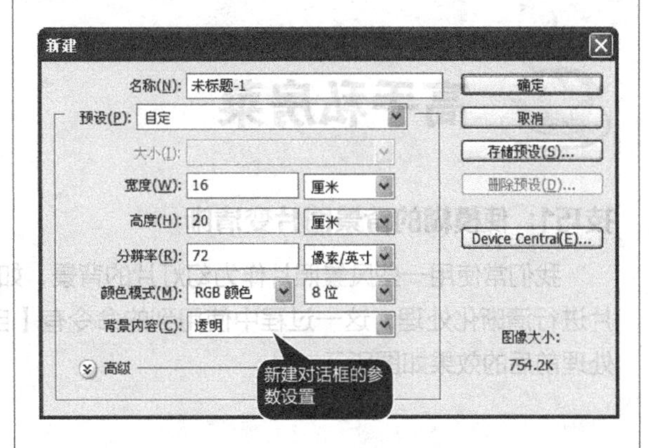

5 拖动“鸽子”到新文件中

单击工具箱中的【选择工具】按钮，按下【Alt】键的同时拖动“鸽子”到新建的文件中。

6 保存文件

选择【文件】➤【存储为】菜单命令，在弹出对话框的【格式】下拉列表中选择【CompuServe GIF】选项，并选择文件保存位置和输入名称，单击【保存】按钮，然后根据提示设置保存选项。

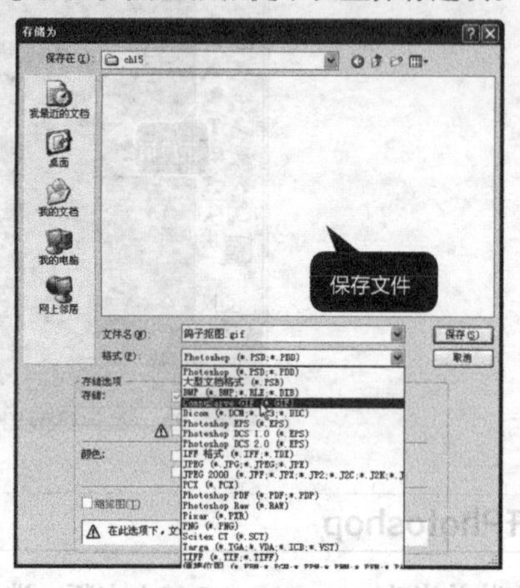

在幻灯片中插入抠图后的图片，效果如图所示。

高手私房菜

技巧1：使模糊的背景图片变清晰

我们常使用一些风景照片作为幻灯片的背景，如果图片比较模糊，我们可以使用Photoshop对图片进行清晰化处理，这一过程中使用到的命令有【自动色调】、【自动对比度】和【锐化】等。图片处理前后的效果如图所示。

使用Photoshop CS5处理图片的步骤如下。

1 启动Photoshop

启动Photoshop CS5中文版，选择【文件】➤【打开】菜单命令，打开随书光盘中的“素材\ch15\模糊图片.jpg”图片。

2 执行【自动色调】命令和【自动对比度】命令

按【Shift+Ctrl+L】组合键执行【自动色调】命令，按【Alt+Shift+Ctrl+L】组合键执行【自动对比度】命令，效果如图所示。

3 执行锐化处理

选择【滤镜】➤【锐化】➤【USM锐化】命令，弹出【USM锐化】对话框，具体设置如图所示，然后单击【确定】按钮。

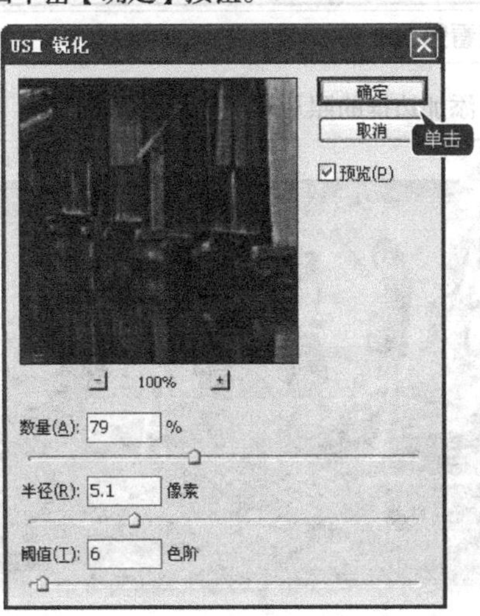

4 显示最终效果

最终效果如下图所示。

技巧2：为照片添加边框

使用PowerPoint 2010可以直接创建相册，在创建相册之前用户可以对添加的照片进行美化等操作，如可以使用光影魔术手为照片添加边框。

1 导入照片

启动光影魔术手软件，选择【文件】➤【打开】命令，或单击工具栏中的【打开】按钮，弹出【打开】对话框，选择需要修改的照片，单击【打开】按钮即可导入照片。

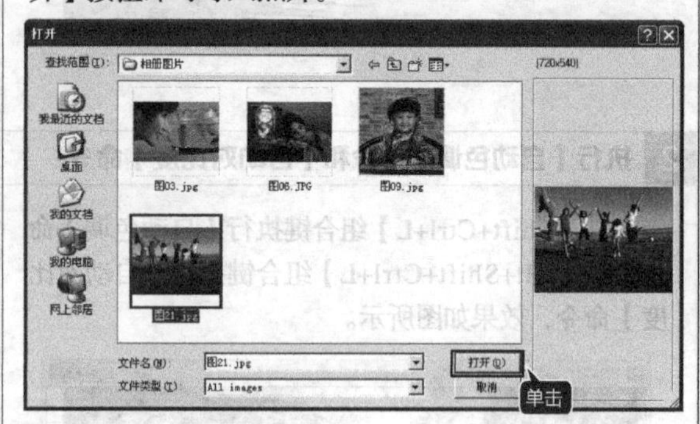

2 选择【花样边框】命令

单击工具栏中【边框】按钮右侧的下拉按钮，在弹出的下拉菜单中选择【花样边框】命令。

3 选择边框效果

弹出【花样边框】对话框，在右侧窗格中的【在线素材】选项卡中选择一种边框效果（这里选择如下图所示的边框），单击【确定】按钮。

4 为照片添加边框效果

即可为照片添加边框效果，如下图所示。

5 弹出【保存图像文件】对话框

选择【文件】➤【保存】命令，弹出【保存图像文件】对话框，单击【确定】按钮。

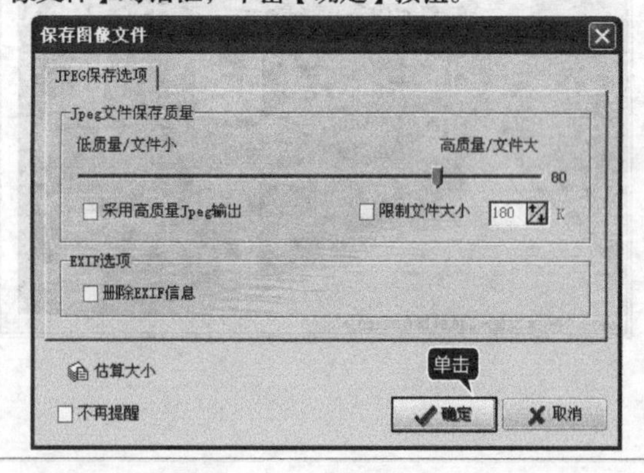

6 查看效果

添加边框的照片效果如下图所示。

第16章

不只是 PowerPoint 在战斗

——PowerPoint 的好帮手

本章视频教学时间：16 分钟

PowerPoint如同Windows系统一样，支持很多应用软件，它有众多的帮手，可以让所有与PPT有关的操作更顺手。

【学习目标】

- 通过对 PPT 帮手的了解，更灵活、有效地使用 PPT。

【本章涉及知识点】

- 快速提取 PPT 中的内容
- 转换 PPT 为 Flash 动画
- 将 PPT 应用为屏保
- 为 PPT 瘦身

16.1 快速提取PPT中的内容

本节视频教学时间：6分钟

如果想借用PPT中的某些内容，一般是分别把幻灯片每页的内容复制粘贴到Word文档。

在此介绍一种更快捷的方法。我们可以使用【ppt Convert to doc】工具将PPT的所有文字内容快速提取出来。不过此工具只能转换扩展名为“ppt”的PowerPoint 97-2003格式演示文稿，所以转换“pptx”演示文稿前，我们需要先将其另存为“ppt”格式。

1 另存文件

打开“素材\ch16\书法文化.pptx”文件，选择【文件】选项卡下【另存为】命令，将文件另存为【PowerPoint 97–2003演示文稿】格式。

2 下载工具

下载并运行【ppt Convert to doc】工具。

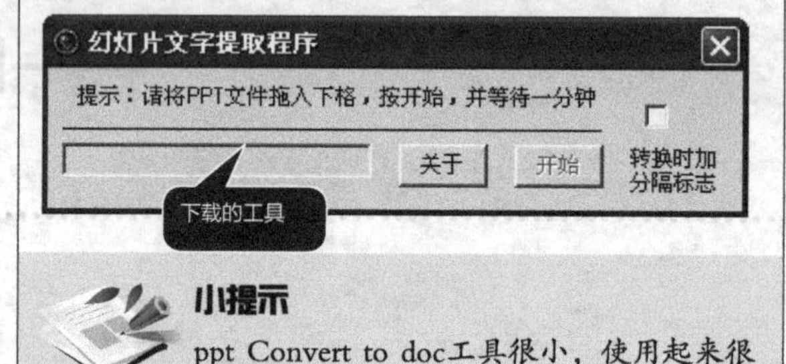

小提示

ppt Convert to doc工具很小，使用起来很方便，可以快速将PPT 中的文字提取到Word中。

3 提取文字内容

找到第1步另存后的扩展名为“ppt”的文件，并将其拖到此程序的长方形框中。单击【开始】按钮，程序打开Word 2010并开始提取相关内容，提取完成后，弹出提示框，单击【确定】按钮即可。

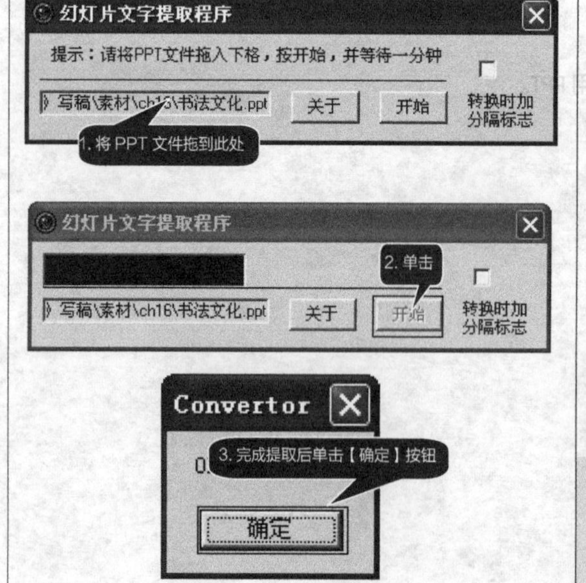

4 查看提取的结果

程序会在PPT文件所在目录中生成Word文档，文档的内容即为提取自PPT中的文字内容，如下图所示。

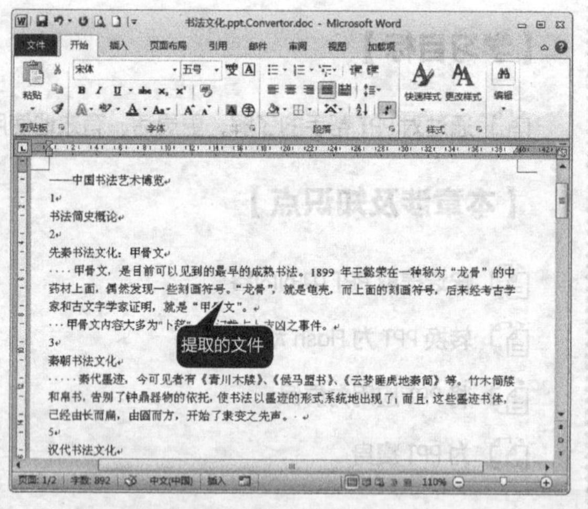

小提示

提取PPT中的文字时，系统会根据使用Word的版本情况进行选择，也有可能转出文字到Word 2003文档中。

16.2 转换PPT为Flash动画

本节视频教学时间：3分钟

如果需要在没有安装PowerPoint的电脑中播放PPT文件，我们要先安装PowerPoint或将PPT进行打包，或者可以通过【PowerPoint 转 Flash】软件将PPT转换为Flash格式的视频文件，这样我们就不仅可以使用播放器进行播放PPT，还可以将其添加到网页中。

1 启动软件

安装并启动【PowerPoint 转 Flash】软件，单击【增加】按钮。

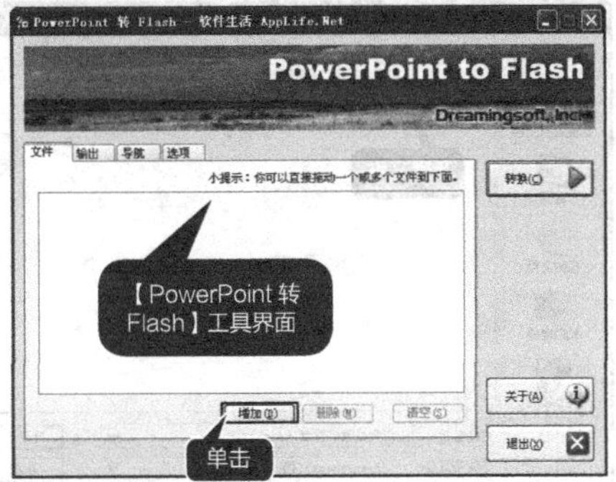

2 添加文件

在打开的对话框中，添加"素材\ch16\书法文化.ppt"文件，之后单击【打开】按钮。

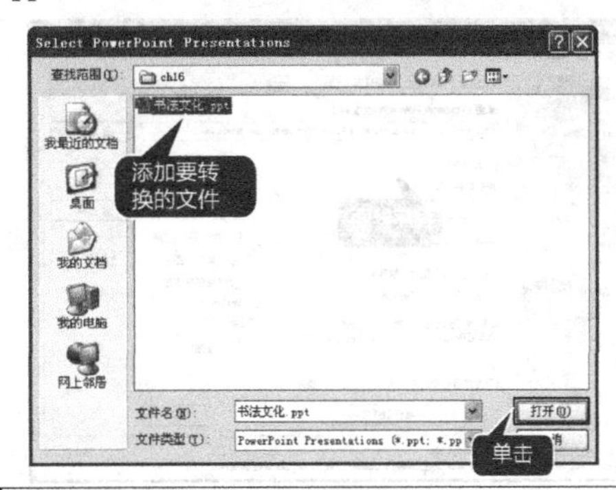

3 选择输出路径

选择【输出】选项卡，选择文件的输出路径。

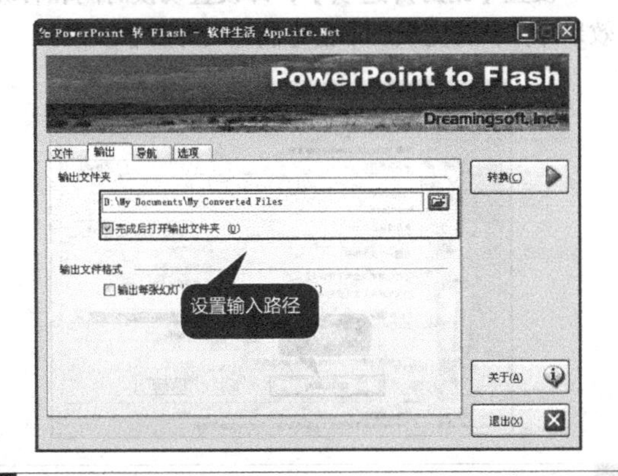

4 设置生成文件的大小和背景

选择【选项】选项卡，设置要生成的Flash文件的大小和背景颜色。

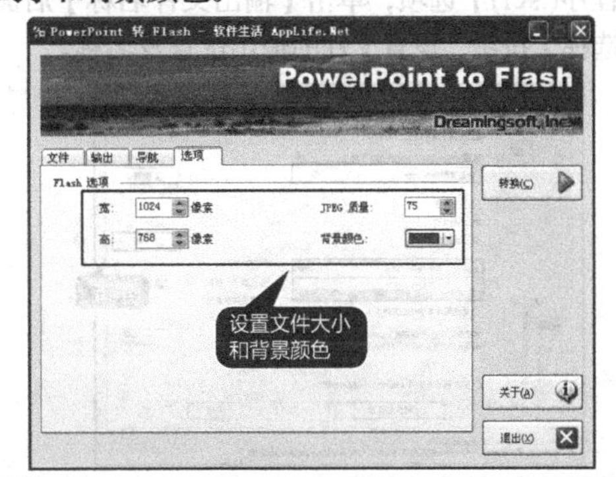

5 开始转换

单击【转换】按钮，开始转换。

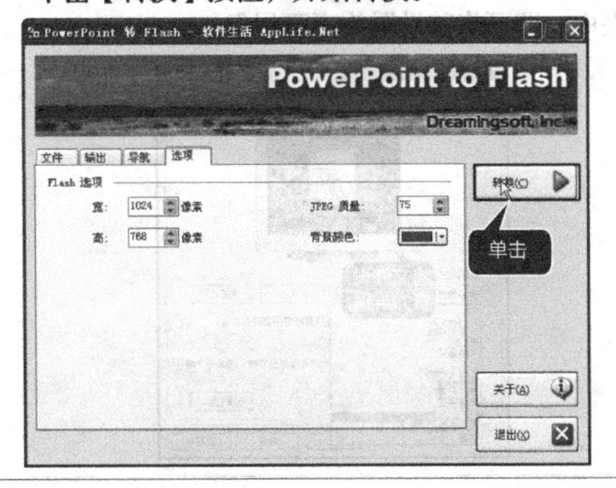

6 完成文件转换

转换完成后，自动打开输入目录，输出了1个Flash文件，双击文件即可播放。

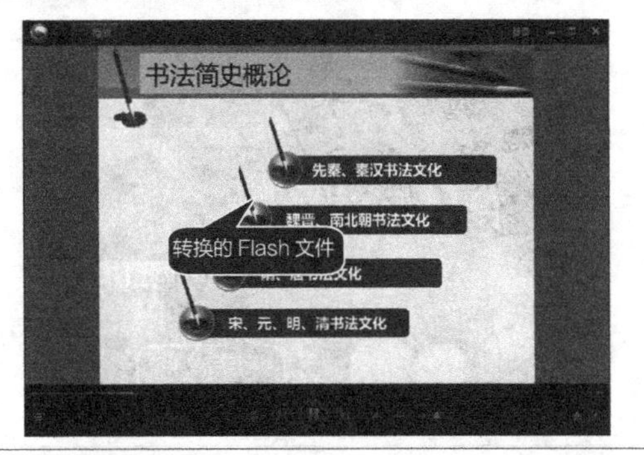

16.3 将PPT应用为屏保

本节视频教学时间：4分钟

使用PowerPoint 2010制作了炫目型PPT后，如果想将其作为电脑屏幕保护程序，我们可以通过PowerPoint Slide Show Converter软件来实现。

1 启动程序

安装并启动PowerPoint Slide Show Converter 3.2版本，选择增强模式，程序界面将自动切换到【增强模式】选项卡。

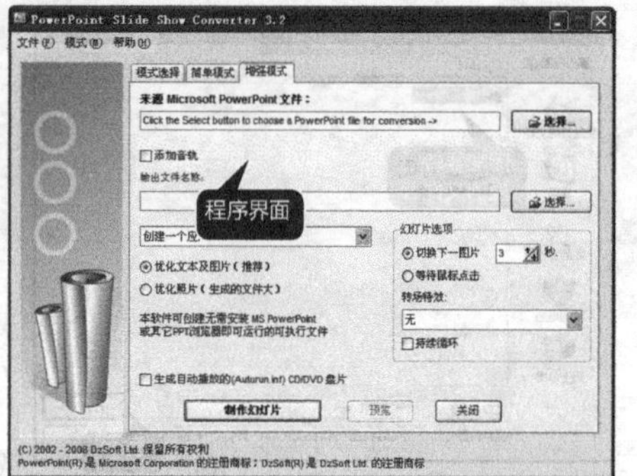

2 添加文件

单击【来源Microsoft PowerPoint文件】后面的【选择】按钮，选中“素材\ch16\食品营养报告.pptx”文件，单击【打开】按钮。

3 设置输出名称及路径

在如图所示的下拉列表中选择【创建一个屏保程序(.scr)】选项，单击【输出文件名称】后面的【选择】按钮，设置文件的输出位置及名称。

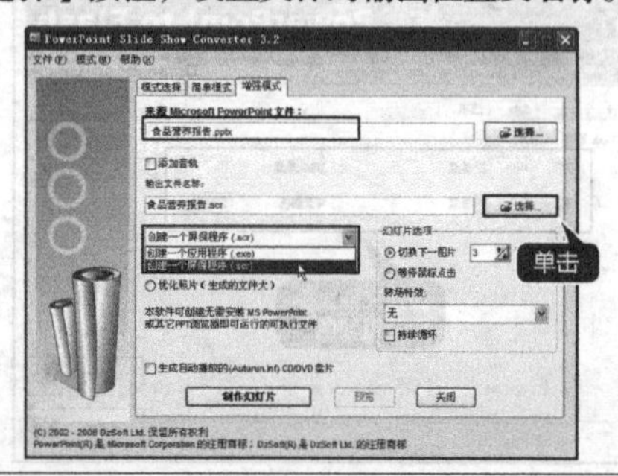

4 设置幻灯片效果

设置【幻灯片选项】，即设置切换时间和转场效果等，设置完成后单击【制作幻灯片】按钮。

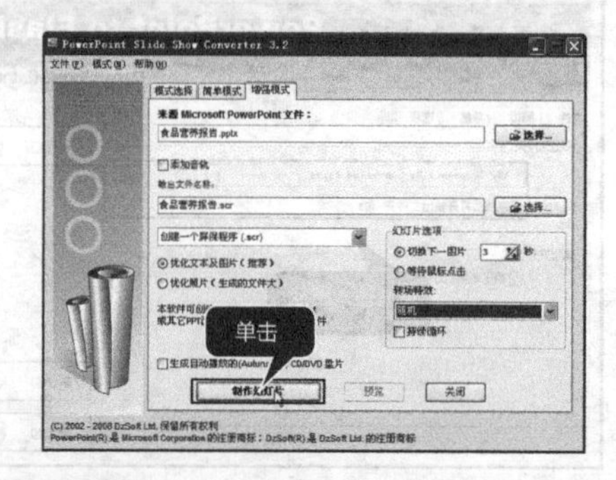

5 运行文件

制作完成后，会弹出转换成功的信息框，在设置的输入文件夹中即可生成SCR文件，双击运行。

6 设置桌面屏保

将生成的SCR文件复制到“C:\Windows”文件夹中，即可将其设置为桌面屏保。

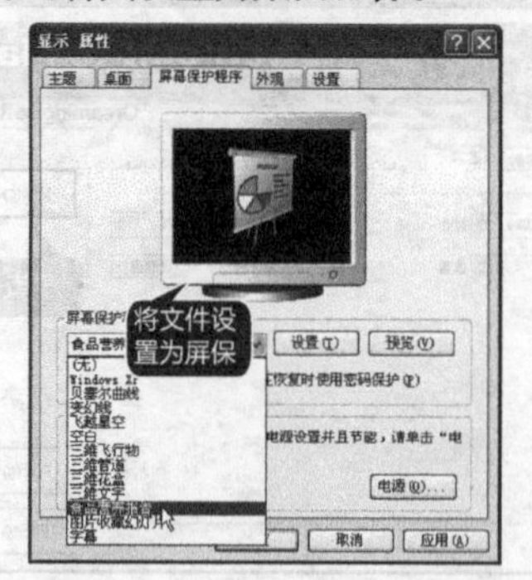

16.4 为PPT瘦身

本节视频教学时间：3分钟

由于PPT往往包含大量的图片及其他多媒体内容，导致PPT文件占用的磁盘空间较多。我们可以通过PPTminimizer程序来为PPT瘦身。

1 启动程序

安装并启动PPTminimizer 4.0程序，单击【打开文件】按钮，选择“素材\ch16\书法文化.pptx”文件。

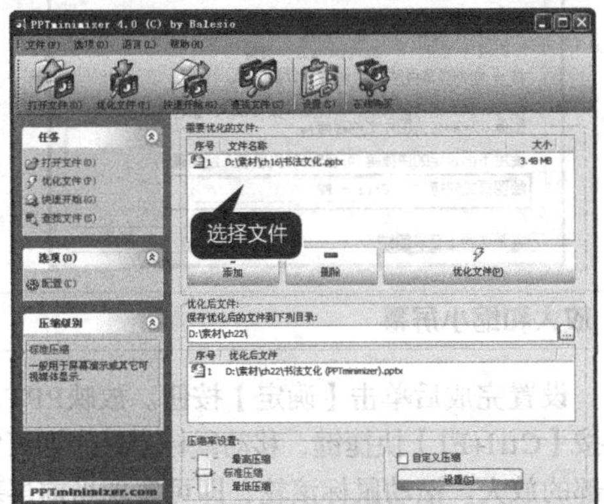

2 添加文件

单击【优化后文件】后面的 ... 按钮，设置优化后文件的保存路径。

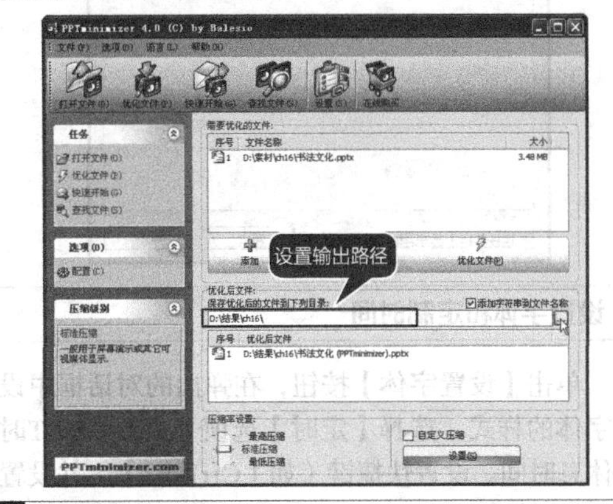

3 优化文件

单击【优化文件】按钮，开始优化并显示进度。

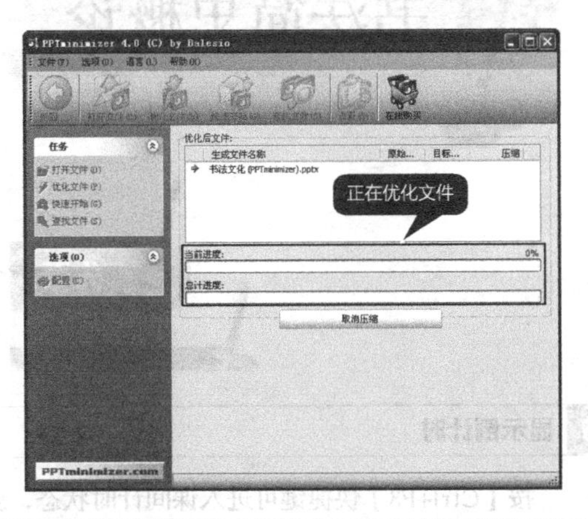

4 优化结果

优化完成后，程序界面会显示原始文件的大小、压缩后文件的大小及压缩比例。

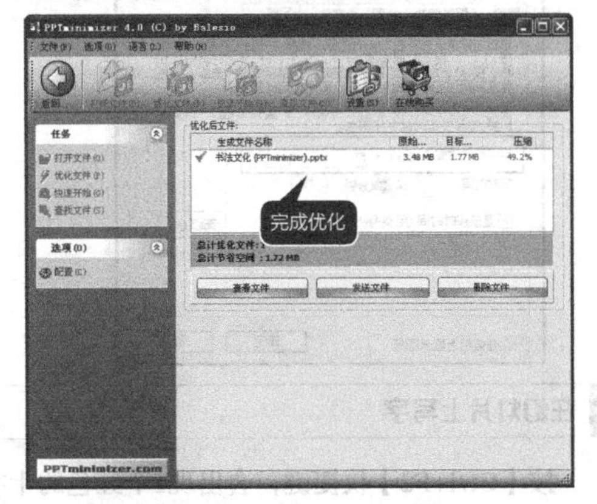

高手私房菜

技巧：PPT演示的好帮手

放映PPT时，我们可以通过ZoomIt软件来放大显示局部。另外，运用此软件还可以在PPT上写字或画图，并进行课件计时。

1 启动程序

下载并启动ZoomIt v4.1版本，程序界面如下图所示。选择【缩放】选项卡，设置实现缩放功能的快捷键，如按下【Ctrl+F1】组合键。

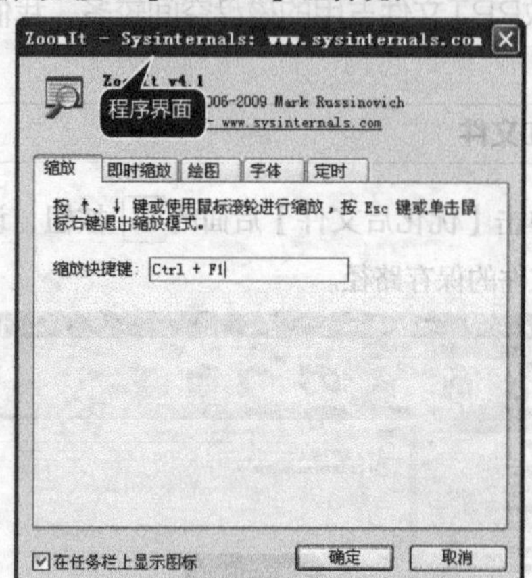

2 设置绘图快捷键

选择【绘图】选项卡，设置进行绘图操作的快捷键，如按下【Ctrl+F2】组合键。

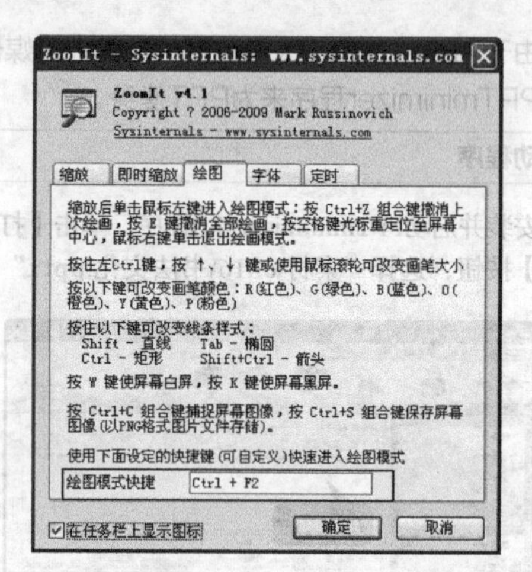

3 设置字体和定制时间

单击【设置字体】按钮，在弹出的对话框中设置字体的样式。选择【定时】选项卡，放映PPT时的休息时间。设置快捷键（如【Ctrl+F3】）并设置定时的时间。

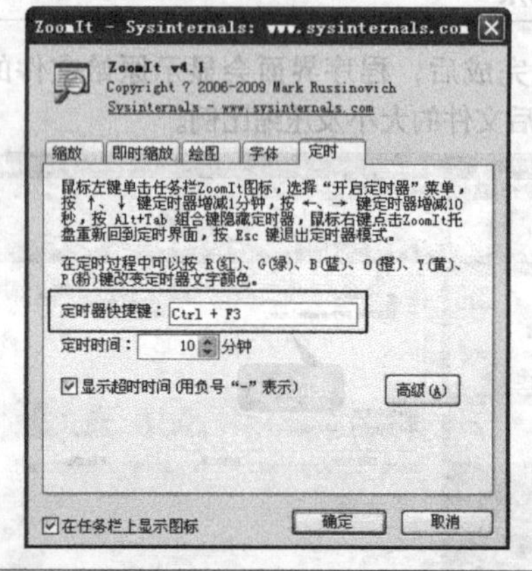

4 放大和缩小屏幕

设置完成后单击【确定】按钮。放映PPT，然后按【Ctrl+F1】快捷键，移动鼠标指针，即可实现局部的放大。滚动鼠标滚轮，即可实现当前屏幕的放大和缩小。

5 在幻灯片上写字

按【Ctrl+F2】快捷键，会出现1个红色的十字指针，单击并拖动即可在放映的幻灯片上书写，按【T】键即可输入英文。

6 显示倒计时

按【Ctrl+F3】快捷键可进入课间计时状态，屏幕中即显示倒计时。

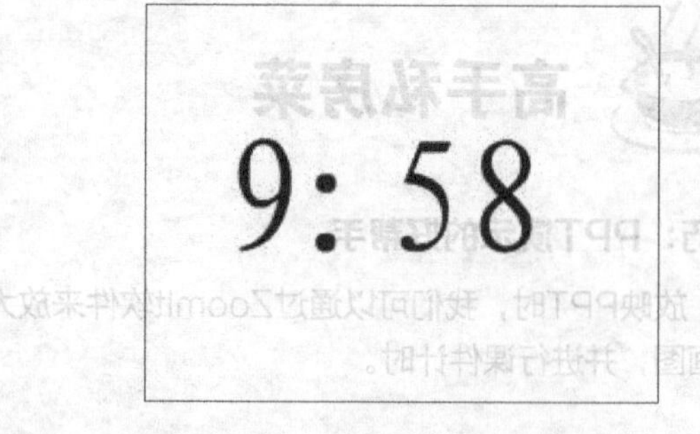

第 17 章

Office 2010 的协同应用

——PowerPoint 与其他组件的协同应用

本章视频教学时间：13 分钟

在Office系列软件中，Word、Excel和Power Point之间共享及调用信息是比较实用的。本章将介绍PowerPoint与其他Office组件的协同。

【学习目标】

通过本章的学习，了解 PowerPoint 与其他 Office 系列办公组件的协同应用，提高工作效率。

【本章涉及知识点】

- PowerPoint 与 Word 之间的协作
- PowerPoint 与 Excel 之间的协作

17.1 PowerPoint与Word之间的协作

本节视频教学时间：5分钟

有时由于某种需要而需要在Word软件中调用PowerPoint演示文稿。

17.1.1 在Word中调用PowerPoint演示文稿

我们可以将PowerPoint演示文稿插入到Word软件中进行编辑并放映，具体操作步骤如下。

1 【由文件创建】选项卡

打开Word软件，在【插入】选项卡的【文本】选项组中单击【对象】按钮，在弹出的【对象】对话框中选择【由文件创建】选项卡。

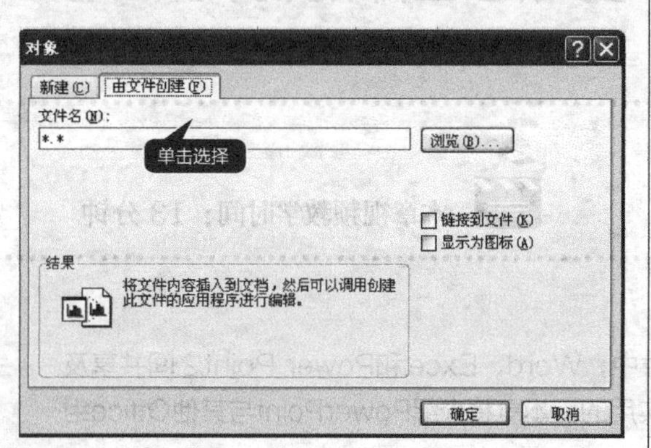

2 选择文件

单击【浏览】按钮，在打开的【浏览】对话框中选中需要插入的PowerPoint文件，这里选择随书光盘中的“素材\ch17\书法文化.pptx”文件，然后单击【插入】按钮。

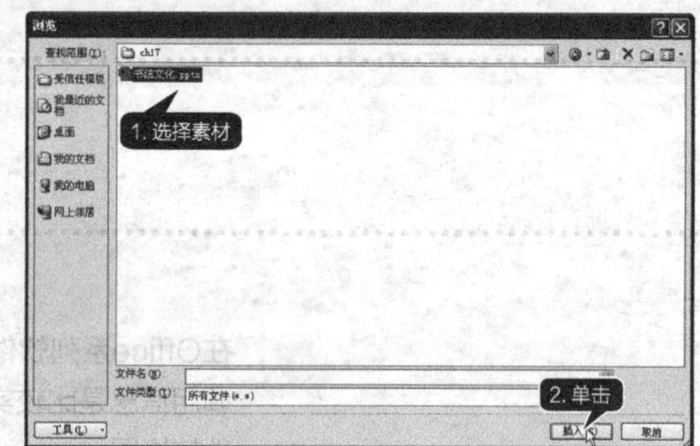

3 查看插入的演示文稿

返回【对象】对话框，单击【确定】按钮，即可在文档中插入所选的演示文稿。

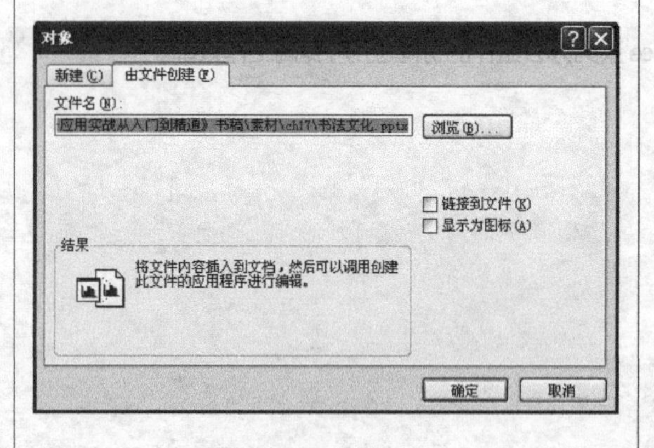

4 调整演示文稿的位置和大小

插入PowerPoint演示文稿以后，我们可以通过演示文稿四周的控制点来调整演示文稿的位置和大小。

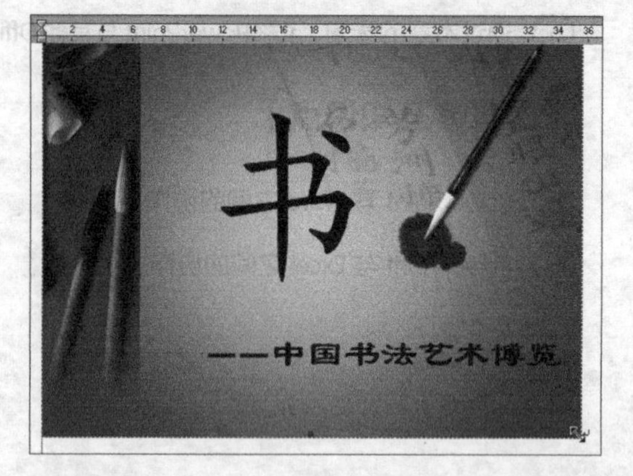

小提示

插入幻灯片后，双击即可播放幻灯片。

17.1.2 在Word中调用单张幻灯片

根据需要，我们可以在Word中调用单张幻灯片，具体操作步骤如下。

1 选择要插入的幻灯片

打开随书光盘中的“素材\ch17\书法文化.pptx”文件，在演示文稿中选择需要插入到Word中的单张幻灯片，单击鼠标右键，在弹出的快捷菜单中选择【复制】菜单项。

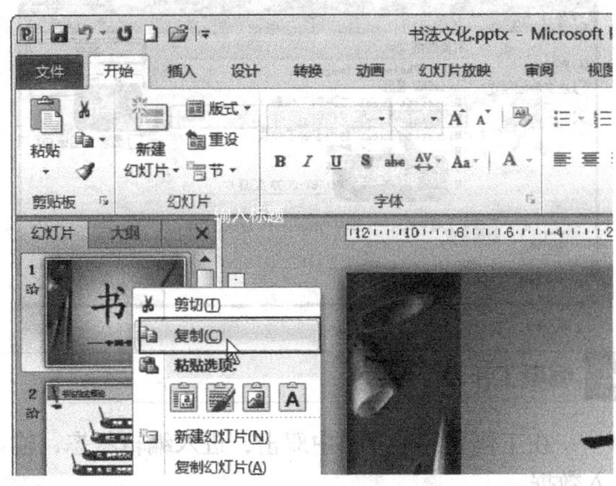

2 【选择性粘贴】菜单项

切换到Word软件中，在【开始】选项卡的【剪贴板】选项组中单击【粘贴】按钮下方的下拉按钮，在弹出的下拉菜单中选择【选择性粘贴】菜单项。

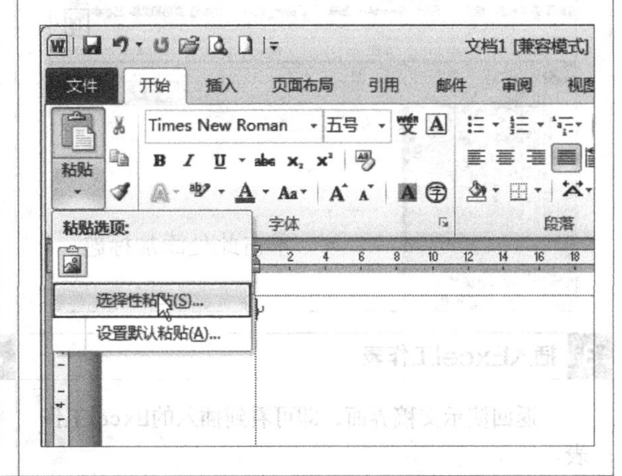

3 选择粘贴形式

弹出【选择性粘贴】对话框，可以看到其中包括了【粘贴】选项和【粘贴链接】选项，在【粘贴】右侧的【形式】列表框中选择【Microsoft PowerPoint幻灯片 对象】选项。

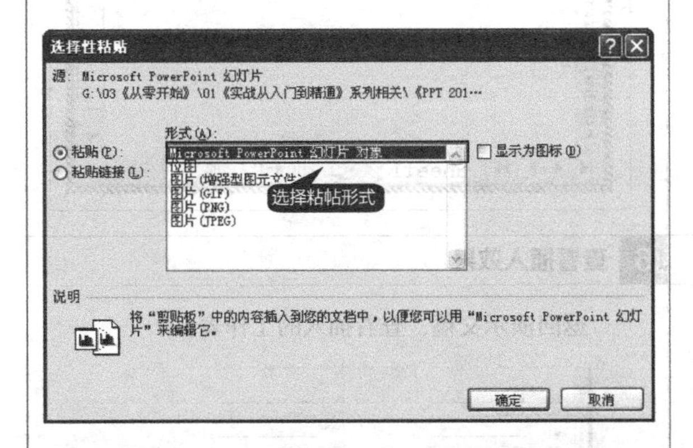

4 插入单张幻灯片

单击【确定】按钮，返回Word文档中即可看到插入了单张幻灯片。

17.2 PowerPoint和Excel之间的协作

本节视频教学时间：8分钟

Excel与PowerPoint之间相互共享与调用信息是经常发生的。

17.2.1 在PowerPoint中调用Excel工作表

我们可以将Excel工作表调用到PowerPoint软件中放映，这样可以为制作PPT省去很多麻烦。具体的操作步骤如下。

1 【对象】按钮

在打开的演示文稿中，在【插入】选项卡的【文本】选项组中单击【对象】按钮。

2 【插入图表】对话框

弹出【插入对象】对话框，选择【新建】选项列【对象类型】列表中的【Microsoft Excel 工作表】选项，然后单击【确定】按钮。

3 插入Excel工作表

返回演示文稿界面，即可看到插入的Excel工作表。

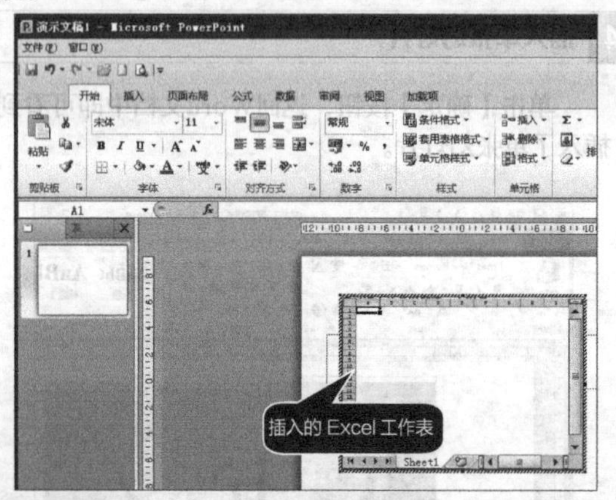

4 编辑工作表

在工作表的单元格中双击，进入编辑状态，输入数据。

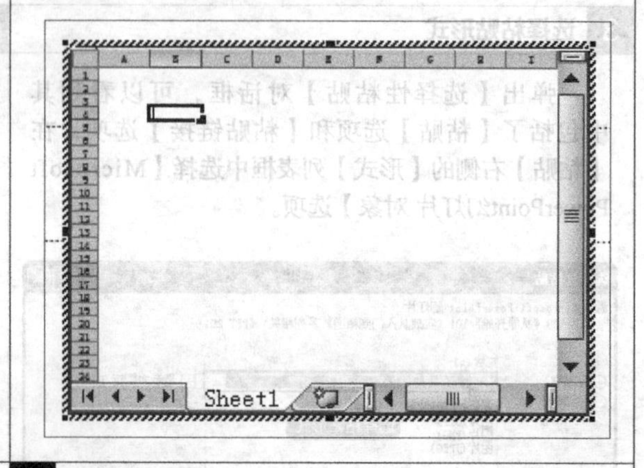

5 选择文件

重新调出【插入图表】对话框，选择【由文件创建】选项，单击【浏览】按钮选择随书光盘"素材\ch17\考勤卡.xlsx"，然后单击【确定】按钮。

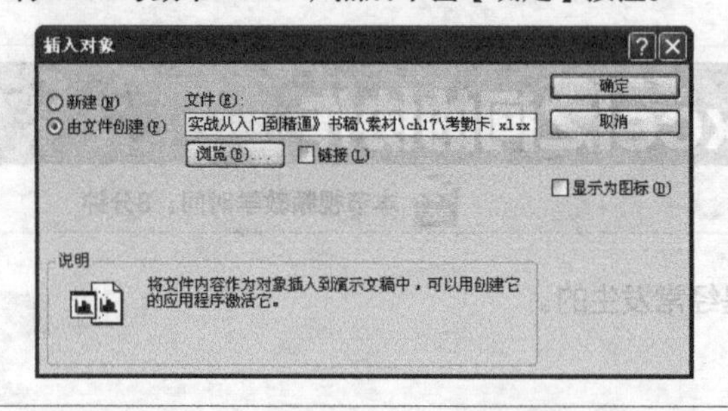

6 查看插入效果

返回演示文稿，查看插入的工作表。

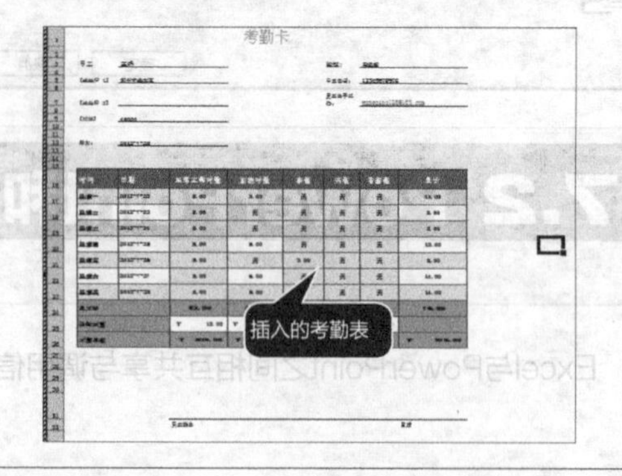

17.2.2 在PowerPoint中调用Excel图表

我们也可以在PowerPoint中使用Excel图表，具体操作步骤如下。

1 【对象】按钮

在打开的演示文稿中，在【插入】选项卡的【文本】选项组中单击【对象】按钮。

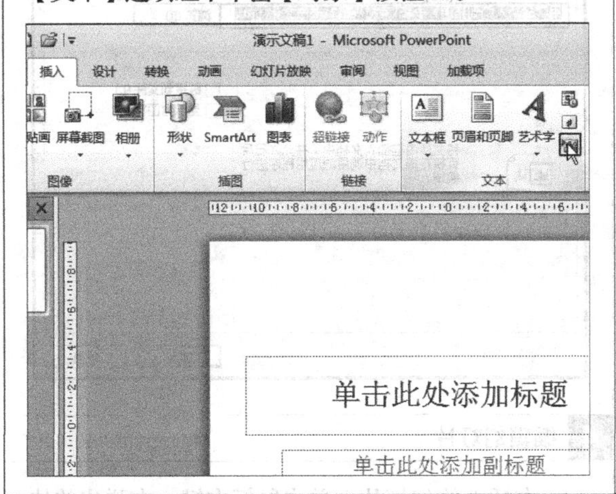

2 选择插入的文件

弹出【插入对象】对话框，选择【由文件创建】选项，单击【浏览】按钮选择随书光盘“素材\ch17\公司月份销售表.xlsx”，然后单击【确定】按钮。

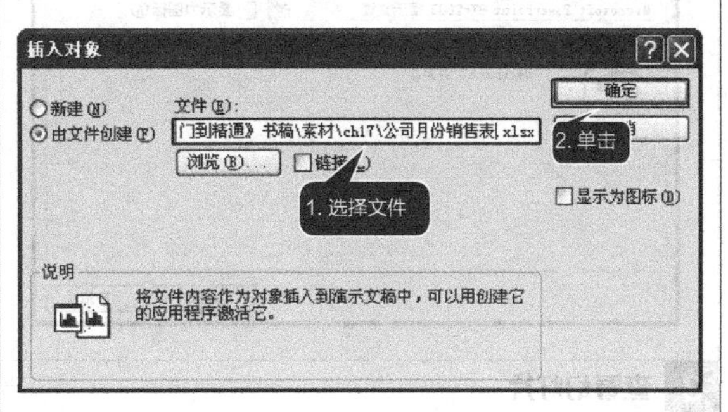

3 调整位置和大小

返回演示文稿即可查看插入的图表，调整图表至合适位置与大小。

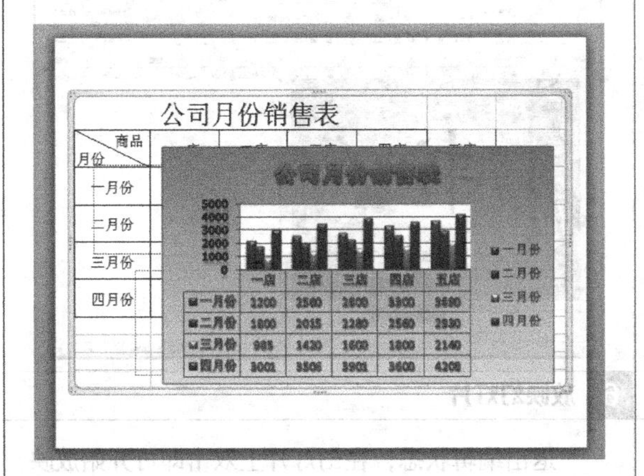

4 放映演示文稿

单击状态栏中的【幻灯片放映】按钮，查看插入图表的放映效果。

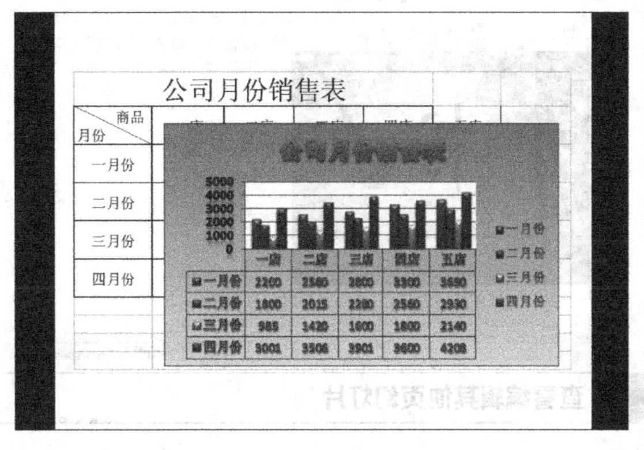

小提示

插入图表后，如果图表显示不完整，我们可以双击进入编辑状态从而调整图表的显示效果。

17.2.3 在Excel中调用PowerPoint演示文稿

在Excel中可以直接调用PPT演示文稿的内容，可以直接调用整个演示文稿，也可以只调用单张幻灯片。

1 【对象】菜单命令

打开Excel 2010工作表，在【插入】选项卡的【文本】选项组中单击【对象】按钮，弹出【对象】对话框。

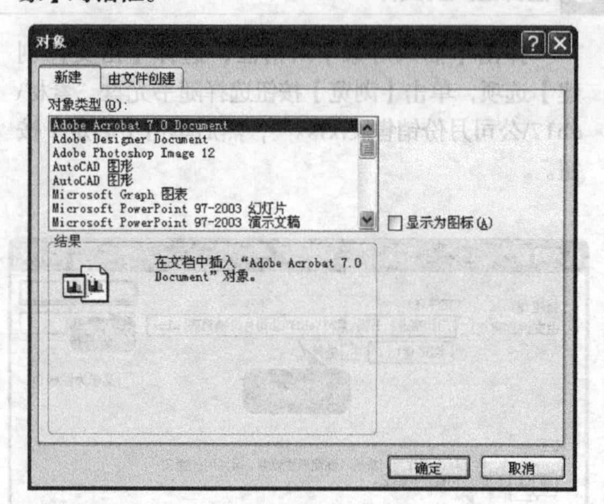

2 选择幻灯片文件

选择【由文件创建】选项卡，单击【浏览】按钮选择随书光盘“素材\ch17\书法艺术.pptx”文件。

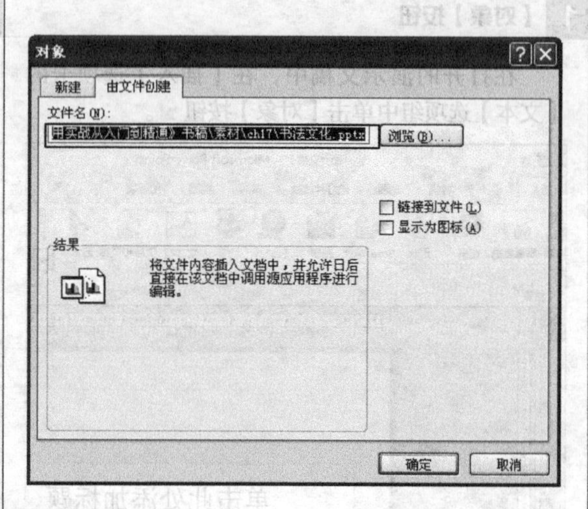

3 查看幻灯片

单击【插入】按钮，返回Excel工作表即可看到插入的幻灯片。

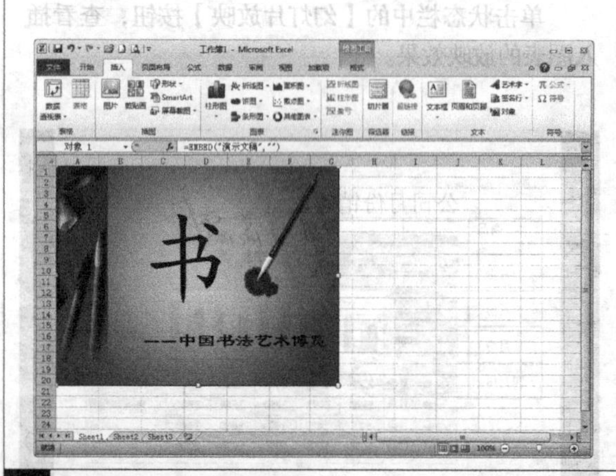

4 编辑幻灯片

在插入的幻灯片上单击鼠标右键，在弹出的快捷菜单中选择【演示文稿 对象】列表中的【编辑】选项，进入幻灯片编辑状态。

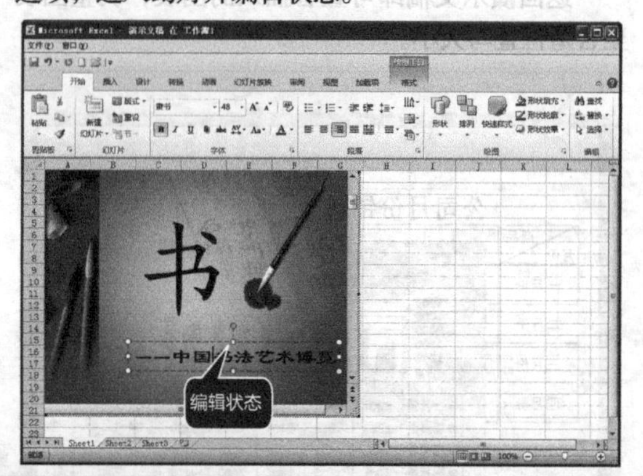

5 查看编辑其他页幻灯片

拖曳滚动条查看或编辑其他幻灯片的内容。

6 放映幻灯片

退出编辑状态，在幻灯片上双击即可开始放映幻灯片。

也可以在Excel中调用单张幻灯片。

1 复制幻灯片

选择要调用的单张幻灯片，单击鼠标右键，在弹出的快捷菜单中选择【复制】菜单命令。

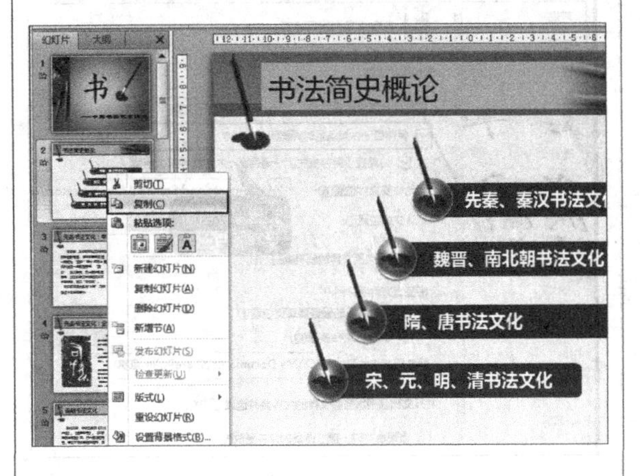

2 【选择性粘贴】选项

Excel中，在【开始】选项卡的【剪贴板】面板中单击【粘贴】右下角按钮，在弹出的列表中选择【选择性粘贴】选项。

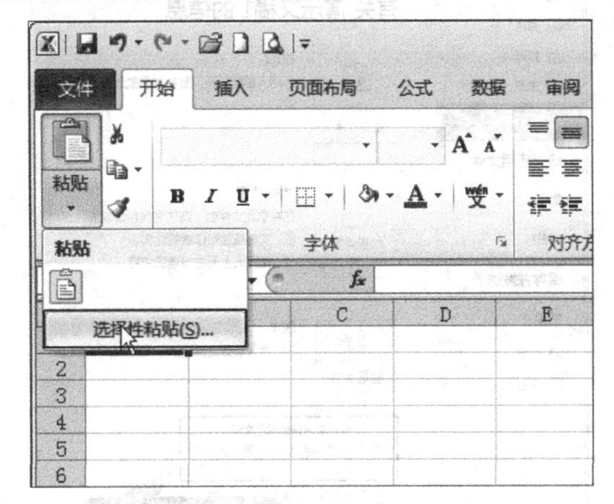

3 选择粘贴对象

弹出【选择性粘贴】对话框，选择【Microsoft PowerPoint幻灯片 对象】选项。

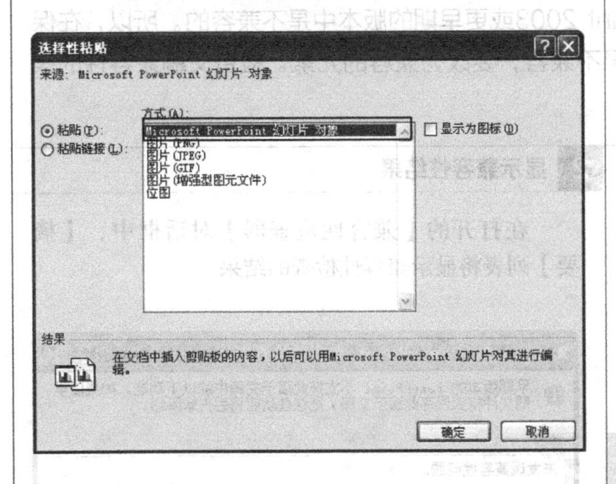

4 查看结果

单击【确定】按钮返回到Excel工作表中即可看到插入的幻灯片。

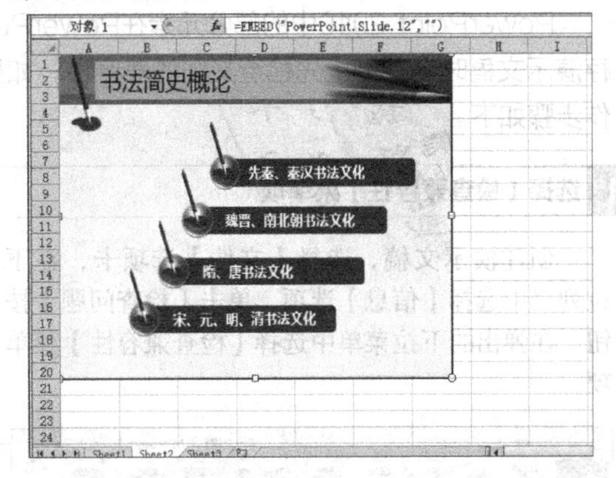

小提示

插入幻灯片后，双击即可开始放映幻灯片。

高手私房菜

技巧1：设置自动保存

PowerPoint有自动保存的功能，每隔一段时间会自动保存文件，我们可以设置自动保存时间间隔。具体的操作步骤如下。

1 选择【恢复未保存的工作簿】选项

选择【文件】选项卡，在下拉列表中选择【信息】选项，在中间区域单击【管理版本】按钮，在弹出的下拉菜单中选择【恢复未保存的工作簿】菜单项。

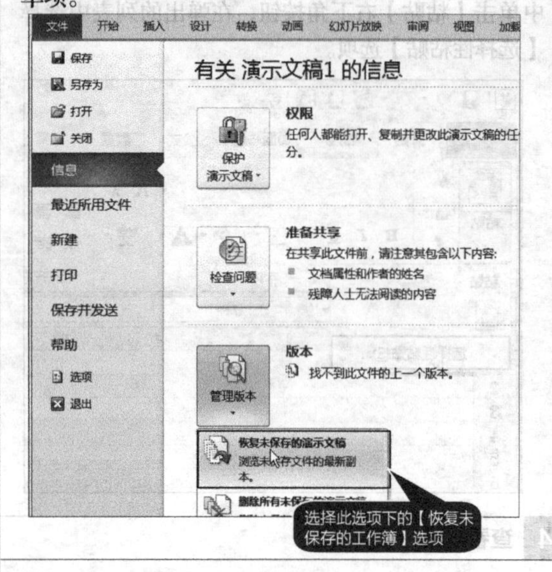

2 设置保存时间间隔

在弹出的【打开】对话框中选择自动保存的文件即可。自动保存时间间隔，可以在【PowerPoint选项】对话框中的【保存】选项中设置。

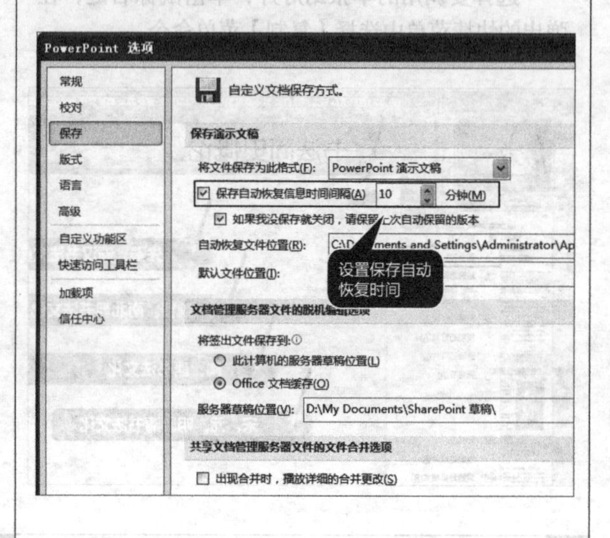

技巧2：检查文稿的兼容性

PowerPoint 2010中的部分元素在PowerPoint 2003或更早期的版本中是不兼容的。所以，在保存演示文稿时，我们应先检查文档的兼容性，如果不兼容，要改为兼容的元素。检查文稿兼容性的操作步骤如下。

1 选择【检查兼容性】菜单项

创建演示文稿，选择【文件】选项卡，在下拉列表中选择【信息】选项，单击【检查问题】按钮，在弹出的下拉菜单中选择【检查兼容性】菜单项。

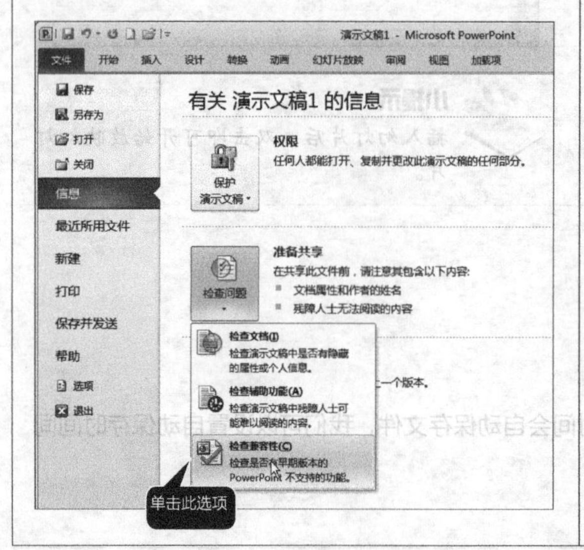

2 显示兼容性结果

在打开的【兼容性检查器】对话框中，【摘要】列表将显示兼容性检查的结果。

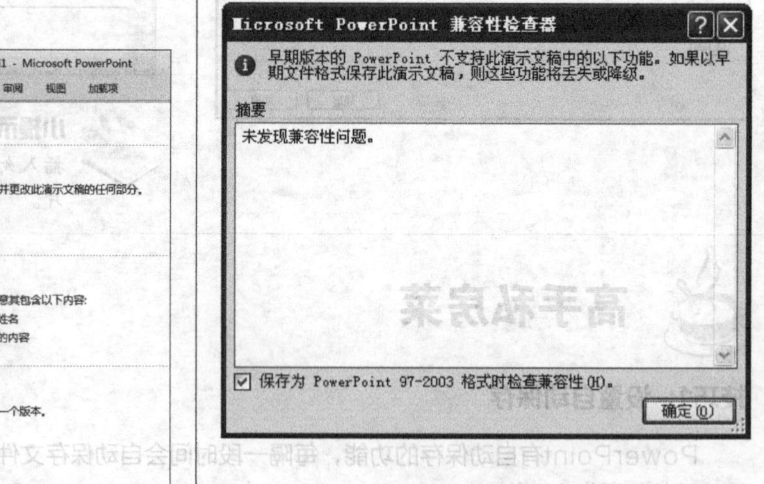

第 18 章

Office 跨平台应用

——使用手机移动办公

本章视频教学时间：24 分钟

N年前，人们用纸和笔办公；
N年后，人们用笔记本电脑办公；
现在，用手机移动办公已经开始成为潮流。

【学习目标】

- 通过本章的学习，了解使用手机移动办公的方法和技巧。

【本章涉及知识点】

- 使用手机查看 PPT 文档
- 使用手机制作幻灯片
- 使用手机为 PPT 添加动画效果
- 使用手机编辑 Word 文档
- 使用手机为 Excel 文档插入图表
- 使用平板电脑（iPad）召开公司远程会议

18.1 使用手机查看PPT 文档

本节视频教学时间：6分钟

在手机上安装Office 办公软件，我们就可以查看PPT办公文档。

18.1.1 翻阅查看幻灯片

在手机上安装Office办公套件后，我们可以轻松翻阅幻灯片。

1 单击【SD卡】选项

打开安装的Office办公套件，进入软件界面，单击【SD卡】选项。

2 打开存放PPT的文档

进入【SD卡】根目录，单击打开存放PPT的文档名，这里单击【ppt文档】文件夹。

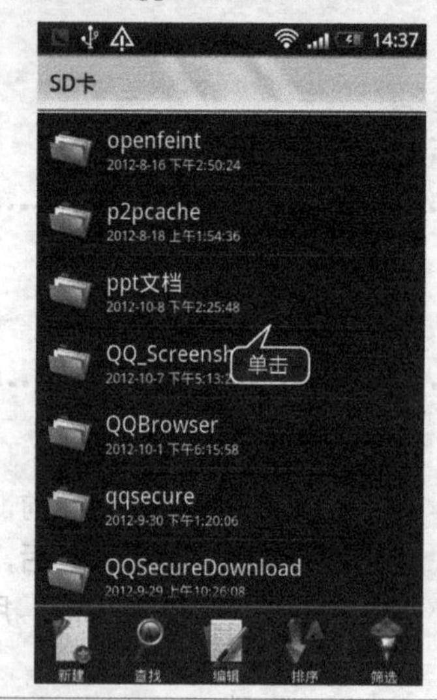

3 打开PPT文档

此时，可以看到文档下存放的PPT文档，单击PPT名称即可打开。这里单击【大学生演讲与口才实用技巧PPT.pptx】幻灯片。

4 查看PPT首页

打开PPT文档，即可查看幻灯片首页的内容。

5 翻页查看PPT

手指按住屏幕当前页面，向右滑动，即可翻到幻灯片的下一页。

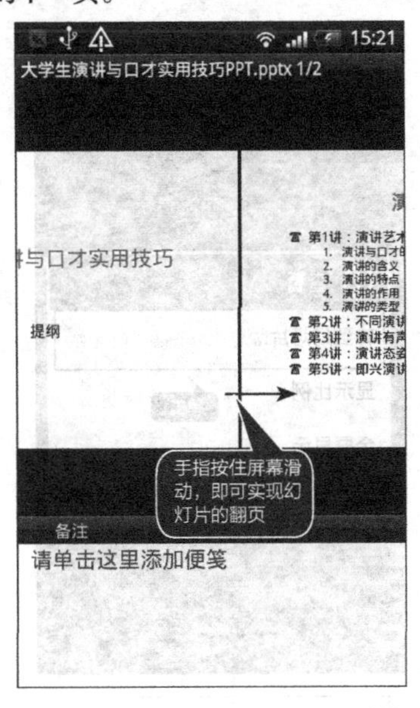

6 查看第二页内容

松开手指，查看第二页内容。

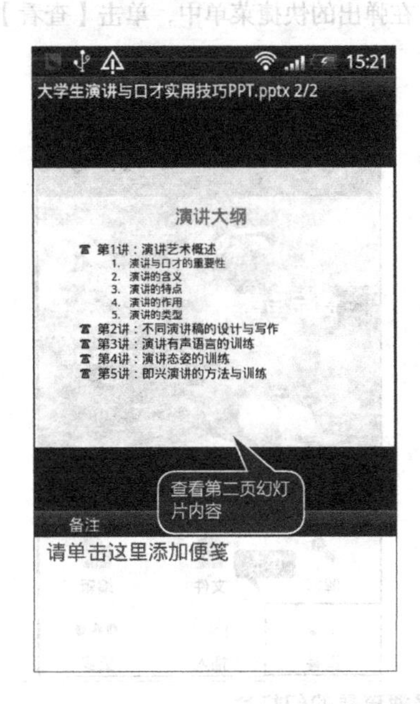

7 使用【翻页】按钮阅读

如果不使用手指滑动的方式，还可以单击幻灯片下方黑色区域，调出隐藏的按钮，单击按钮可返回到上一页，单击按钮可进入到下一页。

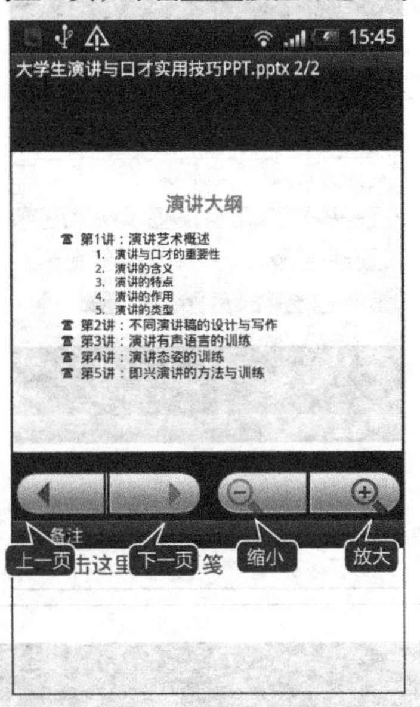

8 放大幻灯片

查阅幻灯片时，单击按钮可放大幻灯片，单击按钮可将放大的幻灯片缩小至原始大小。

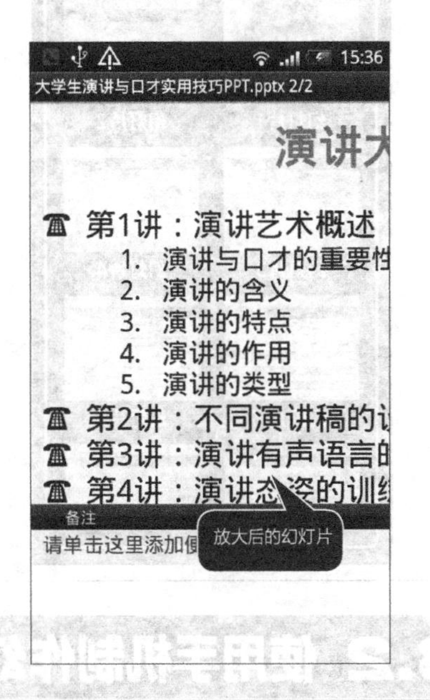

18.1.2 快速转至要查看幻灯片

如果幻灯片包含张数太多，我们翻阅起来可能多有不便。此时，我们可以通过幻灯片预览，快速转至某张幻灯片进行查看。

1 单击【Menu】菜单键

按照前述方法，打开幻灯片，单击【Menu】菜单键，在弹出的快捷菜单中，单击【查看】菜单命令。

2 单击【转到幻灯片...】选项

在弹出的【查看】对话框中，单击选择【转到幻灯片...】选项。

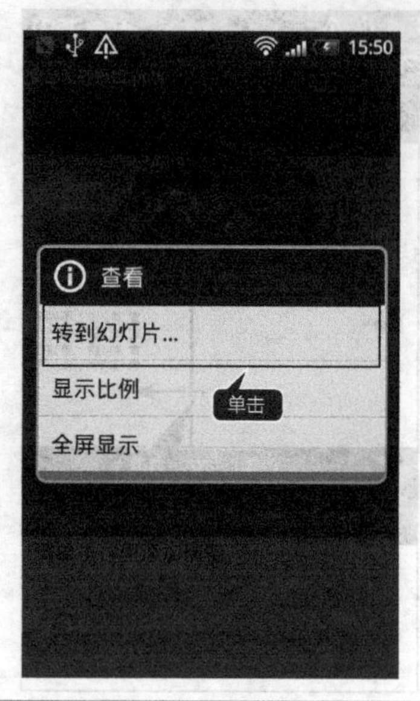

3 选择要查看的幻灯片

打开预览窗口，选择要查看的幻灯片，这里单击【幻灯片5】。

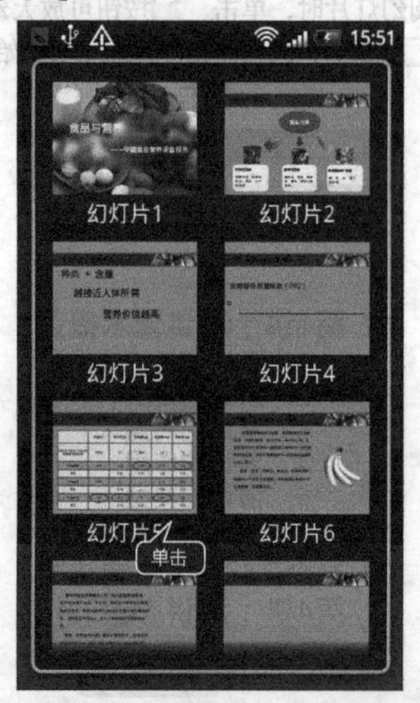

4 放大幻灯片

如此，即可快速查看选择的幻灯片。

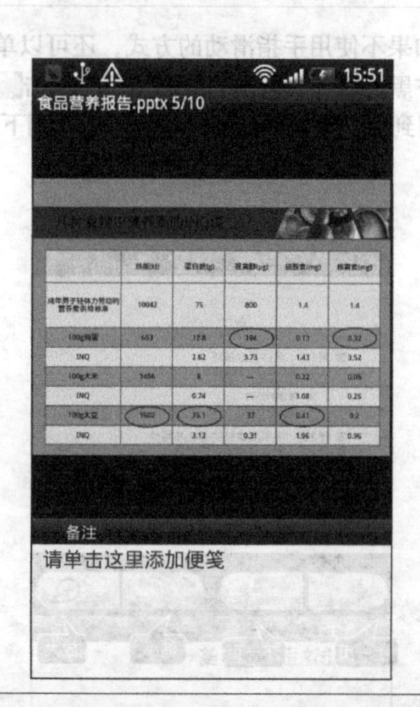

18.2 使用手机制作幻灯片

本节视频教学时间：5分钟

在手机上使用Office办公套件还可以轻松制作幻灯片。

1 单击【新建】按钮

打开Office套件，进入首页，单击【新建】按钮。

2 选择幻灯片模板样式

在【选择模板】窗口，单击选择一个模板。

3 编辑标题

单击幻灯片，即可进入可编辑状态。输入标题。

4 编辑正文

输入标题后，进入下一页幻灯片，编辑本页标题并输入正文内容。

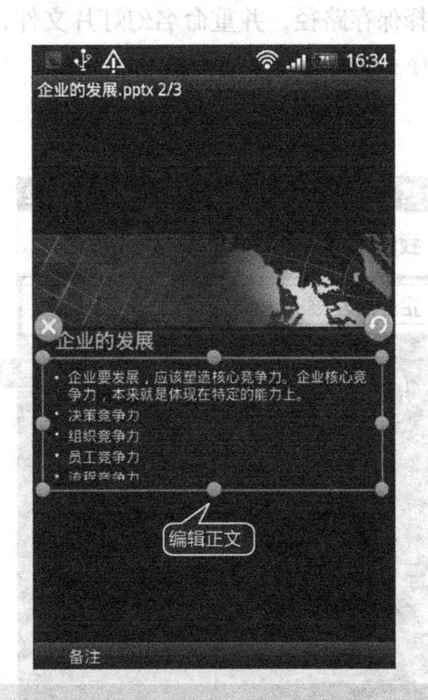

小提示

单击【Menu】菜单键，可调出功能菜单命令；
单击【文件】选项，可保存或打开幻灯片；
单击【编辑】选项，可排序、复制、删除幻灯片，并添加过渡效果；
单击【查看】选项，可快速转至某张幻灯片，也可全屏显示；
单击【插入】选项，可插入幻灯片、文本和图片；
单击【更多】选项，可放映、查看大纲视图、查找内容等。

5 单击【保存】选项

单击【Menu】菜单键，在弹出的快捷菜单中选择【文件】菜单命令，然后在【文件】窗口中，单击【保存】选项。

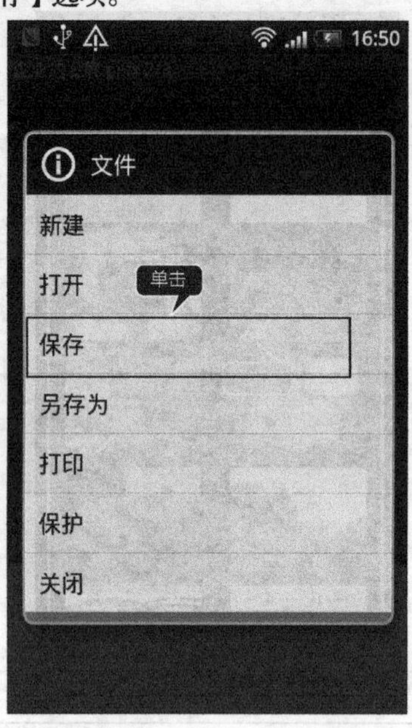

6 选择幻灯片保存格式

在弹出的【另存为】窗口中，选择要保存的格式。这里选择【MS PowerPoint演示文稿（*.pptx）】选项。

7 单击【保存】按钮

选择保存路径，并重命名幻灯片文件，然后单击【保存】按钮。

8 查看保存的幻灯片

打开【我的文档】文件夹即可看到保存的幻灯片。

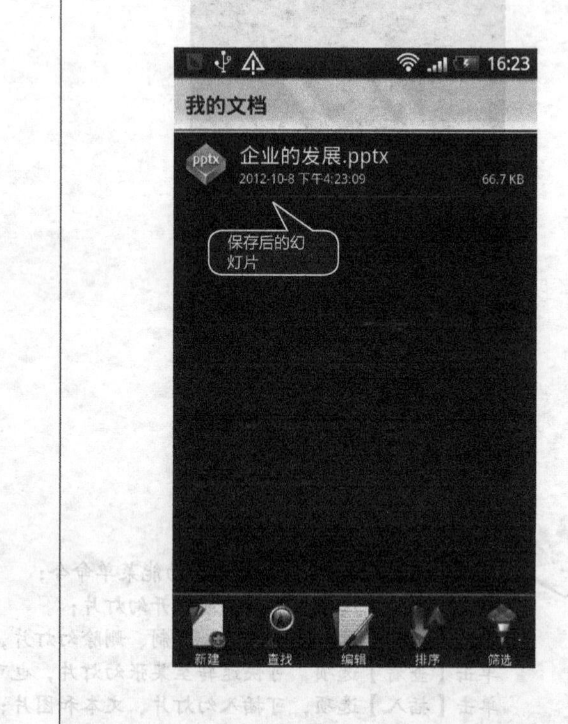

18.3 使用手机为PPT添加动画效果

本节视频教学时间：3分钟

PPT中的动画效果可以给人新颖的感觉，让内容更加生动。PPT播放时，动画效果可以大大提高PPT的表现力，而在手机中我们同样可以为PPT添加动画效果。

1 选择文档

在手机中打开Office办公套件，在【我的文档】页面中，单击【个人简历.pptx】文档。

2 单击【编辑】菜单命令

打开PPT幻灯片后，单击手机上的【Menu】菜单键，在弹出的快捷菜单中，单击【编辑】菜单命令。

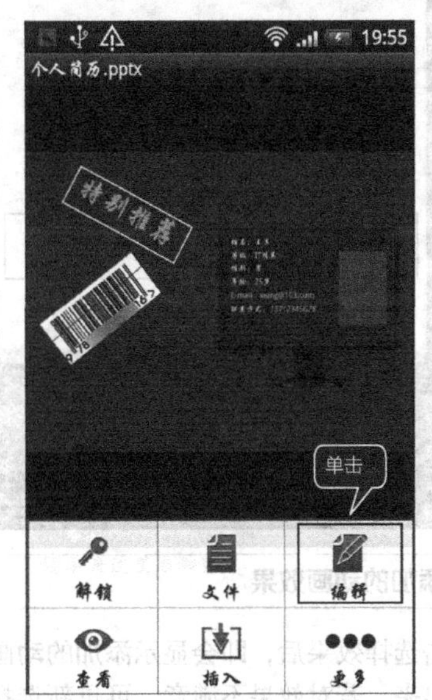

3 单击【更改过渡】选项

在弹出对话框中，单击【更改过渡】选项。

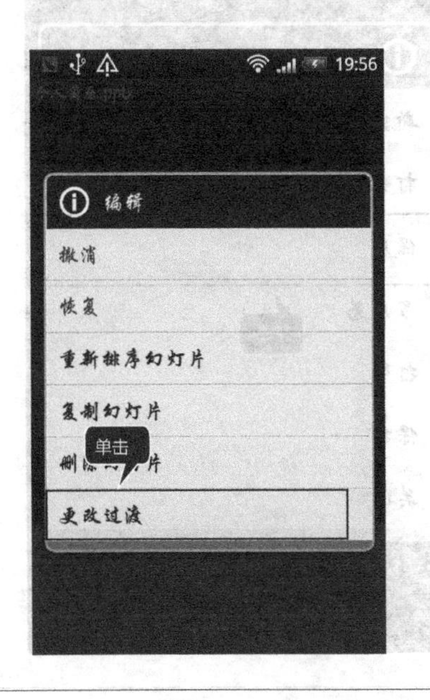

4 单击【展开】按钮

在界面底部弹出的【选择过渡】区域中，单击【展开】按钮。

5 选择过渡类型

在弹出对话框中，根据需要选择过渡动画效果，这里选择【条纹】选项。

6 选择过渡动画效果

在【条纹】列表中，选择幻灯片过渡的动画效果，这里选择【横向棋盘式】效果。

7 显示添加的动画效果

单击选择效果后，即会显示添加的动画效果就会显示出来。若对效果不满意，可重新选择其他效果。

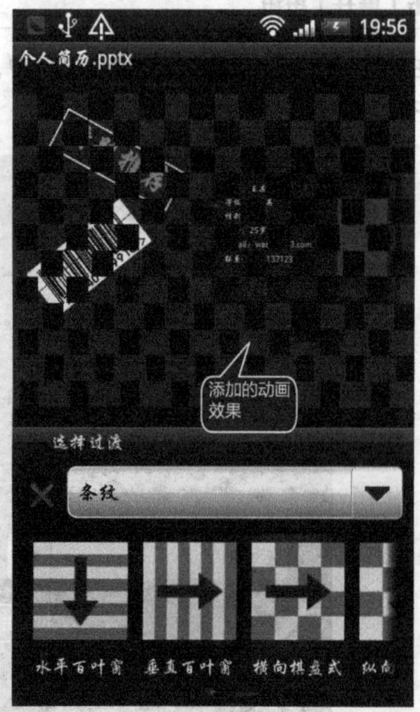

8 保存幻灯片

添加动画效果后，对幻灯片进行保存。单击【Menu】菜单键，在弹出的快捷菜单中，单击【保存】选项即可保存添加的动画效果。

18.4 使用手机编辑Word文档

本节视频教学时间：4分钟

现在，越来越多的上班族每天要在公交或地铁上花费大量时间。如果将这段时间加以利用，来修改最近制定的文件，我们不仅可以加快工作的进度，还可能获得上司的赏识，何乐而不为呢？

1 选择文档

在手机中打开Office办公套件，在【本地文件】页面中，单击【营销计划书.docx】文档。

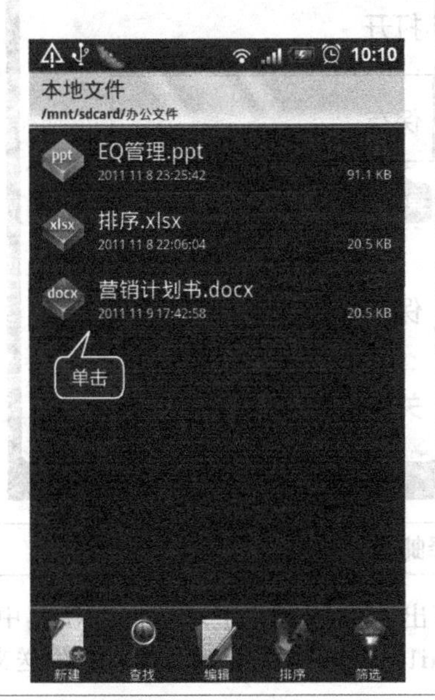

2 选取要编辑的文字

在屏幕上点击并拖曳，选中一段文字，文字底部将变为淡蓝色，在选取对象的两端会出现两个淡黄色的标志，拖曳标志可精确扩大或缩小选取。单击页面底部的按钮对文字进行编辑。

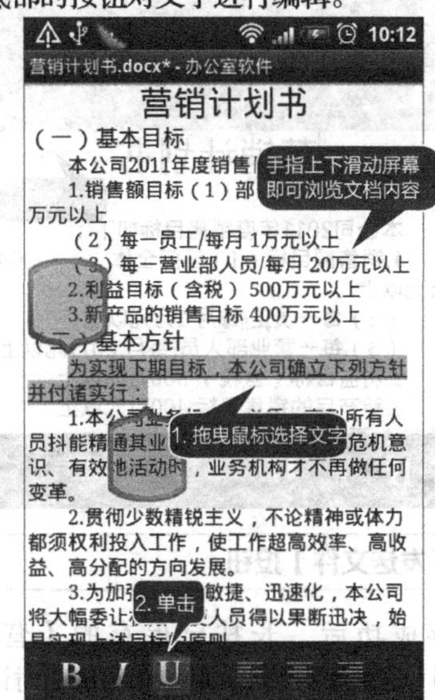

3 单击【插入】菜单命令

将光标定位至要插入图片的位置，单击手机上的【Menu】键，在弹出的底部菜单中单击【插入】菜单命令。

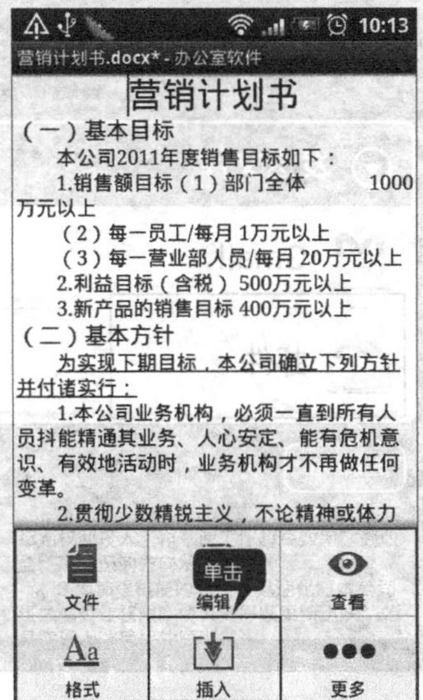

4 单击【图片】按钮

在【插入】对话框中单击【图片】按钮，然后在弹出的【插入】对话框中单击【图片】按钮。

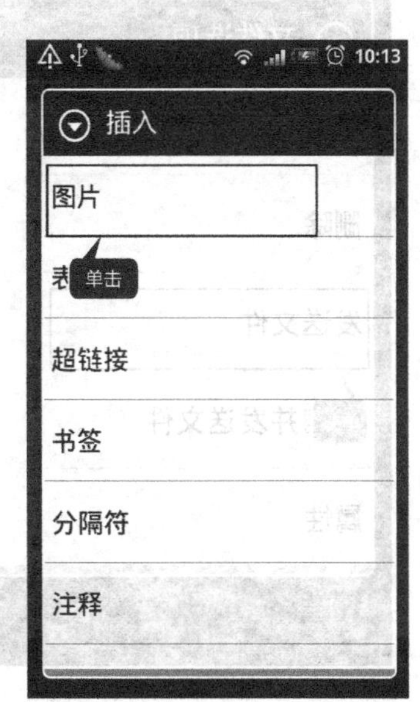

5 显示插入图片后的效果

在手机中浏览并打开图片后在图片上单击，将图片插入文档中。

6 单击【保存】按钮

单击手机上的【Menu】键，在弹出的底部菜单中单击【文件】按钮，然后在弹出的列表中单击【保存】按钮，完成文件的保存。

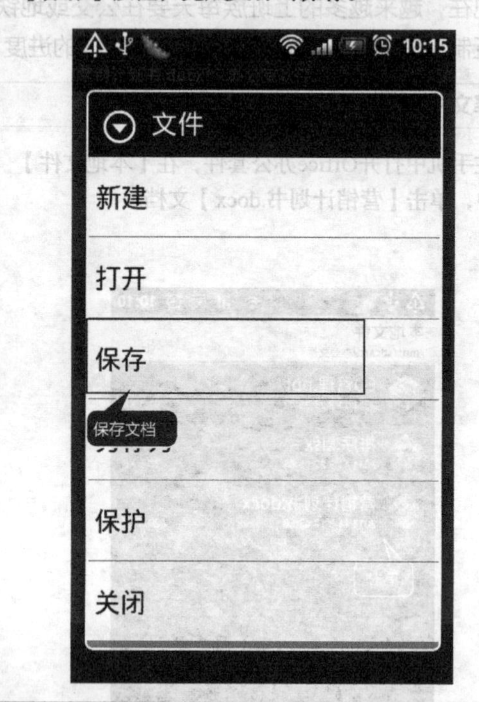

7 单击【发送文件】按钮

保存成功后，长按已保存的【营销计划书.docx】文档，在弹出的【文件选项】对话框中单击【发送文件】按钮。

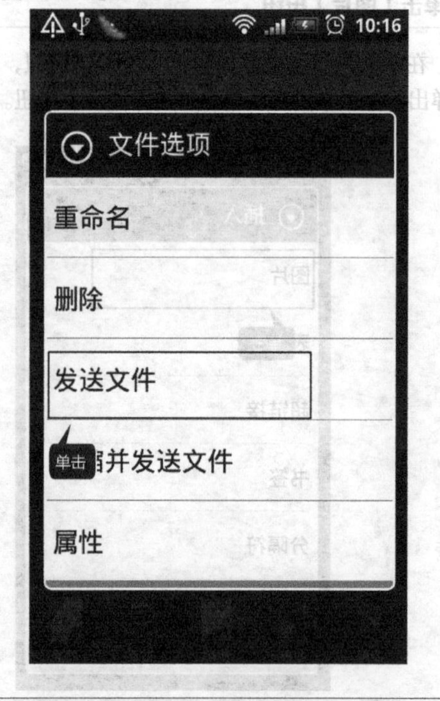

8 选择邮箱

弹出【发送文件】对话框，在其中可单击【Gmail】或【邮件】选项，并选择发送文档的邮箱。

18.5 使用手机为Excel文档插入图表

本节视频教学时间：2分钟

下面介绍使用Office办公套件在Excel文档中插入图表的方法。

1 单击【插入】菜单命令

打开Excel文档，选择需要生成图表的数据，按手机上的【Menu】键，在弹出的快捷菜单中，单击【插入】菜单命令。

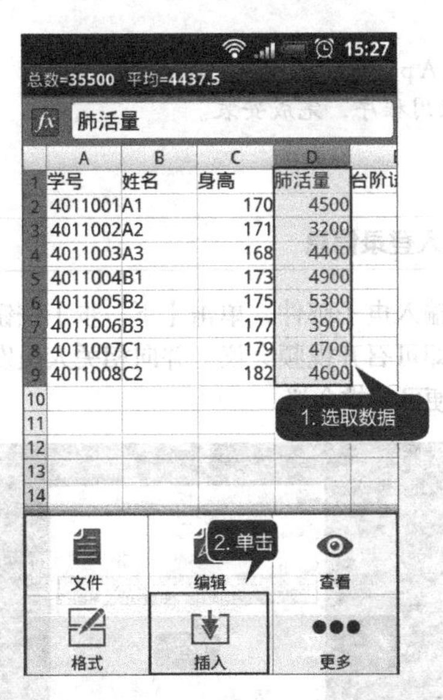

2 单击【图表】选项

在【插入】对话框中，单击【图表】选项。

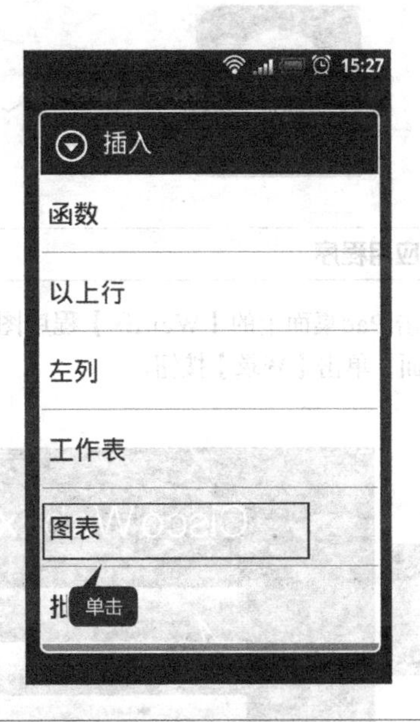

3 设置图表

在打开的【插入到表】对话框中进行图表的设置，完成后单击【确定】按钮。

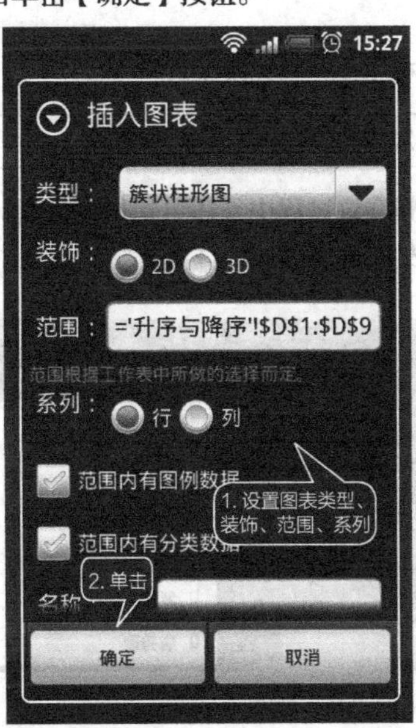

4 显示插入图表的效果

返回到插入图表后的页面，即可查看。

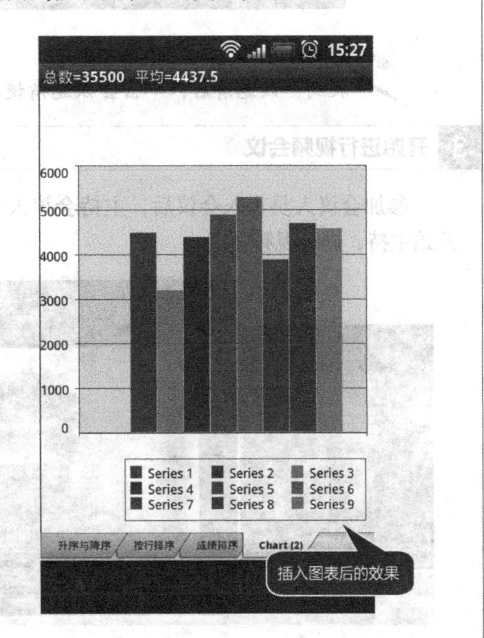

18.6 使用平板电脑（iPad）召开公司远程会议

本节视频教学时间：4分钟

远程会议可以节约公司的运营成本，可以足不出户、随时随地实现“面对面”的交流，大大提高了沟通效率。远程教学，远程控制等也是一样。

平板电脑的问世更方便了远程会议的举行。在网络允许的情况下，使用平板电脑召开远程会议更加便捷。下面介绍如何使用iPad进行远程会议。

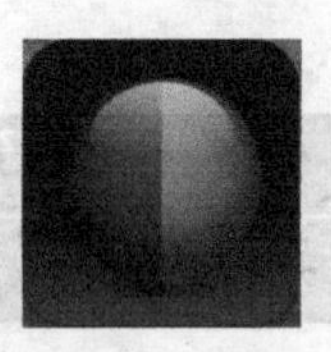

小提示

在iTunes或App Store中搜索并下载“WebEx”应用程序，完成安装。

1 打开应用程序

单击iPad桌面上的【WebEx】程序图标，进入程序界面，单击【登录】按钮。

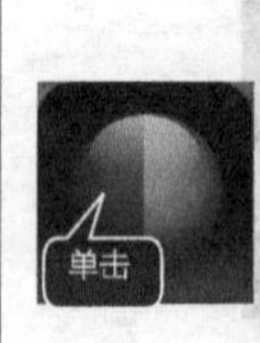

2 填入登录信息

输入电子邮件，单击【下一步】按钮，输入密码，即可召开视频会议，并向相关人员发送会议邀请后便可安排会议。

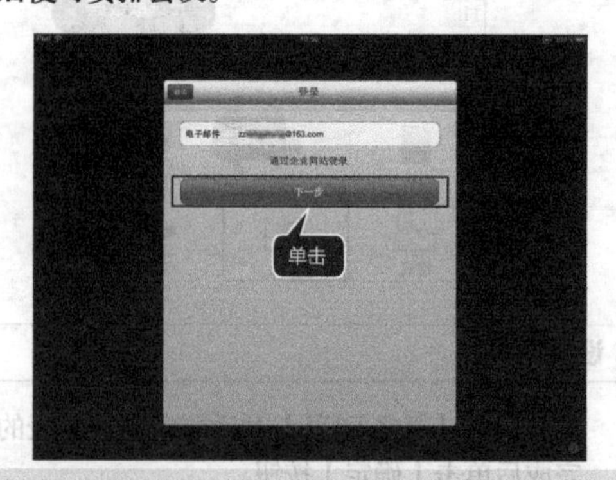

小提示

收到会议邀请后，单击会议邀请链接，输入账号和密码即可加入视频会议。

3 开始进行视频会议

参加会议人员加入会议后，主持会议人员即可开始主持，进行视频会议。

4 切换发言人

视频会议过程中，还可切换主讲人，让其他参会人员发表建议。

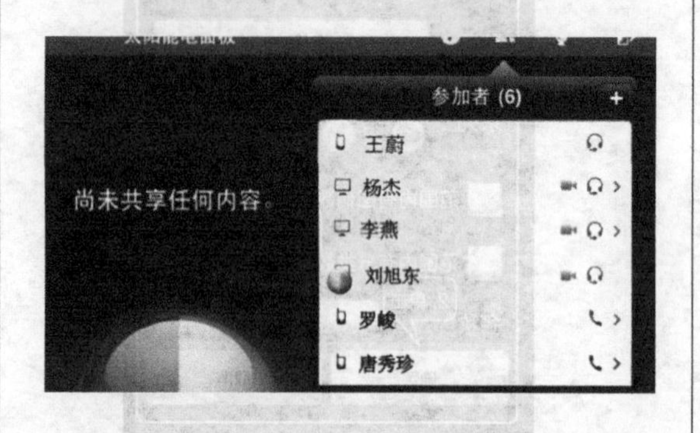

5 借助PPT文稿发言

发言过程中，参会人员还可以借助PPT演示文稿进行演讲，并将PPT显示在视频展示区。

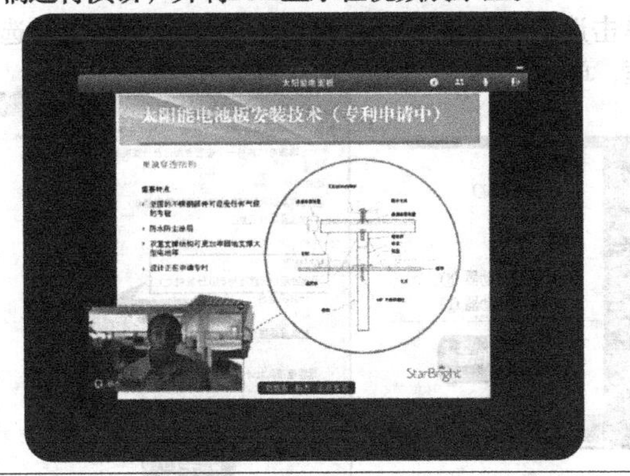

6 在PPT上批示

发言过程中，发言者可以直接在PPT上进行批注，让参会者更清楚演讲内容。

高手私房菜

技巧1：用手机为PPT文档加密

手机中我们同样可以对PPT文档加密，从而有效保护隐私。

1 输入密码

打开要加密的PPT文档，单击【Menu】键，在弹出的快捷菜单中，选择【文件】➤【保护】菜单命令。在弹出【保护】对话框中，输入设置的密码后，单击【确定】按钮。

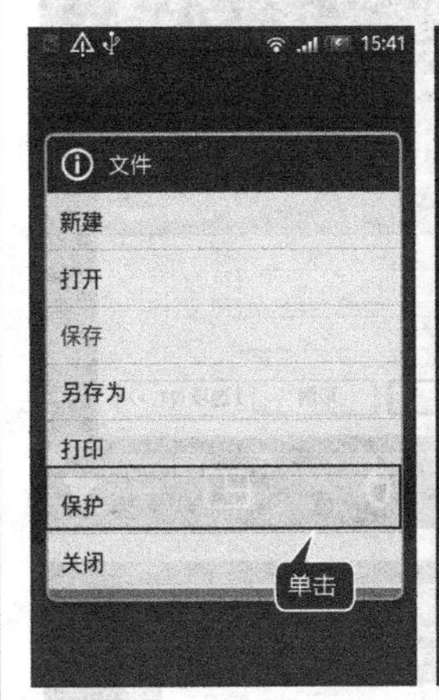

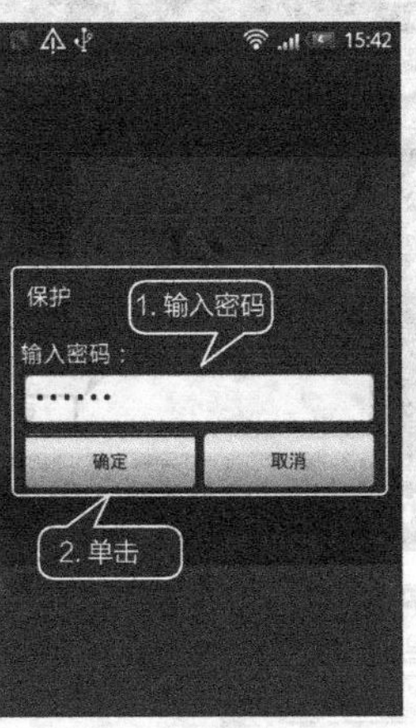

2 确认密码

在文本框中，再次输入密码进行确认，然后单击【确定】按钮。保存PPT文档完成加密设置。打开已加密的PPT文档时，会弹出输入密码对话框。此时，输入密码，单击【确定】按钮即可打开文档。

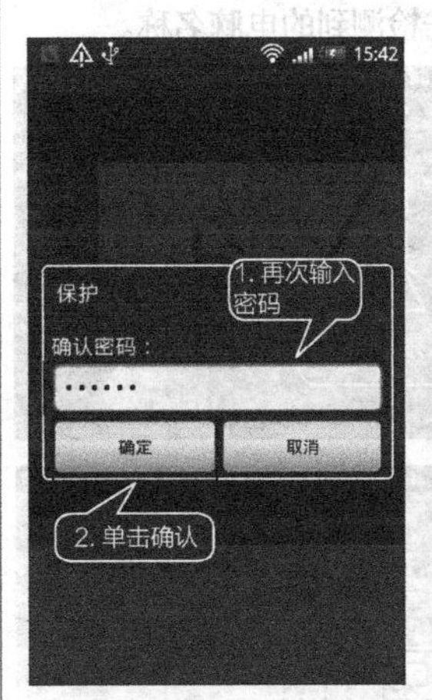

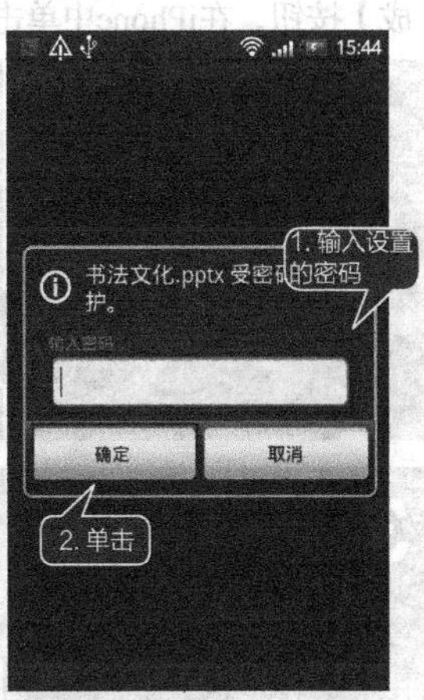

技巧2：远程查看电脑上的办公文档

文档在办公室或家里的电脑上，无论你在何处，都能轻松使用iPhone连接电脑办公。

1. 在电脑中设置PocketCloud

1 完成安装及邮箱登录

在电脑中下载并安装PocketCloud，安装完成后，在弹出的界面中输入Gmail账户和密码，单击【Next】按钮。单击【Finish】按钮，即可完成PocketCloud的安装及邮箱的登录。

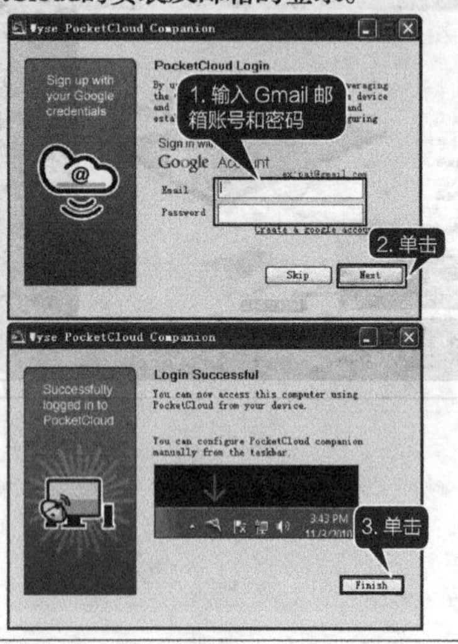

2 设置允许电脑远程连接

右键单击【我的电脑】图标，在弹出下拉列表中选择【属性】选项，弹出【系统属性】对话框。单击选中【允许用户远程连接到此计算机】复选框，单击【确定】按钮。

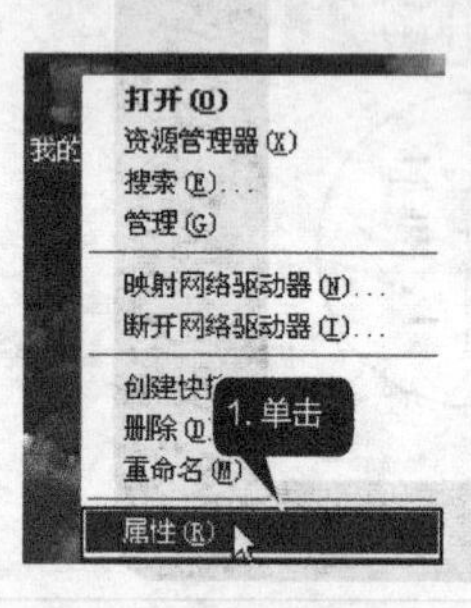

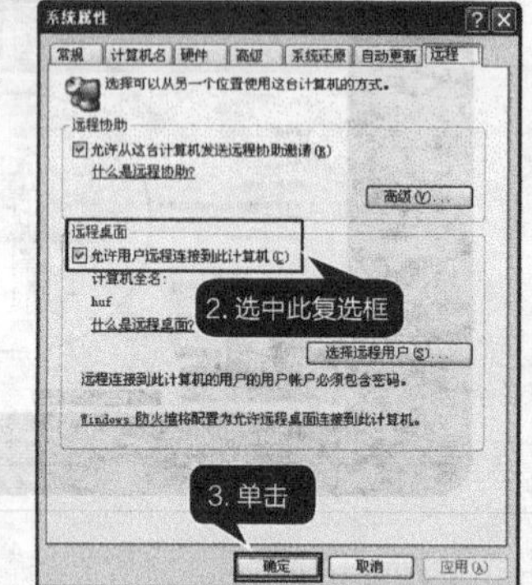

小提示

电脑当前的账户需要有密码，否则无法进行远程连接。

2. 在iPhone中设置PocketCloud

1 下载安装PocketCloud并输入账户信息

在iPhone中下载并安装“PocketCloud”，安装后单击图标，在打开的界面中单击【从这开始】链接文字。输入Gmail邮箱的账户和密码（输入的邮箱账户要和在电脑中的一致），单击【下…】按钮。即可开始远程登录，远程登录完成后，单击【完成】按钮，在iPhone中单击检测到的电脑名称。

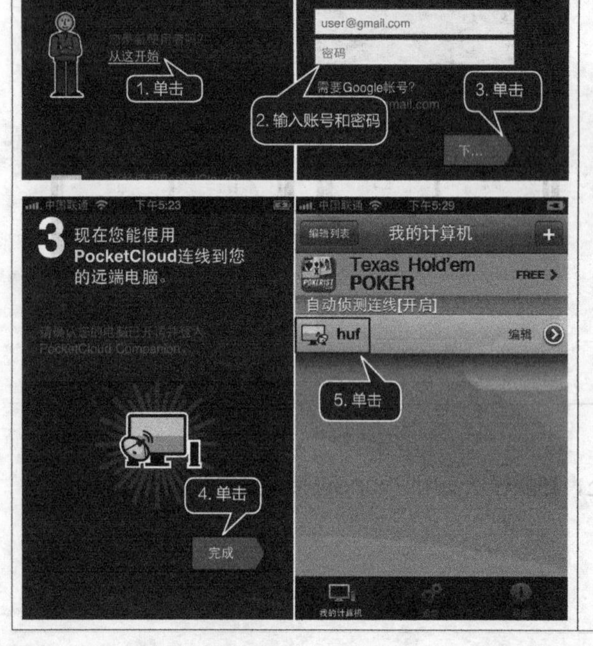

2 查看电脑中的办公文档

弹出【登录到 Windows】界面，输入电脑的用户名和密码，单击【确定】按钮。连接到电脑桌面之后，即可在iPhone中操作此电脑，查看办公文档了。

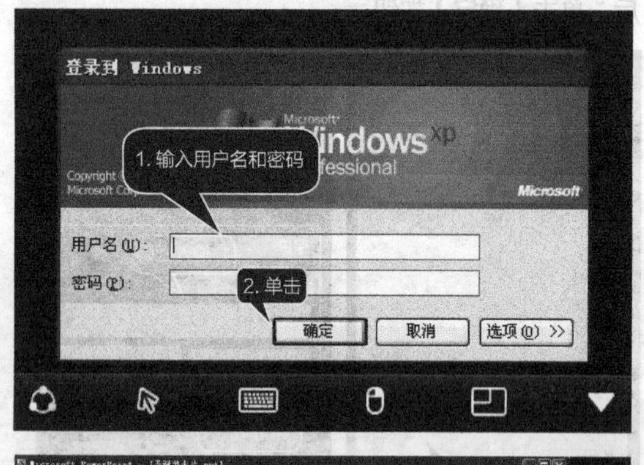